東京書籍ユーザーのための

ワーク&テスト

新しい数学 3 年

東京書籍

特色

● 本書は，東京書籍版教科書「新しい数学 3年」に完全準拠したワークブックです。
● 教科書の章ごとに「ウォーミングアップ」の問題を設け，今まで学習した内容のつながりを確認することができます。
● 教科書の節ごとに，例題と基本問題→節の問題→章の問題へと，ステップを踏んで学習できるようにくふうしました。
● 巻末の「定期テスト予想問題」には，配点付きのテストを用意し，定期テストに備えたトレーニングができるようにしました。

構成と使い方

基本ワーク
教科書の内容をチェック！

● 例題 … 左ページ
教科書の例題に合わせ，考え方や解き方を確認します。
「**Check!**」の問題を解くことで，基本的な考え方の整理ができます。

● 基本問題 … 右ページ
例題の理解を定着させる練習問題です。

節・章の問題
実践的な問題でトレーニング！

教科書の節や章ごとにまとめた実践的な問題です。例題の復習だけではなく，定期テストにも出題される応用問題も用意しています。

定期テスト予想問題
テスト問題で最後の仕上げ！

教科書の章ごとにまとめた定期テストの予想問題です。実際のテストと同じように時間を計って採点しましょう。定期テストの直前に取り組むと効果的です。

解答と解説 別冊

本編の問題ごとに解答と，ていねいで分かりやすい解説を示しています。取り外して使うことができますので，問題のページと照らし合わせて使うことができます。

QRコードでチャレンジ！

● 基本ワークの左上にある「もっとチャレンジ!」のQRコードには発展・応用的な問題を含むチャレンジ問題が入っています。
実力アップや定期テスト直前の腕試しに挑戦してみよう。

● 【使い方】
① スマートフォンやタブレットでQRコードを読み取り，問題を表示します。
② ノートに書いて問題を解きます。
③「答え合わせ」を押すと解答が確認できます。

QRコード

【動作環境】
インターネットに接続されていること。 ※インターネット接続に伴う通信費は利用者のご負担となります。
Android 5.1以降 + Google Chrome ／ iOS9 以降 + Safari ／ iPadOS + Safari

ワーク＆テスト　新しい数学３年

目次

教 …教科書のページ　　この本のページ

1章 多項式

中1 整数の性質

中2 式の計算

文字式を使って説明しよう

ウォーミングアップ

1 次の計算をしなさい。

□(1) $x \times 5y$

□(2) $(-2m)^3$

□(3) $(-6x^2y^2) \div (-3xy)$

□(4) $(12x-9) \div 3$

□(5) $3x+2y-(5x-7y)$

□(6) $2(3a+3)$

□(7) $(4x-6y) \times \left(-\dfrac{1}{6}\right)$

□(8) $\dfrac{3x+4}{6} - \dfrac{x+4}{3}$

□(9) $8\left(\dfrac{2}{5}a + \dfrac{3}{4}b\right) - 3a$

□(10) $\dfrac{3}{2}(x+y+z) + \dfrac{1}{2}(x+y-z) - \dfrac{1}{2}(x+y+z)$

ふりかえり 中1

分配法則

$a(b+c) = ab+ac$

ヒント

かっこをはずすときは，符号に注意する。

(8)通分して１つの分数にまとめる。

2 **次の問に答えなさい。**

□(1) $a=-2,\ b=7$ のとき，$3(a+2b)-5(-a+b)$ の値を求めなさい。

□(2) $x=-3,\ y=4$ のとき，$\dfrac{x+y}{2}-\dfrac{3x+y}{4}$ の値を求めなさい。

ふりかえり 中2

式の値

式を計算してから数を代入すると，求めやすくなる場合がある。

3 **次の等式を〔　〕の中の文字について解きなさい。**

□(1) $2x-y=5$ 〔y〕

□(2) $V=\pi rh$ 〔h〕

□(3) $5x-y=5$ 〔x〕

□(4) $2(\ell-b)=5$ 〔ℓ〕

ふりかえり 中2

等式の変形

x をふくむ等式を $x=$～の形に変形することを x について解くという。

4 **次のことを，文字を使って説明しなさい。**

□(1) 2つの3の倍数の和は，3の倍数である。

□(2) 3つの続いた偶数の和は，6の倍数である。

ヒント!

n を整数とすると，偶数(2の倍数)は $2n$，3の倍数は $3n$ と表せる。
(1)では，2つの数の間に決まった関係がないので，それぞれ別の文字を使って表す。

5 **1辺が $2a$cmの立方体Aと，半径が $a$cmの球Bがあります。次の問に答えなさい。**

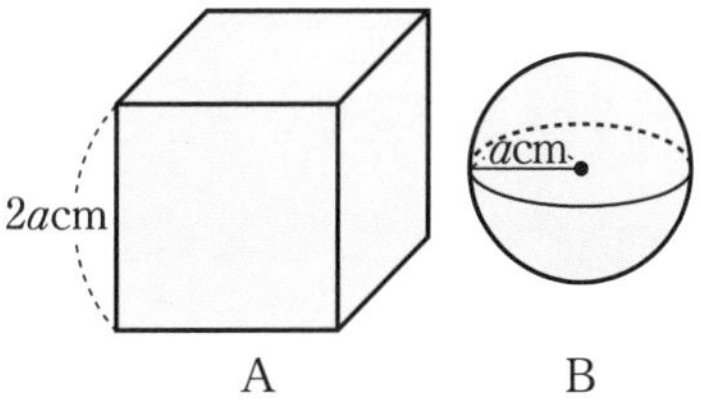

□(1) 球Bの体積は，立方体Aの体積の何倍ですか。

□(2) 球Bの表面積は，立方体Aの表面積の何倍ですか。

ふりかえり 中1

球の体積と表面積

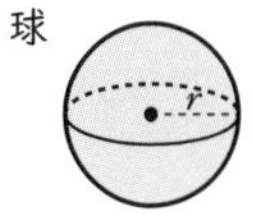

体積	表面積
$\dfrac{4}{3}\pi r^3$	$4\pi r^2$

1章

1節　多項式の計算

もっとチャレンジ!

1 多項式と単項式の乗除　2 多項式の乗法

例題1　多項式と単項式の乗法

教 p.13 例1・2

次の計算をしなさい。

(1)　$8a(2a+b)$　　(2)　$(x-4)\times(-6x)$

解き方

分配法則を使う。

(1)　$8a(2a+b)$

$=8a\times 2a+8a\times b$

$=\mathbf{16a^2+8ab}$

(2)　$(x-4)\times(-6x)$

$=x\times(-6x)-4\times(-6x)$

$=\mathbf{-6x^2+24x}$

ポイント

分配法則

$a(b+c)=ab+ac$

$(a+b)\times c=ac+bc$

Check! 1　次の計算をしなさい。

(1)　$4x(x+3y)$　　(2)　$(a+3b-1)\times(-2a)$

例題2　多項式と単項式の除法

教 p.13 例3

次の計算をしなさい。

(1)　$(18a^2+12ab)\div 6a$　　(2)　$(4x^2y-6x^3)\div\frac{2}{3}x$

解き方

(1)　$(18a^2+12ab)\div 6a$　　$\div\frac{6a}{1}$

$=(18a^2+12ab)\times\frac{1}{6a}$　　分配法則

$=\frac{18a^2}{6a}+\frac{12ab}{6a}$

$=\mathbf{3a+2b}$

(2)　$(4x^2y-6x^3)\div\frac{2}{3}x$　　$\div\frac{2x}{3}$

$=(4x^2y-6x^3)\times\frac{3}{2x}$　　分配法則

$=4x^2y\times\frac{3}{2x}-6x^3\times\frac{3}{2x}$

$=\mathbf{6xy-9x^2}$

ポイント

除法は，わる数を逆数にして乗法の式になおす。

$\div\frac{b}{a}\rightarrow\times\frac{a}{b}$

Check! 2　$(9xy-6x^2)\div(-3x)$ を計算しなさい。

例題3　多項式の乗法

教 p.15 例1〜3

$(x+4)(y+9)$ を展開しなさい。

解き方

$(x+4)(y+9)=\mathbf{xy+9x+4y+36}$

ポイント

$(a+b)(c+d)=\overset{①}{ac}+\overset{②}{ad}+\overset{③}{bc}+\overset{④}{bd}$

Check! 3　$(a-2)(4a-b+5)$ を展開しなさい。

解答 p.2

1 多項式と単項式の乗法　次の計算をしなさい。 教 p.13 問1・2

□(1) $5x(2x-y)$

□(2) $-2a(9a+4b)$

□(3) $(4a-b+7)\times(-3x)$

□(4) $(12x-16y-8)\times\frac{5}{4}x$

□(5) $9x(x-4)+2x(x+7)$

□(6) $2a(a-8)-5a(3a-4)$

2 多項式と単項式の除法　次の計算をしなさい。 教 p.13 問3

□(1) $(8x^2y+2x)\div 2x$

□(2) $(3a^2b-9ab^2)\div(-3ab)$

□(3) $(10x^2-15xy)\div\frac{5}{2}x$

□(4) $(-12ab^2+6a^2)\div\left(-\frac{6}{7}a\right)$

□(5) $(x^3+2x^2y-8xy^2)\div(-x)$

□(6) $(3a^2-6ab+9a)\div\left(-\frac{3}{5}a\right)$

ヒント

(6) $-\frac{3}{5}a=-\frac{3a}{5}$ だから，逆数は $-\frac{5}{3a}$ となる。

3 多項式の乗法　次の式を展開しなさい。 教 p.15 問1～3

□(1) $(a-3)(b+5)$

□(2) $(x-1)(2x+3)$

□(3) $(2x-5)(3x-2)$

□(4) $(3x-2y)(4x+3y)$

□(5) $(a+3)(2a+5b-3)$

□(6) $(x-y+2)(3x+y)$

解答 p.2

もっとチャレンジ!

1章　1節　多項式の計算

3 乗法公式①

例題 1　$(x+a)(x+b)$

教 p.17 例 1・2

次の式を展開しなさい。

(1)　$(x+3)(x+4)$　　(2)　$(x+5)(x-1)$

解き方

公式 1 の a と b に数をあてはめる。

(1)　$a=3$，$b=4$ である。

$(x+3)(x+4)$

$=x^2+(\underbrace{3+4}_{和})x+\underbrace{3\times4}_{積}$

$=\boldsymbol{x^2+7x+12}$

(2)　$a=5$，$b=-1$ である。

$(x+5)\underbrace{(x-1)}_{x+(-1)}$

$=x^2+(5-1)x+5\times(-1)$

$=\boldsymbol{x^2+4x-5}$

ポイント

乗法公式 1

$(x+a)(x+b)$
$=x^2+(a+b)x+ab$

Check! **1**　次の式を展開しなさい。

(1)　$(x+1)(x+8)$　　(2)　$(y-2)(y-4)$

例題 2　和の平方，差の平方

教 p.18 例 3

次の式を展開しなさい。

(1)　$(x+5)^2$　　(2)　$(x-6)^2$

解き方

(1)　公式 2 で，$a=5$ とする。

$(x+5)^2$

$=x^2+\underbrace{2\times5}_{2倍}\times x+\underbrace{5^2}_{2乗}$

$=\boldsymbol{x^2+10x+25}$

(2)　公式 3 で，$a=6$ とする。

$(x-6)^2$

$=x^2-2\times6\times x+6^2$

$=\boldsymbol{x^2-12x+36}$

ポイント

乗法公式 2・3

公式 2
$(x+a)^2=x^2+2ax+a^2$
公式 3
$(x-a)^2=x^2-2ax+a^2$

Check! **2**　$(x-2)^2$ を展開しなさい。

例題 3　和と差の積

教 p.19 例 4

$(x+7)(x-7)$ を展開しなさい。

解き方

公式 4 で，$a=7$ とする。

$(x+7)(x-7)=x^2-7^2$

$=\boldsymbol{x^2-49}$

ポイント

乗法公式 4

$(x+a)(x-a)=x^2-a^2$

Check! **3**　$(x+4)(x-4)$ を展開しなさい。

解答 p.3

1 $(x+a)(x+b)$ 次の式を展開しなさい。教 p.17 問1・2

□(1) $(x+1)(x+3)$

□(2) $(x+6)(x+2)$

□(3) $(a-9)(a+8)$

□(4) $(y-4)(y-7)$

□(5) $(x+1.6)(x-0.4)$

□(6) $\left(a-\frac{9}{5}\right)\left(a-\frac{1}{5}\right)$

2 和の平方，差の平方 次の式を展開しなさい。教 p.18 問3

□(1) $(x+7)^2$

□(2) $(x-4)^2$

□(3) $(y+1)^2$

□(4) $(a-9)^2$

□(5) $(8-x)^2$

□(6) $\left(y+\frac{1}{2}\right)^2$

3 和と差の積 次の式を展開しなさい。教 p.19 問4

□(1) $(x+2)(x-2)$

□(2) $(x-8)(x+8)$

□(3) $(9+x)(9-x)$

□(4) $(1+a)(1-a)$

□(5) $(x-0.6)(x+0.6)$

□(6) $\left(y+\frac{1}{4}\right)\left(y-\frac{1}{4}\right)$

ヒント

(4) 公式4で，$x=1$ を代入する。

解答 p.3

もっとチャレンジ!

3 乗法公式②

例題 1　おきかえを利用した展開①

教 p.20 Q・例 5

次の式を展開しなさい。

(1)　$(3x+5)(3x-1)$　　　(2)　$(4x-6)^2$

解き方

(1)　$3x=A$ とおく。

$(3x+5)(3x-1)$

$=(A+5)(A-1)$　）公式 1

$=A^2+4A-5$　）$A=3x$

$=(3x)^2+4\times3x-5$

$=\mathbf{9x^2+12x-5}$

(2)　$4x=A$ とおく。

$(4x-6)^2$

$=(A-6)^2$　）公式 3

$=A^2-12A+36$　）$A=4x$

$=(4x)^2-12\times4x+36$

$=\mathbf{16x^2-48x+36}$

ポイント
単項式を１つの文字でおきかえたとき
自分でおきかえた文字を答えに残さないようにする。

Check! 1　$(2x+y)(2x-y)$ を展開しなさい。

例題 2　おきかえを利用した展開②

教 p.21 例 6

$(x-y+7)(x-y-7)$ を展開しなさい。

解き方

$x-y=X$ とおく。

$(x-y+7)(x-y-7)=(X+7)(X-7)$　）公式 4

$=X^2-49$　）$X=x-y$

$=(x-y)^2-49$　）公式 3

$=\mathbf{x^2-2xy+y^2-49}$

ポイント
展開が２段階になることに注意する。

Check! 2　$(a+b-4)^2$ を展開しなさい。

例題 3　式の展開と加法・減法を組み合わせた計算

教 p.21 例 7

$2(x-5)(x-2)-(x+3)^2$ を計算しなさい。

解き方

$2(x-5)(x-2)-(x+3)^2$　）公式 1・公式 2

$=2(x^2-7x+10)-(x^2+6x+9)$

$=2x^2-14x+20-x^2-6x-9=\mathbf{x^2-20x+11}$

ポイント
かっこの前の係数や－の符号に注意する。

Check! 3　$(x-7)^2+4(x+5)(x-5)$ を計算しなさい。

解答 p.4

1 おきかえを利用した展開① 次の式を展開しなさい。 教 p.20 問6・7

□(1) $(2x+3)(2x+5)$

□(2) $(4a-1)(4a-2)$

□(3) $(x+3y)^2$

□(4) $(5a-3b)^2$

□(5) $(x+2y)(x-2y)$

□(6) $(3x+7)(3x-7)$

2 おきかえを利用した展開② 次の式を展開しなさい。 教 p.21 問9

□(1) $(x+y+2)(x+y-4)$

□(2) $(a-b-1)^2$

□(3) $(x+y+6)(x+y-6)$

□(4) $(a+b+c)(a-b+c)$

ヒント

(4) b の項だけ符号が異なるので，$a+c$ をまとまりとみる。

3 式の展開と加法・減法を組み合わせた計算 次の計算をしなさい。 教 p.21 問10

□(1) $3(x+2)(x+4)+(x-5)^2$

□(2) $4(x-2)^2-(x+6)(x-6)$

□(3) $(y-8)(y-9)+2(y+7)(y-7)$

□(4) $(a-4)^2-(2a+1)(2a-1)$

解答 p.4

1節の問題　多項式の計算

教科書 12▸22　解答 p.5

1 次の計算をしなさい。

□(1) $2x(4x+3y)$

□(2) $(4a-b-9)\times(-5b)$

□(3) $(9xy+6y^2)\div(-3xy)$

□(4) $(14a^2b-7ab)\div\left(\frac{7}{3}ab\right)$

2 次の式を展開しなさい。

□(1) $(x-6)(3x-y)$

□(2) $(a+3)(a-2b-5)$

3 次の式を展開しなさい。

□(1) $(a+7)(a+2)$

□(2) $(x-9)(x-1)$

□(3) $(a-5)(a+4)$

□(4) $(x+6)(x-8)$

□(5) $(a+7)^2$

□(6) $(x-6)^2$

□(7) $(a+5)(a-5)$

□(8) $(7-x)(7+x)$

4 次の式を展開しなさい。

□(1) $(x-0.3)(x+1)$

□(2) $(y-0.2)^2$

5 次の式を展開しなさい。

□(1) $\left(y+\frac{1}{5}\right)\left(y-\frac{2}{5}\right)$

□(2) $\left(x-\frac{1}{2}\right)^2$

□(3) $\left(x+\frac{4}{3}\right)\left(x-\frac{4}{3}\right)$

□(4) $\left(a-\frac{1}{2}\right)\left(a-\frac{1}{3}\right)$

ヒント

1(4)　$\frac{7}{3}ab=\frac{7ab}{3}$ と変形できるよ。

6 次の式を展開しなさい。

□(1) $(4x-2)(4x+5)$　　□(2) $(2a+3b)(2a-4b)$

□(3) $(6x+7)(6x-7)$　　□(4) $(8a-3b)^2$

7 次の式を展開しなさい。

□(1) $(x+y-3)(x+y-5)$　　□(2) $(a-b+2)(a-b-2)$

□(3) $(x+y-1)^2$　　□(4) $(a+b-5)(a-b+5)$

8 次の計算をしなさい。

□(1) $(x-1)(x+4)-(x-3)^2$

□(2) $(x+y)(x-y)+(x-9)(x-3)$

□(3) $(a+b)^2-(a-b)(a+b)$

□ **9** **乗法公式　$(x+a)(x+b)=x^2+(a+b)x+ab$ を，右の長方形の面積を求めることで説明します。㋐～㋔に当てはまる式を入れて説明を完成させなさい。**

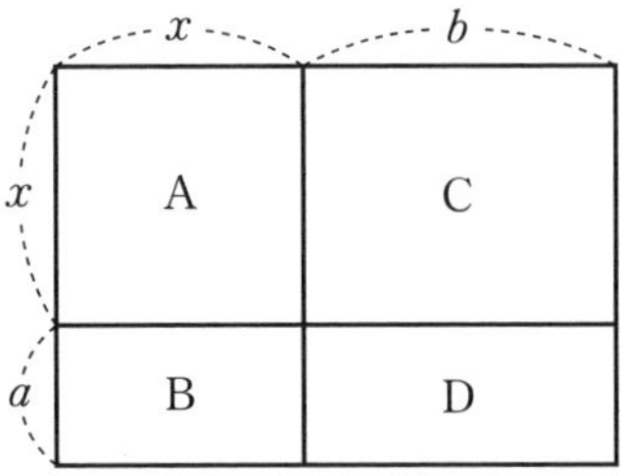

［説明］　右の図の長方形で，縦の長さを $(x+a)$ cm，横の長さを（　㋐　）cm とすると，面積は［　㋑　］と表すことができる。
また，右の長方形の 4 つの部分 A，B，C，D の面積は，それぞれ x^2，ax，［㋒］，［㋓］と表せるから，これらの和は，［　㋔　］と表せる。
したがって，$(x+a)(x+b)=x^2+(a+b)x+ab$ である。

ヒント

7 (4)　$(a+b-5)\{a-(b-5)\}$ のように $-b+5$ を $-(b-5)$ の形にすると，どの公式を使って展開するのかがわかるね。

もっとチャレンジ!

1章　2節 因数分解

1 因数分解　2 公式を利用する因数分解①

例題 1　共通因数をくくり出す因数分解

教 p.25 例 2・3

次の式を因数分解《いんすうぶんかい》しなさい。

(1)　$ab+ac$　　(2)　$4mx-6my$

解き方

共通因数をかっこの外にくくり出す。

(1)　$ab+ac$

$=a(b+c)$

(2)　$4mx-6my$

$=2m(2x-3y)$

4＝2×2，6＝2×3だから，係数の最大公約数の2も共通因数になるよ。

ポイント

共通因数

$mx+my=m(x+y)$

Check! 1　次の式を因数分解しなさい。

(1)　a^2b-a^3　　(2)　$4xy^2+8x^2y$

例題 2　$x^2+(a+b)x+ab$ の形の因数分解

教 p.26 例 1，p.27 例 2

次の式を因数分解しなさい。

(1)　x^2+6x+5　　(2)　x^2+8x-9

解き方

(1)　公式 1′ で，積が5になる a，b の組のうち，和が6になるものを見つける。

積が5	和が6
1，　5	○
−1，−5	×

積が5，和が6になるのは1と5だから，

x^2+6x+5

$=(x+1)(x+5)$

(2)　公式 1′ で，積が −9 になる a，b の組のうち，和が8になるものを見つける。

積が −9	和が8
1，−9	×
−1，　9	○
−3，　3	×

積が −9，和が8になるのは −1 と9だから，

x^2+8x-9

$=(x-1)(x+9)$

ポイント

因数分解の公式 1′

公式 1′　和　積

$x^2+(a+b)x+ab$
$=(x+a)(x+b)$

式を展開するときに使った乗法公式の逆が因数分解の公式だよ。

Check! 2　次の式を因数分解しなさい。

(1)　$x^2+7x+12$　　(2)　$x^2-4x-21$

解答 p.6

1 共通因数をくくり出す因数分解　次の式を因数分解しなさい。教 p.25 問1・2

□(1) a^2+ab　　□(2) $7x-x^2$

□(3) $3ax+6bx$　　□(4) $18a^2b-9ab^2$

□(5) $ma^2+2ma+m^2$　　□(6) $30x^2y-15xy+20xy^2$

2 $x^2+(a+b)x+ab$ の形の因数分解　次の式を因数分解しなさい。教 p.26 問1，p.27 問2・3

□(1) x^2+9x+8　　□(2) $a^2+11a+24$

□(3) $x^2-8x+15$　　□(4) $y^2-13y+36$

□(5) $x^2+4x-32$　　□(6) a^2-a-12

□(7) $x^2-3x-40$　　□(8) $y^2+15y+56$

□(9) $x^2-4x-45$　　□(10) a^2+a-72

□(11) $x^2+20x+99$　　□(12) $y^2-10y-75$

解答 p.6

もっとチャレンジ!

1章 2節 因数分解

2 公式を利用する因数分解②

例題 1 $x^2 \pm 2ax + a^2$ の形の因数分解

教 p.27 例 3

x^2+6x+9 を因数分解しなさい。

解き方

$6=2\times3$, $9=3^2$ であるから 公式 2′ を使う。

$x^2+\underset{\sim}{6x}+\underline{9}=(x+3)^2$

$x^2+\underset{\sim}{2ax}+\underline{a^2} \longrightarrow a=3$

ポイント

因数分解の公式 2′・3′

公式 2′
$x^2+2ax+a^2=(x+a)^2$
公式 3′
$x^2-2ax+a^2=(x-a)^2$

Check! 1 x^2-4x+4 を因数分解しなさい。

例題 2 x^2-a^2 の形の因数分解

教 p.28 例 4

x^2-49 を因数分解しなさい。

解き方

公式 4′ を使う。

$x^2-\underset{\sim}{49}=(x+7)(x-7)$

$x^2-\underset{\sim}{a^2} \longrightarrow a=7$

ポイント

因数分解の公式 4′

公式 4′
$x^2-a^2=(x+a)(x-a)$

Check! 2 x^2-81 を因数分解しなさい。

例題 3 いろいろな式の因数分解

教 p.29 例 5

次の式を因数分解しなさい。

(1) $-2x^2+16x-30$　　(2) $3x^2+12x+12$

解き方

(1) $-2x^2+16x-30$
$=-2(x^2-8x+15)$
$=-2(x-3)(x-5)$

(2) $3x^2+12x+12$
$=3(x^2+4x+4)$
$=3(x+2)^2$

ポイント

①共通因数をくくり出す。
②因数分解の公式を使う。

x^2 の項の係数が 1 でないときは，共通因数をくくり出すことができないか考えてみよう。

Check! 3 次の式を因数分解しなさい。

(1) $3x^2+21x+18$　　(2) $-2x^2+16x-32$

解答 p.7

1 $x^2 \pm 2ax + a^2$ の形の因数分解　次の式を因数分解しなさい。教 p.27 問 4

□(1) $x^2 + 8x + 16$

□(2) $a^2 - 10a + 25$

□(3) $y^2 + 2y + 1$

□(4) $x^2 - 12x + 36$

□(5) $a^2 + 14a + 49$

□(6) $y^2 - 20y + 100$

2 $x^2 - a^2$ の形の因数分解　次の式を因数分解しなさい。教 p.28 問 5

□(1) $x^2 - 9$

□(2) $a^2 - 16$

□(3) $y^2 - 64$

□(4) $4 - x^2$

□(5) $1 - a^2$

□(6) $100 - y^2$

ヒント

(6)公式 4′ に，$x^2 = 100$，$a^2 = y^2$ をあてはめる。

3 いろいろな式の因数分解　次の式を因数分解しなさい。教 p.29 問 8

□(1) $2x^2 + 12x + 16$

□(2) $3y^2 - 6y - 9$

□(3) $-2a^2 + 2a + 112$

□(4) $-4x^2 + 36x - 80$

□(5) $7x^2 - 28$

□(6) $2ax^2 - 14ax + 24a$

解答 p.7

1章

2節 因数分解

2 公式を利用する因数分解③

もっとチャレンジ!

例題 1　おきかえを利用した因数分解①

教 p.29 例 6

次の式を因数分解しなさい。

(1)　$16x^2+24x+9$　　(2)　$49a^2-9b^2$

解き方

(1)　$16x^2+24x+9$

$=(4x)^2+2\times3\times4x+3^2$　公式 2′

$=\boldsymbol{(4x+3)^2}$

(2)　$49a^2-9b^2$

$=(7a)^2-(3b)^2$　公式 4′

$=\boldsymbol{(7a+3b)(7a-3b)}$

ポイント
(単項式)^2 の形にして，因数分解の公式を使う。

$16x^2=(4x)^2$ のように，係数が 4，9，16，25，…といった自然数の 2 乗のときには，(単項式)^2 の形にできないかを考えてみよう。

Check! 1　次の式を因数分解しなさい。

(1)　$a^2-10ab+25b^2$　　(2)　$81x^2-y^2$

例題 2　おきかえを利用した因数分解②

教 p.29 例 7

次の式を因数分解しなさい。

(1)　$a(x-1)+b(x-1)$　　(2)　$(x+5)^2-6(x+5)-16$

解き方

(1)　$x-1=A$ とおく。

$a(x-1)+b(x-1)$

$=aA+bA$

$=(a+b)A$

$=\boldsymbol{(a+b)(x-1)}$

(2)　$x+5=A$ とおく。

$(x+5)^2-6(x+5)-16$

$=A^2-6A-16$

$=(A+2)(A-8)$

$=(x+5+2)(x+5-8)$

$=\boldsymbol{(x+7)(x-3)}$

ポイント
同じ多項式を 1 つの文字におきかえて，因数分解の公式が使える形にする。

多項式を 1 つのまとまりとして考えることに慣れてきたら，文字におきかえなくても因数分解できるね。

Check! 2　次の式を因数分解しなさい。

(1)　$2x(a+b)-y(a+b)$　　(2)　$(x+y)^2+11(x+y)+30$

解答 p.8

1 おきかえを利用した因数分解① 次の式を因数分解しなさい。 教 p.29 問 9・10

□(1) $4x^2-4x+1$

□(2) $9x^2-42x+49$

□(3) $64x^2-9$

□(4) a^2-16b^2

□(5) $16x^2-40xy+25y^2$

□(6) $8x^2-200y^2$

□(7) $-108a^2+27b^2$

□(8) $-18a^2+60ab-50b^2$

2 おきかえを利用した因数分解② 次の式を因数分解しなさい。 教 p.29 問 11

□(1) $x(x+y)+3y(x+y)$

□(2) $(a-b)^2-2(a-b)-15$

□(3) $(2x+5)^2-14(2x+5)+48$

□(4) $(a+b)^2+4(a+b)+4$

□(5) $(5x+3)^2-(4x-1)^2$

□(6) $(x-2)^2+2(x-2)-35$

□(7) $(3x+7y)^2-(2x-7y)^2$

□(8) $x(3a+b)-6a-2b$

ヒント

(8)まず，後半の2つの項の共通因数をくくり出す。

解答 p.8

2節の問題　因数分解

教科書 24 ▸ 30
解答 p.9

1 次の式を因数分解しなさい。

□(1) $ab-4a$

□(2) $9x^2y-6xy^2$

□(3) $21ab^2+14ab-7b$

□(4) $-8x^3y+16x^2-12x^2y^2$

2 次の式を因数分解しなさい。

□(1) a^2+5a+6

□(2) $x^2-9x+20$

□(3) $x^2+2x-48$

□(4) $x^2+9x-10$

□(5) a^2+6a-7

□(6) $x^2-3x-18$

3 次の式を因数分解しなさい。

□(1) a^2+4a+4

□(2) $x^2-12x+36$

□(3) x^2-16

□(4) x^2-121

□(5) $100-x^2$

□(6) $-36+9x+x^2$

4 次の式を因数分解しなさい。

□(1) $3x^2-12x+12$

□(2) $4x^2+8x-12$

□(3) $-2x^2+20x-50$

□(4) $-7a^2+21a+28$

□(5) $ab^2-5ab+6a$

□(6) $3ab^2-27ab+42a$

5 次の式を因数分解しなさい。

□(1) $x^2+14xy+49y^2$

□(2) $25x^2-64y^2$

□(3) $x^2+xy-2y^2$

□(4) $9x^2-6x+1$

ヒント

4 共通因数があるときは，はじめにくくり出そう。

6 次の式を因数分解しなさい。

□(1) $a(x-y)-b(x-y)$

□(2) $(x+y)^2+5(x+y)-14$

□(3) $(x-y)^2+9(x-y)+18$

□(4) $(a-3)^2-6(a-3)+9$

□(5) $(2a-3)^2-(b+3)^2$

7 次の式を因数分解しなさい。

□(1) $a^2-a+\frac{1}{4}$

□(2) $\frac{1}{16}-x^2$

8 次の式を因数分解しなさい。

□(1) $a(b-9)+b-9$

□(2) $xy-7y-x+7$

□(3) x^2-5x-y^2+5y

□(4) $x^2+2x+1-y^2$

□ **9** 次の式は，正しく因数分解をしているとはいえません。そのわけを説明しなさい。

$4x^2-8x+4=(2x-2)^2$

□ **10** 三角形 A の面積は $(x^2+2x-3)\,\mathrm{cm}^2$，三角形 B の面積は $(x^2+4x-5)\,\mathrm{cm}^2$ です。三角形 A，B どちらの面積が大きいですか。ただし，$x>1$ とします。

ヒント

8(4) $x^2+2x+1=(\square)^2$ のように２乗の形にすると，$(\square)^2-y^2$ となるので，公式が使えそうだね。

もっとチャレンジ!

1章

3節　式の計算の利用

1 式の計算の利用

例題 1　計算への利用

教 p.33 例 1

次の式を，くふうして計算しなさい。

(1)　99^2　　(2)　71^2-29^2

解き方

(1)　99^2

$=(100-1)^2$ ←公式 3　$(x-a)^2=x^2-2ax+a^2$ に $x=100$，$a=1$ を代入

$=100^2-2\times1\times100+1^2$

$=\mathbf{9801}$

(2)　71^2-29^2

$=(71+29)(71-29)$ ←公式 4′　$x^2-a^2=(x+a)(x-a)$ に $x=71$，$a=29$ を代入

$=100\times42$

$=\mathbf{4200}$

99＝100－1 の 100 のように，一の位が 0 の数で乗法公式や因数分解の公式が使えるような数を見つけよう。

Check! 1　次の式を，くふうして計算しなさい。

(1)　102^2　　(2)　32×28

例題 2　式の計算を利用した証明

教 p.33 Q

奇数を 2 乗した数に 3 を加えると，どんな数になるかを考えます。

(1)　どんな数になるかを予想しなさい。

(2)　(1)で予想したことを証明しなさい。

解き方

(1)　3，5，7，…などの具体的な奇数を使って予想する。

$3^2+3=12$，$5^2+3=28$，$7^2+3=52$，…

12，28，52 はすべて 4 の倍数だから，4 の倍数になると予想できる。

(2)　奇数は，整数 n を使って $2n+1$ と表される。

この数を 2 乗して 3 を加えると

$(2n+1)^2+3=(4n^2+4n+1)+3$

$=4n^2+4n+4$

$=4(n^2+n+1)$

n^2+n+1 は整数だから，$4(n^2+n+1)$ は 4 の倍数である。

したがって，奇数を 2 乗した数に 3 を加えると，4 の倍数になる。

ポイント

n を整数とすると
偶数 → $2n$
奇数 → $2n+1$
△の倍数 → △ × n

Check! 2　2 つの続いた整数の 2 乗の差が奇数であることを証明しなさい。

解答 p.10

❶ 計算への利用　次の式を，くふうして計算しなさい。 教 p.33 問1

□(1)　64^2-36^2

□(2)　103^2

□(3)　999^2

□(4)　85×95

❷ 計算への利用　$x=28$，$y=12$ のとき，次の式の値を求めなさい。 教 p.33 問2

□(1)　$x^2+2xy+y^2$

□(2)　$x^2-xy-2y^2$

❸ 式の計算を利用した証明　2つの続いた偶数の積に1を加えると，どんな数になるかを考えます。

教 p.33 Q

□(1)　いくつかの例で調べて，どんな数になるかを，下のように予想しました。㋐～㋓に当てはまる数やことばを入れなさい。

$2\times4+1=$ [㋐]，$6\times8+1=$ [㋑]，$10\times12+1=$ [㋒]
〈予想〉 2つの続いた偶数の積に1を加えると，[㋓] になる。

□(2)　(1)で予想したことを証明しなさい。

❹ 式の計算を利用した証明　右の図のような正方形の土地の周囲に，幅が2mの道があります。この道の面積を S m²，道の真ん中を通る線の長さを ℓ m，正方形の土地の1辺の長さを a m として，次の問に答えなさい。

教 p.35 例2

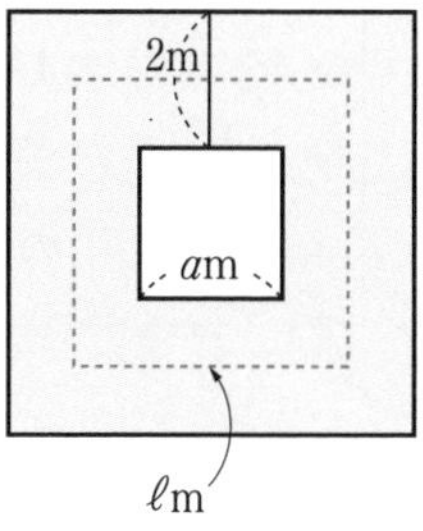

□(1)　S を，a を使った式で表しなさい。

□(2)　ℓ を，a を使った式で表しなさい。

□(3)　$S=2\ell$ となることを証明しなさい。

解答 p.10

3節の問題　式の計算の利用

教科書 33 ▸ 35

解答 p.11

1 次の式を，くふうして計算しなさい。

□(1)　101^2　　□(2)　54^2-46^2

□(3)　67×73　　□(4)　9.9^2

2 次の問に答えなさい。

□(1)　$x=13$，$y=3$ のとき，x^2-y^2 の値を求めなさい。

□(2)　$x=82$，$y=36$ のとき，$x^2-4xy+4y^2$ の値を求めなさい。

□ **3 3つの続いた整数があります。もっとも小さい数ともっとも大きい数の積から真ん中の数の2乗をひくと，-1 になります。このことを次のように証明しました。㋐〜㋒に当てはまる式を入れ，証明を完成させなさい。**

> ［証明］　3つの続いた整数は，整数 n を使って，小さい順に，$n-1$，[㋐]，[㋑] と表される。
>
> $(n-1)($[㋑]$)-$[㋐]^2
>
> $=$[㋒]
>
> $=-1$
>
> したがって，3つの続いた整数で，もっとも小さい数ともっとも大きい数の積から真ん中の数の2乗をひくと -1 になる。

□ **4 2つの続いた奇数で，大きい奇数の平方から小さい奇数の平方をひいた差は，8の倍数になります。このことを証明しなさい。**

ヒント

4 まず，2つの続いた奇数をそれぞれ $2n-1$，$2n+1$ と表し，平方の差を計算してみよう。

□ **5** 2つの続いた3の倍数で，大きい数の平方から小さい数の平方をひいた差は，はじめの2数の和の3倍に等しくなります。このことを，次の書き出しに続けて証明しなさい。

［証明］ 整数 n を使って，2つの続いた3の倍数のうち小さいほうを $3n$ とする。

□ **6** ある2けたの自然数の2乗から，この2けたの自然数の十の位の数と一の位の数を入れかえてできる数の2乗をひいた差が，99の倍数になることを，次のように証明しました。㋐～㋖に当てはまる数やことば，式を入れ，証明を完成させなさい。

［証明］ 2けたの自然数を A とし，A の十の位の数と一の位の数を入れかえた数を B とする。

$A^2-B^2=(\boxed{㋐})(\boxed{㋑})$

ここで，A の十の位の数を a，一の位の数を b とすると，

$A=10a+b$，$B=\boxed{㋒}$ と表されるから，

$(\boxed{㋐})(\boxed{㋑})=(\boxed{㋓}\,a+\boxed{㋓}\,b)(\boxed{㋔}\,a-\boxed{㋔}\,b)$

$=\boxed{㋕}\,(a+b)(a-b)$

$(a-b)(a+b)$ は整数だから，$\boxed{㋖}$

したがって，2けたの自然数の2乗から，この2けたの自然数の十の位の数と一の位の数を入れかえてできる数の2乗をひいた差は，99の倍数になる。

7 右の図のような長方形の建物の周りに，幅 am の花だんがあります。建物の縦の長さは pm，横の長さは $2p$m です。花だんの面積を S m^2，花だんの真ん中を通る線の長さを ℓm とするとき，次の問に答えなさい。

□(1) S を，p と a を使った式で表しなさい。

□(2) ℓ を，p と a を使った式で表しなさい。

□(3) $S=a\ell$ となることを証明しなさい。

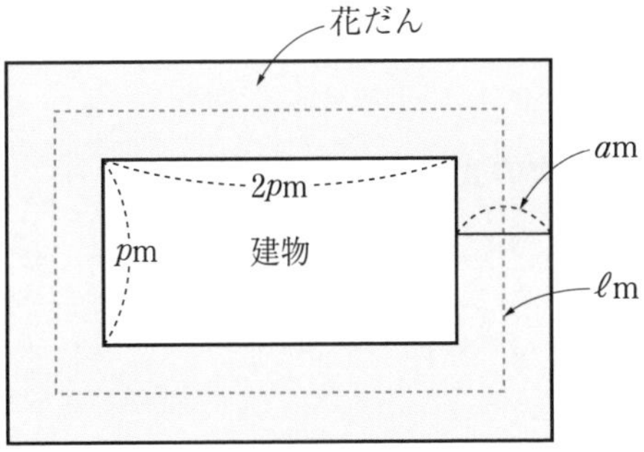

ヒント

6 $(\boxed{㋐})(\boxed{㋑})$ に，A，B を表す式をそれぞれ代入し，かっこの中を計算してみよう。

1章の問題 多項式 文字を使って説明しよう

教科書 12 ▶ 40

解答 p.12

1 次の計算をしなさい。

□(1) $3a(ab-b)$

□(2) $(4x^2y-8x)\div 4x$

□(3) $(10ab^2+5a)\div\left(-\dfrac{5}{4}a\right)$

□(4) $6x(y+1)-x(x-y)$

2 次の式を展開しなさい。

□(1) $(x+4)(x-3)$

□(2) $(a-5)(a-2)$

□(3) $(x-9)^2$

□(4) $(3x-2y)^2$

□(5) $(x+7)(x-7)$

□(6) $(4x-1)(4x+1)$

□(7) $(a-5b)(3a+4b)$

□(8) $(5a+2b)(5a-3b)$

3 次の計算をしなさい。

□(1) $(a-9)^2-(a-4)(a-2)$

□(2) $(x+2y)(x-3y)+(2x+y)(2x-y)$

□(3) $(a+2b)^2-(3a-b)(3a+b)$

4 次の式を展開しなさい。

□(1) $(x+y-2)(x+y-5)$

□(2) $(a-3b+1)^2$

□(3) $(x+y+8)(x+y-8)$

□(4) $(a-2b+3)(a+2b-3)$

5 次の式を因数分解しなさい。

□(1) $5x^2y-3xy$

□(2) x^2-4x+3

□(3) $x^2-12x+36$

□(4) x^2-100

ヒント

4(4) かっこの中を，公式が使えるように変形しよう。

6 次の式を因数分解しなさい。

□(1) $6x(x-2)+(x-2)$

□(2) $(x-y)^2-6(x-y)+9$

□(3) $a^2-2a+1-b^2$

□(4) $xy+2y-4x-8$

□(5) $a^2-\dfrac{36}{121}$

□(6) $4x^2-\dfrac{4}{3}x+\dfrac{1}{9}$

7 次の式を，くふうして計算しなさい。

□(1) 49^2

□(2) 97×103

□(3) 10.2×9.8

□(4) 32×35

□**8** ある数の２乗から１をひいた数は，この数より１大きい数と１小さい数の積に等しいことを証明しなさい。

□**9** 自然数 a は，6 でわると 3 あまり，自然数 b は，4 でわると 2 あまる数です。a と b の積 ab が 6 の倍数になることを証明しなさい。

□**10** 右の図のような，大きな半円から小さな半円をとりのぞいた形の土地があります。大きな半円の半径を am，2 つの半円の半径の差を bm とし，土地の面積を Sm^2，土地の真ん中を通る線の長さを ℓm とするとき，$S=b\ell$ となることを証明しなさい。

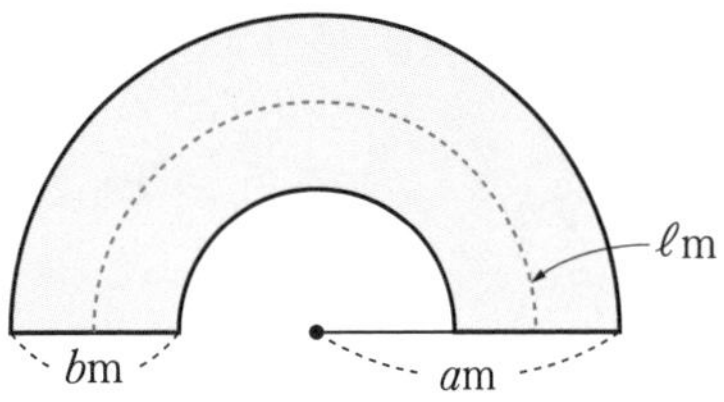

□**11** 右の図は，ある月のカレンダーです。縦に並んだ 3 つの数について，$\begin{array}{|c|}\hline a\\ b\\ c\\ \hline\end{array}$ とすると，$bc-ab$ が真ん中の数の 14 倍になることを証明しなさい。

日	月	火	水	木	金	土
	1	2	3	4	5	6
7	8	9	10	11	12	13
14	15	16	17	18	19	20
21	22	23	24	25	26	27
28	29	30	31			

ヒント

9 a を 6 でわったときの商と，b を 4 でわったときの商をそれぞれ m，n として，a，b を式で表してみよう。

2章 平方根

中１ 整数の性質

中１ 正負の数

数の世界をさらにひろげよう

ウォーミングアップ

1 正方形の面積について，次の問に答えなさい。

□(1) 対角線の長さが4cmの正方形の面積は何cm^2ですか。

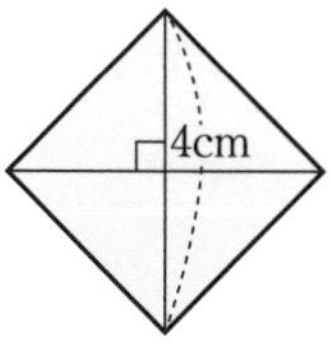

□(2) 右の方眼の１目もりを1cmとします。面積が$2cm^2$の正方形を作図しなさい。

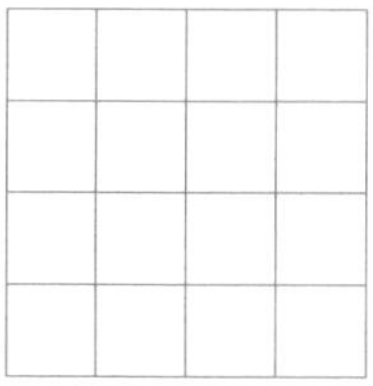

ふりかえり 小５

四角形と三角形の面積

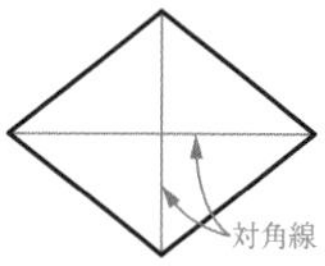

［ひし形の面積］
(対角線)×(対角線)÷2

2 次の問に答えなさい。

□(1) 1から10までの整数のうち，素数をすべていいなさい。

□(2) 24を素因数分解しなさい。

□(3) 32を素因数分解しなさい。

ふりかえり 中１

素因数分解

自然数を素数だけの積で表すこと。

2)60
2)30
3)15
　 5

$60 = 2^2 \times 3 \times 5$

3 次の問に答えなさい。

□(1) 75 にできるだけ小さい自然数をかけて，ある自然数の 2 乗にするには，どんな数をかければよいですか。

□(2) $\dfrac{360}{n}$ がある整数の 2 乗になるような自然数 n のうちで，もっとも小さい値を求めなさい。

4 次の計算をしなさい。

□(1) 6^2　　□(2) -5^2

□(3) $(-9)^2$　　□(4) $(-3)^3$

ふりかえり 中1

累乗の計算

① $3^2=3\times3=9$
② -4^2
$=-4\times4=-16$
③ $(-8)^2$
$=(-8)\times(-8)=64$
④ $(-2)^3$
$=(-2)\times(-2)\times(-2)$
$=-8$

5 次の計算をしなさい。

□(1) $(x+4)(x-4)+x(10-x)$

□(2) $-(x-2)(x-8)-2(6-x)(x+6)$

□(3) $2(x+3y)^2$

□(4) $(2x+5y)(2x-5y)-xy$

ふりかえり 中3

多項式の乗法

$(a+b)(c+d)$
$=ac+ad+bc+bd$

[乗法公式]
$(x+a)(x+b)$
$=x^2+(a+b)x+ab$
$(x+a)^2$
$=x^2+2ax+a^2$
$(x-a)^2$
$=x^2-2ax+a^2$
$(x+a)(x-a)$
$=x^2-a^2$

6 次の計算をしなさい。(1)，(2)は □ に当てはまる数も書きなさい。

□(1) 101^2
$=(100+\square)^2$

□(2) 31^2-29^2
$=(31+\square)(31-\square)$

□(3) 27^2-26^2　　□(4) 98×102

ヒント!

$a^2-b^2=(a+b)(a-b)$

解答 p.13

もっとチャレンジ!

2章

1節 平方根

1 平方根①

例題 1 平方根

教 p.45 例 1

次の数の平方根《へいほうこん》をいいなさい。

(1) 25　　(2) $\dfrac{36}{49}$　　(3) 0

解き方

(1) $5^2=25$, $(-5)^2=25$

(2) $\left(\dfrac{6}{7}\right)^2=\dfrac{36}{49}$　　$\left(-\dfrac{6}{7}\right)^2=\dfrac{36}{49}$

(3) 2 乗して 0 になる数は 0 だけ。

答 (1) **5 と −5**　(2) **$\dfrac{6}{7}$ と $-\dfrac{6}{7}$**　(3) **0**

$\pm\dfrac{6}{7}$ と答えてもよい

ポイント

平方根

2 乗すると a になる数を a の 平方根 といい，a が正の数のとき，a の平方根は 2 つある。

Check! 1 次の数の平方根をいいなさい。

(1) 64　　(2) $\dfrac{1}{9}$　　(3) 0.01

例題 2 根号と平方根

教 p.46 例 3・4

(1)～(3)の数を根号《こんごう》を使わずに表しなさい。また，(4)～(6)の数を求めなさい。

(1) $\sqrt{4}$　(2) $-\sqrt{64}$　(3) $\sqrt{(-9)^2}$　(4) $(\sqrt{5})^2$　(5) $(-\sqrt{11})^2$　(6) $(\sqrt{100})^2$

解き方

(1) $\sqrt{4}$ は，2 乗して 4 になる数のうち，正のほうだから，**2**

(2) $-\sqrt{64}$ は，2 乗して 64 になる数のうち，負のほうだから，**−8**

(3) $\sqrt{(-9)^2}=\sqrt{81}$ であり，2 乗して 81 になる正の数だから，**9**

(4) $(\sqrt{5})^2=$ **5**　← $(\sqrt{a})^2=a$

(5) $(-\sqrt{11})^2=$ **11**　← $(-\sqrt{a})^2=a$

(6) $(\sqrt{100})^2=$ **100**

ポイント

$a>0$ のとき

$\sqrt{a}$, $-\sqrt{a}$ ―2 乗→ a

a ―平方根→ $\sqrt{a}$, $-\sqrt{a}$

根号の中の数が，ある数の 2 乗になっているときは，ふつう，根号を使わずに表すよ。
例えば $\sqrt{0.01}=\sqrt{(0.1)^2}$ は，$\sqrt{0.01}=0.1$ と表すことができるね。

Check! 2 (1)～(3)の数を根号を使わずに表しなさい。また，(4)～(6)の数を求めなさい。

(1) $\sqrt{9}$　(2) $-\sqrt{16}$　(3) $\sqrt{(-7)^2}$　(4) $(\sqrt{8})^2$　(5) $(-\sqrt{19})^2$　(6) $(\sqrt{25})^2$

解答 p.14

1 平方根　次の数の平方根をいいなさい。教 p.45 問1

□(1)　81　　□(2)　144　　□(3)　$\frac{9}{16}$

2 平方根　根号を使って，次の数の平方根を表しなさい。教 p.46 問2

□(1)　5　　□(2)　13　　□(3)　$\frac{1}{2}$

□(4)　2.1　　□(5)　$\frac{7}{11}$　　□(6)　8.9

3 根号と平方根　次の数を根号を使わずに表しなさい。教 p.46 問3

□(1)　$\sqrt{49}$　　□(2)　$-\sqrt{36}$　　□(3)　$\sqrt{(-2)^2}$

□(4)　$\sqrt{(-10)^2}$　　□(5)　$\sqrt{0.09}$　　□(6)　$-\sqrt{5^2}$

□(7)　$\sqrt{\frac{1}{64}}$　　□(8)　$-\sqrt{\frac{4}{81}}$　　□(9)　$-\sqrt{(-15)^2}$

4 根号と平方根　次の数を求めなさい。教 p.46 問4

□(1)　$(\sqrt{4})^2$　　□(2)　$(\sqrt{13})^2$　　□(3)　$(-\sqrt{3})^2$

□(4)　$(-\sqrt{22})^2$　　□(5)　$(\sqrt{36})^2$　　□(6)　$-(\sqrt{81})^2$

□(7)　$(\sqrt{0.3})^2$　　□(8)　$\left(-\sqrt{\frac{9}{25}}\right)^2$　　□(9)　$-(-\sqrt{2})^2$

ヒント

(9)まず，$(-\sqrt{2})^2$ について考える。

解答 p.14

2章

1節 平方根

1 平方根②

◀ もっとチャレンジ!

例題 1 平方根の大小

教 p.47 例 5

次の各組の数の大小を，不等号を使って表しなさい。

(1) $\sqrt{7}$，$\sqrt{11}$　　(2) 6，$\sqrt{37}$　　(3) $-\sqrt{8}$，$-\sqrt{10}$

解き方

(1) $7<11$ だから，$\sqrt{7}<\sqrt{11}$

(2) $6^2=36$，$(\sqrt{37})^2=37$ で，$36<37$ だから，$\sqrt{36}<\sqrt{37}$

よって，$\mathbf{6<\sqrt{37}}$

(3) $8<10$ であるから，$\sqrt{8}<\sqrt{10}$　下の数直線のように，負の数は絶対値が大きいほど小さいから，$\mathbf{-\sqrt{8}>-\sqrt{10}}$

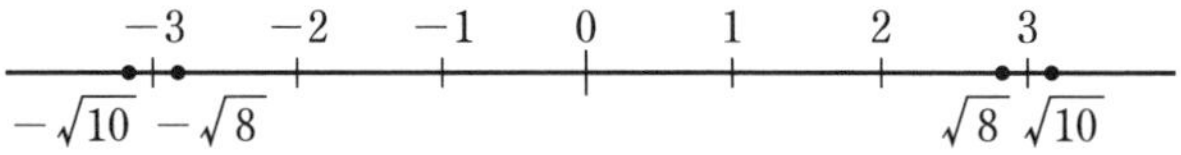

ポイント

a，b が正の数で，
$a<b$ のとき $\sqrt{a}<\sqrt{b}$

Check! 1 次の各組の数の大小を，不等号を使って表しなさい。

(1) 3，$\sqrt{6}$　　(2) $-\sqrt{5}$，$-\sqrt{7}$

例題 2 有理数と無理数

教 p.48 問 6，p.49 問 8

下の数について，あとの問に答えなさい。

$$8,\ -\sqrt{17},\ \frac{5}{2},\ \sqrt{9},\ \pi,\ \frac{2}{7},\ 4.1$$

(1) 無理数《むりすう》をすべて選びなさい。

(2) 小数で表したときに循環《じゅんかん》小数になるものを選びなさい。

解き方

(1) $8=\frac{8}{1}$，$\sqrt{9}=3=\frac{3}{1}$，$4.1=\frac{41}{10}$ であるから，これらの数と $\frac{5}{2}$，$\frac{2}{7}$ は有理数《ゆうりすう》である。したがって，無理数は，$\mathbf{-\sqrt{17}}$ **と** $\boldsymbol{\pi}$

(2) $\frac{5}{2}=2.5$ であるから，有限小数である。

$\frac{2}{7}=2\div7=0.|285714|285714|\cdots$ のように，小数点以下は 285714 という同じ数の並びをくり返すので，循環小数である。

ポイント

a を整数，b を 0 でない整数とするとき，$\frac{a}{b}$ の形に表すことができる数を **有理数** といい，有理数でない数を **無理数** という。

Check! 2 下の数のなかから，無理数を選びなさい。

-3，$\sqrt{5}$，2.6，$-\frac{2}{9}$，$\sqrt{64}$

解答 p.15

1 平方根の大小 次の各組の数の大小を，不等号を使って表しなさい。教 p.47 問5

□(1) $\sqrt{17}$，$\sqrt{19}$

□(2) 7，$\sqrt{50}$

□(3) $-\sqrt{11}$，$-\sqrt{13}$

□(4) -4，$-\sqrt{15}$

□(5) $\sqrt{0.4}$，0.4

□(6) -0.3，$-\sqrt{0.3}$

2 平方根の大小 次の各組の数の大小を，不等号を使って表しなさい。教 p.47 問5

□(1) 2，3，$\sqrt{5}$

□(2) $-\sqrt{12}$，-3，-4

ヒント

(2)まず，符号を＋にして，絶対値を比べる。

□(3) $-\sqrt{7}$，$-\sqrt{10}$，$-\sqrt{13}$

□(4) $\frac{1}{2}$，$-\sqrt{0.36}$，$-\sqrt{0.8}$

□**3 有理数と無理数** 下の数のなかから，無理数をすべて選びなさい。教 p.48 問6

0，$-\sqrt{3}$，6，$\frac{3}{11}$，$-\sqrt{\frac{9}{25}}$，$\sqrt{7}$，$\sqrt{0.04}$

□**4 有理数と無理数** 下の数直線上の点 A，B，C，D は，$\frac{8}{3}$，$-\sqrt{3}$，$\sqrt{10}$，-2.2 のどれかと対応しています。これらの点に対応する数を答えなさい。教 p.49 問7

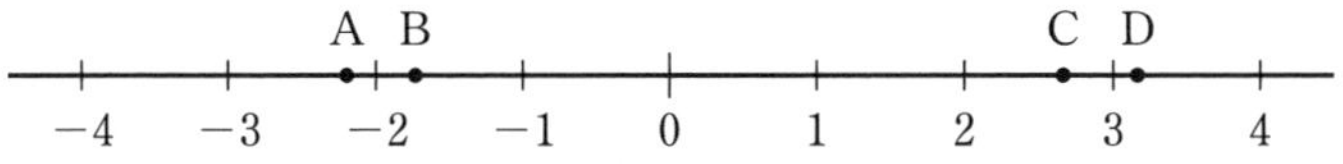

□**5 有理数と無理数** $\frac{1}{13}$，$\frac{1}{16}$ を小数で表すと，有限小数，循環小数のどちらになりますか。

教 p.49 問8

ヒント

整数 ÷ 整数がわりきれないとき，商は必ずどこかで循環する。

解答 p.15

1節の問題｜平方根

教科書 44▸50
解答 p.16

1 次の数の平方根をいいなさい。

□(1) 7　　□(2) 64　　□(3) 900

□(4) 0　　□(5) 1.44　　□(6) $\frac{4}{49}$

2 次の数を根号を使わずに表しなさい。

□(1) $\sqrt{81}$　　□(2) $-\sqrt{16}$　　□(3) $\sqrt{(-2)^2}$

□(4) $\sqrt{1}$　　□(5) $(-\sqrt{14})^2$　　□(6) $\sqrt{0.01}$

3 次の各組の数の大小を，不等号を使って表しなさい。

□(1) $\sqrt{10}$，$\sqrt{13}$　　□(2) 9，$\sqrt{82}$

□(3) $-\sqrt{17}$，$-\sqrt{15}$　　□(4) 7，6，$\sqrt{39}$

□**4** 次の㋐～㋕のなかから，無理数を選びなさい。

㋐ 0　　㋑ 4　　㋒ $\sqrt{27}$

㋓ -2.3　　㋔ $-\sqrt{\frac{1}{4}}$　　㋕ $\frac{11}{8}$

□**5** 下の数直線上の点 A，B，C，D のうち，$\sqrt{3}$ に対応する点を 1 つ選びなさい。

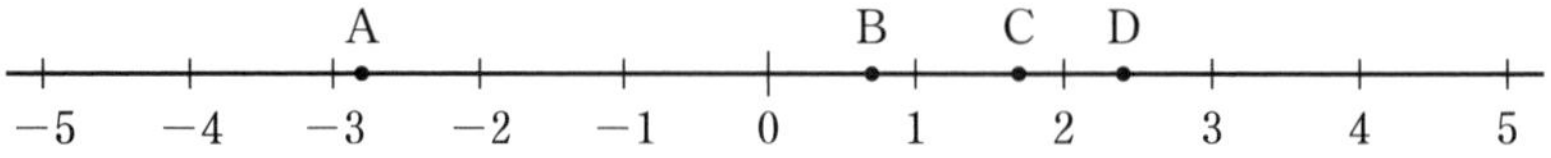

ヒント

5 $n<\sqrt{3}<n+1$ となる n の値をさがしてみよう。

□**6** $\frac{5}{4}$，$\frac{7}{9}$ **を小数で表すと，有限小数，循環小数のどちらになりますか。**

7 **次のことは正しいですか。正しければ○を書き，誤りがあれば　　の部分を正しくなおしなさい。**

□(1)　81 の平方根は，9 である。

□(2)　$\sqrt{(-7)^2}$ は -7 に等しい。

□(3)　$(-\sqrt{3})^2$ は 3 である。

□(4)　0.25 は無理数である。

8 a **を自然数とするとき，次の問に答えなさい。**

□(1)　$2<\sqrt{a}<4$ をみたす a は何個ありますか。

□(2)　$\sqrt{17-a}$ の値が整数となるような a の値をすべて求めなさい。

□(3)　$\sqrt{10}<a<\sqrt{19}$ をみたす a の値を求めなさい。

□**9** **表面積が 30cm^2 の立方体があります。この立方体の 1 辺の長さを求めなさい。**

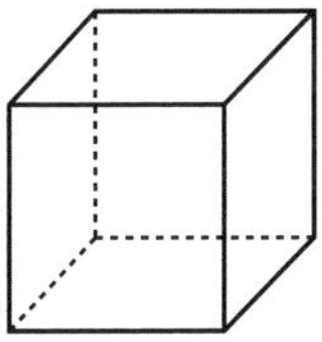

□**10** **面積が 74cm^2 の正方形の 1 辺の長さを $a$cm とします。$n<a<n+1$ とするとき，n に当てはまる整数を求めなさい。**

ヒント

8 (1)　整数を$\sqrt{\ }$の形に直すと，a がどの範囲に入るのかがわかるね。
(2)　$\sqrt{\ }$の中は，16 以下になるので，$\sqrt{16}=4$ 以下の値になるよ。

◀もっとチャレンジ!

2章

2節 根号をふくむ式の計算

1 根号をふくむ式の乗除①

例題 1 平方根の積と商

教 p.52 例1

次の計算をしなさい。

(1) $\sqrt{5}\times\sqrt{7}$　　(2) $\dfrac{\sqrt{27}}{\sqrt{3}}$

解き方

(1) $\sqrt{5}\times\sqrt{7}=\sqrt{5\times7}$ ←1

$=\sqrt{35}$

(2) $\dfrac{\sqrt{27}}{\sqrt{3}}=\sqrt{\dfrac{27}{3}}$ ←2

$=\sqrt{9}$

$=3$

ポイント

a, b を正の数とするとき

1 $\sqrt{a}\times\sqrt{b}=\sqrt{ab}$

2 $\dfrac{\sqrt{a}}{\sqrt{b}}=\sqrt{\dfrac{a}{b}}$

Check! 1 次の計算をしなさい。

(1) $\sqrt{11}\times(-\sqrt{2})$　　(2) $\sqrt{40}\div(-\sqrt{8})$

例題 2 $a\sqrt{b}$ の形

教 p.53 例2・3

$6\sqrt{3}$ を $\sqrt{a}$ の形に表しなさい。また，$\sqrt{63}$ を $a\sqrt{b}$ の形に表しなさい。

解き方

$6\sqrt{3}=\sqrt{6^2\times3}$

$=\sqrt{108}$

$\sqrt{63}=\sqrt{3^2\times7}$

$=\sqrt{3^2}\times\sqrt{7}$　（$\sqrt{ab}=\sqrt{a}\times\sqrt{b}$）

$=3\sqrt{7}$　（$\sqrt{3^2}=3$）

ポイント

a, b を正の数とするとき

$a\sqrt{b}=\sqrt{a^2b}$

Check! 2 $2\sqrt{7}$ を $\sqrt{a}$ の形に表しなさい。また，$\sqrt{54}$ を $a\sqrt{b}$ の形に表しなさい。

例題 3 根号の中が小数や分数の場合

教 p.54 例4

次の数を $\dfrac{\sqrt{a}}{b}$ の形に表しなさい。

(1) $\sqrt{\dfrac{3}{25}}$　　(2) $\sqrt{0.02}$

解き方

(1) $\sqrt{\dfrac{3}{25}}=\dfrac{\sqrt{3}}{\sqrt{25}}$

$=\dfrac{\sqrt{3}}{5}$　（$\sqrt{25}=5$）

(2) $\sqrt{0.02}=\sqrt{\dfrac{2}{100}}$ ←小数は分数で表す

$=\dfrac{\sqrt{2}}{\sqrt{100}}$

$=\dfrac{\sqrt{2}}{10}$　（$\sqrt{100}=10$）

分母が整数の2乗の分数になれば，分母の根号をなくせるね。

Check! 3 次の数を $\dfrac{\sqrt{a}}{b}$ の形に表しなさい。

(1) $\sqrt{\dfrac{5}{4}}$　　(2) $\sqrt{0.17}$

解答 p.17

1 平方根の積と商　次の計算をしなさい。 教 p.53 問 1

□(1) $\sqrt{10} \times \sqrt{3}$

□(2) $\dfrac{\sqrt{14}}{\sqrt{2}}$

□(3) $\sqrt{5} \times \sqrt{11}$

□(4) $\dfrac{\sqrt{12}}{\sqrt{3}}$

□(5) $-\sqrt{18} \times \sqrt{2}$

□(6) $\sqrt{42} \div (-\sqrt{6})$

2 $a\sqrt{b}$ の形　次の数を $\sqrt{a}$ の形に表しなさい。 教 p.53 問 2

□(1) $5\sqrt{2}$

□(2) $3\sqrt{8}$

□(3) $4\sqrt{2}$

□(4) $6\sqrt{5}$

3 $a\sqrt{b}$ の形　次の数を $a\sqrt{b}$ の形に表しなさい。 教 p.53 問 3

□(1) $\sqrt{24}$

□(2) $\sqrt{45}$

□(3) $\sqrt{48}$

□(4) $\sqrt{175}$

4 根号の中が小数や分数の場合　次の数を $\dfrac{\sqrt{a}}{b}$ の形に表しなさい。 教 p.54 問 4

□(1) $\sqrt{\dfrac{7}{9}}$

□(2) $\sqrt{\dfrac{11}{16}}$

□(3) $\sqrt{0.06}$

□(4) $\sqrt{0.0029}$

解答 p.17

◀もっとチャレンジ!

2章

2節 根号をふくむ式の計算

1 根号をふくむ式の乗除②

例題 1　近似値の求め方

教 p.54 例 5

$\sqrt{3}=1.732$，$\sqrt{30}=5.477$として，次の値を求めなさい。

(1)　$\sqrt{300}$　　(2)　$\sqrt{3000}$

解き方

(1)　$\sqrt{300}=\sqrt{3\times10^2}$　（$\sqrt{3}$ をつくる）

$=\sqrt{3}\times\sqrt{10^2}$　（$\sqrt{3}=1.732$）

$=1.732\times10$

$=\mathbf{17.32}$

(2)　$\sqrt{3000}=\sqrt{30\times10^2}$　（$\sqrt{30}$ をつくる）

$=\sqrt{30}\times\sqrt{10^2}$　（$\sqrt{30}=5.477$）

$=5.477\times10$

$=\mathbf{54.77}$

ポイント

近似値

$\sqrt{ab}=\sqrt{a}\times\sqrt{b}$ を利用して，問題で与えられた近似値を代入できるように変形していく。

Check! **1**　**例題 1** で，$\sqrt{0.03}$ の値を求めなさい。

例題 2　分母の有理化

教 p.55 例 6

次の数の分母を有《ゆう》理《り》化《か》しなさい。

(1)　$\dfrac{\sqrt{5}}{\sqrt{2}}$　　(2)　$\dfrac{3}{\sqrt{7}}$

解き方

(1)　$\dfrac{\sqrt{5}}{\sqrt{2}}=\dfrac{\sqrt{5}\times\sqrt{2}}{\sqrt{2}\times\sqrt{2}}$　←分母と分子に $\sqrt{2}$ をかける

$=\mathbf{\dfrac{\sqrt{10}}{2}}$

(2)　$\dfrac{3}{\sqrt{7}}=\dfrac{3\times\sqrt{7}}{\sqrt{7}\times\sqrt{7}}$　←分母と分子に $\sqrt{7}$ をかける

$=\mathbf{\dfrac{3\sqrt{7}}{7}}$

ポイント

分母の有理化

$\dfrac{\sqrt{b}}{\sqrt{a}}=\dfrac{\sqrt{b}\times\sqrt{a}}{\sqrt{a}\times\sqrt{a}}$

$=\dfrac{\sqrt{ab}}{a}$

Check! **2**　$\dfrac{5}{2\sqrt{3}}$ の分母を有理化しなさい。

例題 3　計算のくふう

教 p.56 例 7～9

次の計算をしなさい。

(1)　$\sqrt{6}\times\sqrt{10}$　　(2)　$\sqrt{5}\div\sqrt{2}$

解き方

(1)　$\sqrt{6}\times\sqrt{10}=\sqrt{2\times3}\times\sqrt{2\times5}$

$=\sqrt{2\times3\times2\times5}$

$=\sqrt{2^2\times15}$　（$\sqrt{2^2}=2$）

$=\mathbf{2\sqrt{15}}$

(2)　$\sqrt{5}\div\sqrt{2}=\dfrac{\sqrt{5}}{\sqrt{2}}$　（分母と分子に $\sqrt{2}$ をかける）

$=\dfrac{\sqrt{5}\times\sqrt{2}}{\sqrt{2}\times\sqrt{2}}$

$=\mathbf{\dfrac{\sqrt{10}}{2}}$

ポイント

根号の中の数をできるだけ小さい自然数にする。

Check! **3**　次の計算をしなさい。

(1)　$\sqrt{12}\times\sqrt{8}$　　(2)　$\sqrt{7}\div\sqrt{5}$

解答 p.18

1 近似値の求め方　$\sqrt{5}=2.236$，$\sqrt{50}=7.071$ として，次の値を求めなさい。 教 p.54 問 5・6

□(1) $\sqrt{20}$　　□(2) $\sqrt{0.5}$　　□(3) $\sqrt{0.45}$

2 分母の有理化　次の数の分母を有理化しなさい。 教 p.55 問 7

□(1) $\dfrac{\sqrt{7}}{\sqrt{3}}$　　□(2) $\dfrac{3}{\sqrt{2}}$　　□(3) $\dfrac{2}{3\sqrt{6}}$

□(4) $\dfrac{4}{\sqrt{10}}$　　□(5) $\dfrac{9}{\sqrt{3}}$　　□(6) $\dfrac{4\sqrt{3}}{\sqrt{2}}$

ヒント

(6)分母を有理化したあと，約分することを忘れずに。

3 計算のくふう　次の計算をしなさい。 教 p.56 問 8・9

□(1) $\sqrt{14}\times\sqrt{21}$　　□(2) $\sqrt{6}\times\sqrt{22}$　　□(3) $\sqrt{45}\times\sqrt{54}$

□(4) $4\sqrt{5}\times2\sqrt{15}$　　□(5) $\sqrt{24}\times\sqrt{18}$　　□(6) $(-\sqrt{10})\times\sqrt{32}$

□(7) $\sqrt{3}\div\sqrt{7}$　　□(8) $\sqrt{13}\div\sqrt{5}$　　□(9) $\sqrt{45}\div\sqrt{2}$

□(10) $5\sqrt{2}\div(-\sqrt{27})$　　□(11) $\sqrt{10}\div\sqrt{35}$　　□(12) $(-\sqrt{8})\div\sqrt{22}$

解答 p.18

2章

2節 根号をふくむ式の計算

◀ もっとチャレンジ!

2 根号をふくむ式の加減

例題 1　根号をふくむ式の加減

教 p.58 例 1

次の計算をしなさい。

(1)　$2\sqrt{5}+7\sqrt{5}$　　(2)　$\sqrt{7}-3\sqrt{7}$

解き方

(1)　$2\sqrt{5}+7\sqrt{5}=(2+7)\sqrt{5}$
$=9\sqrt{5}$

(2)　$\sqrt{7}-3\sqrt{7}=(1-3)\sqrt{7}$
$=-2\sqrt{7}$

ポイント

$b\sqrt{a}+c\sqrt{a}=(b+c)\sqrt{a}$ のように，$\sqrt{a}$ を文字とみて計算する。

Check! 1　次の計算をしなさい。

(1)　$6\sqrt{2}+9\sqrt{2}$　　(2)　$5\sqrt{3}-8\sqrt{3}$

例題 2　$a\sqrt{b}$ への変形と加減

教 p.59 例 3

次の計算をしなさい。

(1)　$\sqrt{24}+\sqrt{54}$　　(2)　$\sqrt{50}-2\sqrt{8}$

解き方

(1)　$\sqrt{24}+\sqrt{54}=2\sqrt{6}+3\sqrt{6}$
$=(2+3)\sqrt{6}$
$=5\sqrt{6}$

(2)　$\sqrt{50}-2\sqrt{8}=5\sqrt{2}-2\times2\sqrt{2}$
$=5\sqrt{2}-4\sqrt{2}$
$=(5-4)\sqrt{2}$
$=\sqrt{2}$

根号の中の数をそろえて計算する

ポイント

根号の中の数をそろえる

$a\sqrt{b}$ の形に変形すると計算できることもあるので，根号の中の数をできるだけ小さくする。

Check! 2　$\sqrt{75}-\sqrt{27}$ を計算しなさい。

例題 3　有理化と加減

教 p.59 例 4

次の計算をしなさい。

(1)　$\sqrt{3}+\dfrac{6}{\sqrt{3}}$　　(2)　$6\sqrt{2}-\dfrac{5}{\sqrt{2}}$

まずはじめに有理化して，約分ができるかを確認しよう。

解き方

(1)　$\sqrt{3}+\dfrac{6}{\sqrt{3}}=\sqrt{3}+\dfrac{6\times\sqrt{3}}{\sqrt{3}\times\sqrt{3}}$
$=\sqrt{3}+\dfrac{6\sqrt{3}}{3}$
$=\sqrt{3}+2\sqrt{3}$
$=3\sqrt{3}$

有理化する
約分する

(2)　$6\sqrt{2}-\dfrac{5}{\sqrt{2}}=6\sqrt{2}-\dfrac{5\times\sqrt{2}}{\sqrt{2}\times\sqrt{2}}$
$=6\sqrt{2}-\dfrac{5\sqrt{2}}{2}$
$=\dfrac{12\sqrt{2}-5\sqrt{2}}{2}=\dfrac{7\sqrt{2}}{2}$

Check! 3　$\sqrt{90}-\sqrt{\dfrac{5}{2}}$ を計算しなさい。

解答 p.19

1 根号をふくむ式の加減　次の計算をしなさい。 教 p.58 問1

□(1) $3\sqrt{6}+4\sqrt{6}$　　□(2) $\sqrt{10}+3\sqrt{10}$　　□(3) $6\sqrt{2}-\sqrt{2}$

□(4) $5\sqrt{7}-9\sqrt{7}$　　□(5) $2\sqrt{3}+5\sqrt{3}+7\sqrt{3}$　　□(6) $3\sqrt{2}-4\sqrt{2}+6\sqrt{2}$

2 根号をふくむ式の加減　次の計算をしなさい。 教 p.59 問2

□(1) $7\sqrt{2}+4\sqrt{3}-\sqrt{2}-5\sqrt{3}$　　□(2) $3\sqrt{3}-6\sqrt{7}-8\sqrt{3}+2\sqrt{7}$

□(3) $9\sqrt{5}-3\sqrt{2}-7\sqrt{5}$　　□(4) $5\sqrt{6}-7-4\sqrt{6}+1$

3 $a\sqrt{b}$ への変形と加減　次の計算をしなさい。 教 p.59 問3

□(1) $\sqrt{28}+\sqrt{63}$　　□(2) $\sqrt{48}-\sqrt{12}$

□(3) $\sqrt{32}-5\sqrt{8}$　　□(4) $2\sqrt{54}-\sqrt{24}+\sqrt{96}$

4 有理化と加減　次の計算をしなさい。 教 p.59 問4

□(1) $3\sqrt{2}+\dfrac{10}{\sqrt{2}}$　　□(2) $8\sqrt{3}-\dfrac{15}{\sqrt{3}}$

ヒント
(3)有理化しても約分できないときは，通分する。

□(3) $4\sqrt{6}-\sqrt{\dfrac{3}{2}}$　　□(4) $3\sqrt{20}-\dfrac{60}{\sqrt{5}}+\sqrt{45}$

解答 p.19

2章　2節 根号をふくむ式の計算　3節 平方根の利用

もっとチャレンジ!

3 根号をふくむ式のいろいろな計算，平方根の利用

例題 1　乗法公式の利用

教 p.60 例 1・2

次の計算をしなさい。

(1)　$\sqrt{2}(\sqrt{3}+3)$　　(2)　$(\sqrt{5}-2)^2$

解き方

(1)　$\sqrt{2}(\sqrt{3}+3)$

$=\sqrt{6}+3\sqrt{2}$　　$a(x+y)=ax+ay$

(2)　$(\sqrt{5}-2)^2$

$=(\sqrt{5})^2-2\times2\times\sqrt{5}+2^2$

$=5-4\sqrt{5}+4$

$=9-4\sqrt{5}$

(2)　乗法公式 3

$(x-a)^2=x^2-2ax+a^2$

に $x=\sqrt{5}$，$a=2$ を当てはめて計算しよう。

Check! 1　$(\sqrt{7}+3)(\sqrt{7}-5)$ を計算しなさい。

例題 2　式の値

教 p.61 例 3

$x=\sqrt{2}+1$，$y=\sqrt{2}-1$ のとき，$x^2-2xy+y^2$ の値を求めなさい。

解き方

$x^2-2xy+y^2=(x-y)^2$

ここで，$x-y=(\sqrt{2}+1)-(\sqrt{2}-1)=2$ より，

$(x-y)^2=2^2=4$　　**答**　4

因数分解してから x，y の値を代入すると，計算が簡単になる場合があるよ。

Check! 2　$x=\sqrt{2}+1$，$y=\sqrt{2}-1$ のとき，x^2-y^2 の値を求めなさい。

例題 3　平方根の利用

教 p.63 Q

A4 判の紙と B4 判の紙は，どちらも長い辺と短い辺の長さの比は $\sqrt{2}:1$ になっていて，B4 判の紙の長い辺は A4 判の紙の対角線と重ね合わせることができます。A4 判の紙の対角線の長さを $a$cm とするとき，B4 判の紙の短い辺の長さを a を使った式で表しなさい。

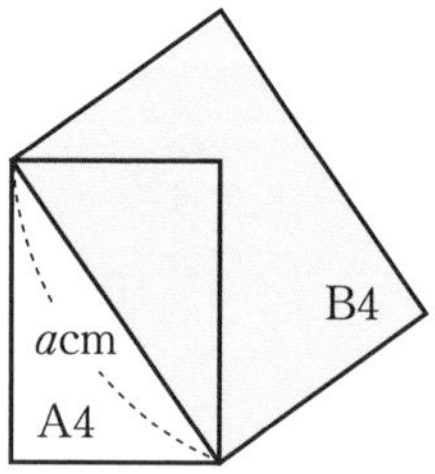

解き方

B4 判の紙の長い辺の長さは，A4 判の紙の対角線と同じ長さで，$a$cm である。求める長さを $x$cm とすると，$a:x=\sqrt{2}:1$ より，

$x=\dfrac{1}{\sqrt{2}}a=\dfrac{\sqrt{2}}{2}a$ (cm)　　**答**　$\dfrac{\sqrt{2}}{2}a$ cm

Check! 3　**例題 3** で，B4 判の紙の短い辺の長さを $b$cm とするとき，A4 判の対角線の長さを b を使った式で表しなさい。

解答 p.20

1 乗法公式の利用 次の計算をしなさい。 教 p.60 問1・2

□(1) $\sqrt{3}(1-\sqrt{21})$

□(2) $(\sqrt{6}-7)(2\sqrt{6}+1)$

□(3) $(\sqrt{3}+2)(\sqrt{3}-9)$

□(4) $(\sqrt{8}+\sqrt{10})^2$

□(5) $(4\sqrt{2}-3)^2$

□(6) $(\sqrt{6}+5)(\sqrt{6}-5)$

2 式の値 $x=\sqrt{6}+\sqrt{3}$，$y=\sqrt{6}-\sqrt{3}$ のとき，次の式の値を求めなさい。 教 p.61 問5

□(1) $x^2+2xy+y^2$

□(2) x^2y-xy^2

ヒント！
(2)共通因数をくくり出す。

3 式の値 $a=5+\sqrt{7}$ のとき，次の式の値を求めなさい。 教 p.61 問6

□(1) $a^2-10a+25$

□(2) a^2-5a+3

4 平方根の利用 右の図のような，長い辺と短い辺の長さの比が $\sqrt{2}:1$ の長方形ABCDがあります。この長方形を，BEを折り目として折るとき，点Aが重なる辺CD上の点をFとすると，∠FBC＝45°になります。また，BGを折り目として折るとき，点Cが重なる線分BF上の点をHとします。BC＝$a$cmとして，次の問に答えなさい。 教 p.63 Q

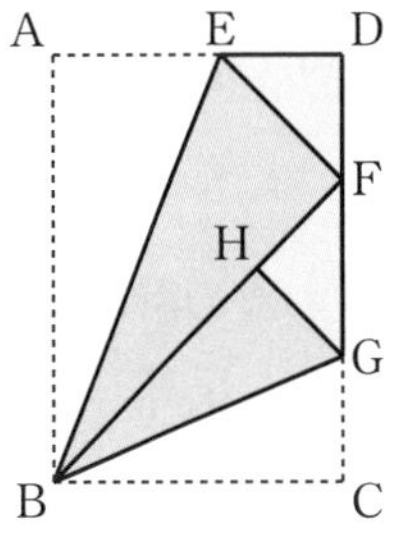

□(1) 線分DFの長さを a を使った式で表しなさい。

□(2) 線分FHの長さを a を使った式で表しなさい。

解答 p.20

2・3節の問題　根号をふくむ式の計算　平方根の利用

教科書 52 ▸ 65

解答 p.21

1 次の数を $\sqrt{a}$ の形に表しなさい。

□(1) $2\sqrt{5}$　　□(2) $6\sqrt{2}$　　□(3) $8\sqrt{7}$

2 次の数を $a\sqrt{b}$ の形に表しなさい。

□(1) $\sqrt{63}$　　□(2) $\sqrt{108}$　　□(3) $\sqrt{150}$

3 $\sqrt{6}=2.449$，$\sqrt{60}=7.746$ として，次の値を求めなさい。

□(1) $\sqrt{6000}$　　□(2) $\sqrt{24}$　　□(3) $\sqrt{0.54}$

4 次の数の分母を有理化しなさい。

□(1) $\dfrac{5}{\sqrt{3}}$　　□(2) $\dfrac{\sqrt{11}}{\sqrt{5}}$　　□(3) $\dfrac{7}{2\sqrt{7}}$

5 次の計算をしなさい。

□(1) $\sqrt{18}\times\sqrt{27}$　　□(2) $\sqrt{12}\times\sqrt{30}$

□(3) $\sqrt{30}\times\sqrt{15}$　　□(4) $-\sqrt{2}\div\sqrt{7}$

□(5) $\sqrt{75}\div\sqrt{2}$　　□(6) $5\sqrt{3}\div(-\sqrt{20})$

6 次の計算をしなさい。

□(1) $9\sqrt{3}-6\sqrt{3}$　　□(2) $6\sqrt{6}-\sqrt{2}+2\sqrt{2}-7\sqrt{6}$

□(3) $\sqrt{48}-\sqrt{3}$　　□(4) $\sqrt{27}-\sqrt{12}$

□(5) $\sqrt{8}+\sqrt{18}-5\sqrt{2}$　　□(6) $\sqrt{18}-\sqrt{72}$

□(7) $-\sqrt{3}+4\sqrt{3}-\dfrac{15}{\sqrt{3}}$　　□(8) $\sqrt{56}-\sqrt{\dfrac{63}{2}}$

ヒント

3 (1) $a\sqrt{b}$ の形にしてみよう。

(3) $0.54=\dfrac{54}{100}$ として考えよう。

7 **次の計算をしなさい。**

□(1) $\sqrt{6} \times \sqrt{2} - \sqrt{3}$

□(2) $\sqrt{60} \div \sqrt{5} + \sqrt{27}$

□(3) $\sqrt{120} \div \sqrt{3} \div (-\sqrt{5})$

□(4) $3\sqrt{6} \times 2\sqrt{3} - \sqrt{8} \div 2$

8 **次の計算をしなさい。**

□(1) $\sqrt{14}(2\sqrt{21} - 3\sqrt{10})$

□(2) $(\sqrt{5} - \sqrt{2})^2$

□(3) $(\sqrt{6} + \sqrt{2})(\sqrt{6} - \sqrt{2}) + \sqrt{5}(\sqrt{5} - 2)$

□(4) $(\sqrt{2} - 3)^2 - (\sqrt{2} + 3)^2$

9 **$x = \sqrt{7} + 3$，$y = \sqrt{7} - 1$ のとき，次の式の値を求めなさい。**

□(1) $x^2 + xy$

□(2) $x^2 - 4xy + 4y^2$

□**10** **$\sqrt{40n}$ が自然数になるような自然数 n のうちで，もっとも小さい値を求めなさい。また，そのときの $\sqrt{40n}$ の値を求めなさい。**

11 **$\sqrt{15}$ の小数部分を a とするとき，次の問に答えなさい。**

□(1) $\sqrt{15}$ の整数部分はいくつですか。

□(2) a の値を求めなさい。

□(3) $(a-2)(a+8)$ の値を求めなさい。

12 **右の図は，1 辺が 10cm の正方形 ABCD です。この正方形の各辺 AB，BC，CD，DA それぞれを 3：7 に分ける点 P，Q，R，S を結んでできる正方形 PQRS について，次の問に答えなさい。**

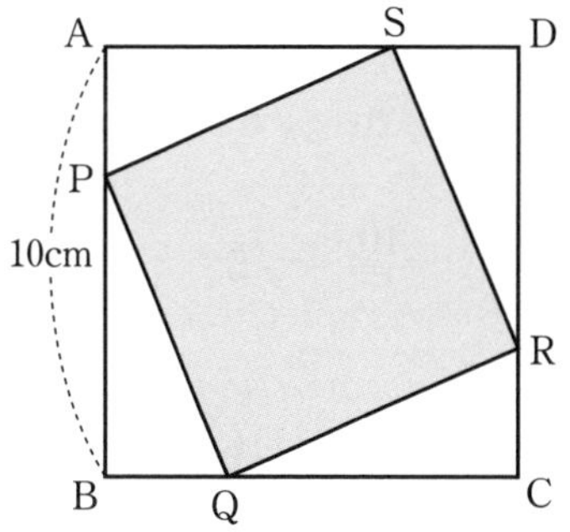

□(1) 正方形 PQRS の面積を求めなさい。

□(2) 正方形 PQRS の 1 辺の長さを求めなさい。

ヒント

12 図の中から，合同な三角形をみつけよう。

2章の問題　平方根　数の世界をさらにひろげよう

教科書 44 ▸ 68

解答 p.22

1 次のことは正しいですか。正しければ○を書き，誤りがあれば＿＿の部分を正しくなおしなさい。

□(1)　49 の平方根は ± 7 である。

□(2)　$-\sqrt{(-4)^2}$ は 4 である。

□(3)　$\sqrt{(-3)^2} \times \sqrt{3^2}$ は 9 に等しい。

□(4)　$\sqrt{32} \div \sqrt{4}$ は $2\sqrt{2}$ に等しい。

□(5)　$\sqrt{8} - \sqrt{2}$ は $\sqrt{6}$ に等しい。

2 n を 0 から 10 までの整数とするとき，次の問に答えなさい。

□(1)　$\sqrt{n}$ が無理数である n の値をすべて求めなさい。

□(2)　$\sqrt{n}$ は無理数であるが，$\sqrt{\dfrac{n}{2}}$ は有理数になる n の値をすべて求めなさい。

3 $\sqrt{6} = 2.449$ として，次の値を求めなさい。

□(1)　$\sqrt{54}$　　□(2)　$\sqrt{600}$　　□(3)　$\sqrt{0.0006}$

4 次の各組の数の大小を，不等号を使って表しなさい。

□(1)　$\sqrt{0.25}$，0.51

□(2)　$-3\sqrt{2}$，$-2\sqrt{3}$

5 次の計算をしなさい。

□(1)　$\sqrt{8} \times \sqrt{18}$

□(2)　$\sqrt{55} \div (-\sqrt{11})$

□(3)　$7\sqrt{7} + 3\sqrt{7}$

□(4)　$9\sqrt{3} + 7\sqrt{2} - 4\sqrt{3} - 5\sqrt{2}$

□(5)　$\sqrt{20} - \sqrt{5}$

□(6)　$\sqrt{216} - \sqrt{54} + \sqrt{6}$

□(7)　$\dfrac{10}{\sqrt{5}} - \sqrt{5}$

□(8)　$\sqrt{72} \times (-\sqrt{2}) \div \sqrt{6}$

□(9)　$(\sqrt{8} + 1)(\sqrt{8} - 4) - \dfrac{4}{\sqrt{2}}$

□(10)　$(\sqrt{27} - 1)^2 + \dfrac{6}{\sqrt{3}}$

ヒント

5 同じ数の平方根をふくんだ式は，同類項をまとめるのと同じようにして計算できるんだったね。

6 次の数の分母を有理化しなさい。

□(1) $\dfrac{9}{2\sqrt{5}}$　　□(2) $\dfrac{6\sqrt{5}}{\sqrt{2}}$　　□(3) $\dfrac{\sqrt{6}+\sqrt{2}}{\sqrt{3}}$

7 a を自然数とするとき，次の問に答えなさい。

□(1) $4.2<\sqrt{a}\leqq 6$ をみたす a の値は何個ありますか。

□(2) $\sqrt{27-a}$ の値が整数となるような a の値をすべて求めなさい。

□**8** $\sqrt{11}$ の整数部分を a，小数部分を b とするとき，$b(a-b)$ の値を求めなさい。

9 $x=\sqrt{7}+\sqrt{3}$　$y=\sqrt{7}-\sqrt{3}$ のとき，次の式の値を求めなさい。

□(1) x^2-y^2　　□(2) $x^2+4xy-5y^2$

10 面積が $1\mathrm{cm}^2$ の正方形を1番目の図形とし，その頂点が各辺の中点となるように作図した正方形を2番目の図形…として，右の図のように，外側に次々と正方形を作っていきます。下の表は，図形の面積と1辺の長さとの関係を表したものです。次の問に答えなさい。

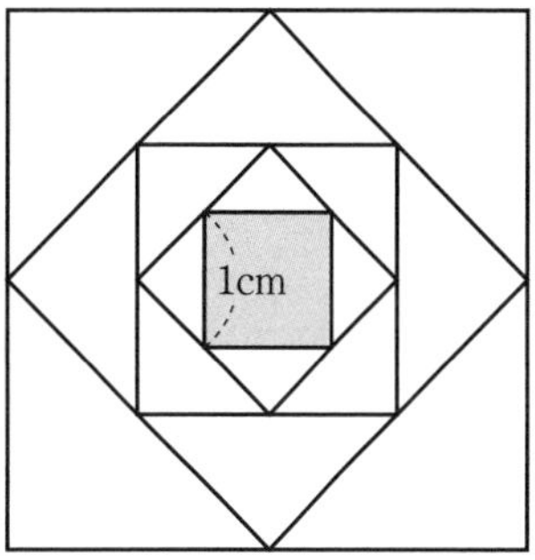

○番目の図形	1	2	3	4	5	…	n
面積（cm^2）	1	2	㋐	㋑	16	…	
1辺の長さ（cm）	1	$\sqrt{2}$	2	㋒	4	…	

□(1) 表の㋐～㋒に当てはまる数を求めなさい。

□(2) 7番目の正方形の1辺の長さと面積を求めなさい。

□(3) n 番目の正方形の1辺の長さは，$(n-2)$ 番目の正方形の1辺の長さの何倍ですか。

ヒント

6 分母に何をかけたらよいかを考えよう。

3章
2次方程式

中2　方程式

中3　多項式

方程式を利用して問題を解決しよう

ウォーミングアップ

1 次の方程式を解きなさい。

□(1)　$5x-8=2$

□(2)　$2x+1=-3x+21$

□(3)　$4x-3(x+2)=5$

□(4)　$2(x+4)=7(2x+1)$

□(5)　$\dfrac{3}{2}x+\dfrac{5}{9}=\dfrac{1}{9}x+\dfrac{5}{3}$

□(6)　$-2(x+4)=\dfrac{2x+5}{2}$

□(7)　$200x+100(30-x)=300x+2000$

□(8)　$0.08x+5=0.03x-1$

ヒント

(5)，(6)式の両辺に同じ数をかけて，分数をふくまない形に変形する。
(7)式の両辺を100でわる。

2 次の数の平方根を求めなさい。

□(1)　81

□(2)　$\dfrac{4}{9}$

□(3)　6

□(4)　400

ふりかえり　中3

平方根

2乗するとaになる数をaの平方根という。

$3^2=9$，$(-3)^2=9$だから，3と-3は9の平方根。

3 **次の問に答えなさい。**

(1) 次の各組の数の大小を，不等号を使って表しなさい。

□① $\sqrt{7}$，$\sqrt{5}$　　□② -6，$-\sqrt{35}$

ふりかえり 中3

平方根の大小

a，b が正の数で，$a<b$ ならば，$\sqrt{a}<\sqrt{b}$

(2) 次の数を $a\sqrt{b}$ の形に表しなさい。

□① $\sqrt{12}$　　□② $-\sqrt{300}$

4 **次の式を因数分解しなさい。**

□(1) x^2+4x+3　　□(2) $x^2-8x+12$

□(3) $x^2+12x+32$　　□(4) x^2-9x+8

□(5) $x^2+10x+25$　　□(6) $49x^2-16$

5 **次の問に答えなさい。**

□(1) x についての方程式 $3-(a-x)=4x+13$ の解が $x=-5$ であるとき，a の値を求めなさい。

ヒント

(1)方程式の解がわかっているので，解を代入する。

□(2) ある数 x と 3 との和の 3 倍は，x の 5 倍から 3 をひいた数に等しい。このような数 x を求めなさい。

解答 p.23

3章

1節　2次方程式とその解き方

もっとチャレンジ!

1　2次方程式とその解　2　平方根の考えを使った解き方①

例題 1　2次方程式の解

教 p.73 Q

1，2，3，4 のうち，2 次方程式 $x^2-5x+6=0$ の解《かい》を，すべていいなさい。

解き方

(左辺)＝(右辺) となる x の値が解である。

$x=1$ のとき，(左辺)＝$1^2-5\times1+6=2$ より，(左辺)≠(右辺)

$x=2$ のとき，(左辺)＝$2^2-5\times2+6=0$ より，(左辺)＝(右辺)

$x=3$ のとき，(左辺)＝$3^2-5\times3+6=0$ より，(左辺)＝(右辺)

$x=4$ のとき，(左辺)＝$4^2-5\times4+6=2$ より，(左辺)≠(右辺)

よって，2 次方程式 $x^2-5x+6=0$ の解は，**2** と **3** である。

2 次方程式の解の個数は，2 個，1 個，0 個の 3 つの場合があるよ。

Check! **1**　−4，−3，−2，−1，0 のうち，2 次方程式 $x^2+4x=0$ の解をすべていいなさい。

例題 2　平方根の考えを使った解き方

教 p.74 例 1

次の方程式を解《と》きなさい。

(1)　$x^2-49=0$　　(2)　$3x^2-30=0$

解き方

(1)　$x^2-49=0$　（移項する）

$x^2=49$

2 乗して 49 になるから，

$\boldsymbol{x=\pm7}$

(2)　$3x^2-30=0$　（移項する）

$3x^2=30$　（両辺を 3 でわる）

$x^2=10$

$\boldsymbol{x=\pm\sqrt{10}}$

ポイント

$a>0$ のとき，

$x^2=a$ の解は，

$x=\pm\sqrt{a}$

Check! **2**　$2x^2-56=0$ を解きなさい。

例題 3　$(x+▲)^2=●$ の形

教 p.75 例 2

$(x+1)^2=3$ を解きなさい。

解き方

$(\underbrace{x+1}_{A})^2=3$　（$A^2=3$ ならば $A=\pm\sqrt{3}$）

$\underbrace{x+1}_{A}=\pm\sqrt{3}$

$\boldsymbol{x=-1\pm\sqrt{3}}$

$x+1=A$ とおくと，かっこの中をひとまとまりのものとみて解くことができるね。

ポイント

$a>0$ のとき，

$(x+b)^2=a$ の解は，

$x=-b\pm\sqrt{a}$

Check! **3**　$(x-6)^2-13=0$ を解きなさい。

解答 p.24

□ **1** **2次方程式**　次の㋐〜㋒の方程式のうち，2次方程式であるものをすべて選びなさい。 教 p.72 問1

㋐ $(x+6)^2=2$　　㋑ $3x^2=5$　　㋒ $x^2-4x+1=x^2+7x$

□ **2** **2次方程式の解**　0，1，2，3，4のうち，2次方程式 $x^2-4x+3=0$ の解を，すべていいなさい。教 p.73 問3

3 **平方根の考えを使った解き方**　次の方程式を解きなさい。教 p.74 問1

□(1) $x^2-81=0$　　□(2) $2x^2-14=0$　　□(3) $5x^2-20=0$

□(4) $9x^2-16=0$　　□(5) $4x^2=5$　　□(6) $36x^2-11=0$

4 **$(x+▲)^2=●$ の形**　次の方程式を解きなさい。教 p.75 問2

□(1) $(x-2)^2=5$　　□(2) $(x+7)^2=9$　　□(3) $(x-3)^2-8=0$

□(4) $(x+5)^2-64=0$　　□(5) $(x-4)^2=24$　　□(6) $(x+9)^2-12=0$

□(7) $(x-8)^2+6=22$　　□(8) $(x+2)^2-11=14$　　□(9) $2(x+6)^2=64$

ヒント!

(9)はじめに両辺を2でわる。

解答 p.24

もっとチャレンジ!

3章　1節　2次方程式とその解き方

2 平方根の考えを使った解き方②　3 2次方程式の解の公式

例題 1　$(x+▲)^2=●$ の形への変形

教 p.76 Q

$x^2+12x=4$ について，次の問に答えなさい。

(1)　次の□にあてはまる数を入れなさい。

$x^2+12x=4$

$x^2+12x+□=4+□$

$(x+□)^2=□$

(2)　この方程式を解きなさい。

解き方

(1)　$x^2+\underset{\sim}{12}x=4$ ← $x^2+2\times6x=4$

$x^2+12x+\underline{6^2}=4+\underline{6^2}$ ← 12 の半分にあたる 6 の 2 乗

$(x+\underline{6})^2=40$

A=B ならば，A+C=B+C という等式の性質を使っているね。

(2)　$(x+6)^2=40$

$x+6=\pm\sqrt{40}$

$x=-6\pm2\sqrt{10}$

ポイント

$(x+▲)^2=●$ の形への変形

[因数分解の公式]
2′ $x^2+2ax+a^2=(x+a)^2$
3′ $x^2-2ax+a^2=(x-a)^2$
を使う。

x の係数が偶数なら，

$x^2+2ax=c$

$x^2+2ax+a^2=c+a^2$

$(x+a)^2=c+a^2$

x の係数が奇数なら，

$x^2+px=c$

$x^2+px+\left(\frac{p}{2}\right)^2=c+\left(\frac{p}{2}\right)^2$

$\left(x+\frac{p}{2}\right)^2=c+\frac{p^2}{4}$

Check! 1　$x^2-8x=1$ を，$(x+▲)^2=●$ の形に変形して解きなさい。

例題 2　解の公式

教 p.79 例 1

$2x^2-5x+1=0$ を，解の公式を使って解きなさい。

解き方

解の公式に，$a=2$，$b=-5$，$c=1$ を代入すると，

$$x=\frac{-(-5)\pm\sqrt{(-5)^2-4\times2\times1}}{2\times2}$$

$$=\frac{5\pm\sqrt{25-8}}{4}$$

$$=\frac{5\pm\sqrt{17}}{4}$$

負の数を代入するときはかっこを忘れずにつけよう。

ポイント

2次方程式
$ax^2+bx+c=0$ の解

$$x=\frac{-b\pm\sqrt{b^2-4ac}}{2a}$$

Check! 2　$3x^2+x-1=0$ を，解の公式を使って解きなさい。

解答 p.25

1 $(x+▲)^2=●$ の形への変形　次の□にあてはまる数を入れなさい。 教 p.76 問 3

□(1) $x^2+2x=9$

$x^2+2x+□=9+□$

$(x+□)^2=□$

$x=□$

□(2) $x^2-6x=6$

$x^2-6x+□=6+□$

$(x-□)^2=□$

$x=□$

□(3) $x^2+5x=2$

$x^2+5x+\dfrac{25}{4}=2+\dfrac{25}{4}$

$(x+□)^2=□$

$x=□$

2 解の公式　次の方程式を解きなさい。 教 p.79 問 2

□(1) $x^2+x-3=0$　□(2) $2x^2-5x-2=0$　□(3) $x^2-9x-11=0$

□(4) $x^2+3x-9=0$　□(5) $4x^2-7x+2=0$　□(6) $8x^2-11x-1=0$

3 解の公式　次の方程式を解きなさい。 教 p.80 問 3

□(1) $6x^2-2x-3=0$　□(2) $3x^2-4x-2=0$　□(3) $2x^2+4x+1=0$

4 解の公式　次の方程式を解きなさい。 教 p.80 問 4

□(1) $3x^2+2x-1=0$　□(2) $6x^2+x-5=0$　□(3) $4x^2-4x+1=0$

ヒント
(3)解の個数は 2 個とは限らないよ。

解答 p.25

もっとチャレンジ!

3章 1節 2次方程式とその解き方

4 因数分解を使った解き方

例題 1　因数分解による解き方①

教 p.81 例1

$(x+9)(x-7)=0$ を解きなさい。

解き方

$x+9$ と $x-7$ の積が 0 だから,

$x+9=0$ または $x-7=0$

したがって, 解は $\boldsymbol{x=-9}$, $\boldsymbol{x=7}$

ポイント

因数分解を使った解き方

次の性質を利用する。
$AB=0$ ならば, $A=0$ または $B=0$

Check! 1　次の方程式を解きなさい。

(1) $(x-3)(x-5)=0$　　(2) $x(x-9)=0$

例題 2　因数分解による解き方②

教 p.82 例2

$x^2+10x+24=0$ を解きなさい。

解き方

$x^2+10x+24=0$　（左辺を因数分解する）

$(x+4)(x+6)=0$

$x+4=0$ または $x+6=0$

$\boldsymbol{x=-4}$, $\boldsymbol{x=-6}$

因数分解すると
例題 1 の形の式
がつくれるね。

ポイント

因数分解の公式[1]′

$x^2+(a+b)x+ab$
$=(x+a)(x+b)$

Check! 2　次の方程式を解きなさい。

(1) $x^2-7x+10=0$　　(2) $x^2-2x-3=0$

例題 3　因数分解による解き方③

教 p.82 例3

$x^2+8x+16=0$ を解きなさい。

解き方

$x^2+8x+16=0$　（左辺を因数分解する）

$(x+4)^2=0$

$x+4=0$

$\boldsymbol{x=-4}$

左辺の定数項が（自然数）^{2}
のときは, 公式[2]′～[4]′ の
可能性を考えよう。

ポイント

因数分解の公式[2]′, [3]′

$(x\pm a)^2$
$=x^2\pm 2ax+a^2$

因数分解の公式[4]′

x^2-a^2
$=(x+a)(x-a)$

Check! 3　次の方程式を解きなさい。

(1) $x^2+4x+4=0$　　(2) $x^2-12x+36=0$

解答 p.26

1 因数分解による解き方① 次の方程式を解きなさい。 教 p.81 問1

□(1) $(x-2)(x-3)=0$ □(2) $(x+1)(x+5)=0$ □(3) $(x-10)(x+12)=0$

□(4) $x(x+2)=0$ □(5) $(2x+1)(3x-1)=0$ □(6) $x(4x-3)=0$

2 因数分解による解き方② 次の方程式を解きなさい。 教 p.82 問2

□(1) $x^2+5x+4=0$ □(2) $x^2-11x+30=0$ □(3) $x^2-5x-14=0$

□(4) $x^2+8x+15=0$ □(5) $x^2-7x+6=0$ □(6) $x^2+2x-8=0$

□(7) $x^2+11x+18=0$ □(8) $x^2-12x+32=0$ □(9) $x^2-x-72=0$

3 因数分解による解き方③ 次の方程式を解きなさい。 教 p.82 問3・4

□(1) $x^2+10x+25=0$ □(2) $x^2-2x+1=0$ □(3) $x^2+14x+49=0$

□(4) $x^2-18x+81=0$ □(5) $x^2-16=0$ □(6) $x^2-100=0$

解答 p.26

3章

もっとチャレンジ!

1節 2次方程式とその解き方

5 いろいろな2次方程式

例題1 解き方の選び方

教 p.83 Q

次の方程式を，適当な方法で解きなさい。

(1) $(x+4)^2=49$　(2) $x^2-6x-7=0$　(3) $x^2+x-1=0$

解き方

(1) $(x+4)^2=49$

$x+4=\pm 7$

$x+4=7$

または $x+4=-7$

$\boldsymbol{x=3,\ x=-11}$

(2) $x^2-6x-7=0$

$(x+1)(x-7)=0$

$x+1=0$

または $x-7=0$

$\boldsymbol{x=-1,\ x=7}$

(3) 解の公式に，$a=1$，$b=1$

$c=-1$ を代入すると，

$$x=\frac{-1\pm\sqrt{1^2-4\times1\times(-1)}}{2\times1}$$

$$=\boldsymbol{\frac{-1\pm\sqrt{5}}{2}}$$

因数分解か解の公式で解くのが基本。式がはじめから(1次式)^{2}の形のときは，平方根の考えを利用するのもいいね。

ポイント

左辺が因数分解できないときは，解の公式を使う。

Check! **1** 次の方程式を，適当な方法で解きなさい。

(1) $3x^2+7x+2=0$　(2) $(x-1)^2=27$　(3) $x^2+11x+18=0$

例題2 いろいろな2次方程式

教 p.83 例1

次の方程式を解きなさい。

(1) $x(3x+5)=-4(x-3)$　(2) $2(x-1)^2=-5x+17$

解き方

(1) $x(3x+5)=-4(x-3)$

$3x^2+5x=-4x+12$ （展開）

$3x^2+9x-12=0$

$x^2+3x-4=0$ （共通な因数の3でわる）

$(x+4)(x-1)=0$

$x+4=0$ または $x-1=0$

$\boldsymbol{x=-4,\ x=1}$

(2) $2(x-1)^2=-5x+17$

$2(x^2-2x+1)=-5x+17$

$2x^2-4x+2=-5x+17$

$2x^2+x-15=0$ ←因数分解できない！

$$x=\frac{-1\pm\sqrt{1^2-4\times2\times(-15)}}{2\times2}$$ ←解の公式に代入

$$=\frac{-1\pm11}{4},\quad \boldsymbol{x=\frac{5}{2},\ x=-3}$$

ポイント

2次方程式 $ax^2+bx+c=0$ の形をつくる。

Check! **2** 次の方程式を解きなさい。

(1) $5(x+3)(x-3)=x-44$　(2) $4(x-9)=x(9-x)$

解答 p.27

1 解き方の選び方 次の方程式を，適当な方法で解きなさい。 教 p.83 問 1

□(1) $x^2-24=0$　□(2) $x^2-13x+40=0$　□(3) $2x^2-3x-1=0$

2 いろいろな 2 次方程式 次の方程式を解きなさい。 教 p.83 問 2

□(1) $5x^2-6x=3x^2-8x+3$　□(2) $x(x+1)=56$

□(3) $(x+2)(x-4)=7$　□(4) $(2x+3)^2=2x^2+41$

□(5) $2(x^2+72)=x(x+24)$　□(6) $x^2+\frac{8}{3}x=1$

ヒント

(6)はじめに，式の両辺に3をかけて分母をはらう。

□(7) $0.5x^2=0.9x-0.3$　□(8) $(x+3)(x-4)+(x+1)^2=0$

解答 p.27

1節の問題　2次方程式とその解き方

教科書 72▸84
解答 p.28

1 次の㋐～㋓のうち，2次方程式はどれですか。また，2次方程式のうち，4が解であるものはどれですか。すべて選びなさい。

㋐　x^2-2x-8

㋑　$3x^2+7x=5x+1$

㋒　$x^2-4=3x$

㋓　$(x-4)(x+1)=x^2-5$

2 次の方程式を解きなさい。

(1)　$x^2-36=0$

(2)　$8x^2=24$

(3)　$(x-9)^2=9$

(4)　$(x+1)^2=10$

3 次の方程式を解きなさい。

(1)　$x^2-6x=-7$

(2)　$2x^2+4x-5=0$

(3)　$3x^2-5x+2=0$

(4)　$x^2-5x-1=0$

(5)　$2x^2-4x-3=0$

(6)　$4x^2-16x-5=0$

4 次の方程式を解きなさい。

(1)　$(x+6)(x-4)=0$

(2)　$x^2+6x-16=0$

(3)　$x^2-9x=0$

(4)　$x^2-10x=-25$

(5)　$x^2-7x-18=0$

(6)　$x^2-8=0$

(7)　$x^2-10x+16=0$

(8)　$x^2+x-56=0$

(9)　$4x^2-9=0$

(10)　$x^2+14x+49=0$

ヒント

3(1)　$(x+▲)^2=●$ の形に変形すると簡単に計算できるね。

5 次の方程式を解きなさい。

□(1)　$5x^2+7x=4x^2-10$

□(2)　$(x-1)(x+4)=-6$

□(3)　$x^2-4=9(x-2)$

□(4)　$2x^2-28x+98=0$

6 2次方程式　$x^2=5x$ の解を，右のように求めていますが，これは正しくありません。次の問に答えなさい。

〈計算〉

$x^2=5x$

$x=5$

□(1)　右の計算はどこがまちがっていますか。

□(2)　2次方程式　$x^2=5x$ の解を求めなさい。

□ **7** 2次方程式　$x^2-8x-7=0$ を次のように解きました。㋐～㋔に当てはまる数を書きなさい。

$x^2-8x=7$

$x-8x+$ ㋐ $=7+$ ㋐

$(x-$ ㋑ $)^2=$ ㋒

$x-$ ㋑ $=$ ㋓

$x=$ ㋔

8 2次方程式　$x^2+ax+8=0$ の解の1つが1であるとき，次の問に答えなさい。

□(1)　$x^2+ax+8=0$ に $x=1$ を代入して，a の値を求めなさい。

□(2)　もう1つの x の値を求めなさい。

9 2次方程式　$x^2-4x-45=0$ の解の1つが，2次方程式 $x^2+ax-20a=0$ の解の1つになっています。このとき，次の問に答えなさい。ただし，a は整数とします。

□(1)　$x^2-4x-45=0$ の解を求めなさい。

□(2)　(1)で求めたそれぞれの解を，$x^2+ax-20a=0$ に代入して a の値を求めなさい。

□ **10** 2次方程式　$x^2+ax+b=0$ の解が -9 と8のとき，a と b の値をそれぞれ求めなさい。

ヒント

8 (2)　$x^2+ax+8=0$ に(1)の a の値を代入した式を，因数分解して求めよう。

もっとチャレンジ!

3章　2節　2次方程式の利用

1　2次方程式の利用

例題 1　数に関する問題　教 p.87 例 1

大小2つの整数があります。その差は5で，積は24です。2つの整数を求めなさい。

解き方

小さいほうの整数を x とすると，大きいほうの整数は $x+5$ と表される。　← 何を文字で表すかを決める

2つの整数の積が24であるから，$x(x+5)=24$　← 数量の間の関係から方程式をつくる

$$x^2+5x=24$$
$$x^2+5x-24=0$$
$$(x-3)(x+8)=0$$
← 方程式を解く

したがって，$x=3$，$x=-8$

$x=3$ のとき，大きいほうの整数は，$3+5=8$

$x=-8$ のとき，大きいほうの整数は，$-8+5=-3$

← 解が問題に適しているかを確かめる

これらは問題に適している。

答　3と8，-8 と -3

Check! 1　大小2つの整数があります。その和は8で，積は12です。2つの整数を求めなさい。

例題 2　図形に関する問題　教 p.88 例 2

右の図のような正方形の紙があります。この紙の4すみから1辺が3cmの正方形を切り取り，直方体の容器を作ったら，容積が 243cm^3 になりました。紙の1辺の長さを求めなさい。

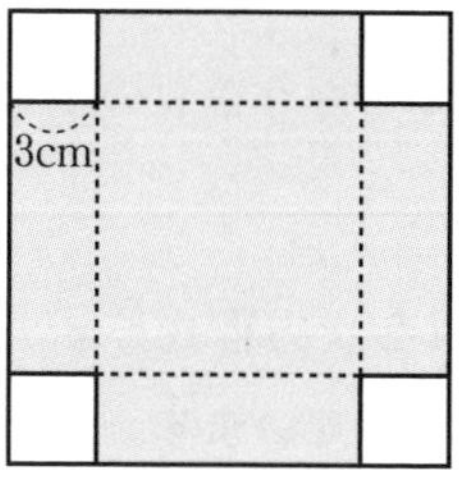

解き方

紙の1辺の長さを $x$cm とすると，

$(x-6)^2\times3=243$　← (縦)×(横)×(高さ)=(容積)

$(x-6)^2=81$　← 両辺を3でわる

$x-6=\pm9$　← 平方根の考え

したがって，$x=15$，$x=-3$

$x>6$ でなければならないから，$x=-3$ は問題に適していない。

$x=15$ は問題に適している。

答　15cm

Check! 2　**例題 2** で，直方体の容器の容積が 432cm^3 であったとしたら，紙の1辺の長さは何cmですか。

解答 p.29

□❶ **数に関する問題**　2つの続いた自然数があります。それぞれの2乗の和は313です。この2つの続いた自然数を求めなさい。教 p.87 問1

□❷ **数に関する問題**　3つの続いた自然数があります。いちばん大きい数の2乗から，いちばん小さい数の2乗をひいた差は，真ん中の数の2乗の半分に等しいです。この3つの続いた自然数を求めなさい。教 p.87 問1

ヒント
3つの自然数のうちの1つをxとおいて，残りの2つもxを使って表す。

□❸ **図形に関する問題**　右の図のような正方形の畑に幅《はば》2mの道をつくったら，残りの畑の面積が288m^{2}になりました。もとの正方形の1辺の長さを求めなさい。教 p.85 Q

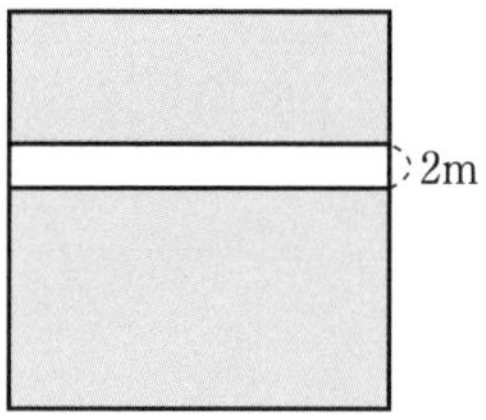

ヒント
残りの畑の面積は，道の部分を上か下に移動して，残りの畑の部分を合わせて考える。

□❹ **図形に関する問題**　右の図のような正方形ABCDで，点Pは辺ABの中点Mを出発して線分MB上を毎秒1cmの速さでBまで動きます。また，点Qは，点PがMを出発するのと同時にAを出発し，辺AD上を毎秒2cmの速さでDまで動きます。△APQの面積が10cm^{2}になるのは，2点P，Qが同時に出発してから何秒後ですか。教 p.89 例3

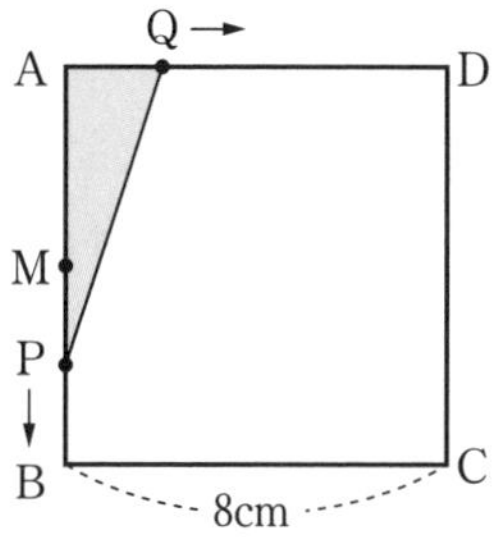

ヒント
x秒後のAP，AQの長さをxを使って表す。

解答 p.29

2節の問題　2次方程式の利用

教科書 87 ▸ 89

解答 p.30

1 **次の問に答えなさい。**

□(1)　大小 2 つの整数があり，その差は 4 で，積は 5 です。2 つの整数を求めなさい。

□(2)　ある正の数 x を 2 乗して 12 をひくと，x の 4 倍に等しくなります。正の数 x を求めなさい。

□(3)　連続した 3 つの自然数があります。最も大きい数の 8 倍が，他の 2 数の積より 2 だけ小さいとき，この 3 つの自然数を求めなさい。

□ **2** **年齢差が 5 歳の兄弟がいます。6 年後，弟の年齢の 2 乗が，兄の年齢の 8 倍よりも 7 小さくなります。現在の兄と弟の年齢を求めなさい。**

	兄	弟
現在	x	
6 年後		

□ **3** **右の図のように，縦が 10m，横が 14m の長方形の土地に，土地の辺と平行な同じ幅の通路を縦に 2 本，横に 1 本つくり，残りを花だんにします。花だんの面積を 80m^2 にするには，通路の幅を何 m にすればよいですか。**

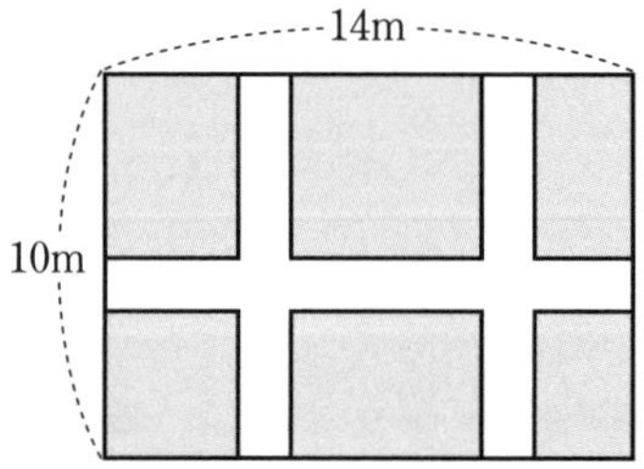

□ **4** **右の図のように，横が縦より 5cm 長い長方形の紙があります。この紙の 4 すみから 1 辺が 3cm の正方形を切り取り，直方体の容器を作ったら，容積が 108cm^3 になりました。紙の縦の長さを求めなさい。**

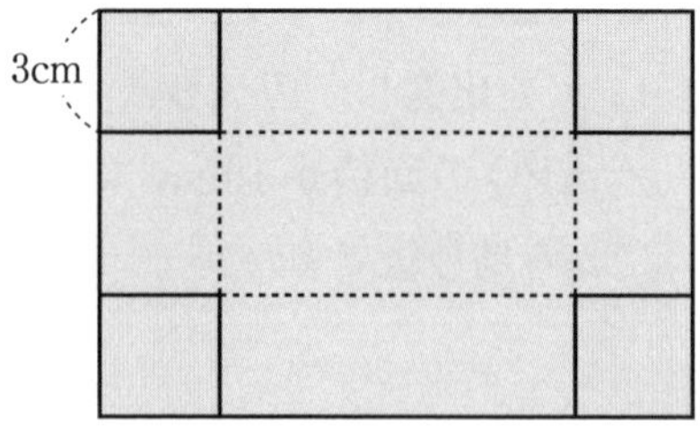

ヒント

3　通路を土地の端に移動すると，花だんの形を長方形としてみることができるね。

□**5** 右の図のような直角三角形 ABC で，点 P は毎秒 2cm の速さで頂点 A を出発して辺 AC 上を C まで動きます。また，点 Q は，点 P が A を出発するのと同時に C を出発し，毎秒 1cm の速さで辺 BC 上を B まで動きます。点 P が A を出発してから x 秒後の △PCQ の面積が $16cm^2$ でした。x の値を求めなさい。

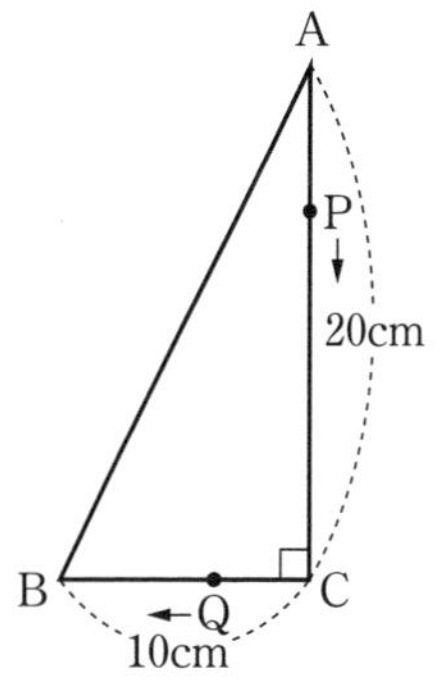

□**6** 右の図のように，縦の長さが 2cm，横の長さが 5cm の長方形があります。この長方形の縦，横の長さをそれぞれ $x$cm のばしたところ，面積はもとの長方形の面積の 4 倍になりました。x の値を求めなさい。

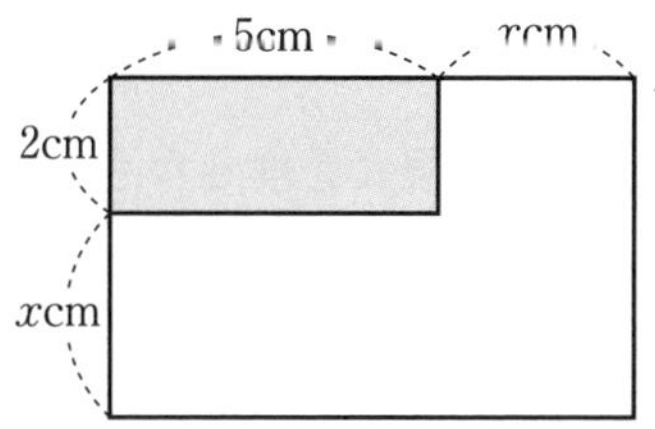

□**7** 右の図は，ある月のカレンダーです。右の図のように，ある数とその上の数，右の数を ⌞ の形に囲んだところ，上の数と右の数の積から，左下の数をひいた差が 71 になりました。左下の数を求めなさい。

日	月	火	水	木	金	土
		1	2	3	4	5
6	7	8	9	10	11	12
13	14	15	16	17	18	19
20	21	22	23	24	25	26
27	28	29	30			

8 右の図のように，底辺が 1cm，高さが 2cm の直角三角形を 1 番目とし，底辺と高さを 1cm ずつ長くしてできる直角三角形を順に 2 番目，3 番目…とします。次の問に答えなさい。

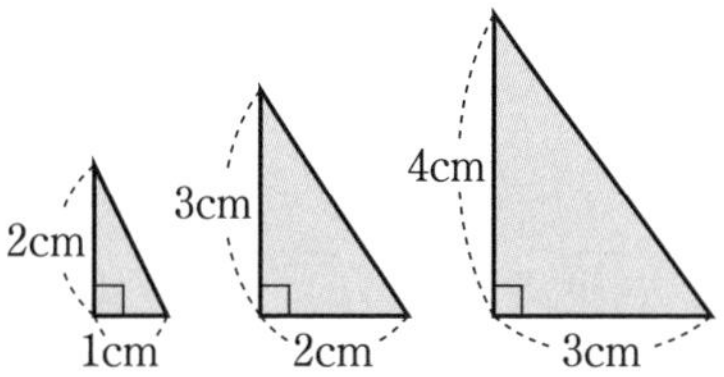

1 番目　2 番目　3 番目　…

□(1) 7 番目の直角三角形の面積を求めなさい。

□(2) n 番目の直角三角形の面積が $55cm^2$ でした。n の値を求めなさい。

ヒント

5 PC＝AC－AP だね。
7 左下の数を x とすると，左上の数と右下の数は，どのように表せるかな。

3章の問題 2次方程式 方程式を利用して問題を解決しよう

教科書 72 ▸ 92

解答 p.31

1 次の方程式を解きなさい。

□(1) $x^2=27$

□(2) $4x^2=8$

□(3) $(x+7)^2-6=0$

□(4) $(x-3)^2=64$

□(5) $x^2-5x+2=0$

□(6) $2x^2+x-1=0$

□(7) $x^2+2x-2=0$

□(8) $3x^2-11x+6=0$

2 次の方程式を解きなさい。

□(1) $(x-9)(3x+4)=0$

□(2) $x^2=17x$

□(3) $x^2-8x+15=0$

□(4) $x^2+14x+49=0$

□(5) $x^2+x-72=0$

□(6) $x^2-16x+55=0$

3 次の方程式を解きなさい。

□(1) $(x-1)^2=2x-2$

□(2) $4x^2+24x-12=0$

□(3) $\frac{1}{3}x^2=3x-\frac{20}{3}$

□(4) $(x+6)^2-7(x+6)=0$

4 次の問に答えなさい。

□(1) ある正の数 x に 5 を加えて 2 乗するところを，誤って x に 9 を加えて 2 倍したため，正しい答えより 40 小さくなりました。この正の数を求めなさい。

□(2) $x^2-5x+a=0$ の解の 1 つが a で，a は正であるとき，a の値と，もう 1 つの解をそれぞれ求めなさい。

□ **5** **右の図で，点Pは $y=3x$ のグラフ上の点で，Pから x 軸におろした垂線と x 軸との交点をQとします。△OPQの面積が 54cm^2 のとき，点Pの座標を求めなさい。ただし，原点をOとし，座標軸の1目もりを1cmとします。**

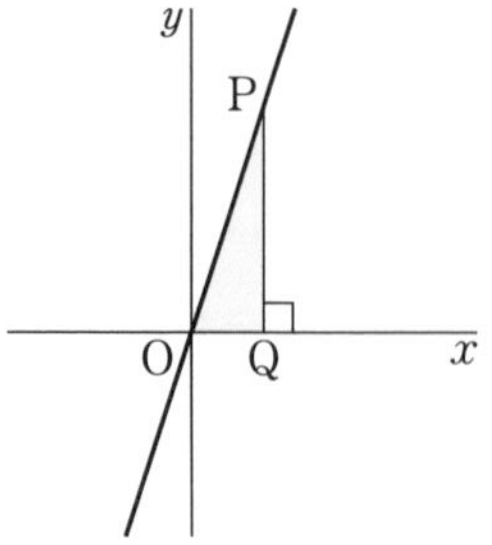

ヒント

5 点Pの座標を $(t,\ 3t)$ として考えてみよう。点Pの座標は 1 つとは限らないよ。

□**6** 右の図のような長方形の土地に，花だん A，B と通路をつくります。長方形の土地の横の長さは，縦の長さよりも 2m 長く，通路の幅は，どこも 1m で，花だん A，B の面積の和は 42m² です。長方形の土地の縦の長さを求めなさい。

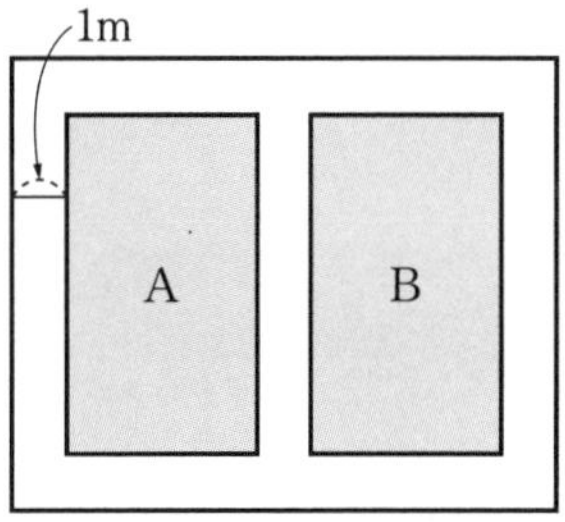

□**7** 右の図のような 1 辺が 10cm の立方体 ABCD−EFGH があり，辺 AB 上に点 P が，辺 BC 上に点 Q があります。BQ の長さは，BP の長さより 2cm 長いです。三角錐《すい》 B−PFQ の体積が 80cm³ のとき，BP の長さを求めなさい。

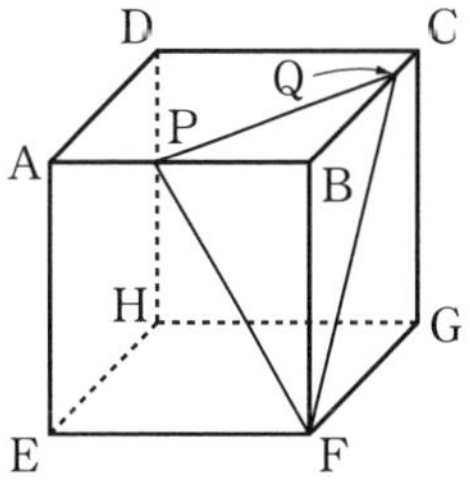

8 右の図のように，整数を 1 から順に並べていきます。1 段目は 1，2 段目は 2，3，4，3 段目は 5，6，7，8，9 と 1 段増えるごとに並べる数字を 2 つずつ増やしていきます。このとき，次の問に答えなさい。

1 段目				1			
2 段目			2	3	4		
3 段目		5	6	7	8	9	
4 段目	10	11	12	13	14	15	16
⋮				⋮			
n 段目							

□(1) n 段目のいちばん右の数は 100 でした。n の値を求めなさい。

□(2) m 段目のいちばん右の数と，いちばん左の数の和が 114 でした。m の値を求めなさい。

□(3) p 段目の真ん中の数が 133 でした。p の値を求めなさい。

ヒント

8 (1) 1 段目のいちばん右の数は 1，2 段目は 4，3 段目は 9，…となっているよ。n 段目のいちばん右の数を，n を使って表してみよう。

4章
関数 $y=ax^2$

中2　1次関数

関数の世界をひろげよう

ウォーミングアップ

1 **正方形の1辺の長さを $x$cm，周の長さを $y$cm として，次の問に答えなさい。**

□(1)　下の表の x の値に対応する y の値を求めなさい。

x (cm)	1	2	3	4	5
y (cm)					20

□(2)　y を x の式で表しなさい。

□(3)　x の変域が $1 \leqq x \leqq 10$ のとき，y の変域を不等号を使って表しなさい。

ふりかえり　中1
関数と変域
変数のとりうる値の範囲を，変域という。

2 **面積が 12cm^2 の長方形の縦の長さを $x$cm，横の長さを $y$cm として，次の問に答えなさい。**

□(1)　y を x の式で表しなさい。

□(2)　x と y の関係を，グラフに表しなさい。

□(3)　$y=8$ のとき，x の値を求めなさい。

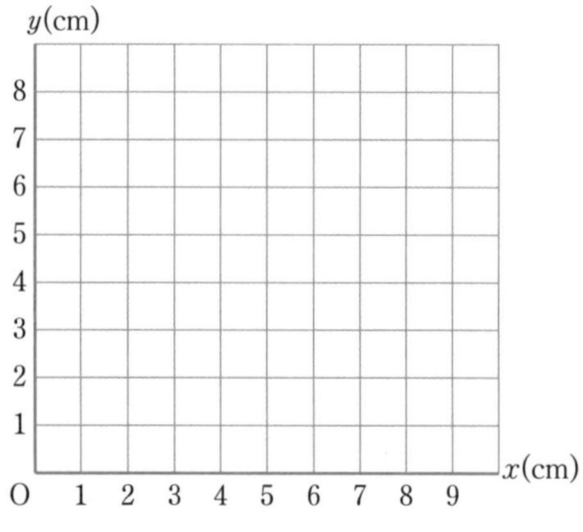

ふりかえり　中1
比例と反比例
［比例］
$y=ax$（a は比例定数）
［反比例］
$y=\dfrac{a}{x}$（a は比例定数）

3 次の条件をみたす１次関数の式を求めなさい。

□(1) グラフの傾きが２で，点 (9，1) を通る。

□(2) $x=1$ のとき $y=3$，$x=4$ のとき $y=0$ である。

□(3) グラフの切片が -6 で，x 軸と点 (7，0) で交わる。

□(4) グラフが直線 $y=2x$ に平行で，点 $(-3，-5)$ を通る。

ふりかえり 中２

１次関数

$y=ax+b$

傾き（a）　切片（b）

4 １次関数 $y=2x+3$ について，次の問に答えなさい。

□(1) 変化の割合をいいなさい。

□(2) x の増加量が５のときの y の増加量を求めなさい。

ふりかえり 中２

変化の割合

$$（変化の割合）=\frac{（y の増加量）}{（x の増加量）}$$

□5 次の連立方程式の解を，右の図にグラフをかいて求めなさい。

$$\begin{cases} x-y=-3 \\ -2x-y=-6 \end{cases}$$

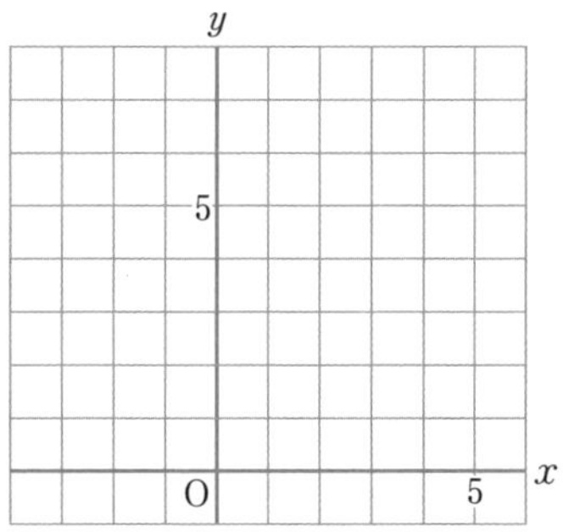

ふりかえり 中２

２元１次方程式とグラフ

$y=ax+b$ の形に式を変形する。

6 下の図のように，２直線 $y=2x+4$，$y=-x+7$ の交点を A とし，これらの直線と x 軸との交点をそれぞれ B，C とします。

□(1) ３点 A，B，C の座標を求めなさい。

□(2) △ABC の面積を求めなさい。

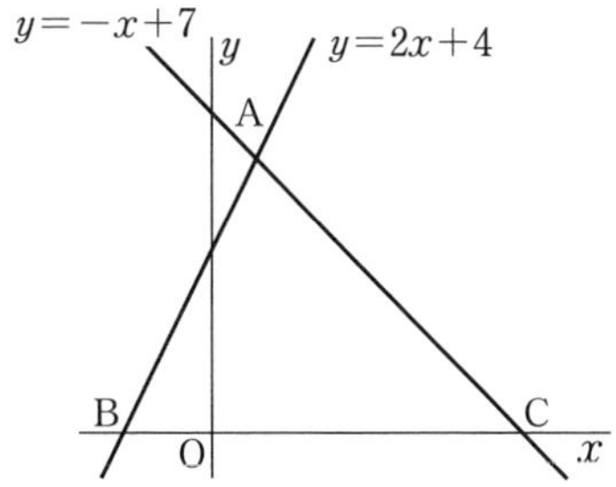

ふりかえり 中２

軸との交点

x 軸との交点
→ y 座標が０
y 軸との交点
→ x 座標が０

解答 p.32

もっとチャレンジ!

4章

1節 関数 $y=ax^2$

1 関数 $y=ax^2$

例題 1 2乗に比例する関数

教 p.97 例1

底辺が $x$cm で，高さが $2x$cm の平行四辺形の面積を $y$cm^2 とします。

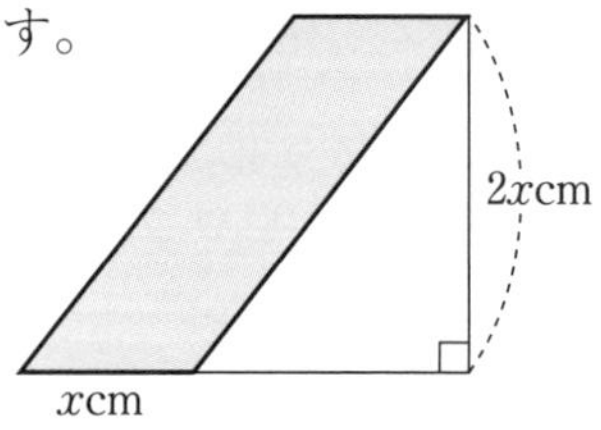

(1) y を x の式で表しなさい。

(2) 下の表の㋐，㋑に当てはまる数を求めなさい。

x	0	1	2	3	4	5	6
y	0	2	8	18	㋐	50	㋑

解き方

(1) 平行四辺形の面積は，(底辺)×(高さ) だから，

$y=x\times 2x=2x^2$

(2)

x	0	1	2	3	4	5	6
y	0	2	8	18	32	50	72

（x: 2→4 は ×2，2→6 は ×3／y: 8→32 は ×2^2，8→72 は ×3^2）

㋐ $y=2x^2$ に $x=4$ を代入して，$y=2\times 4^2=32$

㋑ $y=2x^2$ に $x=6$ を代入して，$y=2\times 6^2=72$

答 (1) $y=2x^2$ (2) ㋐ 32 ㋑ 72

ポイント

y が x の関数で，$y=ax^2$ の形で表されるとき，y は x の2乗に比例するという。
文字 a は定数であり，比例定数という。

Check! 1 例題1で，x の値を4倍にすると，y の値は何倍になりますか。

例題 2 $y=ax^2$ の式

教 p.98 例2

y は x の2乗に比例し，$x=2$ のとき $y=24$ です。このとき，y を x の式で表しなさい。

解き方

y は x の2乗に比例するので，比例定数を a とすると $y=ax^2$ と表すことができる。

この式に，$x=2$，$y=24$ を代入すると

$24=a\times 2^2$

$-4a=-24$

$a=6$

したがって，$y=6x^2$

答 $y=6x^2$

ポイント

2乗に比例する式

1 $y=ax^2$ とおく。
2 x と y の値の組を代入して，a の値を求める。

a を使った式で表して，x と y の値を代入するのは，比例の式の求め方と同じだね。

Check! 2 y は x の2乗に比例し，$x=3$ のとき $y=-18$ です。このとき，y を x の式で表しなさい。

解答 p.33

❶ 2乗に比例する関数　底面が1辺 $x$cm の正方形で，高さが 9cm の四角錐《すい》の体積を $y$cm^3 とします。次の問に答えなさい。 教 p.97 例1

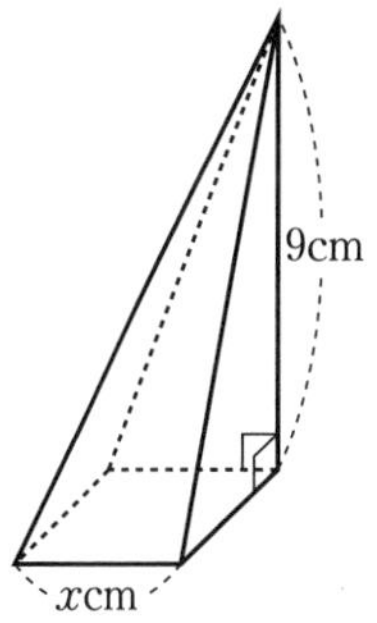

□(1)　y を x の式で表しなさい。

□(2)　下の表の㋐，㋑に当てはまる数を求めなさい。

x	0	1	2	3	4	5	6
y	0	2	12	㋐	48	75	㋑

❷ 2乗に比例する関数　底面が1辺 $x$cm の正方形である正四角柱があります。次の(1)〜(3)のそれぞれについて，y を x の式で表しなさい。
また，y が x の2乗に比例するものをいいなさい。 教 p.98 問1

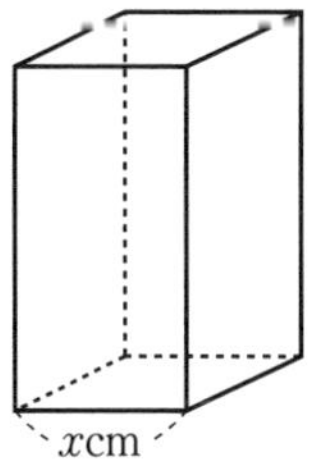

□(1)　高さが 8cm のときの体積を $y$cm^3 とする。

□(2)　高さが $x$cm のときの体積を $y$cm^3 とする。

□(3)　高さが $x$cm のときの表面積を $y$cm^2 とする。

❸ $y=ax^2$ の式　y は x の2乗に比例し，次の条件をみたすとき，y を x の式で表しなさい。 教 p.98 問3

□(1)　$x=3$ のとき $y=36$

□(2)　$x=4$ のとき $y=-32$

□(3)　$x=-2$ のとき $y=20$

❹ $y=ax^2$ の式　y は x の2乗に比例し，$x=2$ のとき $y=2$ です。次の問に答えなさい。 教 p.98 例2

□(1)　y を x の式で表しなさい。

□(2)　x の値が次の①，②のとき，y の値をそれぞれ求めなさい。

①　$x=4$　　　　②　$x=-2$

解答 p.33

もっとチャレンジ!

4章

2節 関数 $y=ax^2$ の性質と調べ方

1 関数 $y=ax^2$ のグラフ

例題 1 $y=ax^2$ のグラフ

教 p.103 Q

関数 $y=\frac{1}{4}x^2$ について，下の表の㋐，㋑に当てはまる数を入れ，右の図にグラフをかきなさい。

x	-4	-3	-2	-1	0	1	2	3	4
y	4	$\frac{9}{4}$	㋐	$\frac{1}{4}$	0	$\frac{1}{4}$	1	$\frac{9}{4}$	㋑

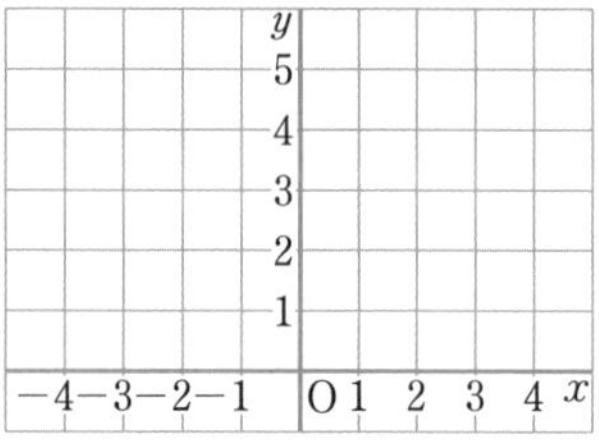

解き方

$y=\frac{1}{4}x^2$ に，$x=-2$ を代入すると，$y=\frac{1}{4}\times(-2)^2=1$

$y=\frac{1}{4}x^2$ に，$x=4$ を代入すると，$y=\frac{1}{4}\times4^2=4$

表の x, y の値の組を座標とする点をとり，なめらかな曲線で結ぶと，右の図のようになる。 **答** ㋐**1** ㋑**4** （グラフ）**右の図**

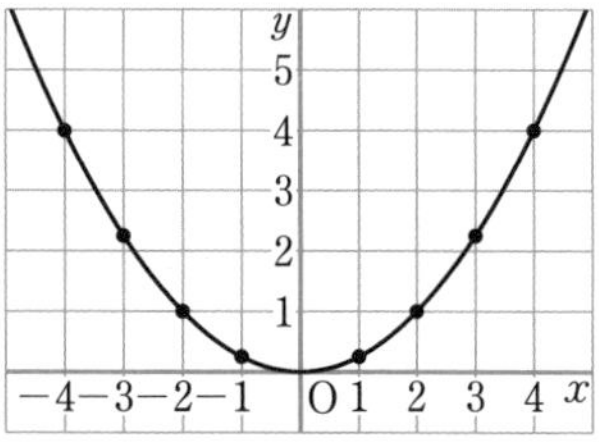

Check! 1 関数 $y=-\frac{1}{4}x^2$ について，下の表を完成させて，右の図にグラフをかきなさい。

x	-4	-3	-2	-1	0	1	2	3	4
y									

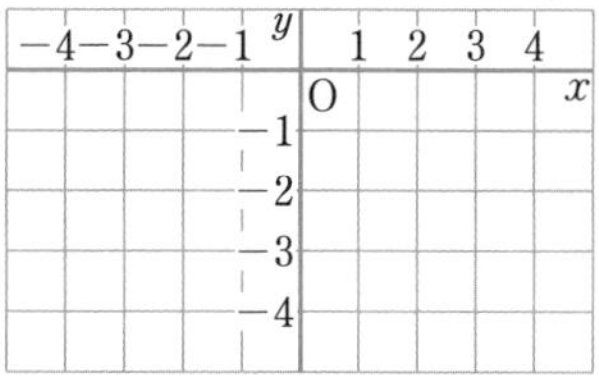

例題 2 a の値とグラフの特徴

教 p.106 問 6

次の(1)，(2)に当てはまる関数を，下の㋐～㋓からすべて選びなさい。

㋐ $y=x^2$　㋑ $y=-4x^2$　㋒ $y=\frac{1}{2}x^2$　㋓ $y=-2x^2$

(1) グラフが下に開いた形のもの

(2) グラフの開き方がいちばん大きいもの

解き方

(1) 関数 $y=ax^2$ について，グラフが下に開いた形になるのは，$a<0$ のときである。よって，㋑と㋓

(2) 関数 $y=ax^2$ について，a の値の絶対値が小さいほど，グラフの開き方は大きくなるので，㋒

答 (1) ㋑，㋓　(2) ㋒

ポイント

$y=ax^2$ のグラフ

1 原点を通る放物線《ほうぶつせん》。
2 y 軸について対称な曲線である。
3 $a>0$ なら上に開いた形，$a<0$ なら下に開いた形になる。
4 a の値の絶対値が大きいほど，グラフの開き方は小さい。

Check! 2 **例題 2** の㋐～㋓の関数のうち，グラフの開き方がいちばん小さいものを選びなさい。

解答 p.34

❶ $y=ax^2$ のグラフ　次の関数について，下の表を完成させて，グラフをかきなさい。

教 p.103 Q，p.104 Q

□(1)　$y=\dfrac{3}{4}x^2$

x	-3	-2	-1	0	1	2	3
y							

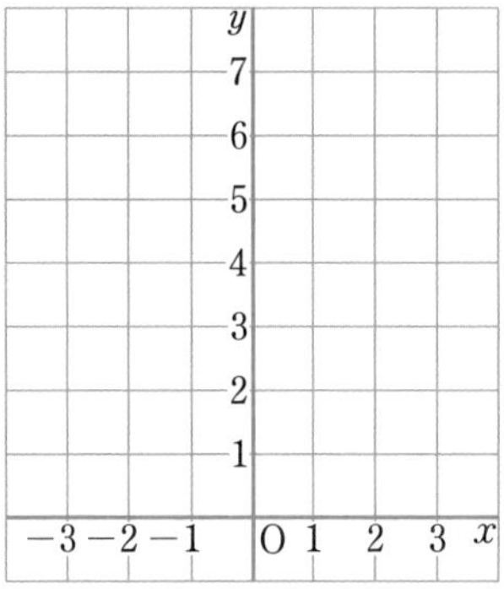

□(2)　$y=-\dfrac{2}{3}x^2$

x	-3	-2	-1	0	1	2	3
y							

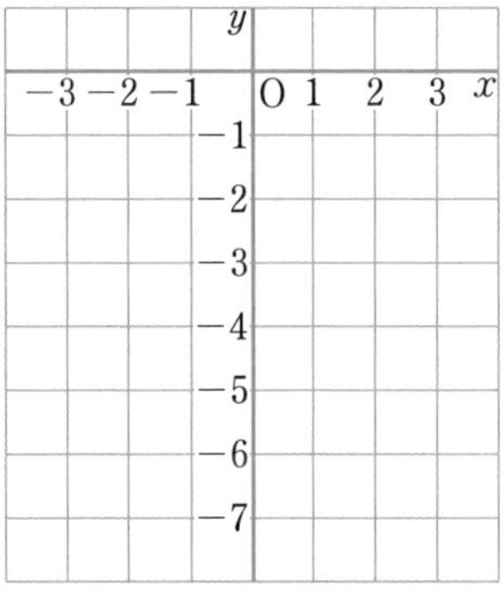

❷ a の値とグラフの特徴　次の(1)〜(3)に当てはまる関数を，下の㋐〜㋓からすべて選びなさい。

教 p.106 問6

㋐　$y=3x^2$　　㋑　$y=-\dfrac{1}{3}x^2$　　㋒　$y=-3x^2$　　㋓　$y=\dfrac{7}{2}x^2$

□(1)　グラフが上に開いた形のもの

□(2)　グラフの開き方がいちばん大きいもの

□(3)　グラフが x 軸について対称になる２つの関数

□❸ a の値とグラフの特徴　右の図の(1)〜(4)は，下の㋐〜㋓の関数のグラフを示したものです。(1)〜(4)はそれぞれどの関数のグラフですか。

教 p.106 問6

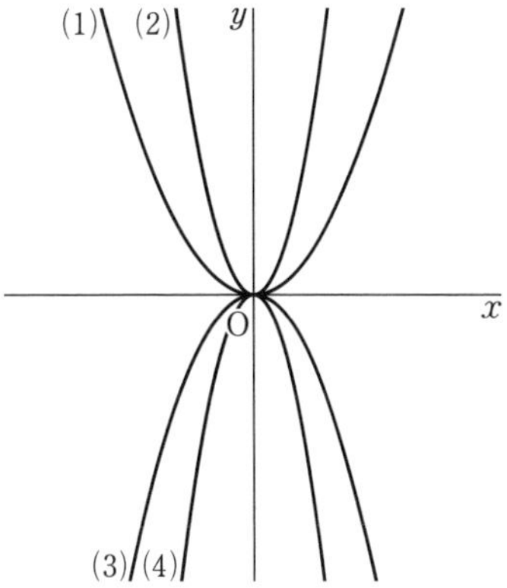

㋐　$y=\dfrac{4}{3}x^2$

㋑　$y=\dfrac{1}{3}x^2$

㋒　$y=-\dfrac{3}{2}x^2$

㋓　$y=-\dfrac{1}{2}x^2$

ヒント

$y=ax^2$ のグラフの形は次の２段階で解く。

1 $a>0$ と $a<0$ で分ける。

2 a の絶対値を比べる。

解答 p.34

4章 2節 関数 $y = ax^2$ の性質と調べ方

◀もっとチャレンジ!

2 関数 $y = ax^2$ の値の変化

例題 1 値の増減と変化の割合

教 p.107 Q，p.109 例 1

関数 $y = 3x^2$ について，次の問に答えなさい。

(1) $x < 0$ の範囲《はんい》で x の値が増加するとき，y の値は増加しますか，減少しますか。

(2) x の値が 1 から 4 まで増加するときの変化の割合を求めなさい。

ポイント

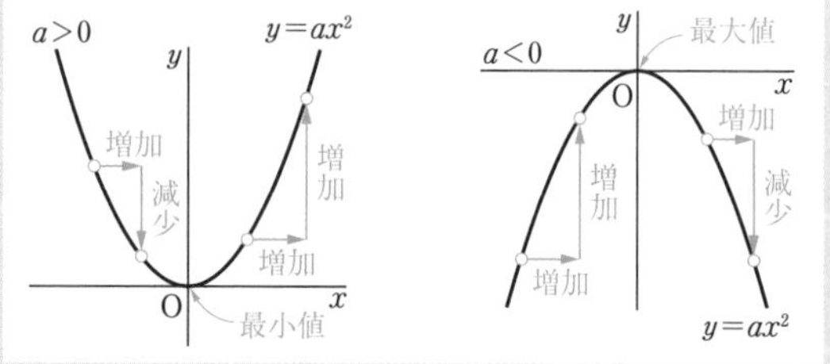

解き方

(1) $a > 0$ だから，$x < 0$ の範囲で x の値が増加すると，**y の値は減少する**。

(2) $x = 1$ のとき，$y = 3 \times 1^2 = 3$，

$x = 4$ のとき，$y = 3 \times 4^2 = 48$

したがって，変化の割合は，

$$\frac{(y\text{の増加量})}{(x\text{の増加量})} = \frac{48 - 3}{4 - 1} = \mathbf{15}$$

変化の割合は，グラフ上で 2 点を結ぶ直線の傾き。関数 $y = ax^2$ の変化の割合は，1 次関数の場合とちがって，一定ではないよ。

Check! 1 関数 $y = 3x^2$ について，x の値が 2 から 5 まで増加するときの変化の割合を求めなさい。

例題 2 $y = ax^2$ の変域

教 p.110 例 2

関数 $y = x^2$ について，x の変域が $-2 \leqq x \leqq 3$ のときの y の変域を求めなさい。

解き方

$x = -2$ のとき，$y = (-2)^2 = 4$，$x = 3$ のとき，$y = 3^2 = 9$

右の図の太線部分に対応するから，$x = 0$ のとき最小値 0，$x = 3$ のとき最大値 9 をとる。y の変域は，$\mathbf{0 \leqq y \leqq 9}$

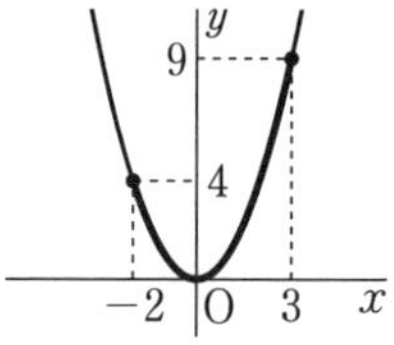

Check! 2 関数 $y = 2x^2$ について，x の変域が $-2 \leqq x \leqq 1$ のときの y の変域を求めなさい。

例題 3 変化の割合の意味

教 p.112 問 7

ある乗り物が動き始めてから x 秒間に進む距離を y m とすると，$y = 2x^2$ の関係が成り立つとします。このとき，動き始めて 3 秒後から 5 秒後までの間の平均の速さを求めなさい。

解き方

動き始めて 3 秒後には $2 \times 3^2 = 18$ (m)，5 秒後には $2 \times 5^2 = 50$ (m) 進んでいる。

$$(\text{平均の速さ}) = \frac{(\text{進んだ速さ})}{(\text{進んだ時間})} = \frac{50 - 18}{5 - 3} = \frac{32}{2} = 16\,(\text{m/s})$$

Check! 3 **例題 3** で，動き始めて 5 秒後から 7 秒後までの間の平均の速さを求めなさい。

解答 p.35

1 値の増減と変化の割合　**関数 $y=-4x^2$ について，次の問に答えなさい。** 教 p.107 Q, p.109 問 1

□(1)　次の㋐～㋒に当てはまることばを入れなさい。

> x の値が増加するとき，$x<0$ の範囲では，y の値は［　㋐　］し，$x>0$ の範囲では，y の値は［　㋑　］する。
> また，$x=0$ のとき，y の値は［　㋒　］の 0 をとる。

□(2)　x の値が -6 から -2 まで増加するときの変化の割合を求めなさい。

2 変化の割合　**関数 $y=\frac{1}{3}x^2$ について，x の値が次のように増加するときの変化の割合を求めなさい。** 教 p.109 問 2

□(1)　3 から 6 まで

□(2)　-5 から -2 まで

3 $y=ax^2$ の変域　**関数 $y=\frac{1}{2}x^2$ について，x の変域が次のときの y の変域を求めなさい。**

教 p.110 問 3

□(1)　$2 \leqq x \leqq 6$

□(2)　$-4 \leqq x \leqq 2$

□(3)　$-8 \leqq x \leqq -4$

4 $y=ax^2$ の変域　**関数 $y=-3x^2$ について，x の変域が次のときの y の変域を求めなさい。**

教 p.110 問 4

□(1)　$1 \leqq x \leqq 4$

□(2)　$-3 \leqq x \leqq 1$

□(3)　$-6 \leqq x \leqq -1$

5 変化の割合の意味　**高いところから物を落とすとき，落ち始めてから x 秒間に落ちる距離を y m とすると，$y=5x^2$ の関係が成り立つとします。これについて，次の問に答えなさい。** 教 p.112 問 7

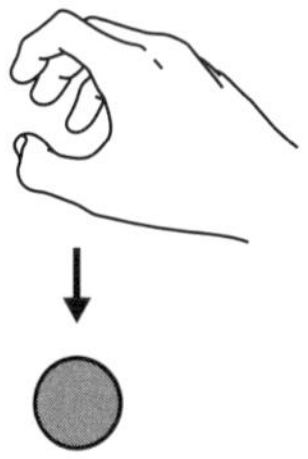

□(1)　落ち始めて 1 秒後から 2 秒後までの間の平均の速さを求めなさい。

□(2)　落ち始めて 3 秒後から 5 秒後までの間の平均の速さを求めなさい。

解答 p.35

1・2節の問題 | 関数 $y=ax^2$ 関数 $y=ax^2$ の性質と調べ方

教科書 96 ▸ 113
解答 p.36

1 次の㋐〜㋒について，y を x の式で表しなさい。

□㋐　10km の道のりを，x 時間かけていくときの速さは，時速 $y$km である。

□㋑　底面が 1 辺 $x$cm の正方形で，高さが 15cm の正四角錐の体積は，$y\text{cm}^3$ である。

□㋒　12cm のろうそくが，毎分 0.5cm の速さで x 分間燃えたとき，残りの長さは $y$cm である。

2 半径が $x$cm の半球の表面積を $y\text{cm}^2$ とします。次の問に答えなさい。

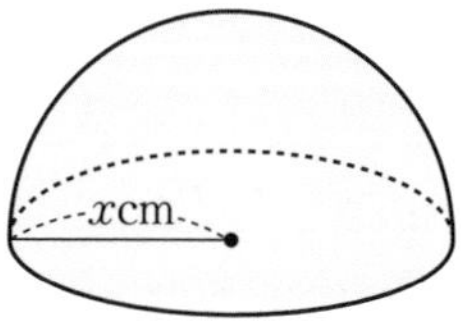

□(1)　y を x の式で表しなさい。ただし，もっとも簡単な式で表すこと。

□(2)　半径が 4cm のときの半球の表面積を求めなさい。

□(3)　半径を 3 倍にすると，表面積は何倍になりますか。

□(4)　表面積を 5 倍にするには，半径を何倍にすればよいですか。

3 y は x の 2 乗に比例し，$x=-3$ のとき，$y=3$ です。このとき，次の問に答えなさい。

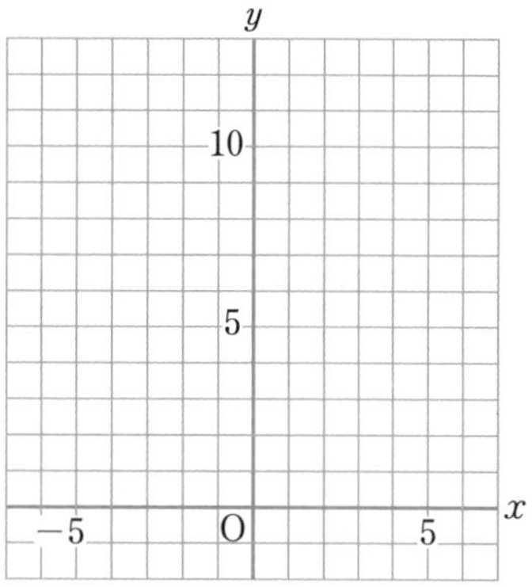

□(1)　y を x の式で表しなさい。

□(2)　$x=9$ のときの y の値を求めなさい。

□(3)　この関数のグラフを右の図にかきなさい。

□ **4 右の図の(1)〜(3)は，$y=ax^2$ のグラフです。それぞれについて，y を x の式で表しなさい。**

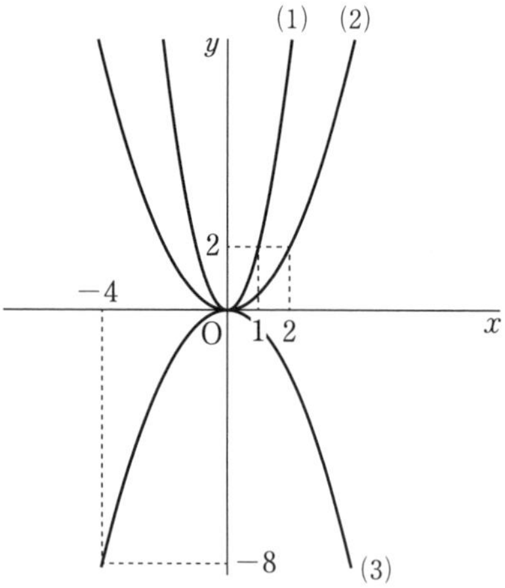

ヒント

2(3)　$y=ax^2$ の関係では，x の値が 2 倍，3 倍，…になると，y の値は 2^2 倍，3^2 倍，…になるね。

5 **次の問に答えなさい。**

□(1) 関数 $y=2x^2$ について，x の変域が $-2 \leqq x \leqq 1$ のときの y の変域を求めなさい。

□(2) 関数 $y=ax^2$ について，x の変域が $-4 \leqq x \leqq 5$ のときの y の変域が $-100 \leqq y \leqq 0$ であるとき，a の値を求めなさい。

□(3) 関数 $y=ax^2$ について，x の値が -4 から -2 まで増加するときの変化の割合が $-\dfrac{3}{2}$ となりました。このとき，a の値を求めなさい。

□(4) 関数 $y=ax^2$ について，x の値が 3 から 6 まで増加するときの変化の割合が，$y=3x+5$ の変化の割合と等しいとき，a の値を求めなさい。

6 **右の表は，ある斜面を，ボールが転がり始めてからの時間と，その時間までに転がった距離を計測して表にまとめたものです。転がり始めてから x 秒間に転がった距離を ym としたとき，y は x の 2 乗に比例することがわかりました。次の問に答えなさい。**

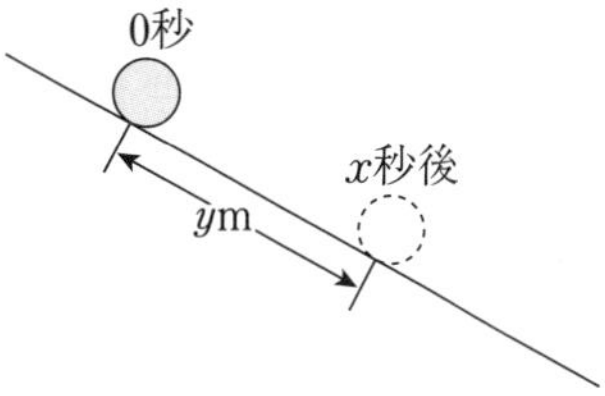

x（秒）	0	1	2	3	4	5
y（m）	0	㋐	12	27	㋑	75

□(1) y を x の式で表しなさい。

□(2) ㋐，㋑に当てはまる数を求めなさい。

□(3) 2 秒後から 4 秒後までの平均の速さを求めなさい。

7 **右の図は，2 つの関数 $y=4x^2$，$y=ax^2$ のグラフです。それぞれのグラフ上に，x 座標が 3 の点 A，B があります。次の問に答えなさい。**

□(1) 点 A の y 座標を求めなさい。

□(2) AB＝39 のとき，a の値を求めなさい。

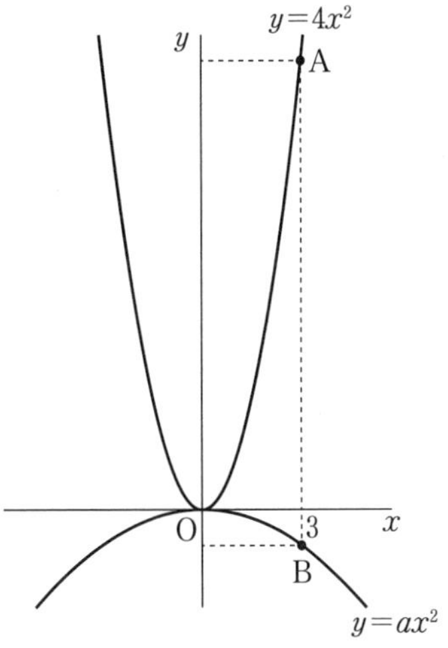

ヒント

7(2) 点Bは $y=ax^2$ のグラフ上にある点だから，$x=3$ をこの式に代入すると y 座標が表せるね。

◀もっとチャレンジ!

4章

3節　いろいろな関数の利用

1　関数 $y=ax^2$ の利用

例題 1　$y=ax^2$ の利用

教 p.118 Q

まっすぐな線路と，その線路に平行な道路があります。電車が地点 A で止まっている間に，一定の速さで走る自転車が電車を追いこしました。電車は追いこされたのと同時に出発し，しばらくして自転車に追いつきました。電車と自転車が地点 A を出てから x 秒間に進む距離を ym とすると，電車については $y=\frac{1}{4}x^2$，自転車については $y=5x$ が成り立つものとします。このとき，電車が自転車に追いつくのは，出発してから何秒後ですか。

解き方

$x \geqq 0$ の範囲で，2つの関数のグラフは右の図のようになる。

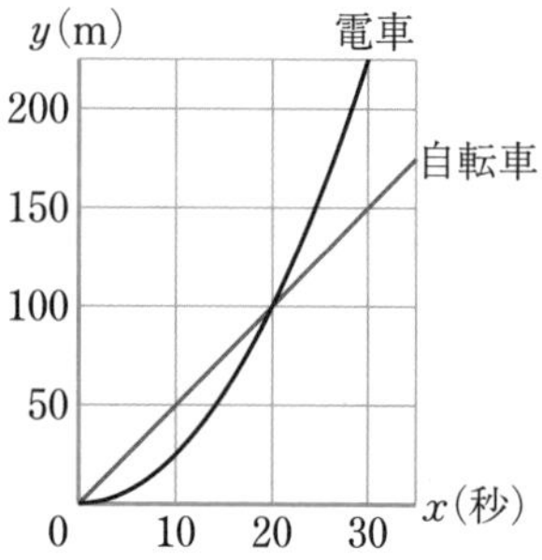

2つのグラフは，点 (20, 100) で交わるので，電車は出発してから 20 秒後に自転車に追いつくことがわかる。

答　20 秒後

Check! 1　19.6m の高さから物を落とします。落ち始めてから x 秒間に落ちる距離を ym とすると，$y=4.9x^2$ という関係が成り立つとき，地面に着くまでに何秒かかりますか。

例題 2　放物線と直線の関係

教 p.119 例 2

右の図のように，関数 $y=2x^2$ のグラフ上に，2点 A，B があります。A，B の x 座標がそれぞれ -3，2 のとき，次の問に答えなさい。

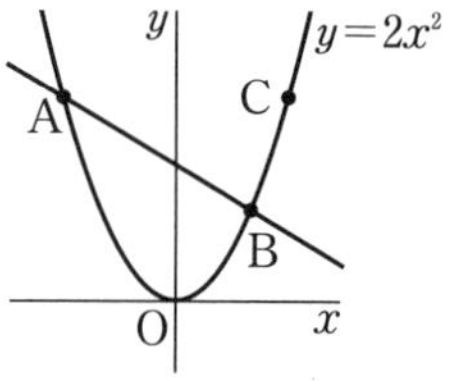

(1)　2点 A，B の座標を求めなさい。

(2)　y 軸について A と対称な点を C とし，△ABC の面積を求めなさい。

解き方

(1)　$y=2x^2$ に $x=-3$ を代入して，$y=2\times(-3)^2=18$

$y=2x^2$ に $x=2$ を代入して，$y=2\times2^2=8$

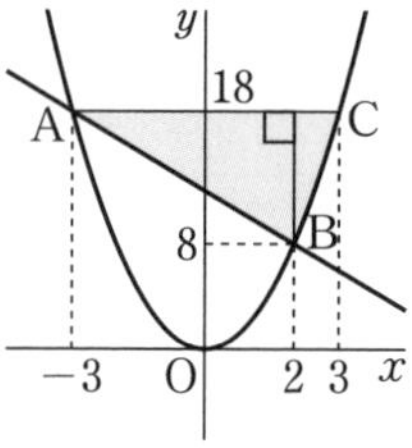

(2)　C(3，18) とわかるので，AC $=3-(-3)=6$

AC を底辺とみたときの △ABC の高さは，

A の y 座標と B の y 座標の差に等しく，$18-8=10$

よって，$\triangle ABC=\frac{1}{2}\times6\times10=30$

ポイント

2点の x 座標の差や y 座標の差から，線分の長さを求められる。

答　(1)　A(-3，18)，B(2，8)　　(2)　30

Check! 2　**例題 2** で，直線 AB の式を求めなさい。

解答 p.37

□**1** **$y=ax^2$ の利用** 秒速 xm でボールを真上に投げ上げるとき，ボールが到達する最高点の高さを ym とすると，$y=\frac{1}{20}x^2$ の関係が成り立つものとします。ボールの最高点の高さが 9.8m のとき，ボールを秒速何 m で投げ上げましたか。教 p.117 問1

2 **$y=ax^2$ の利用** A 駅と B 駅を結ぶまっすぐな線路とその線路に平行な道があります。電車が B 駅へ向かって A 駅を出発するときに，A 駅から 50m だけ B 駅に近い地点を，分速 500m で B 駅へ向かって走るオートバイが通過しました。電車が A 駅を出発してから x 秒間に進む距離を ym とすると，$y=\frac{1}{3}x^2$ の関係が成り立つものとします。右の図は，この関数のグラフを表したものです。これについて，次の問に答えなさい。教 p.118 Q

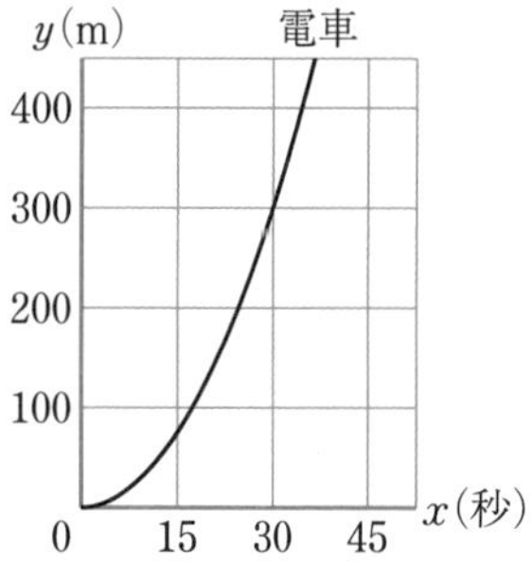

□(1) 電車が A 駅を出発してから x 秒後の，A 駅からオートバイまでの距離を ym とします。y を x の式で表しなさい。

□(2) 電車がオートバイに追いつくのは，電車が A 駅を出発してから何秒後ですか。

3 **放物線と直線の関係** 右の図のように，関数 $y=-\frac{1}{2}x^2$ のグラフ上に 2 点 A，B があります。A，B の x 座標がそれぞれ -6，2 のとき，次の問に答えなさい。教 p.119 問3

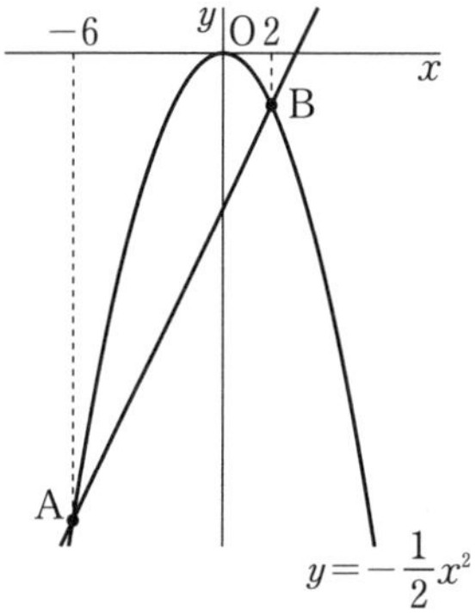

□(1) 2 点 A，B の座標を求めなさい。

□(2) 直線 AB の式を求めなさい。

□(3) △OAB の面積を求めなさい。

ヒント

(3)直線ABと y 軸との交点をCとすると，
△OAB
＝△OAC＋△OBC
と表せる。

解答 p.37

4章

3節 いろいろな関数の利用

2 いろいろな関数

◀もっとチャレンジ!

例題 1　いろいろな関数

教 p.120 Q

右の図のように，折り紙をぴったり半分に折ることをくり返します。折り紙を x 回折ったとき，重なっている紙の枚数を y 枚とすると，x と y の関係は右の表のようになります。次の問に答えなさい。

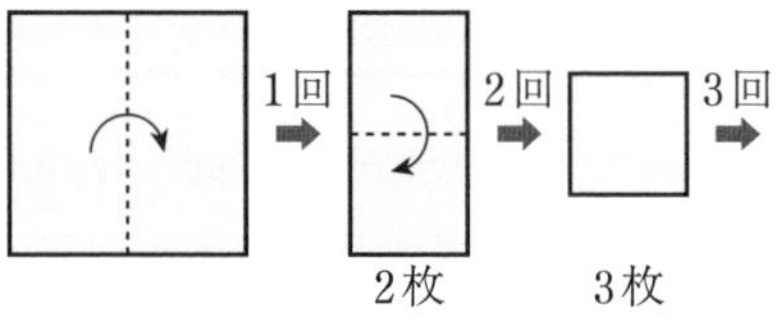

x（回）	1	2	3	4	5	6	7
y（枚）	2	4	8				

(1)　$x=7$ のとき，y の値を求めなさい。

(2)　7回折ったときの厚さが 1cm のとき，厚さが 1m をこえるのは何回折ったときですか。

解き方

(1)　x の値が1増えると，y の値は2倍になるので，$x=7$ のとき，

$y=8\times2\times2\times2\times2=128$

(2)　さらに7回折ると，厚さが128倍の128cm になるから，はじめて 1m をこえるのは14回折ったとき。

答　**14回**

ポイント

表やグラフにして，規則をつかむ。

Check! **1**　**例題 1** で，紙の厚さが富士山の高さ（3776m）をこえるのは何回折ったときですか。

例題 2　動点と面積

教 p.124 5

右の図のような正方形ABCDで，点PはAを出発して，辺AB上をBまで動きます。また，点Qは点Pと同時にAを出発して，辺AD上をDまで，点Pと同じ速さで動きます。APの長さが $x$cm のときの△APQの面積を $y$cm^2 として，次の問に答えなさい。

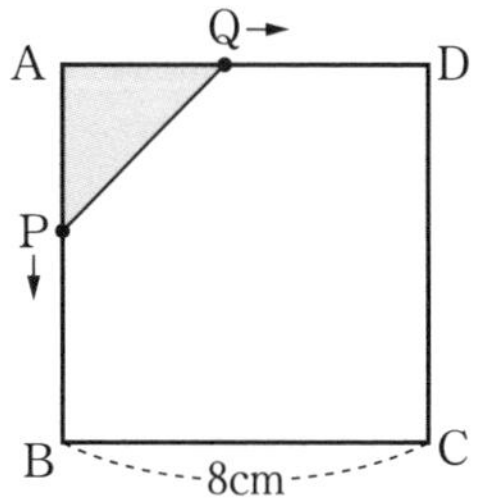

(1)　y を x の式で表しなさい。

(2)　x と y の変域をそれぞれ求めなさい。

解き方

(1)　2点P，Qは同じ速さだから，AQ＝AP＝$x$cm

よって，$y=\dfrac{1}{2}\times x\times x=\dfrac{1}{2}x^2$ ← $\dfrac{1}{2}\times$AP$\times$AQ

(2)　点PがAを出発するとき，$x=0$，

点PがBに着くとき，$x=8$ だから，$\mathbf{0\leqq x\leqq 8}$

$x=8$ のとき，y は最大値をとり，$y=\dfrac{1}{2}\times8^2=32$

したがって，y の変域は，$\mathbf{0\leqq y\leqq 32}$

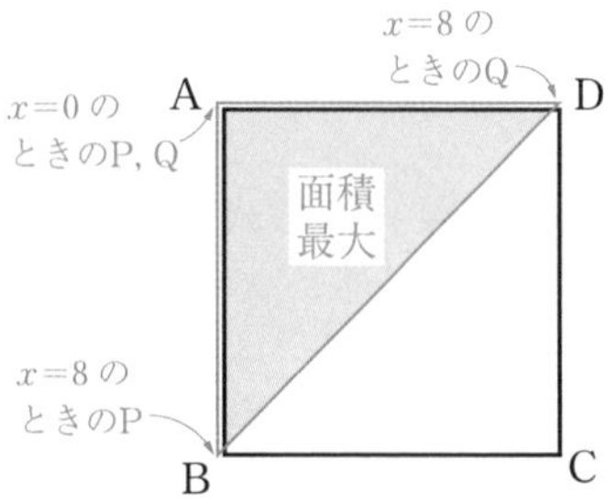

Check! **2**　**例題 2** で，△APQ＝8cm^2 となるのは，APの長さが何 cm のときですか。

解答 p.38

1 いろいろな関数　利用時間と料金の関係が，右の表のように決まっているスポーツ施設 A があります。利用時間が x 分のときの料金を y 円として，次の問に答えなさい。 教 p.121 問 1

利用時間	料金
60 分まで	100 円
120 分まで	200 円
180 分まで	250 円
240 分まで	300 円

□(1)　y は x の関数であるといえますか。

□(2)　x と y の関係を表すグラフを，右の図にかきなさい。

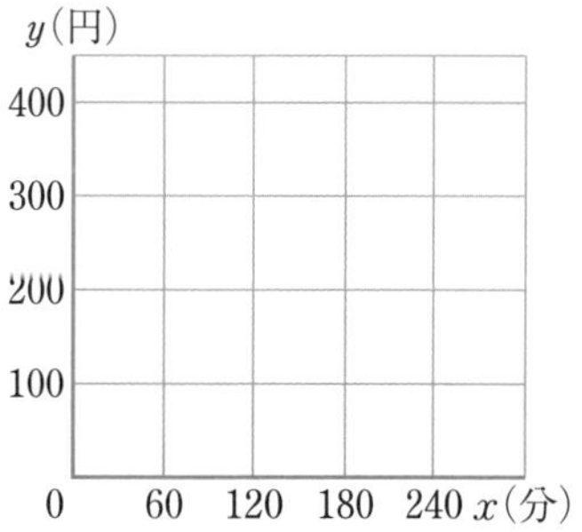

□(3)　スポーツ施設 B では，利用時間が 60 分までの料金が 100 円で，その後 30 分ごとに 50 円ずつ高くなります。利用時間が 200 分のときの料金は，A と B のどちらが何円高いですか。

ヒント
(3) A と同じように，B のグラフをかいて比べる。

□ **2 いろいろな関数**　ある微生物 3 匹を，実験室で適切な温度のもと，十分な栄養を与えて増え方を観察したところ，観察を始めてから x 分後の微生物の数を y 匹として，次の表のようになりました。微生物の数が 5000 匹をこえるのは観察をはじめてから何分後ですか。 教 p.120 Q

x（分）	0	10	20	30	40	50
y（匹）	3	6	12	24	48	96

3 動点と面積　右の図のような直角三角形 ABC で，点 P は B を出発して，辺 AB 上を A まで動きます。また，点 Q は点 P と同時に A を出発して，辺 BC 上を C まで，点 P の 3 倍の速さで動きます。BP の長さが $x$cm のときの △BPQ の面積を $y$cm^2 として，次の問に答えなさい。 教 p.124 5

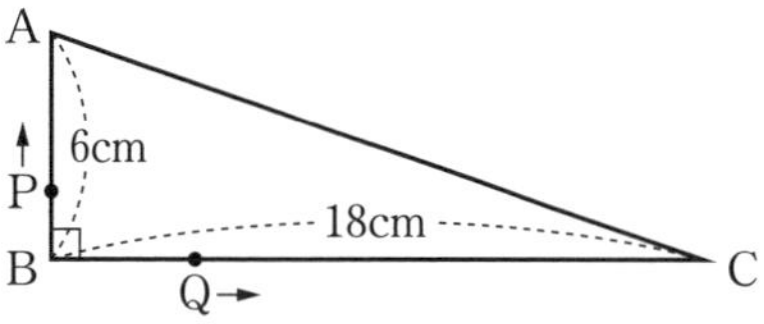

□(1)　y を x の式で表しなさい。

□(2)　x と y の変域をそれぞれ求めなさい。

□(3)　△BPQ = 45cm^2 となるのは，BP の長さが何 cm のときですか。

解答 p.38

3節の問題　いろいろな関数の利用

教科書 117▸121
解答 p.39 ～ 40

1 1往復するのに x 秒かかるふりこの長さを ym とすると，$y=\frac{1}{4}x^2$ という関係が成り立ちます。次の問に答えなさい。

□(1)　1往復するのに3秒かかるふりこの長さは何mですか。

□(2)　ふりこの長さが1mのとき，2往復するのにかかる時間は何秒ですか。

2 下の図のように，直線の道路上に2地点P，Qがあります。姉と弟は，地点Pを同時に出発し，弟は走って，姉は自転車で地点Qに向かいます。弟の速さは秒速2.5mで一定であり，姉は地点Pを出発してからしだいに速さを増します。出発してから x 秒間に姉が進む距離を ym とすると，$0 \leqq x \leqq 12$ の範囲では x と y の関係は $y=ax^2$ の形の式で表され，その関係は表のようになります。次の問に答えなさい。

x（秒）	0	…	4	…	8	…
y（m）	0	…	4	…	16	…

□(1)　a の値を求めなさい。

□(2)　$0 \leqq x \leqq 12$ のとき，x と y の関係を表すグラフをかきなさい。

□(3)　姉は，出発後に弟を追いこしました。姉が弟を追いこしたのは何秒後ですか。

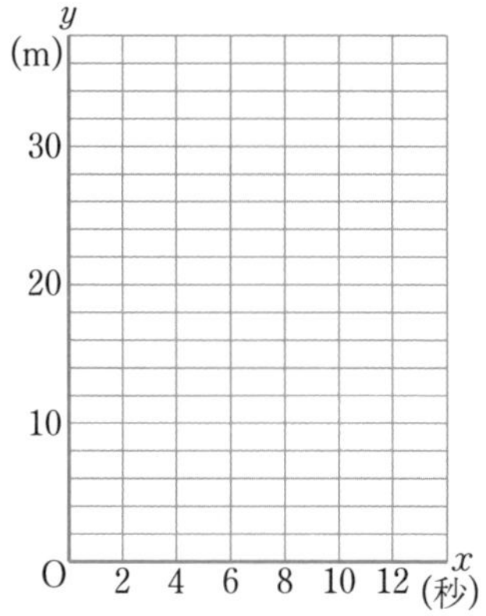

3 右の図のように，関数 $y=\frac{1}{3}x^2$ のグラフと直線 ℓ が，2点A，Bで交わっています。点A，Bの x 座標がそれぞれ6，－3であるとき，次の問いに答えなさい。

□(1)　点Aの y 座標を求めなさい。

□(2)　直線 ℓ の式を求めなさい。

□(3)　△OABの面積を求めなさい。

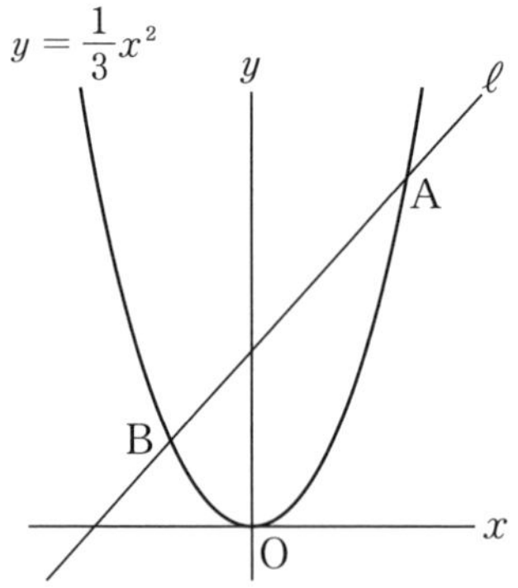

ヒント

2(3)　2つのグラフの交点は，連立方程式をつくって求めることもできるよ。

4 **右の図のように，関数 $y=ax^2$ …① のグラフ上に2点 A，B があり，点 A の座標は $(-2,\ 1)$，点 B の x 座標は4です。点 A を通り x 軸に平行な直線と，①のグラフとの交点を P とします。次の問に答えなさい。**

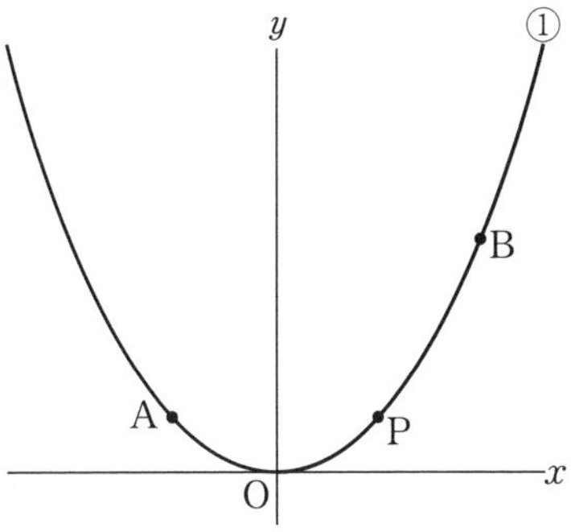

□(1) 点 B の y 座標を求めなさい。

□(2) △APB の面積を求めなさい。

□(3) 関数①のグラフ上の $x>0$ の範囲を動く点 Q があります。△APQ の面積が △APB の面積の半分になるとき，点 Q の座標を求めなさい。

5 **駐車場 A の駐車料金は，最初の1時間は200円で，その後は1時間ごとに300円が加算されます。右のグラフは，駐車場 A の駐車時間と駐車料金の関係です。次の問に答えなさい。**

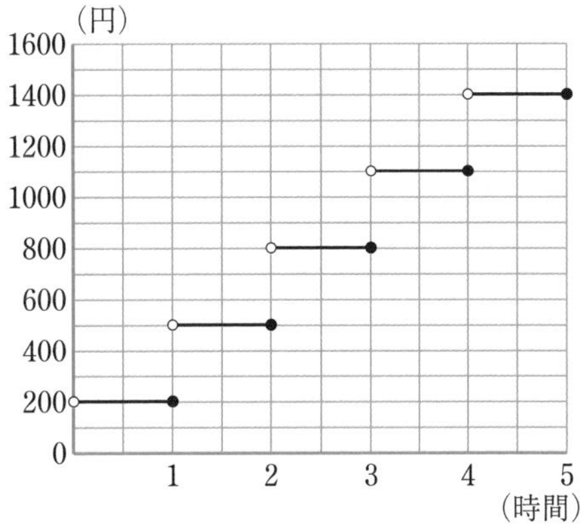

□(1) 駐車場 A に連続して4時間駐車したときの料金を求めなさい。

□(2) 駐車場 B では，最初の2時間までは600円で，その後は30分間ごとに100円が加算されます。連続して3時間30分駐車するとき，駐車料金が安いのは A，B のどちらですか。

6 **右の △ABC において，AB＝BC＝12cm，∠B＝90° です。点 P は頂点 A を出発し，毎秒 2cm の速さで辺 AB，辺 BC 上を頂点 C まで動きます。点 Q は，点 P と同時に頂点 B を出発し，毎秒 1cm の速さで辺 BC 上を頂点 C まで動きます。2点 P，Q が出発して x 秒後の △APQ の面積を $y$cm^2 として，次の問に答えなさい。**

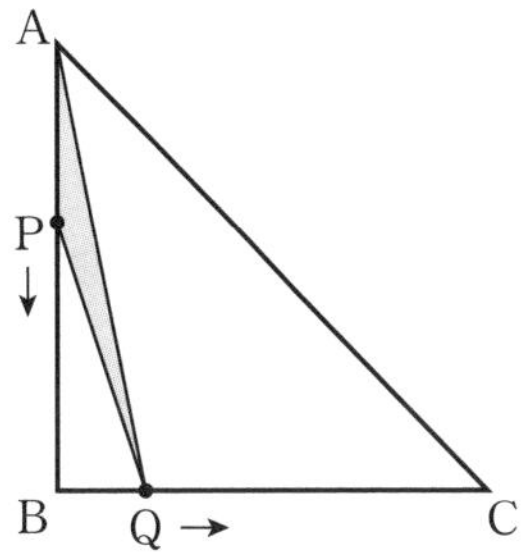

□(1) x の変域が次の①，②のとき，y を x の式で表しなさい。

① $0 \leqq x \leqq 6$　　② $6 \leqq x \leqq 12$

□(2) △APQ の面積が 16cm^2 となるのは点 P が A を出発してから何秒後ですか，すべて求めなさい。

ヒント
6(1) 点 P が AB 上を，点 Q が BC 上を動くのは，何秒後までかな。その後はどう動くのかな。

4章の問題｜関数 $y=ax^2$ 関数の世界をひろげよう

教科書 96 ▸ 126

解答 p.40 ～ 41

1 **次の(1)～(3)に当てはまる関数を，㋐～㋔からそれぞれすべて選び，記号で答えなさい。**

㋐ $y=x^2$　㋑ $y=-x^2$　㋒ $y=\dfrac{2}{x}$　㋓ $y=2x^2$　㋔ $y=2x$

□(1)　グラフが y 軸について対称となる関数。

□(2)　$x<0$ の範囲で，x の値が増加するとき y の値が減少する関数。

□(3)　グラフが，原点を対称の中心として点対称となる関数。

2 **y は x の 2 乗に比例し，$x=12$ のとき，$y=-18$ です。**

□(1)　y を x の式で表しなさい。

□(2)　$y=-8$ のときの x の値を求めなさい。

□(3)　この関数のグラフを右の図にかきなさい。

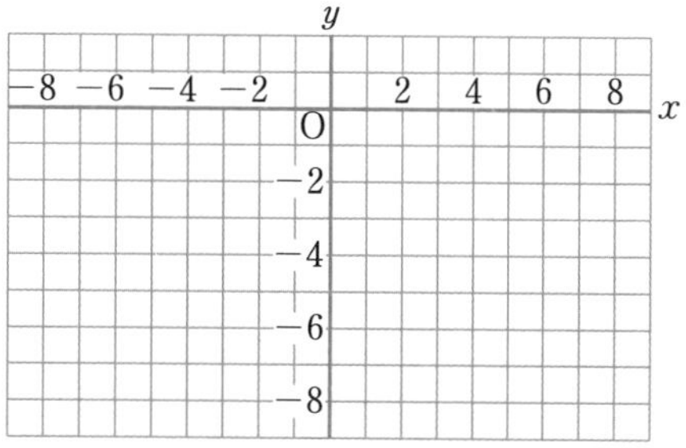

3 **次の問に答えなさい。**

□(1)　関数 $y=\dfrac{1}{2}x^2$ で，x の値が 4 から 8 まで増加するときの変化の割合を求めなさい。

□(2)　関数 $y=x^2$ で，x の値が a から $a+1$ まで増加するときの変化の割合が -5 です。a の値を求めなさい。

4 **次の問に答えなさい。**

□(1)　関数 $y=\dfrac{1}{2}x^2$ について，x の変域が $-2 \leqq x \leqq 4$ のときの y の変域を求めなさい。

□(2)　関数 $y=5x^2$ について，x の変域が $a \leqq x \leqq 2$ のときの y の変域は，$0 \leqq y \leqq 45$ です。a の値を求めなさい。

□(3)　2 つの関数 $y=ax^2$ と $y=x+2$ において，x の変域が $-2 \leqq x \leqq 6$ のとき，y の変域が等しくなります。a の値を求めなさい。

ヒント

3(2)　x の値が a から $a+1$ まで増加するとき，x の増加量は 1　y の増加量を a の式で表してみよう。

4(3)　式がわかっている 1 次関数から，y の変域を求めてみよう。

5 **A 社のタクシー料金は，初乗りが 1.5km まで 600 円で，その後 1km おきに 300 円ずつ加算されていきます。B 社のタクシー料金は，初乗りが 2km まで 500 円で，その後 1.5km おきに 600 円ずつ加算されていきます。**

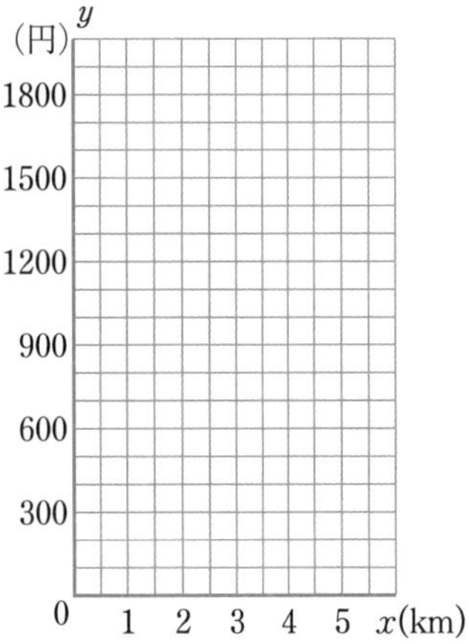

□(1) A 社の距離と料金の関係を 5.5km まで表すグラフを，右の図にかきなさい。

□(2) 5km 乗車するとき，A，B どちらの会社の料金が安いですか。

6 **関数 $y=x^2$ と $y=ax^2$ のグラフが $x=2$ の直線 ℓ と 2 点 A，B で交わっています。線分 AB と x 軸との交点を C とすると，AC：CB＝2：1 となりました。次の問に答えなさい。**

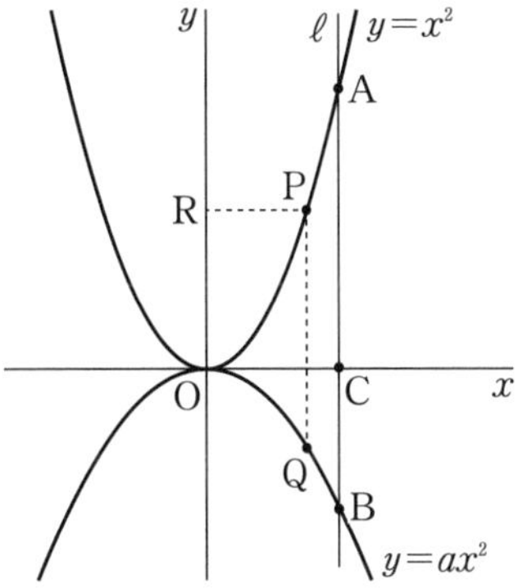

□(1) 点 A の座標を求めなさい。

□(2) 線分 AB の長さを求めなさい。

□(3) $y=ax^2$ の a の値を求めなさい。

□(4) $y=x^2$ のグラフ上，x 座標が t である点 P をとり，点 P を通り，x 軸に平行な直線と y 軸との交点を R，y 軸に平行な直線と $y=ax^2$ のグラフとの交点を Q とします。RP：PQ＝4：9 のとき，t の値を求めなさい。

7 **図 1 のように，直線 ℓ 上に長方形 ABCD と直角二等辺三角形 EFG があり，点 A と点 F が重なっています。図 2 のように，直角二等辺三角形 EFG を ℓ にそって点 F が点 B に重なるまで移動させます。AF の長さを $x$cm，2 つの図形が重なる部分の面積を $y$cm² として，次の問に答えなさい。**

図 1

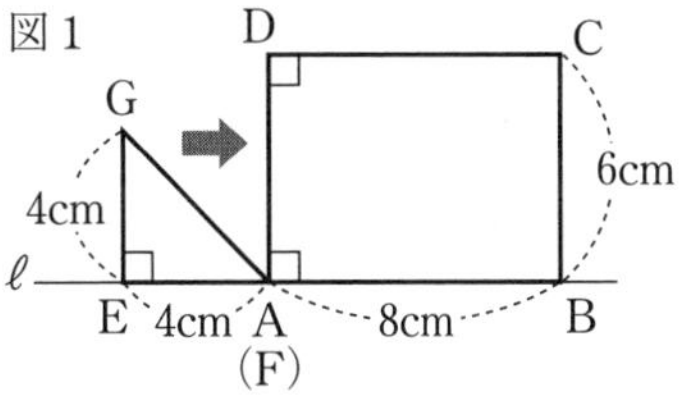

図 2

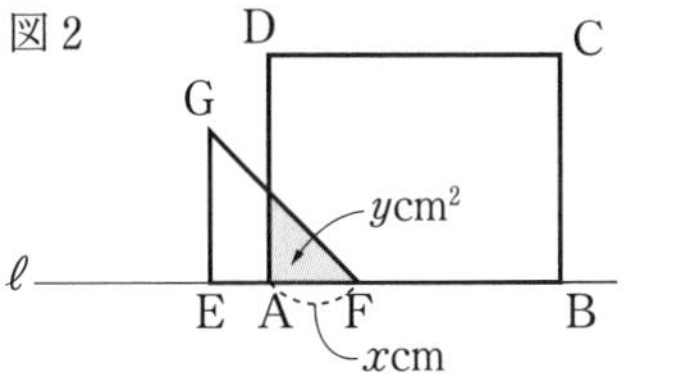

□(1) x の変域が $0 \leqq x \leqq 4$ のとき，y を x の式で表しなさい。

□(2) $x=6$ のときの y の値を求めなさい。

□(3) x と y の関係を表すグラフは，次の㋐〜㋓のどれですか。

㋐

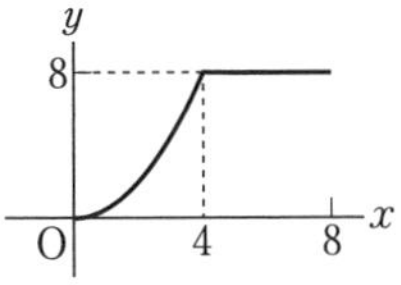

㋑

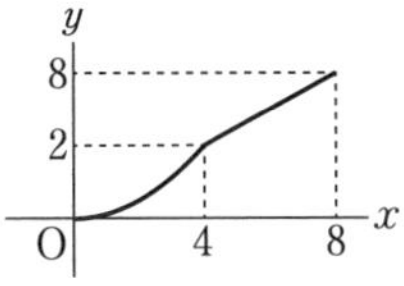

㋒

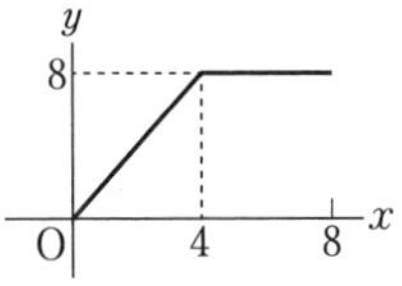

㋓

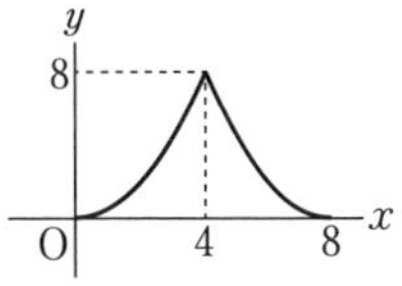

ヒント

6(4) PQ の長さを t の式で表してみよう。

7(1) 長方形 ABCD の辺 DA と直角二等辺三角形の辺 GF との交点を H とすると，2 つの図形が重なる部分は △HAF とおくことができるね。

5章 相似な図形

中２ 平行と合同

中２ 三角形と四角形

形に着目して図形の性質を調べよう

ウォーミングアップ

□ **1** Aの拡大図，縮図をB～Gからそれぞれ選び，記号で答えなさい。

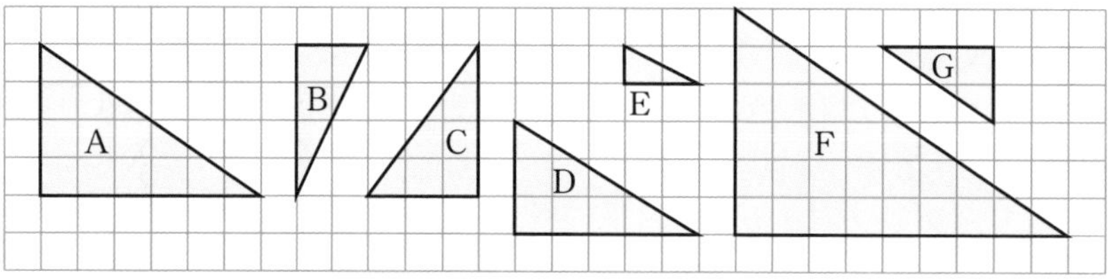

2 右の縮図では，AB間は3cmで実際の距離は450mです。

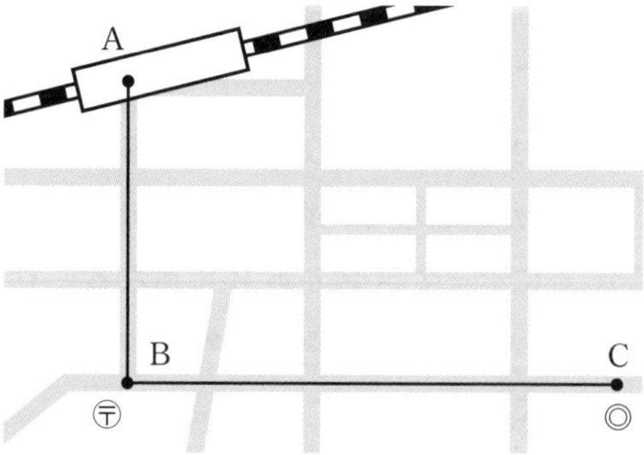

□(1) 縮尺（縮めた割合）を分数で答えなさい。

□(2) 右の縮図で，BC間の長さをはかり，BC間の実際の距離を求めなさい。

3 下の図で，合同な三角形の組を，記号≡を使って表し，そのときに使った合同条件を答えなさい。

□(1)

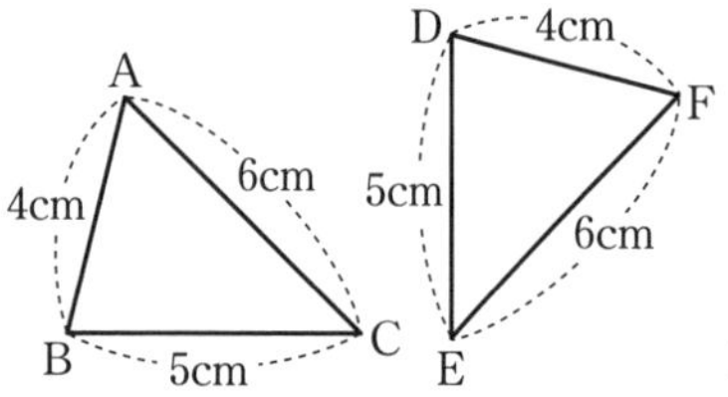

□(2)

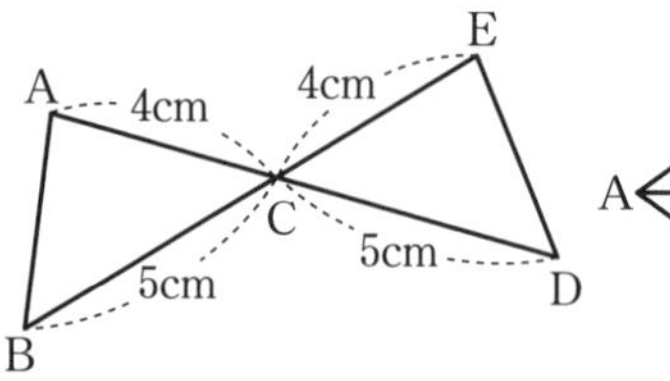

□(3)

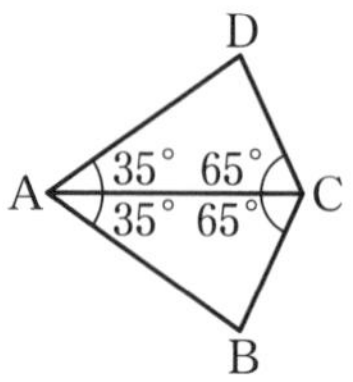

ふりかえり 小６

拡大図と縮図

拡大図や縮図は，対応する角の大きさがそれぞれ等しく，対応する辺の比がどれも等しい。

ふりかえり 小６

縮尺

実際の長さを縮めた割合のことを縮尺という。

$$(縮尺)=\frac{(地図上の長さ)}{(実際の長さ)}$$

ふりかえり 中２

三角形の合同条件

３組の辺がそれぞれ等しい。

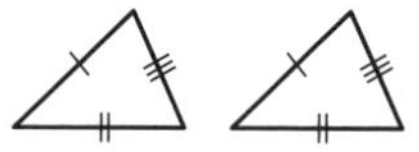

２組の辺とその間の角がそれぞれ等しい。

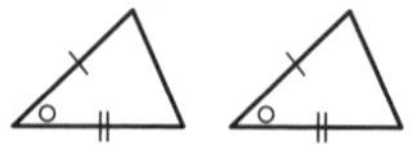

１組の辺とその両端の角がそれぞれ等しい。

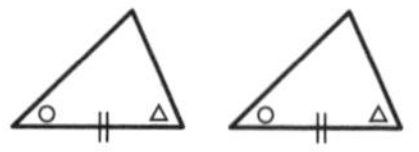

4 次の問に答えなさい。

(1) 次の比を簡単にしなさい。

□① $12:4$　　□② $24:36$

(2) 次の比例式で，x の値を求めなさい。

□① $7:4=x:2$　　□② $24:x=6:2$

□③ $(x-4):3=4:3$　　□④ $5:3=(2x+1):9$

ふりかえり 中1

比例式の性質

$3:7=(x+2):(x+10)$

$3(x+10)=7(x+2)$

5 次の $\angle x$ の大きさを求めなさい。

□(1)

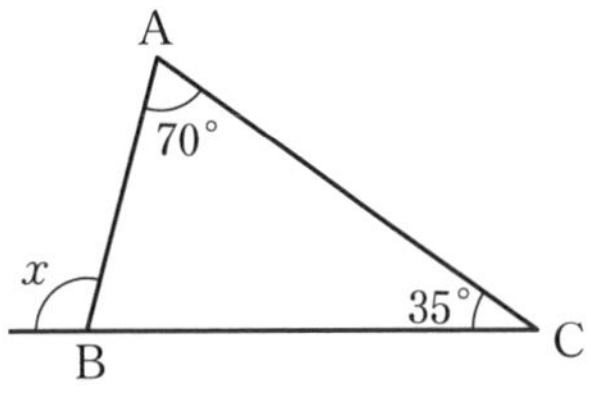

□(2)

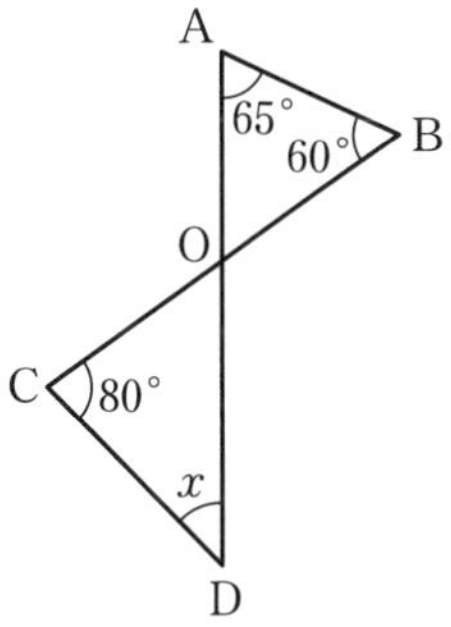

□(3)

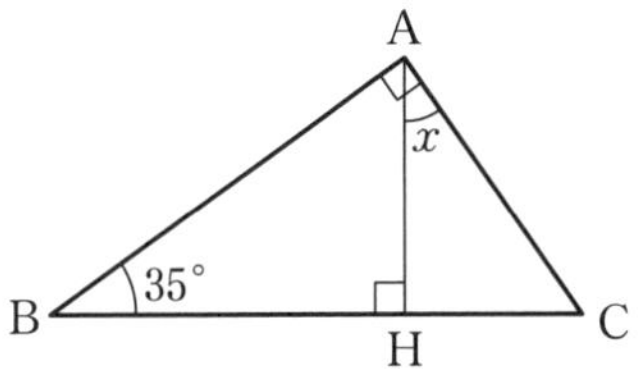

□(4) (MN // BC)

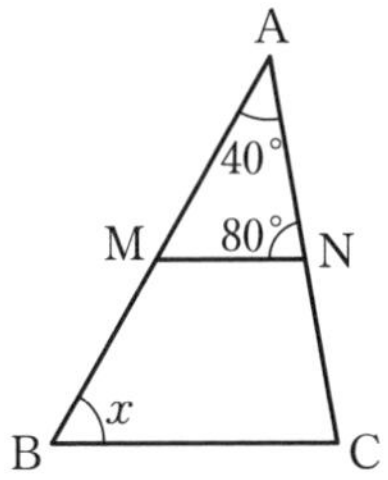

ふりかえり 中2

三角形の内角と外角

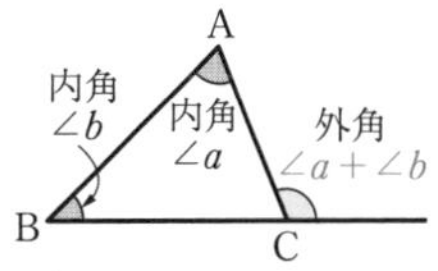

三角形の外角は，それととなり合わない２つの内角の和に等しい。

□ 6 右の図は AB＝AC の二等辺三角形 ABC で，頂点 B，C から辺 AC，AB にひいた垂線と各辺との交点をそれぞれ D，E とします。

このとき，CE＝BD となることの証明を，次のように書き始めました。続きを書いて証明を完成させなさい。

［証明］△EBC と △DCB において

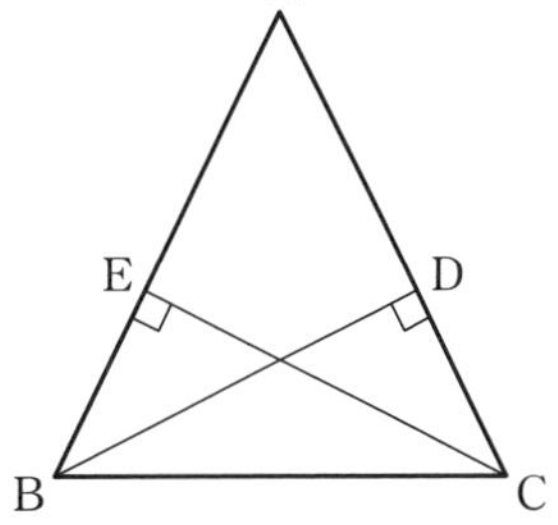

ヒント

合同な図形を利用する。

ふりかえり 中2

証明のすすめ方

仮定と定理を根拠として示して，あることがらが成り立つことを導く。

解答 p.42

◀もっとチャレンジ!

5章

1節 相似な図形

1 相似な図形

例題 1 相似な図形と相似化

教 p.132 Q

右の図は，点 O を中心として，頂点 A に対応する頂点 A′ を OA′＝2OA となるようにとったものです。同様にして，点 B′，C′ をとり，△ABC と相似《そうじ》の位置にある △A′B′C′ をかきなさい。

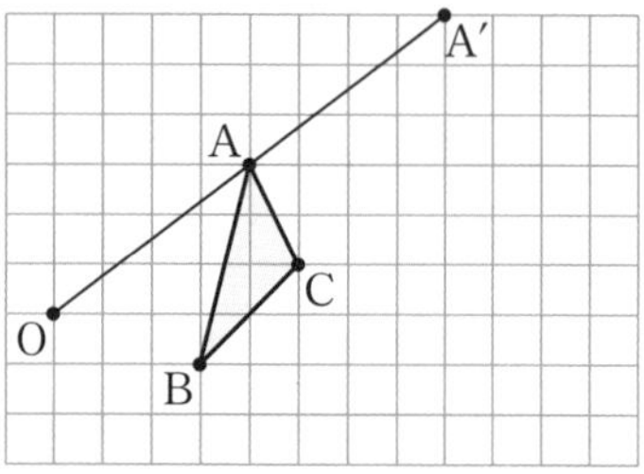

解き方

対応する三角形の頂点と相似の中心が一直線上に並ぶことを利用して，次の手順でかく。

① 半直線 OB 上に，OB′＝2OB となる点 B′ をとる。

② 半直線 OC 上に，OC′＝2OC となる点 C′ をとる。

③ 3 点 A′，B′，C′ をそれぞれ結ぶ。

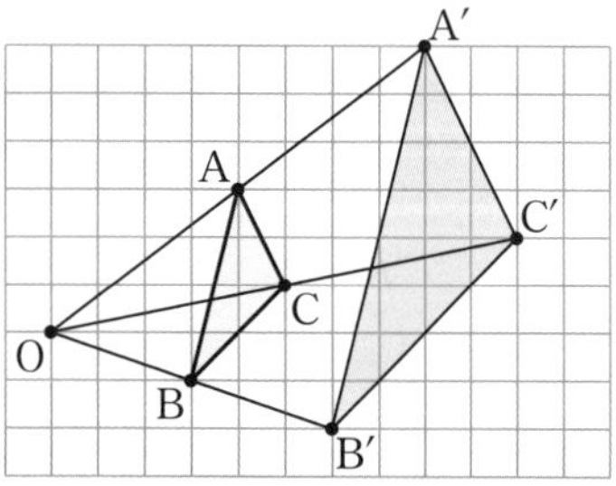

△ABC と △A′B′C′ が相似であるとき，
△ABC ∽ △A′B′C′ と表すよ。
また，対応する部分の長さの比はすべて等しく，これを相似比というよ。

ポイント

2 つの図形の対応する点を通る直線が 1 点 O で交わり，O から対応する点までの距離の比がすべて等しいとき，O を **相似の中心** として 2 つの図形は **相似の位置** にあるという。

Check! 1 **例題 1** の図に，C を相似の中心として，△ABC の各辺を 2 倍にした △DEC をかきなさい。

例題 2 相似な図形の辺の長さ

教 p.134 例 1

右の図で，△ABC ∽ △DEF であるとき，辺 DE の長さを求めなさい。

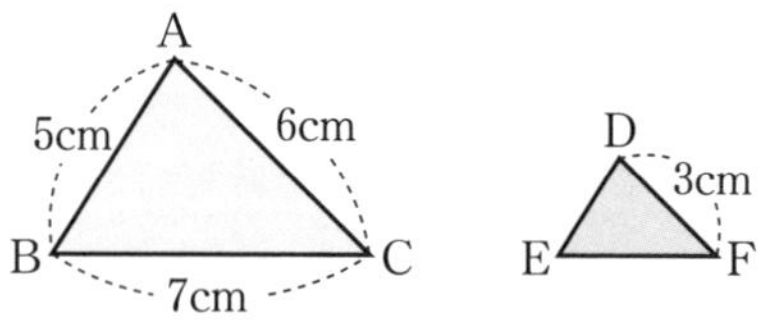

解き方

DE＝$x$cm とすると，

$5 : x = 6 : 3$　（$a : b = c : d$ ならば $ad = bc$）

$6x = 15$

$x = \dfrac{5}{2}$

答 $\dfrac{5}{2}$ cm

ポイント

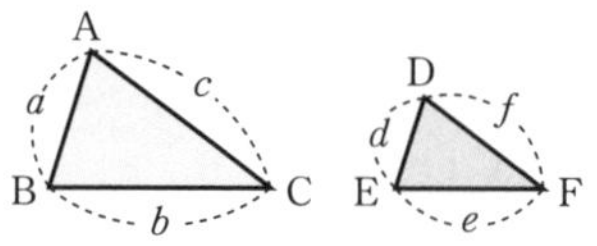

△ABC ∽ △DEF
のとき
$a : d = b : e = c : f$
∠A＝∠D，∠B＝∠E，∠C＝∠F

Check! 2 **例題 2** で，辺 EF の長さを求めなさい。

解答 p.43

□**1** **相似な図形と相似比**　右の図で，点 B を相似の中心として，四角形 ABCD の各辺を 2 倍に拡大した四角形 A′BC′D′ をかきなさい。教 p.132 Q

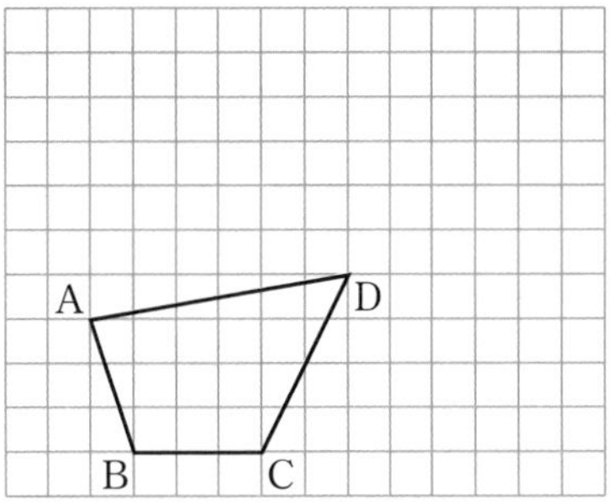

□**2** **相似な図形と相似比**　右の図は，点 O を中心として，頂点 A に対応する頂点 D を $OD=\frac{1}{2}OA$ となるようにとったものです。同様にして，点 E，F をとり，△ABC と相似の位置にある △DEF をかきなさい。教 p.133 問 5

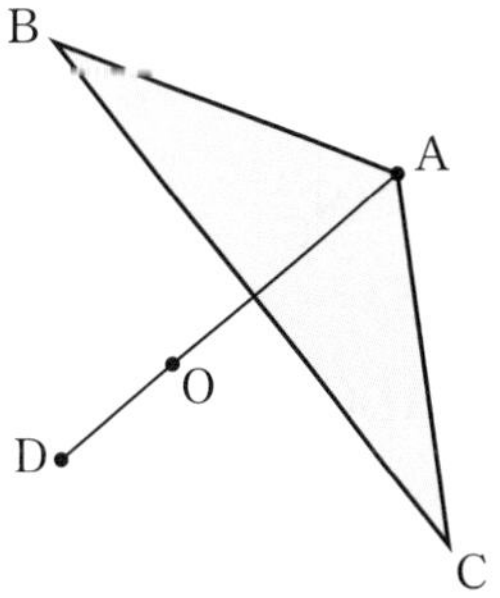

3 **相似な図形の辺の長さ**　右の図で，四角形 ABCD ∽ 四角形 EFGH です。次の問に答えなさい。教 p.132 問 3，p.134 問 7

□(1)　相似比を求めなさい。

□(2)　辺 CD，EF の長さをそれぞれ求めなさい。

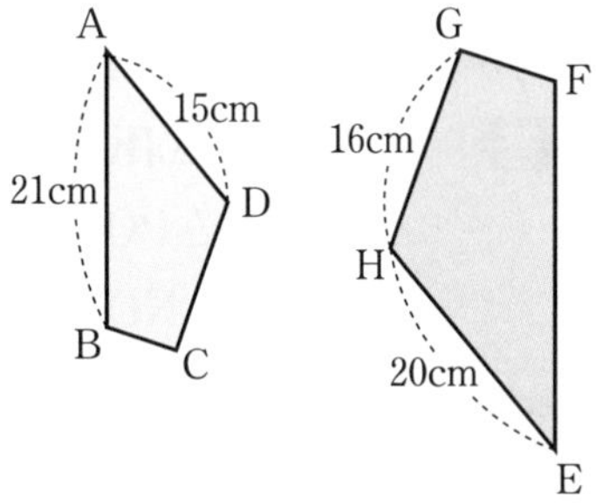

4 **相似な図形の辺の長さ**　右の図で，△ABC ∽ △DEF です。次の問に答えなさい。教 p.134 問 8

□(1)　相似比を求めなさい。

□(2)　辺 EF の長さを求めなさい。

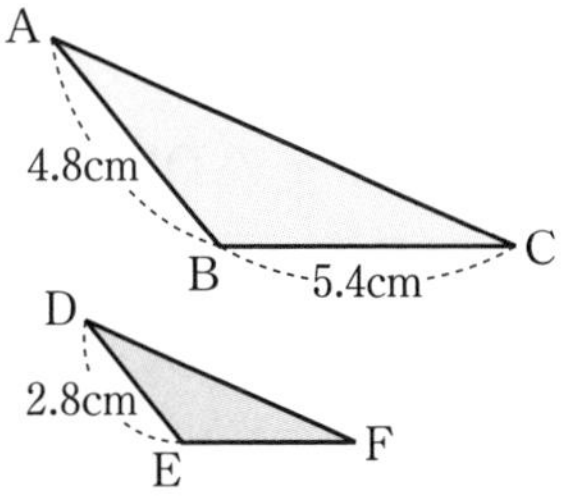

ヒント
(2)(1)の結果を使うと，計算が簡単にできる。

5章 相似な図形

解答 p.43

◀もっとチャレンジ!

5章　1節 相似な図形

2 三角形の相似条件①

例題 1　三角形の相似条件

教 p.137 問 1

下の図のなかから，相似な三角形の組を見つけ，記号 ∽ を使って表しなさい。また，そのときに使った相似条件をいいなさい。

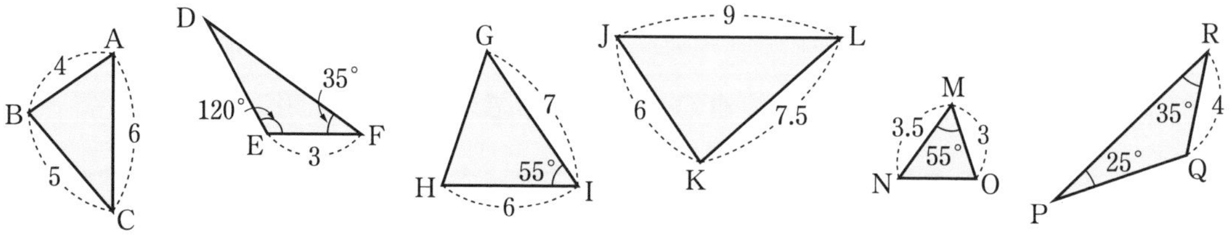

解き方

△ABC と △JKL は，4：6＝5：7.5＝6：9 が成り立つので，相似である。
（対応する 3 組の辺の比）

△DEF と △PQR は，3 つの角が 25°，35°，120° であるから，相似である。

△GHI と △NOM は，7：3.5＝6：3 であり，その 2 辺の間の角が等しいので，相似である。

答　**△ABC ∽ △JKL（3 組の辺の比がすべて等しい。）**
△DEF ∽ △PQR（2 組の角がそれぞれ等しい。）
△GHI ∽ △NOM（2 組の辺の比とその間の角がそれぞれ等しい。）

ポイント

三角形の相似条件

1 3 組の辺の比がすべて等しい。
2 2 組の辺の比とその間の角がそれぞれ等しい。
3 2 組の角がそれぞれ等しい。

Check! 1　ST＝2，TU＝2.5，US＝3 の △STU は，**例題 1** のどの三角形と相似ですか。

例題 2　相似な図形と相似条件

教 p.137 問 2

右の図で，相似な三角形を記号 ∽ を使って表しなさい。
また，そのときに使った相似条件をいいなさい。

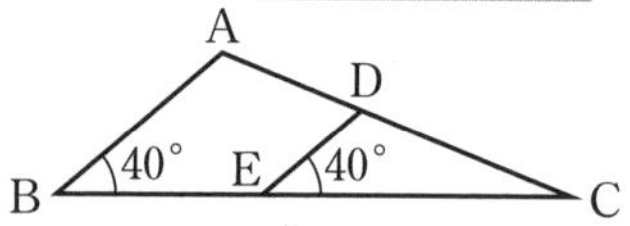

解き方

△ABC と △DEC において，
∠ ABC＝∠ DEC ←40° の角
∠ ACB＝∠ DCE ←共通の角
2 組の角がそれぞれ等しいので，相似であるとわかります。

答　**△ABC ∽ △DEC（2 組の角がそれぞれ等しい。）**

ポイント

2 つの三角形を取り出して，同じ向きにそろえて比べる。

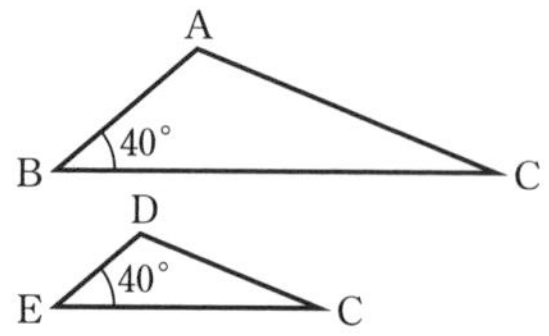

Check! 2　右の図のなかの 2 つの三角形は相似です。そのときの相似条件をいいなさい。

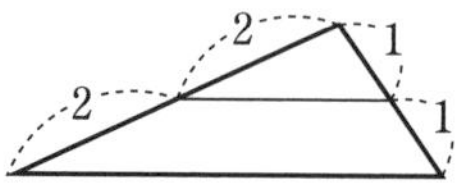

解答 p.44

□ **1 三角形の相似条件** 下の図のなかから，相似な三角形の組を見つけ，記号 ∽ を使って表しなさい。また，そのときに使った相似条件をいいなさい。 教 p.137 問 1

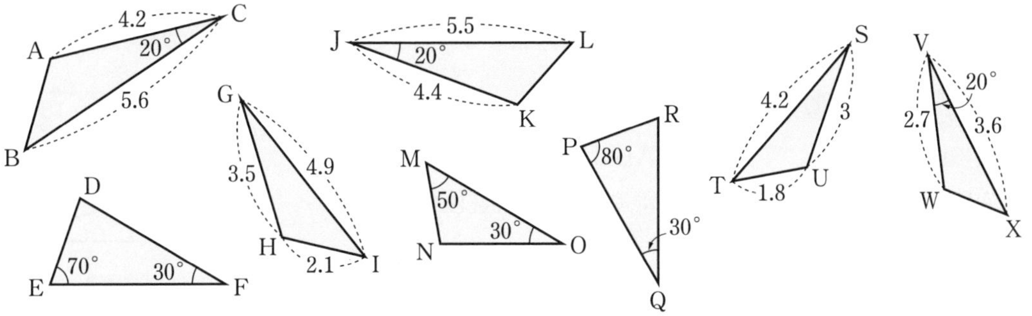

2 相似な図形と相似条件 下のそれぞれの図で，相似な三角形を記号 ∽ を使って表しなさい。また，そのときに使った相似条件をいいなさい。 教 p.137 問 2

□(1)

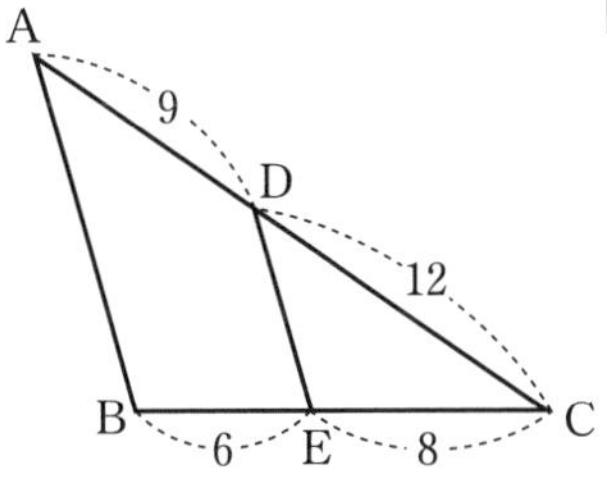

□(2)

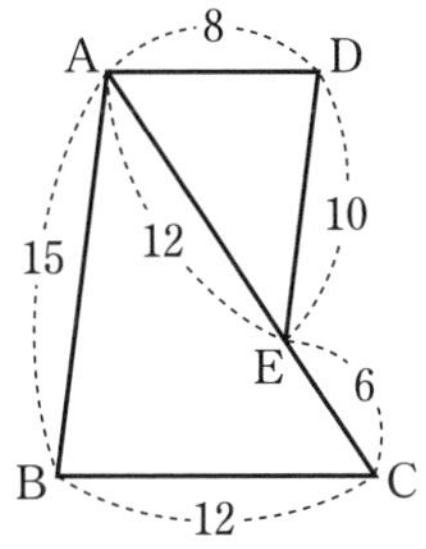

□(3)

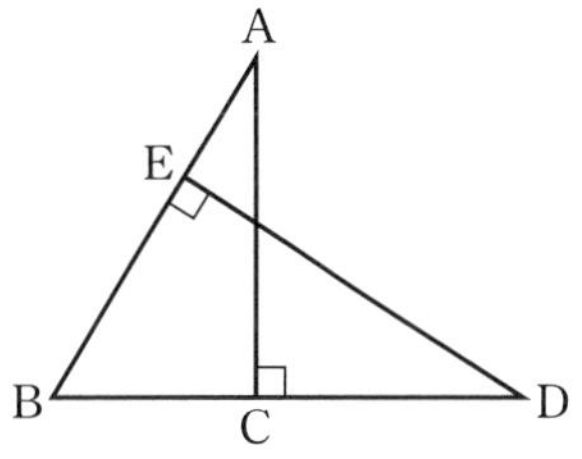

3 相似な図形と相似条件 右の図について，次の問に答えなさい。

教 p.137 問 2

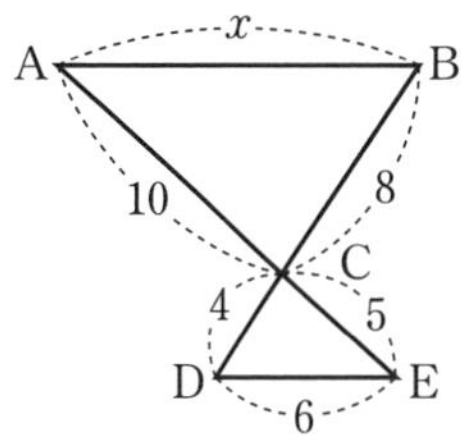

□(1) 相似な三角形を記号 ∽ を使って表しなさい。また，そのときに使った相似条件をいいなさい。

□(2) x の値を求めなさい。

ヒント
(2)(1)で相似であることがわかったので，それを利用する。

4 相似な図形と相似条件 下の図で，x の値を求めなさい。 教 p.137 問 2

□(1)

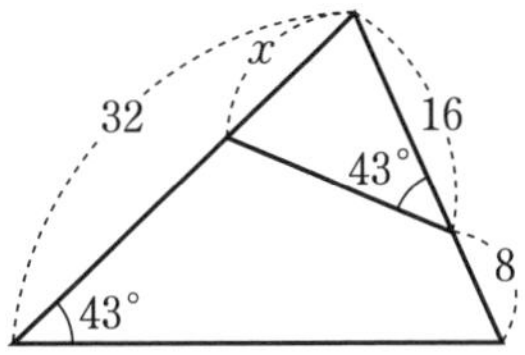

□(2)

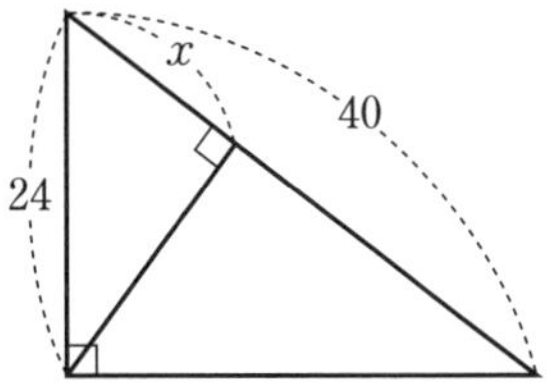

□(3)

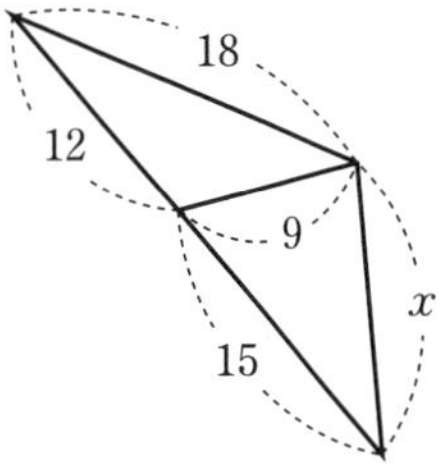

解答 p.44

もっとチャレンジ!

5章　1節 相似な図形

2 三角形の相似条件②

例題 1　相似条件と証明

教 p.138 例 2

右の図の △ABC で，D は辺 AB 上の点です。このとき，△ABC∽△ACD となります。このことを証明しなさい。

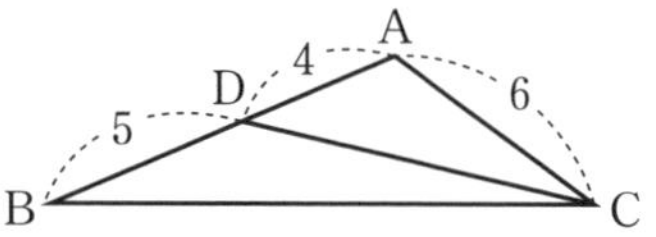

解き方

△ABC と △ACD において，

6：4

仮定から，AB：AC＝AC：AD＝3：2　……①

9：6

また，　∠A は共通　……②

①，②より，2 組の辺の比とその間の角がそれぞれ等しいから，

△ABC∽△ACD

ポイント

証明の書き方

- 証明したい三角形を書く
- 相似条件が成り立つ理由
- 相似条件
- 結論

Check! 1　右の図の △ABC で，D, E はそれぞれ辺 AB, AC 上の点で，∠ABC＝∠ADE です。このとき，△ABC∽△ADE となります。このことを証明しなさい。

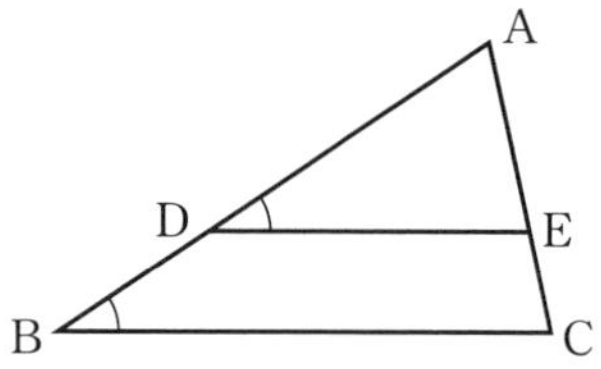

例題 2　相似条件の利用

教 p.138 問 4

右の図の △ABC で，D は辺 BC 上の点で，∠C＝∠DAB です。このとき，AC：DA＝AB：DB となります。このことを証明しなさい。

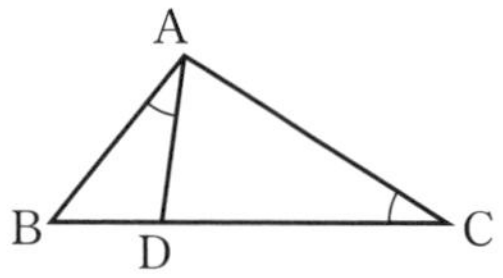

解き方

△ABC と △DBA において，

仮定から，∠ACB＝∠DAB　……①

また，　∠B は共通　……②

①，②より，2 組の角がそれぞれ等しいから，

△ABC∽△DBA

（相似を証明）

相似な図形の対応する辺の長さの比は等しいから，

AC：DA＝AB：DB

ポイント

相似な図形の性質

- 対応する辺の比がすべて等しい。
- 対応する角がすべて等しい。

Check! 2　右の図の △ABC で，D は辺 BC 上の点です。このとき，∠ACB＝∠DAB となります。このことを証明しなさい。

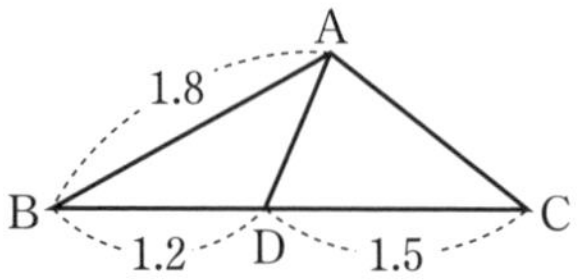

解答 p.45

□**1 相似条件と証明**　右の図の四角形 ABCD は長方形です。E は辺 BC 上の点で，A から線分 DE に垂線 AF をひきます。このとき △ADF∽△DEC となります。このことを証明しなさい。 教 p.138 問 3

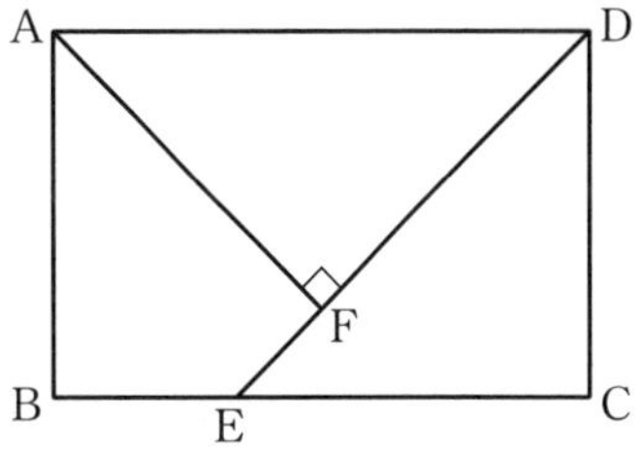

2 相似条件と証明　右の図の △ABC で，D は辺 AC 上の点です。次の問に答えなさい。 教 p.138 問 3

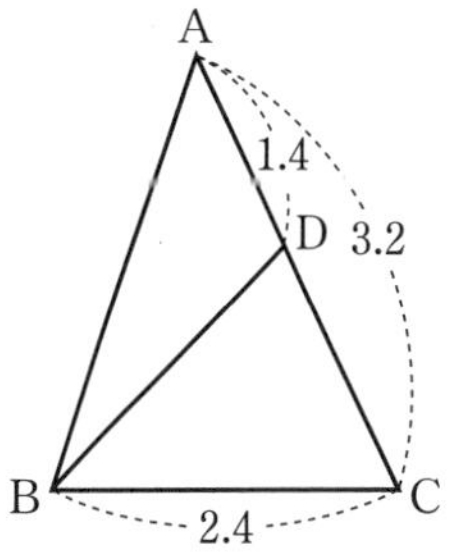

□(1)　相似な三角形の組をいいなさい。

□(2)　(1)の三角形が相似であることを証明しなさい。

□**3 相似条件の利用**　右の図の △ABC で，点 B，C から辺 AC，AB にそれぞれ垂線 BD，CE をひき，その交点を F とします。このとき，BF：CF＝EF：DF となります。このことを証明しなさい。 教 p.138 問 4・5

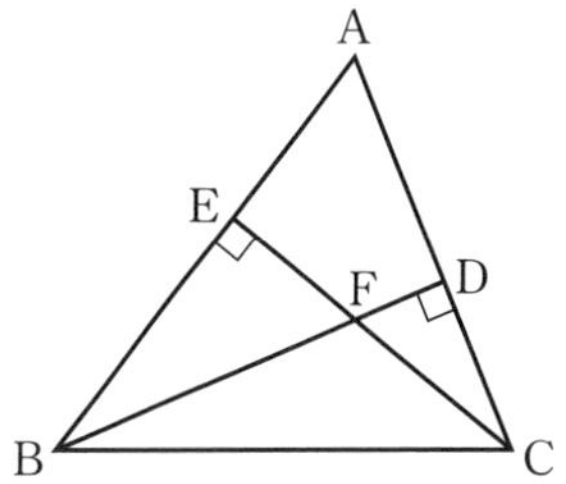

ヒント

この式に現れる線分を辺とする三角形の組が相似であることを証明する。

4 相似条件の利用　右の図について，次の問に答えなさい。 教 p.138 問 4

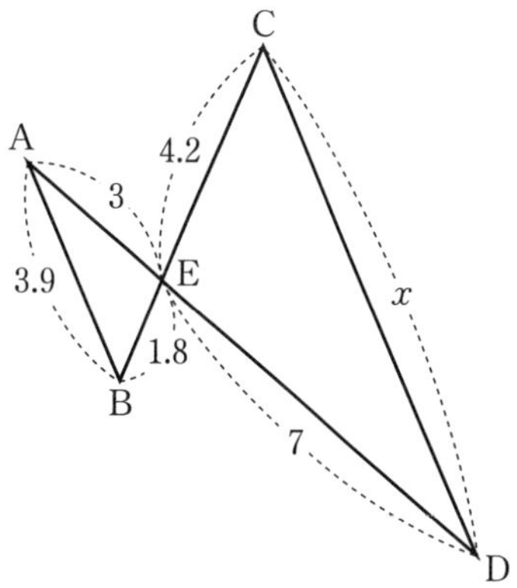

□(1)　AB∥CD であることを証明しなさい。

□(2)　x の値を求めなさい。

解答 p.45

5章

1節 相似な図形

もっとチャレンジ!

3 相似の利用

例題 1　相似の利用

教 p.139 Q

右の図のような池の幅を求めるため，池をはさんだ 2 地点 A，B を見通せる地点Cをとり，距離と角の大きさをはかったら，AC＝36m，BC＝54m，∠ACB＝60°でした。A，B 間のおよその距離を求めなさい。

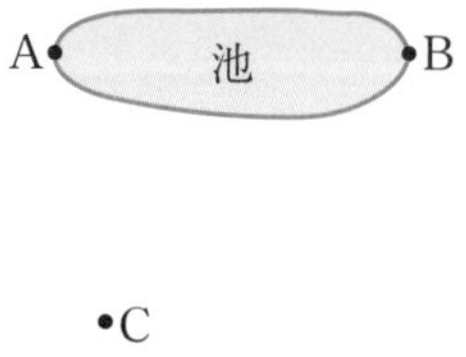

解き方

右の図のように，A′C′＝1.8cm，B′C′＝2.7cm，∠A′C′B′＝60°となる縮図をかき，A′B′ の長さをはかると約 2.4cm になる。

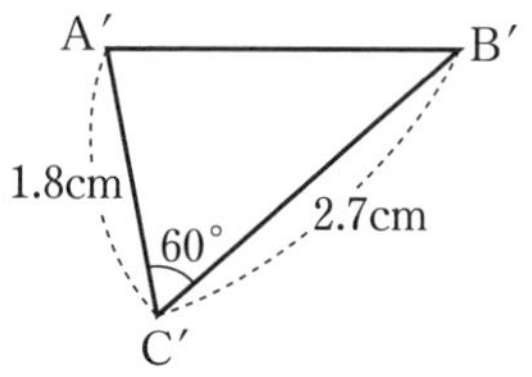

△A′B′C′ は，△ABC の 2000 分の 1 の縮図だから，AB：2.4＝2000：1 より，

36m：1.8cm＝3600cm：1.8cm＝2000：1

AB＝2.4×2000＝4800(cm)　4800cm＝48m

答　**48m**

ポイント
実際にははかれない長さを求めるために，縮図をかいて調べる。

Check! **1**　右の図のように，長さ 1.5m の棒を地面に垂直に立てたら，影《かげ》の長さが 2m でした。同時に建物の影の長さをはかったら，24m ありました。この建物の高さを求めなさい。

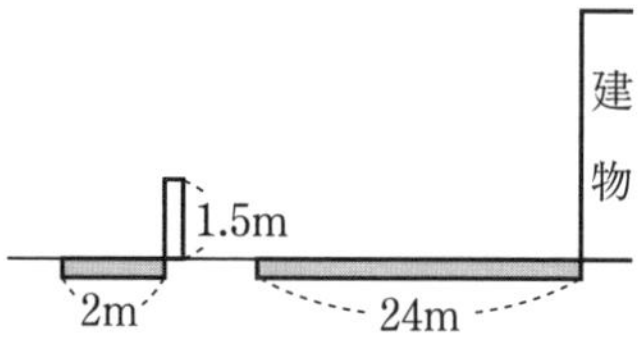

例題 2　誤差と有効数字

教 p.141 問 2・3

ある距離を測定し，10m 未満を四捨五入して測定値 2700m を得ました。次の問に答えなさい。

(1)　この距離の真の値を am とするとき，a の範囲を，不等号を使って表しなさい。

(2)　この測定値を，(整数部分が 1 けたの数)×(10 の累乗) の形に表しなさい。

解き方

(1)　十の位未満を四捨五入して 2700 になるので，

$2695 \leqq a < 2705$

(2)　有効数字は，2，7，0 なので，2.70×10^3

答　(1)　$2695 \leqq a < 2705$　(2)　2.70×10^3 m

ポイント
誤差《ごさ》…近似値から真の値をひいた差
有効数字《ゆうこうすうじ》…近似値を表す数字のうち，信頼できる数字

Check! **2**　**例題 2** で，誤差の絶対値は何 m 以下ですか。

解答 p.46

□ **1** **相似の利用**　右の図のような校舎の横幅を求めるため，校舎の両端にある 2 本の木 A，B を見通せる校庭上の地点 C をとり，距離と角の大きさをはかったら，AC＝36m，BC＝42m，∠ACB＝75°でした。2 本の木 A，B 間のおよその距離を求めなさい。

教 p.139 Q

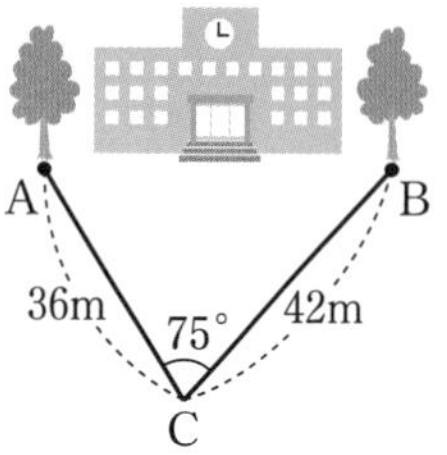

ヒント

△ABCの縮図をかく。

□ **2** **相似の利用**　右の図のような電波塔の高さを求めるため，電波塔から 126m はなれた地点 P から，塔の先端 A を見上げたら，50°上に見えました。また，目の高さは 1.5m です。下の △A′B′C′ は，△ABC の縮図です。これを利用して，電波塔のおよその高さを求めなさい。教 p.140 Q

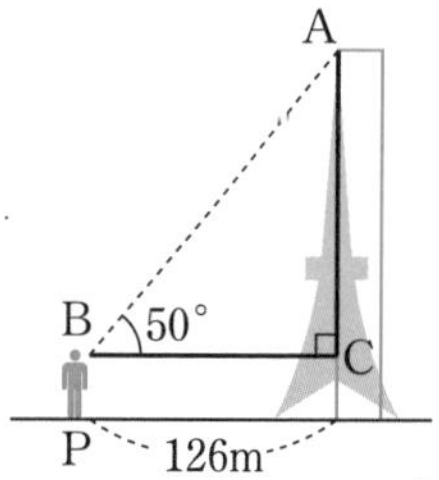

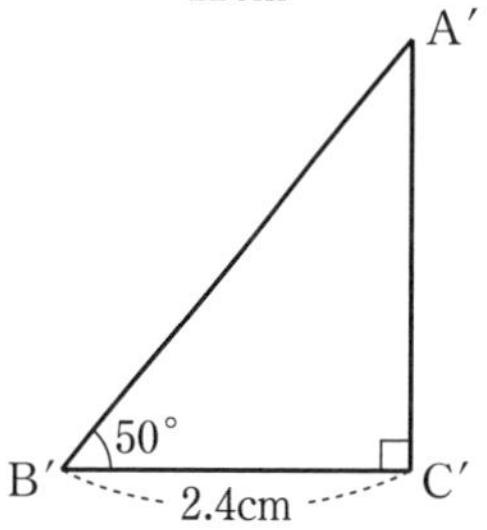

□ **3** **相似の利用**　右の図のように，長さ 80cm の棒を地面に垂直に立てたら，影の長さが 50cm でした。同時に木の影の長さをはかったら，5m50cm ありました。この木の高さを求めなさい。

教 p.140 問 1

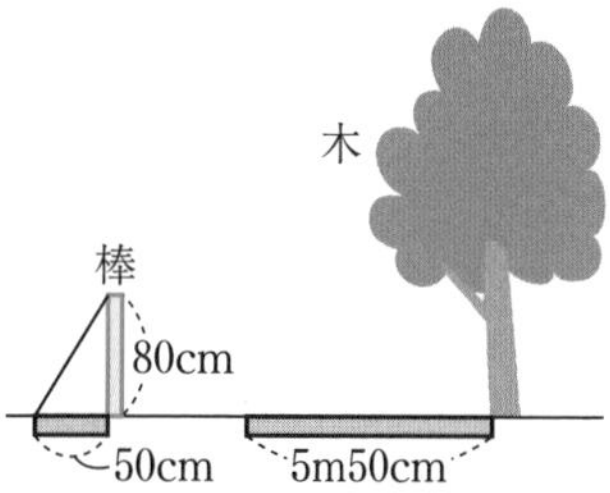

□ **4** **誤差と有効数字**　ある重さを測定し，1g 未満を四捨五入して測定値 84g を得ました。この重さの真の値を ag とするとき，a の値の範囲を，不等号を使って表しなさい。教 p.141 問 2

□ **5** **誤差と有効数字**　ある距離の測定値 4900km の有効数字が 4，9 のとき，この測定値を，(整数部分が 1 けたの数)×(10 の累乗) の形に表しなさい。教 p.141 問 3

解答 p.46

1節の問題 | 相似な図形

教科書 130▸142

解答 p.47

1 右の図において，△ABC∽△DEF であるとします。

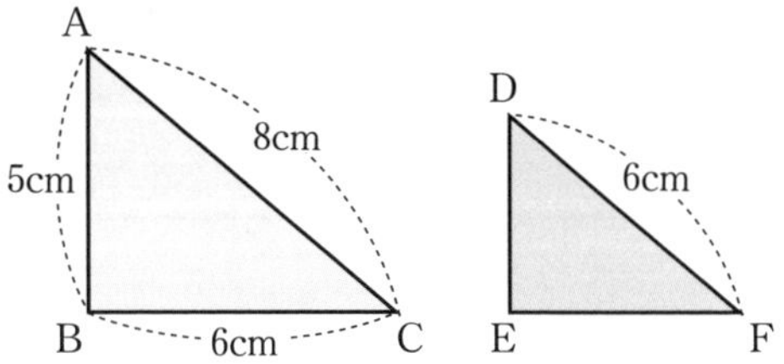

□(1) △ABC と △DEF の相似比を求めなさい。

□(2) 辺 EF の長さを求めなさい。

□**2** 下の図から，相似な三角形の組を見つけ，記号∽を使って表しなさい。また，そのときに使った相似条件をいいなさい。

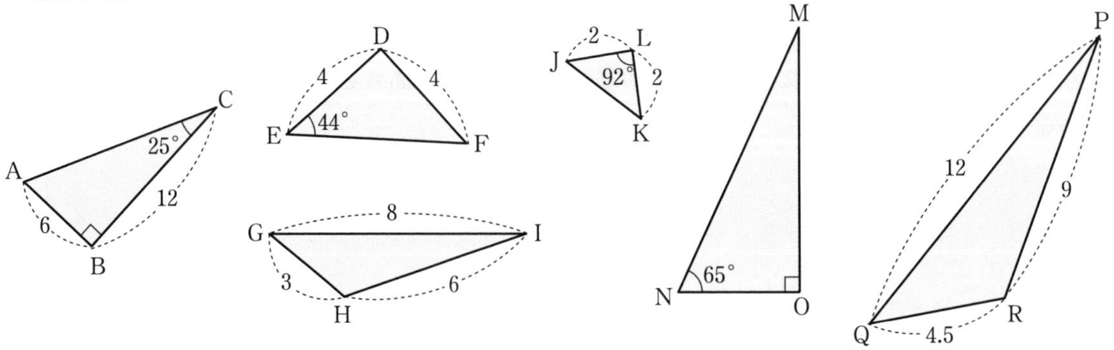

□**3** 右の図において，△AED∽△ABC であることを証明しなさい。

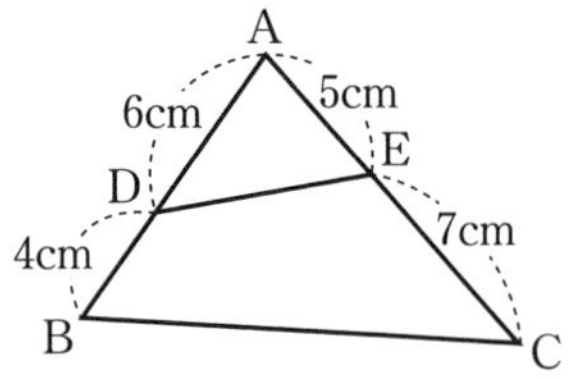

□**4** 右の図のような，AB＝AC の二等辺三角形 ABC の辺 AC 上に BC＝BD となる点 D があります。このとき，△ABC∽△BDC であることを証明しなさい。

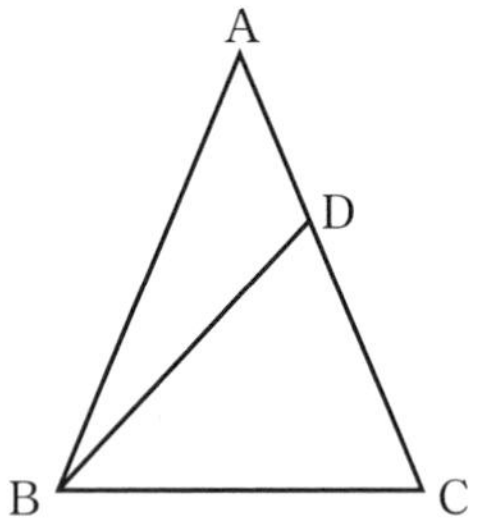

□**5** 右の図のような池をはさんだ 2 地点 A，B があります。それぞれの地点から，2 地点 A，B を見通せる地点 C までの距離を調べると，AC＝10m，BC＝13m で，∠ACB＝60°でした。2 地点 A，B 間のおよその距離は何 m ですか。縮図をかいて調べ，求めなさい。

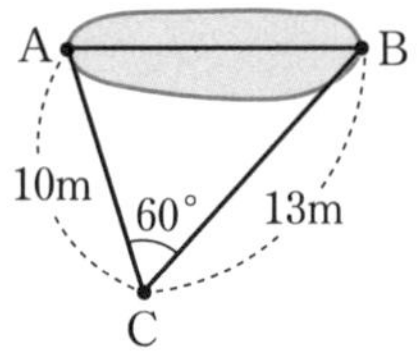

ヒント

5 自分のかきやすい縮尺で縮図をかいてみよう。たとえば $\frac{1}{200}$ の縮図をかくとすると，AC＝5cm となるよ。

□ **6** **右の図のような平行四辺形 ABCD の辺 BA の延長上に点 E があります。線分 EC と辺 AD の交点を F とするとき，△EBC∽△CDF となることを証明しなさい。**

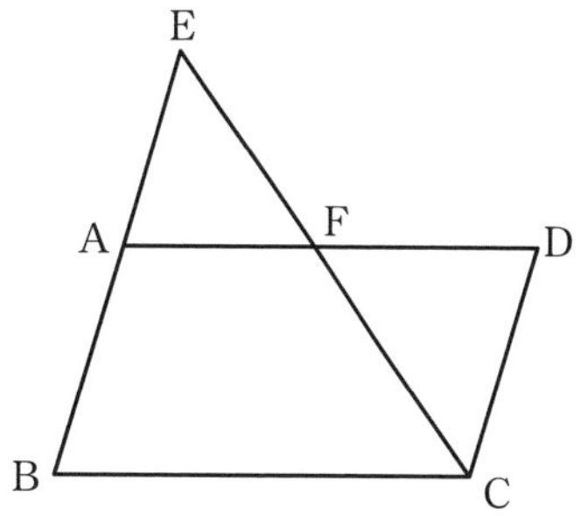

7 **右の図のような 1 辺の長さが 12cm の正方形 ABCD があります。辺 DC 上に点 E をとり，頂点 B から線分 AE にひいた垂線と線分 AE との交点を F とします。次の問に答えなさい。**

□(1)　△AED∽△BAF であることを証明しなさい。

□(2)　BF＝9.6cm のとき，AE の長さを求めなさい。

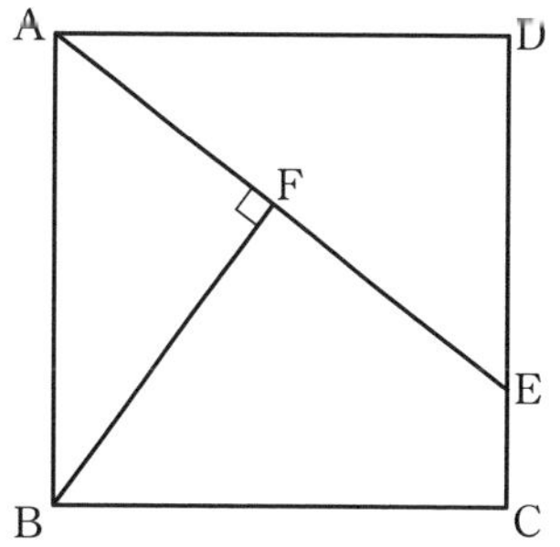

□ **8** **右の図のように，正三角形 ABC の辺 BC 上に点 D をとり，AD を 1 辺とする正三角形 ADE をつくります。辺 AB と辺 ED の交点を P とするとき，△ADC∽△APE であることを証明しなさい。**

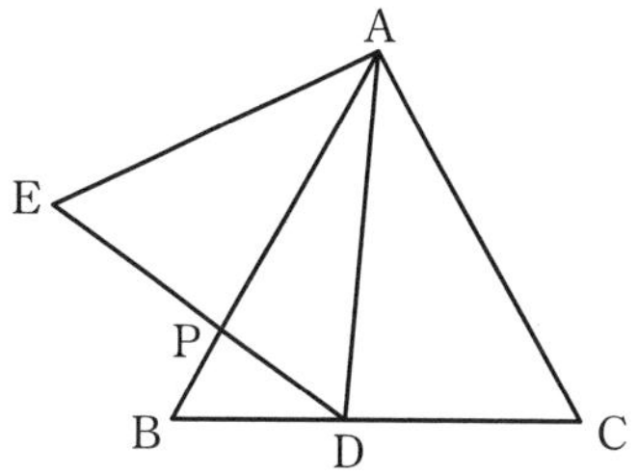

9 **ある距離を測定し，100m 未満を四捨五入して，測定値 24000m を得ました。次の問に答えなさい。**

□(1)　この距離の真の値を am として，a の値の範囲を，不等号を使って表しなさい。

□(2)　測定値 24000m の有効数字がはっきりするように，この測定値を，(整数部分が 1 けたの数)×(10 の累乗) の形に表しなさい。

ヒント

8 60°の角に印をつけてみよう。60°の角から同じ大きさの角をひいたりたしたりしてできる角の大きさは同じになるよ。

もっとチャレンジ!

5章　2節 平行線と比

1 三角形と比①

例題 1　三角形と比の定理

教 p.146 例 1

下の図で，DE // BC とするとき，x の値を求めなさい。

(1)

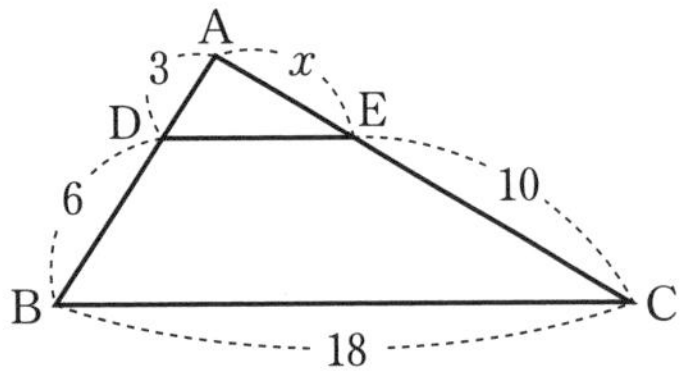

(2)

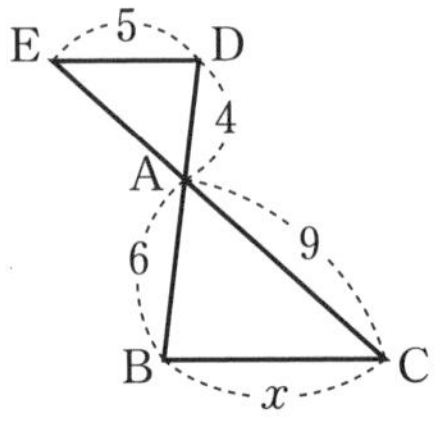

解き方

(1)　AD : DB = AE : EC ←三角形と比の定理2

$3 : 6 = x : 10$

$6x = 30$

$\boldsymbol{x = 5}$

(2)　AD : AB = DE : BC ←三角形と比の定理は，D，E が BA，CA の延長上にあっても成り立つ。

$4 : 6 = 5 : x$

$4x = 30$

$\boldsymbol{x = \dfrac{15}{2}}$

ポイント

三角形と比の定理

△ABC の辺 AB，AC 上の点をそれぞれ D，E とするとき，

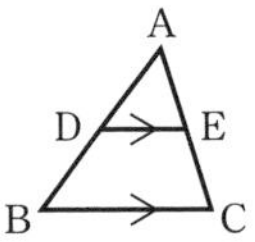

1 DE // BC ならば
AD : AB = AE : AC = DE : BC

2 DE // BC ならば
AD : DB = AE : EC

Check! 1　**例題 1** で，(1)の DE，(2)の AE の長さをそれぞれ求めなさい。

例題 2　三角形と比の定理の逆

教 p.147 問 6

右の図で，線分 DE は辺 AC と平行です。そのわけをいいなさい。

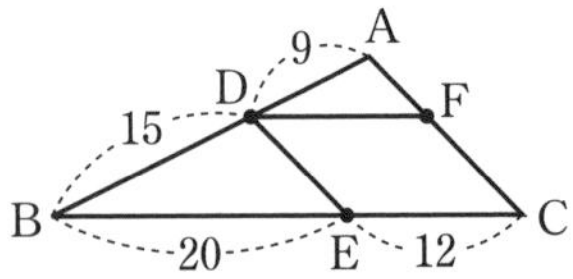

解き方

点 D，E がそれぞれ辺 BA，BC を分ける比を調べる。

BD : DA = 5 : 3 ←15 : 9

BE : EC = 5 : 3 ←20 : 12

よって，BD : DA = BE : EC が成り立つので，

DE // AC ←三角形と比の定理の逆

ポイント

三角形と比の定理の逆

△ABC の辺 AB，AC 上の点をそれぞれ D，E とするとき，

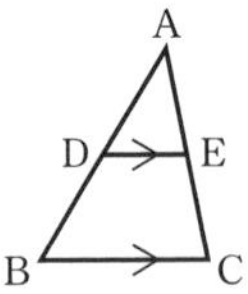

1 AD : AB = AE : AC
ならば，DE // BC

2 AD : DB = AE : EC
ならば，DE // BC

Check! 2　**例題 2** で，AF = 4.5，FC = 7.5 のとき，線分 DF は辺 BC と平行です。そのわけをいいなさい。

解答 p.48

1 三角形と比の定理　下の図で，DE ∥ BC とするとき，x，y の値を求めなさい。 教 p.146 問 4

□(1)

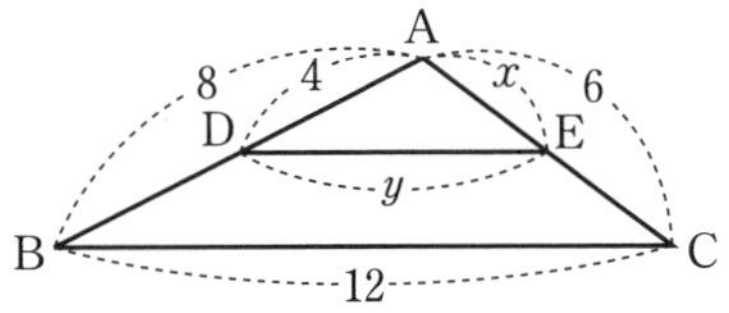

□(2)

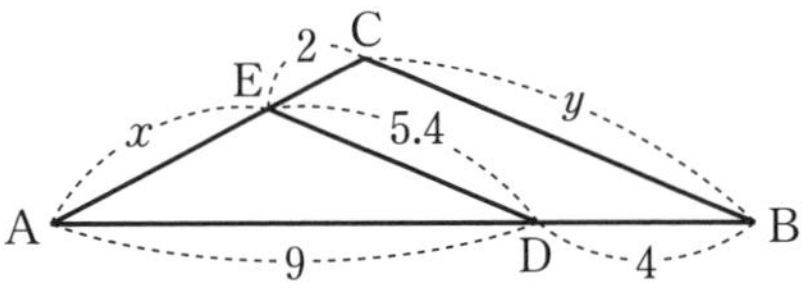

□(3)

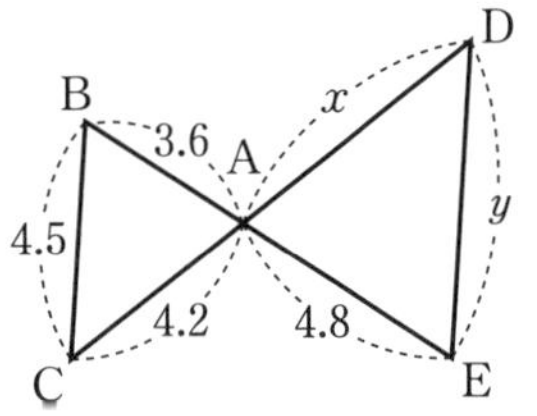

□(4)

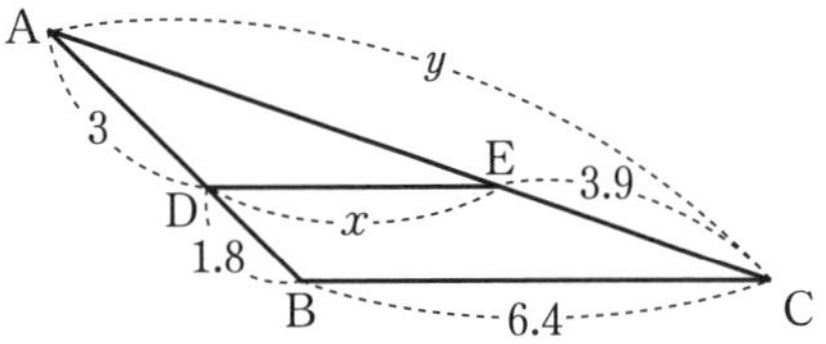

□ **2 三角形と比の定理**　右の図は，ノートの罫線《けいせん》の右端《はし》の点 A と，そこから数えて 4 行下の罫線の左端の点 B を結び，罫線と線分 AB との交点を C，D，E としたものです。線分 AB と同じように線分 FG をかき，交点を H，I，J とすると，3 直線 CH，DI，EJ は，罫線を 4 等分します。このことを次のように説明しました。㋐，㋑に当てはまる記号や数を入れなさい。 教 p.144 Q

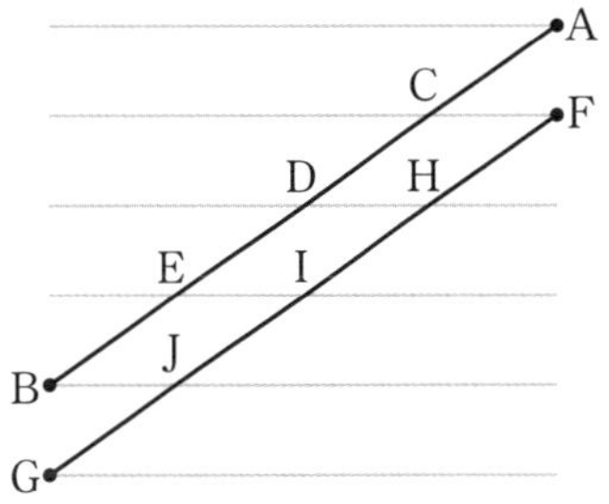

[説明]　右の図の △ABB′ で，三角形と比の定理より，

$CC' : BB' = AC' :$ ［ ㋐ ］$= 1 : 4$，$CC' = \frac{1}{4}BB'$

同じようにして，$HD' = \frac{1}{4}GG' = \frac{1}{4}BB'$，

$DD' = IE' = \frac{1}{2}BB'$，$EE' = JB' =$ ［ ㋑ ］BB'

$CH \parallel DI \parallel EJ \parallel AB'$ より，$GB' : KB' : JB' : BB'$

$= 1 : 2 : 3 : 4$

したがって，3 直線 CH，DI，EJ は罫線を 4 等分する。

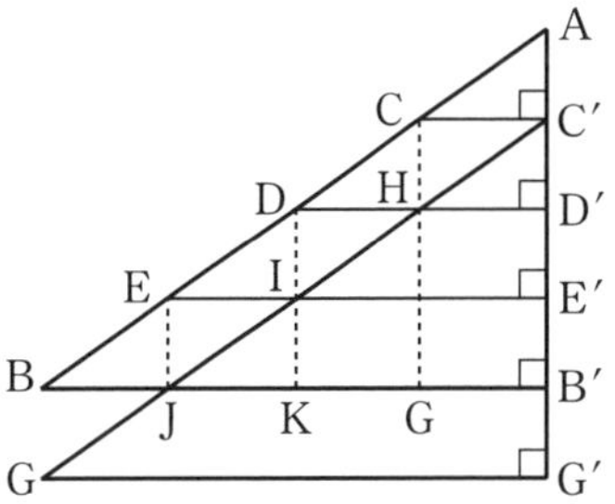

□ **3 三角形と比の定理の逆**　右の図で，線分 DE，EF，FD のうち，△ABC の辺に平行なものはどれですか。 教 p.147 問 6

ヒント!

3 点 D，E，F が分ける，△ABC の各辺の線分の長さの比を，もっとも簡単な整数の比で表す。

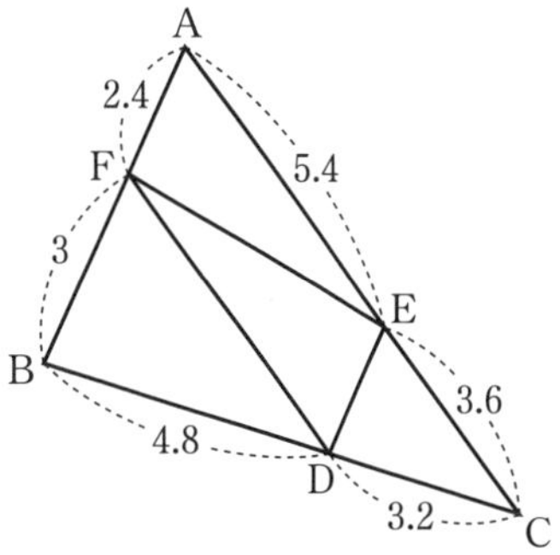

解答 p.48

もっとチャレンジ!

5章　2節　平行線と比

1 三角形と比②

例題 1　中点連結定理

教 p.148 問 8

右の図で，四角形 ABCD は，AD // BC の台形です。辺 AB の中点を E とし，E から辺 BC に平行な直線をひき，BD，CD との交点をそれぞれ F，G とします。FG の長さを求めなさい。

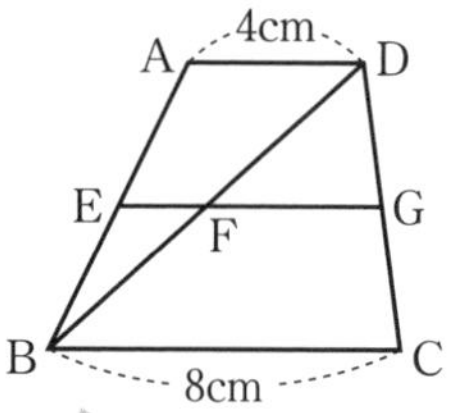

解き方

△ABD で，三角形と比の定理より，
BF：FD＝BE：EA＝1：1
△BCD で，三角形と比の定理より，
DG：GC＝DF：FB＝1：1

（F，G も辺の中点であることを確認）

したがって，点 F，G はそれぞれ辺 DB，DC の中点であるから，

中点連結定理より，FG $= \frac{1}{2}$BC $= \frac{1}{2} \times 8 = 4$ (cm)

答　4cm

ポイント

中点連結定理

△ABCの２辺AB，ACの中点をそれぞれM，Nとすると，
MN // BC
MN＝$\frac{1}{2}$BC
が成り立つ。

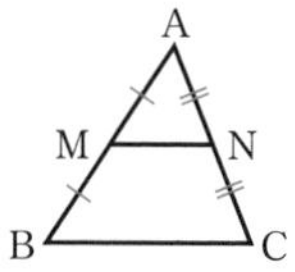

Check! **1**　**例題 1** で，EG の長さを求めなさい。

例題 2　中点連結定理と証明

教 p.149 Q

右の図の四角形 ABCD で，辺 AB，BC，CD，DA の中点をそれぞれ P，Q，R，S とするとき，四角形 PQRS は平行四辺形であることを証明しなさい。

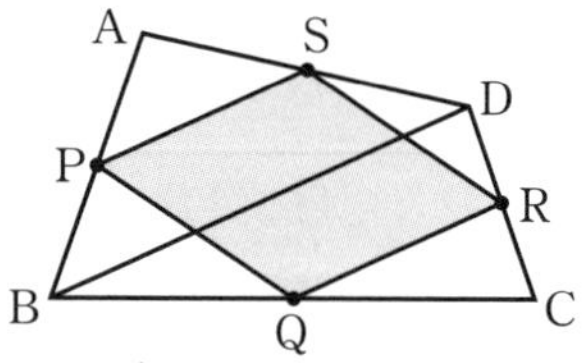

解き方

△ABD で，中点連結定理より，PS // BD，PS $= \frac{1}{2}$ BD

△CBD で，中点連結定理より，QR // BD，QR $= \frac{1}{2}$ BD

したがって，PS // QR ← どちらも BD と平行だから

PS＝QR ← どちらも BD の $\frac{1}{2}$ だから

1 組の対辺が平行でその長さが等しいから，
四角形 PQRS は平行四辺形である。

ポイント

中点連結定理を２回使うと，
MN // AB，
PQ // AB
より，MN // PQ
MN＝$\frac{1}{2}$AB，
PQ＝$\frac{1}{2}$AB　より，MN＝PQ

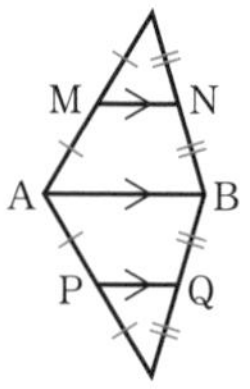

Check! **2**　**例題 2** で，AC＝BD のとき，四角形 PQRS はどんな四角形になりますか。

解答 p.48 ～ 49

□**1** **中点連結定理**　△ABC の辺 BC，CA，AB の中点をそれぞれ D，E，F とするとき，△ABC ∽ △DEF であることを証明しなさい。教 p.148 問 7

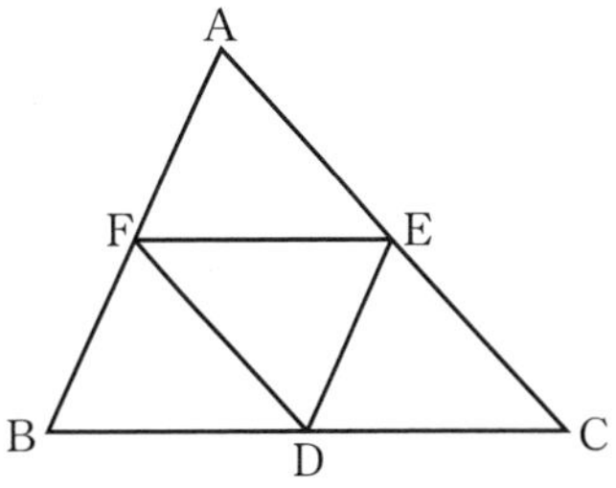

□**2** **中点連結定理**　右の図で，四角形 ABCD は，AD // BC の台形です。AB の中点を P，BD の中点を E とし，PE の延長と辺 CD との交点を Q とします。x，y の値を求めなさい。教 p.148 問 8

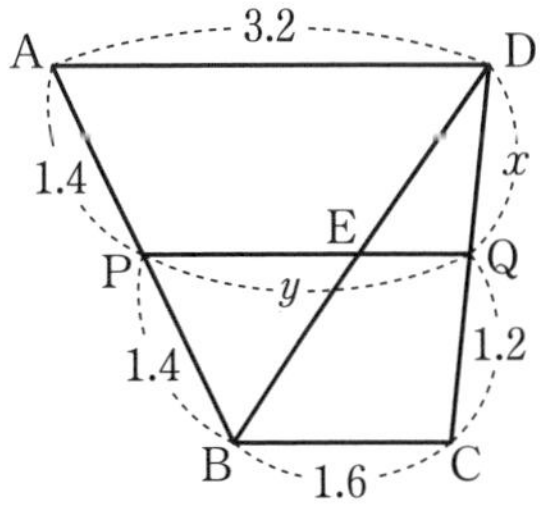

□**3** **中点連結定理と証明**　右の図で，△ABC は，∠C＝90° の直角三角形であり，3 点 E，F，G は，それぞれ辺 AB，AC，BC の中点です。このとき，四角形 EGCF が長方形であることを証明しなさい。

教 p.149 Q

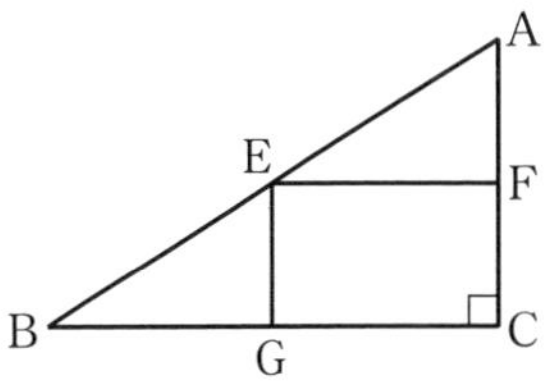

ヒント
まず，四角形 EGCF が平行四辺形であることを示す。

□**4** **中点連結定理と証明**　右の図の四角形 ABCD で，辺 AB，CD の中点をそれぞれ M，N，対角線 AC，BD の中点をそれぞれ P，Q とするとき，四角形 MPNQ が平行四辺形であることを証明しなさい。

教 p.149 Q

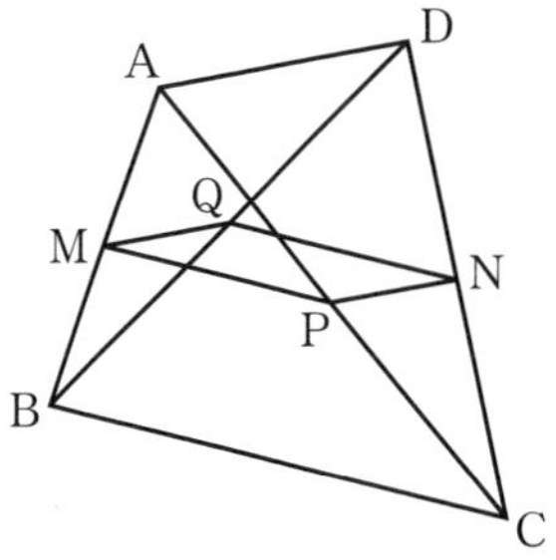

解答 p.48 ～ 49

もっとチャレンジ!

5章　2節　平行線と比

2　平行線と比

例題 1　平行線と比

教 p.152 例 1

右の図で，直線 ℓ，m，n が平行であるとき，x の値を求めなさい。

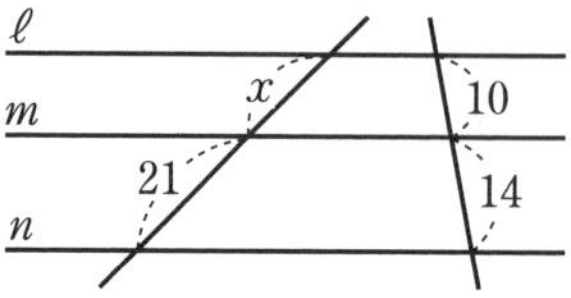

解き方

ℓ，m，n が平行であるから，

$x:21=10:14$

$14x=210$

$\boldsymbol{x=15}$

ポイント

平行線と比

平行な 3 つの直線 a，b，c が直線 ℓ とそれぞれ A，B，C で交わり，直線 m とそれぞれ A′，B′，C′ で交わるとき，AB：BC＝A′B′：B′C′

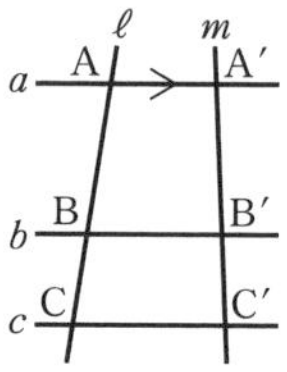

Check! **1**　右の図で，直線 ℓ，m，n が平行であるとき，x の値を求めなさい。

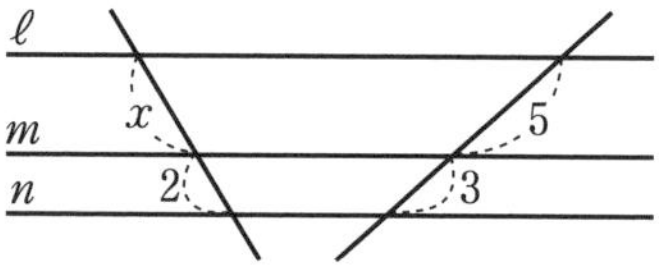

例題 2　平行線と比の利用

教 p.152 Q

右の線分 AB を 1：2 に分ける点 C を作図しなさい。

解き方

① 半直線 AX をひく。

② AX 上に，AP＝PQ＝QR となる 3 点 P，Q，R をとる。

③ 点 P を通り，RB に平行な直線と線分 AB との交点を C とする。

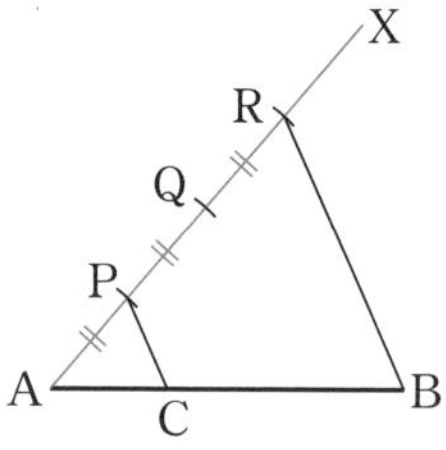

ポイント

線分を $m:n$ に分ける点

①線分の一方の端の点から適当な半直線をひき，等間隔に $(m+n)$ 個の点をとる。

②平行線を使って，比を移す。

Check! **2**　線分 AB をかき，AB を 1：3 に分ける点 C を求めなさい。

例題 3　角の二等分線と線分比

教 p.153 問 3

右の図で，AD は ∠A の二等分線です。AB＝6，AC＝9，BD＝4 のとき，x の値を求めなさい。

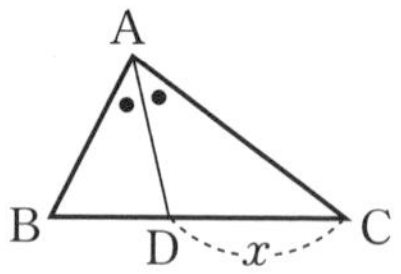

解き方

$6:9=4:x$ より，$6x=36$

したがって，$\boldsymbol{x=6}$

ポイント

AD が ∠A の二等分線のとき

AB：AC＝BD：DC

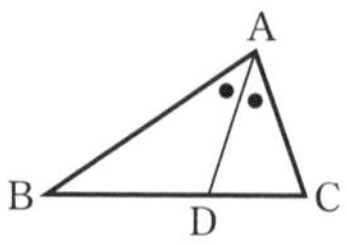

Check! **3**　**例題 3** で，AB＝5，AC＝8，BD＝4 のとき，x の値を求めなさい。

解答 p.49

1 **平行線と比**　下の図で，直線 ℓ，m，n が平行であるとき，x の値を求めなさい。

教 p.152 問 1

□(1)

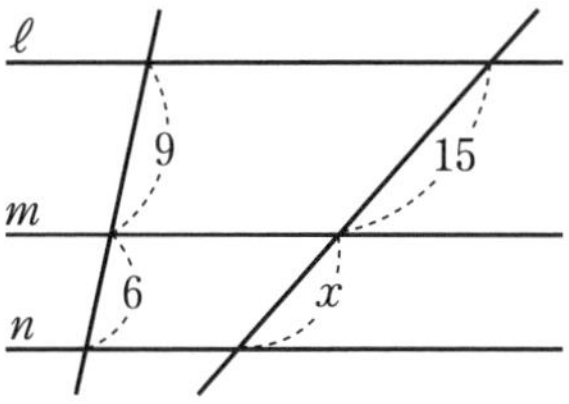

□(2)

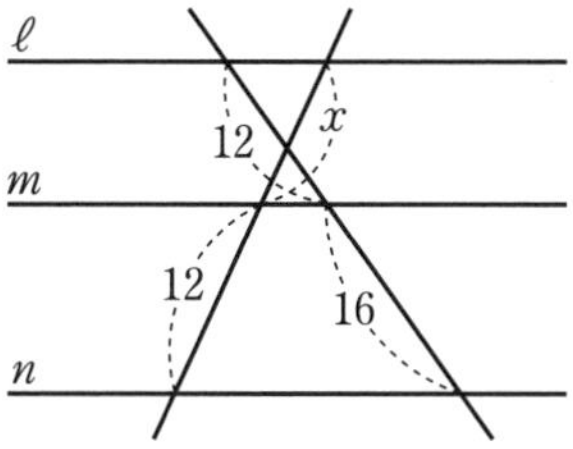

□(3)

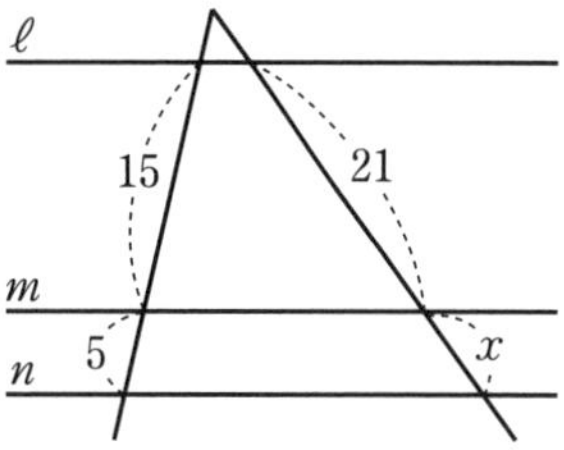

2 **平行線と比**　下の図で，直線 ℓ，m，n が平行であるとき，x の値を求めなさい。

教 p.152 問 1

□(1)

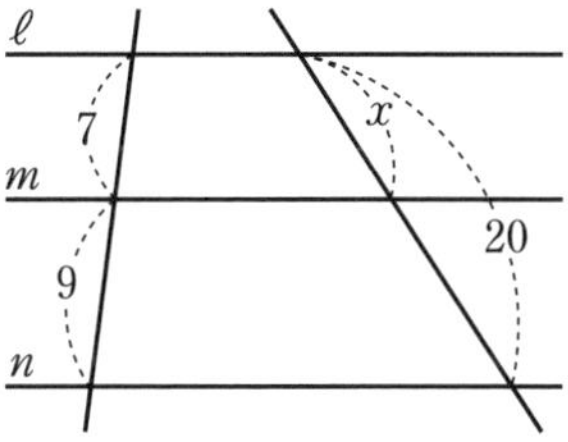

□(2)

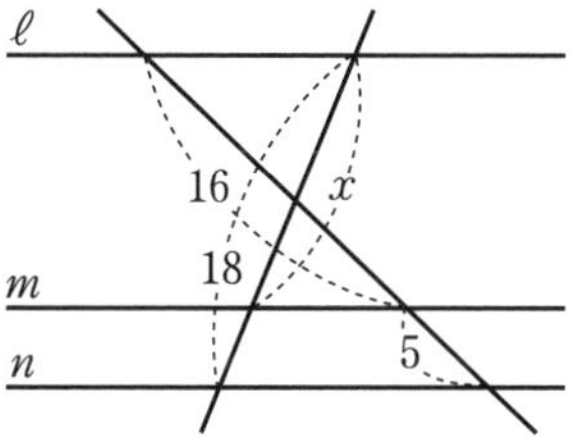

□(3)

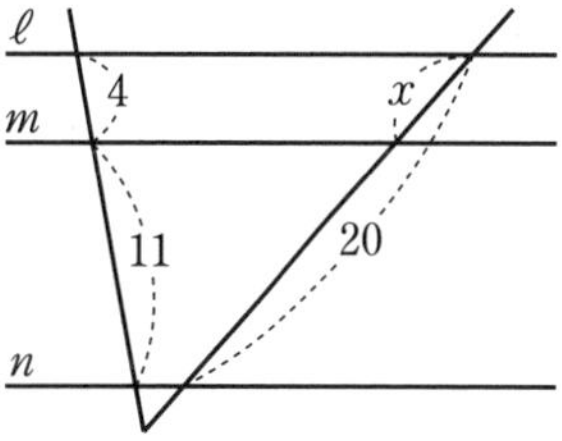

□ **3** **平行線と比の利用**　下の線分 AB を 3：2 に分ける点 C を求めなさい。教 p.152 問 2

4 **角の二等分線と線分比**　下の図で，AD は ∠A の二等分線です。x の値を求めなさい。

教 p.153 問 3

□(1)

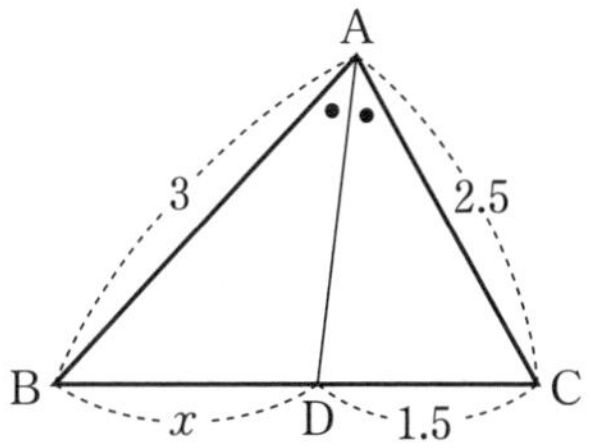

□(2)

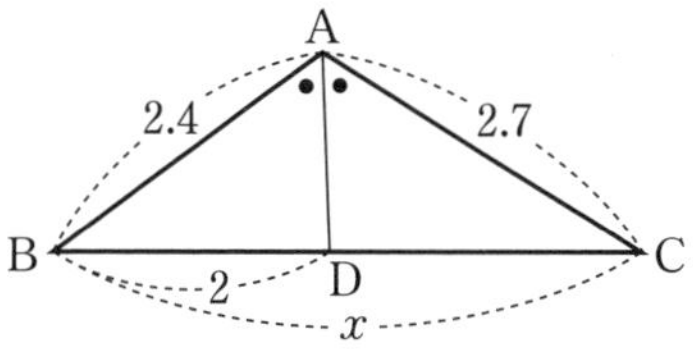

ヒント

(2)まず，DC の長さを求める。

解答 p.49

2節の問題 ｜ 平行線と比

教科書 144 ▸ 154
解答 p.50 ～ 51

1 下の図の x, y, z の値を求めなさい。

□(1) (AB // DE)

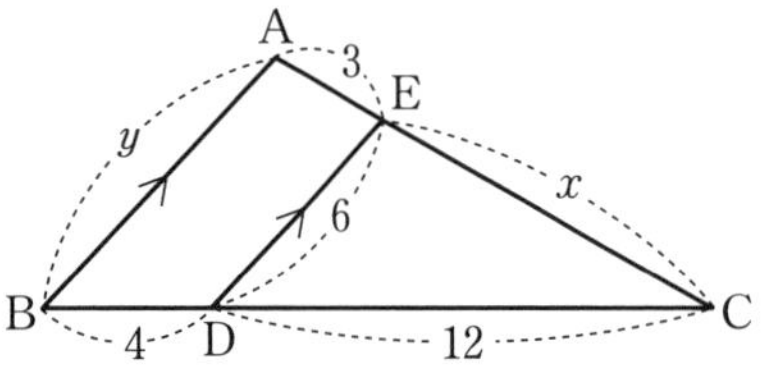

□(2) (BC // FG // ED)

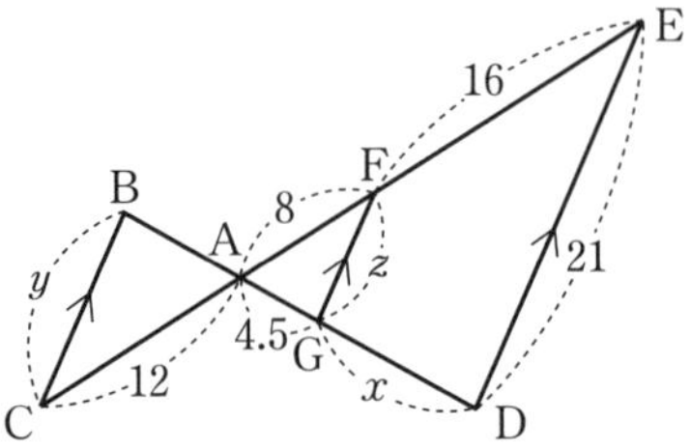

2 下の図で，直線 ℓ, m, n が平行であるとき，x の値を求めなさい。

□(1)

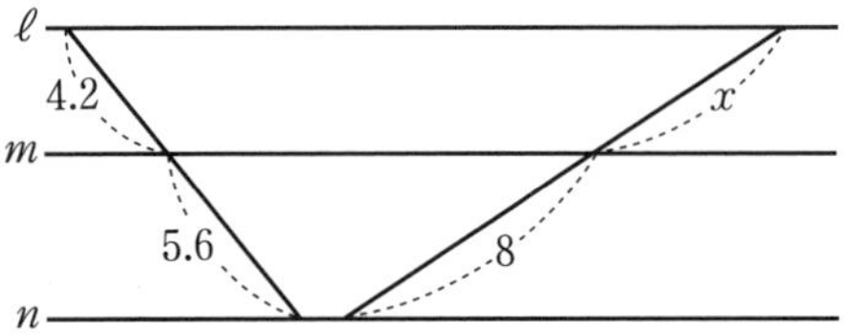

□(2)

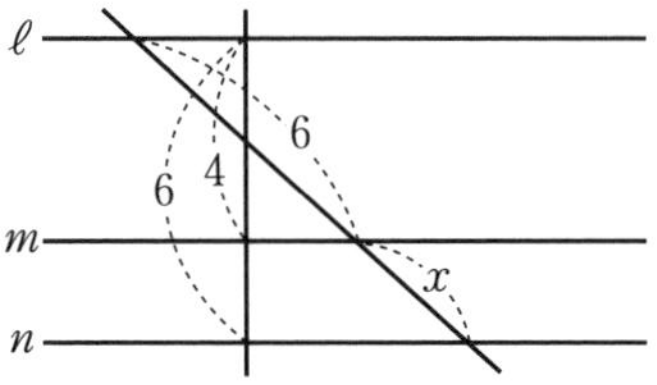

□ **3** △ABC で, 辺 AB, AC 上に DE // BC となるように点 D，E をとると，AD : AB = DE : BC となります。このことを証明しなさい。

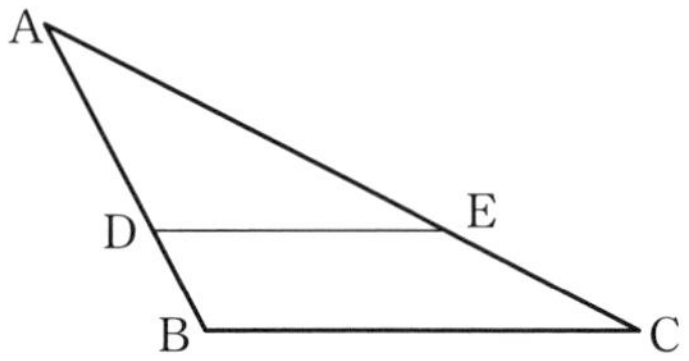

□ **4** 右の図で，線分 DE，EF，FD のうち，△ABC の辺に平行なものはどれですか。

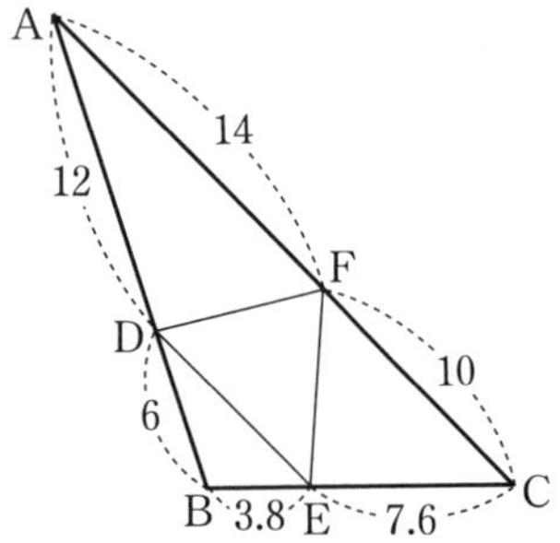

5 下の図で，x，y の値を求めなさい。

□(1) (四角形 DBCE は平行四辺形)

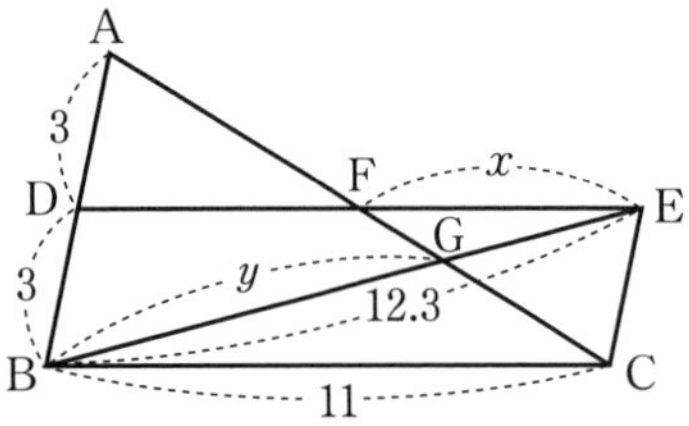

□(2) (AB // CD // EF)

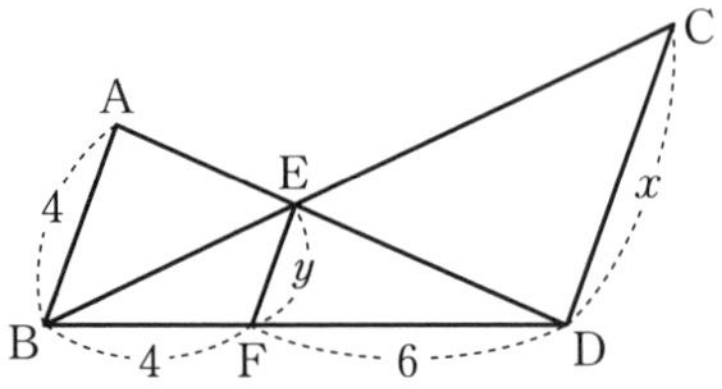

ヒント

4 三角形と比の定理の逆（本冊 p.96）を使うと，平行かどうかが確かめられるね。

6 右の図のような AB＝3cm，AD＝6cm の長方形 ABCD の辺 AD 上に AE：ED＝1：2 となるような点 E をとり，BE の延長と CD の延長の交点を F とします。また，頂点 C から BF に垂線をひき，BF との交点を G，AD との交点を H とします。次の問に答えなさい。

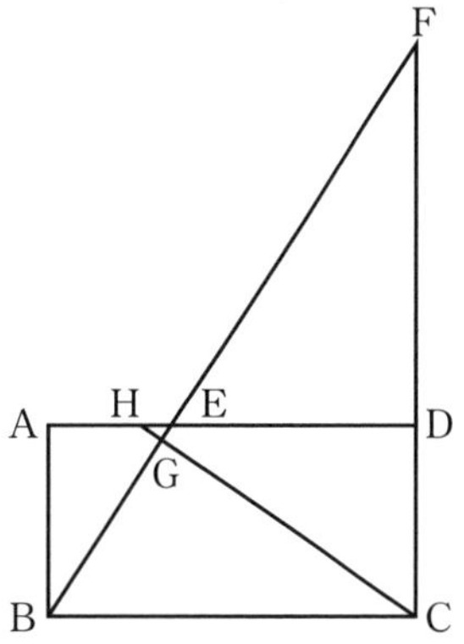

□(1)　AB：CF＝1：3 になることを証明しなさい。

□(2)　HE の長さを求めなさい。

7 右の図のように，△ABC の辺 AB，AC のそれぞれの中点を D，E とし，BC の延長線上に BC＝CF となるような点 F をとります。DE の延長と線分 AF との交点を G とするとき，次の問に答えなさい。

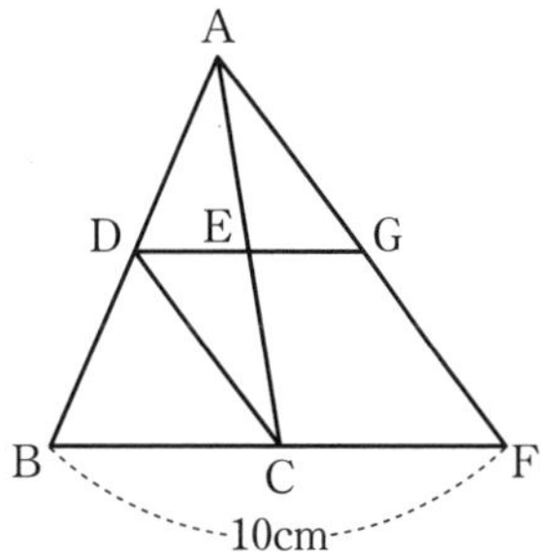

□(1)　四角形 DCFG が平行四辺形になることを証明しなさい。

□(2)　BF＝10cm のとき，EG の長さを求めなさい。

8 右の図の平行四辺形 ABCD で，辺 BC の中点を E とし，E を通り BD に平行な直線と DC との交点を F とします。線分 BD と AE，AF との交点をそれぞれ G，H とするとき，次の問に答えなさい。

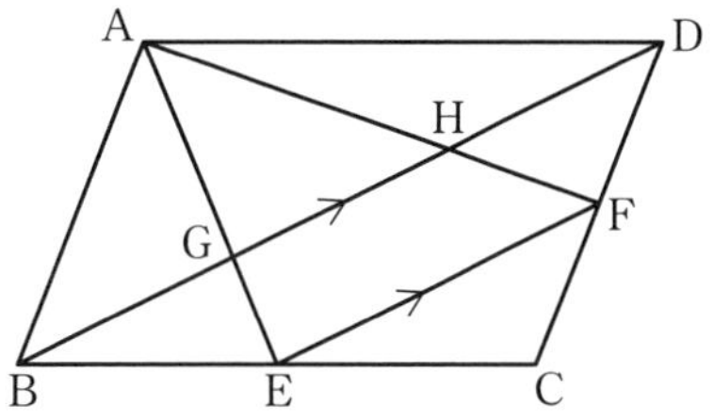

□(1)　AG：GE の比を求めなさい。

□(2)　BD の長さが 6.6cm のとき，GH の長さを求めなさい。

□ **9** 右の図のように，∠ACB が ∠ABC よりも大きい △ABC があり，辺 AB 上に BD＝CD となる点 D があります。∠ADC の二等分線と辺 AC との交点を E とするとき，AE：EC＝AD：DC になることを証明しなさい。

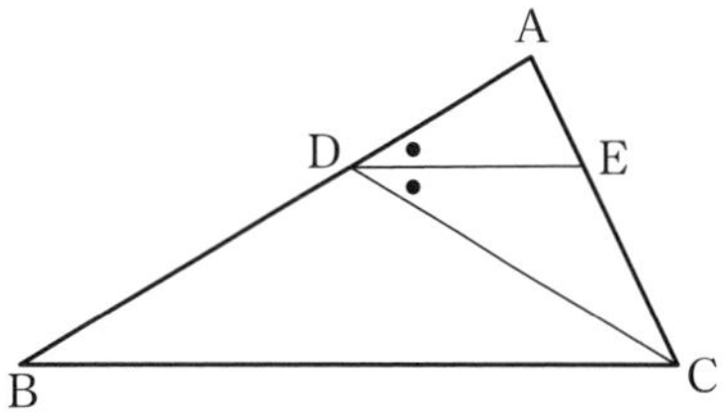

ヒント

6 (2)　HE＝HD－ED だね。

9　BD＝CD だから，AE：EC＝AD：DB になることを証明できればいいね。

5章

3節 相似な図形の面積と体積

もっとチャレンジ！

1 相似な図形の相似比と面積比　2 相似な立体の表面積の比や体積比

例題 1 相似な図形の面積比

教 p.156 問 1

右の図で，△ABC∽△DEF です。次の問に答えなさい。

(1)　△ABC と △DEF の周の長さの比を求めなさい。

(2)　△ABC の面積が 32cm^2 のとき，△DEF の面積を求めなさい。

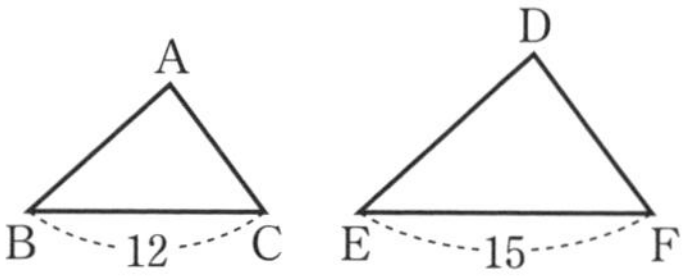

解き方

(1)　△ABC と △DEF の相似比は，12：15＝4：5

周の長さの比は相似比と等しいので，4：5

(2)　△ABC と △DEF の面積比は，$4^2：5^2＝16：25$

△DEF の面積を $x\text{cm}^2$ とすると，$32：x＝16：25$

これを解いて，$x＝50$ ← $16x＝800$

答　(1)　**4：5**　(2)　**50cm^2**

ポイント

相似な平面図形の周の長さと面積

相似比が $m：n$ ならば
周の長さの比は $m：n$
面積比は　$m^2：n^2$

Check! 1　右の図で，四角形ABCD∽四角形GBEF であり，相似比は 2：1 です。四角形ABCD の面積が 28cm^2 のとき，色をつけた図形の面積を求めなさい。

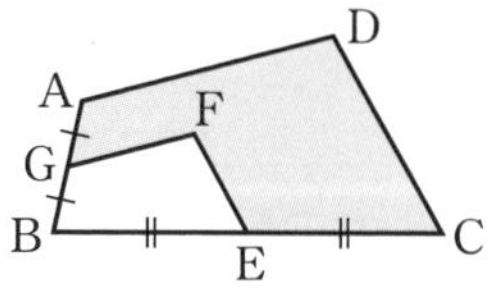

例題 2 相似な立体の表面積や体積の比

教 p.160 問 1

右の図において，四角柱 P と Q は相似で，相似比は 3：2 です。次の問に答えなさい。

(1)　P の表面積が 54cm^2 のとき，Q の表面積を求めなさい。

(2)　Q の体積が 40cm^3 のとき，P の体積を求めなさい。

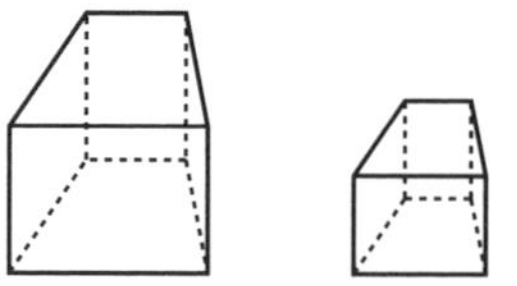

四角柱 P　四角柱 Q

解き方

(1)　表面積の比は，$3^2：2^2＝9：4$

Q の表面積を $x\text{cm}^2$ とすると，$54：x＝9：4$

これを解いて，$x＝24$ ← $9x＝216$

(2)　体積比は，$3^3：2^3＝27：8$

P の体積を $y\text{cm}^3$ とすると，$y：40＝27：8$

これを解いて，$y＝135$ ← $8y＝1080$

答　(1)　**24cm^2**　(2)　**135cm^3**

ポイント

相似な立体の表面積と体積

相似な立体では，相似比が $m：n$ ならば
表面積の比は　$m^2：n^2$
体積比は　$m^3：n^3$

Check! 2　2つの円柱 P と Q は相似で，その相似比は 1：3 です。P と Q の表面積の比と体積比をそれぞれ求めなさい。

解答 p.51

□**1** **相似な図形の面積比**　右の図の 2 つの円の直径の比は 3：1 です。この 2 つの円の周の長さの比を求めなさい。また，面積比を求めなさい。教 p.158 問 2

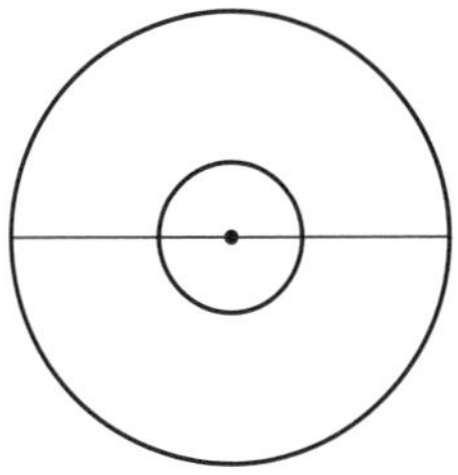

2 **相似な図形の面積比**　右の図で，点 P，Q は △ABC の辺 AB を 3 等分する点で，それらを通り辺 AC に平行な線分と辺 BC との交点をそれぞれ R，S とします。次の問に答えなさい。

教 p.158 問 4

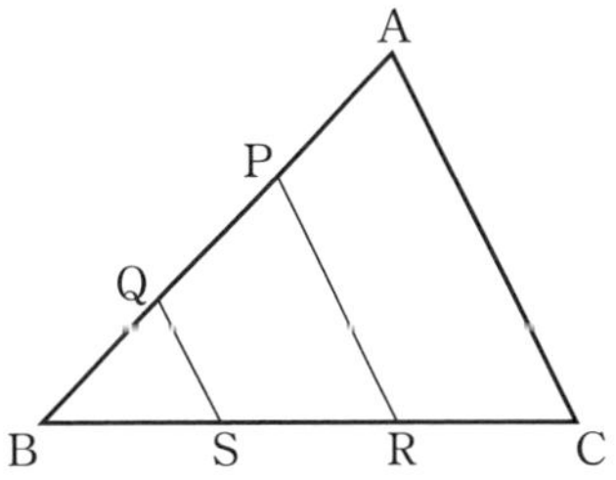

□(1)　△ABC と △PBR の面積比を求めなさい。

□(2)　四角形 PQSR と四角形 APRC の面積比を求めなさい。

ヒント!
(2)四角形 PQSR の面積を，△PBR －△QBS と考える。

3 **相似な立体の表面積や体積の比**　右の図で，点 P は三角錐 ABCD の辺 AD 上にある点で，AP：PD＝3：1 です。P を通り面 BCD に平行な平面と辺 AB，AC との交点をそれぞれ Q，R とします。次の問に答えなさい。教 p.161 問 1

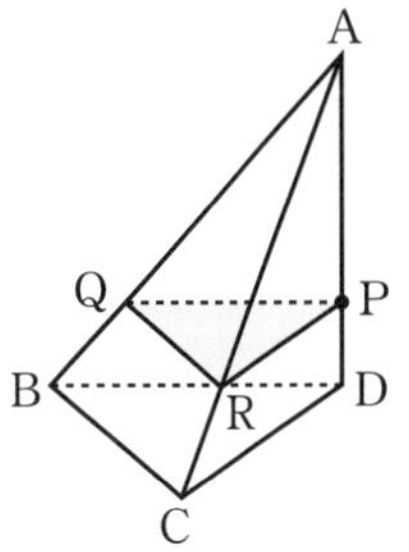

□(1)　2 つの三角錐 AQRP と ABCD の表面積の比を求めなさい。

□(2)　三角錐 ABCD を，3 点 P，Q，R を通る平面で分けてできる 2 つの立体の体積比を求めなさい。

□**4** **相似な立体の表面積や体積の比**　右の図のような円錐の形をした容器に 250cm^3 の水を入れたところ，容器の深さの半分まで水が入りました。この容器の容積を求めなさい。教 p.161 問 4

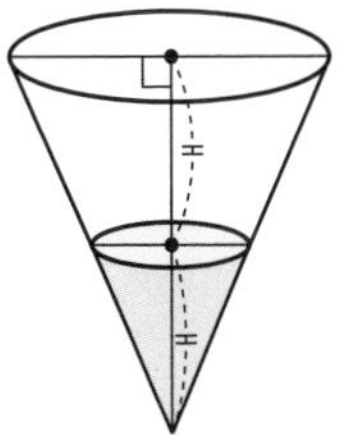

解答 p.51

3節の問題｜相似な図形の面積と体積

教科書 156▸161
解答 p.52

1 **次の問に答えなさい。**

□(1)　2つの相似な三角形があり，相似比が5：4のとき，周の長さの比と面積比を求めなさい。

□(2)　相似な2つの円P，Qがあり，Pの円周の長さの3倍がQの円周の長さになります。PとQの面積比を求めなさい。

□(3)　直径が4cmの球Aと6cmの球Bがあります。AとBの表面積の比と体積比をそれぞれ求めなさい。

□**2** **右の図の2点P, Qは，△ABCの辺ABをAP：PQ：QB＝1：2：1に分ける点で，それらを通る線分はいずれも辺BCに平行です。㋐の面積を a とするとき，㋑，㋒の面積をそれぞれ a を使って表しなさい。**

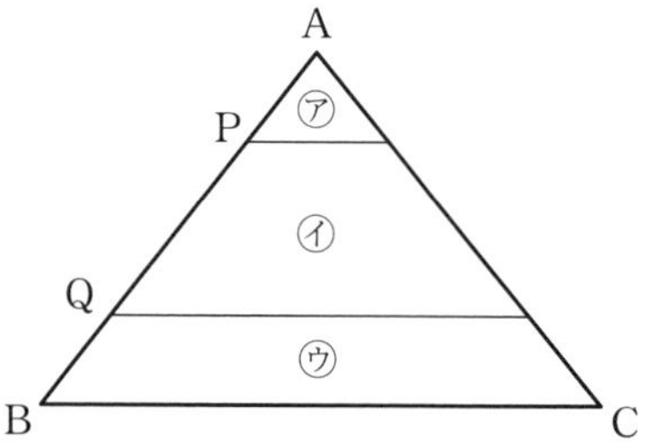

3 **2つの相似な立方体P，Qの表面積の比が4：9です。次の問に答えなさい。**

□(1)　立方体PとQの相似比を求めなさい。

□(2)　Pの体積が96cm^3のとき，Qの体積を求めなさい。

4 **右の図のような三角錐の形をした容器に水を何cm^3か入れたら，容器の$\frac{2}{3}$の深さまで水が入りました。次の問に答えなさい。**

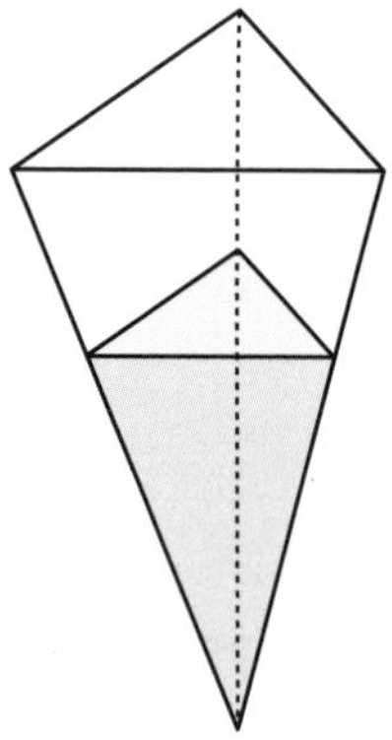

□(1)　水が入っている部分と容器は相似です。その相似比を求めなさい。

□(2)　容器にあと190cm^3の水を入れると満水になります。はじめに入っていた水は何cm^3ですか。

ヒント

4(2)　容器に入っている水の体積と，容器内の水の入っていない部分の体積の比を求めてみよう。

5 次の問に答えなさい。

□(1) 右の図は，AD∥BC，AD＝2cm，BC＝4cm の台形で，辺BC上にBE＝3cmとなる点Eをとり，AEとBDの交点をFとします。Fを通り，辺ADに平行な直線と，AB，DCとの交点をそれぞれG，Hとするとき，△AGFと△ABEの面積比を求めなさい。

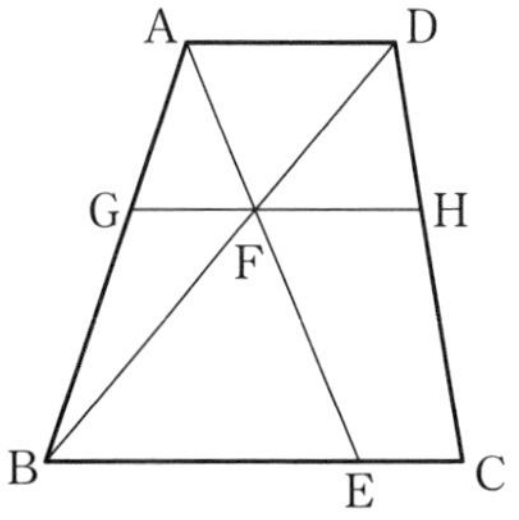

□(2) 右の図で，△ABCにおいて，DE∥CB，DE：CB＝3：5です。DBとECの交点をFとするとき，△FBCの面積は，△ABCの面積の何倍ですか。

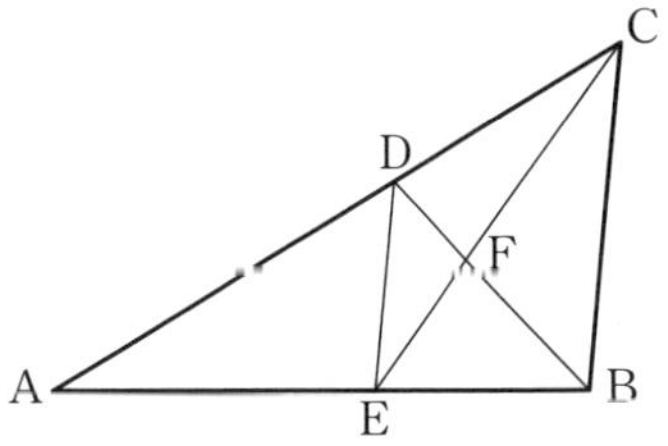

□**6** **あるケーキ屋では，円柱形のケーキA，Bがあり，底面の直径の比は5：6で，値段は1500円と2200円です。体積のわりに値段が安いのは，どちらのケーキですか。また，そう考えた理由も説明しなさい。ただし，ケーキの高さは等しいものとします。**

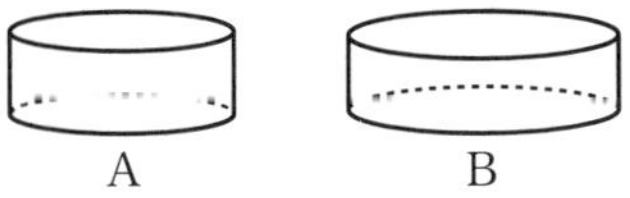

□**7** **右の図のように，円柱の形をした2つの計量カップがあります。大きな計量カップは，底面の半径が小さな計量カップの2倍で，高さは小さな計量カップの1.6倍です。大きな計量カップに入る水の量は，小さな計量カップに入る水の量の何倍ですか。**

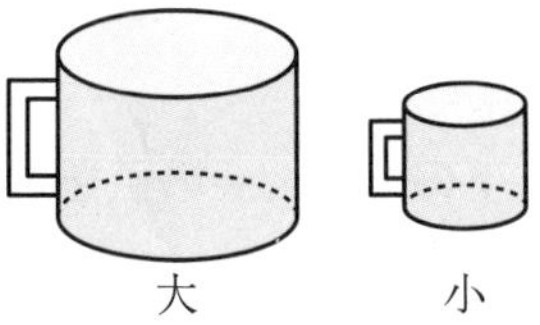

□**8** **右の図のように，底辺が3cm，高さが4cmの三角形を作図しました。この作図した三角形を拡大コピーして，面積を8倍にしたいと考えています。コピー機を何％拡大に設定したらよいですか。小数第一位を四捨五入して求めなさい。**

ただし，$\sqrt{2}$ ＝1.414とします。

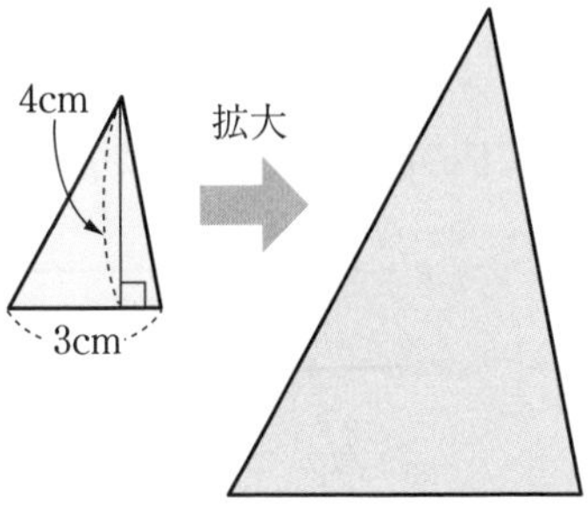

ヒント

6 ケーキAとBの体積比を求めよう。(円柱の体積)＝(底面積)×(高さ)

5章の問題　相似な図形　形に着目して図形の性質を調べよう

教科書 130 ▸ 164

解答 p.53

1 下の図で，△ABC と相似な三角形を記号 ∽ を使って表しなさい。また，そのときに使った相似条件と x の値も答えなさい。

□(1)

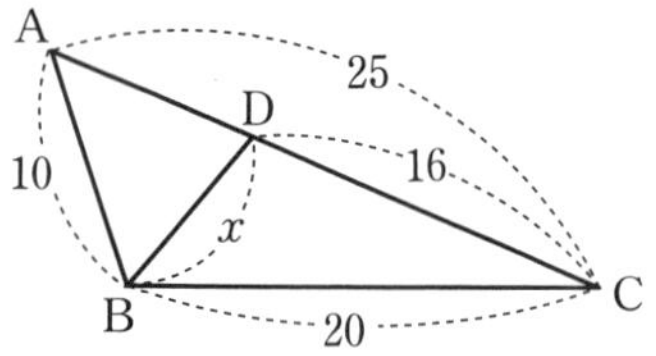

□(2)　(AB // DE)

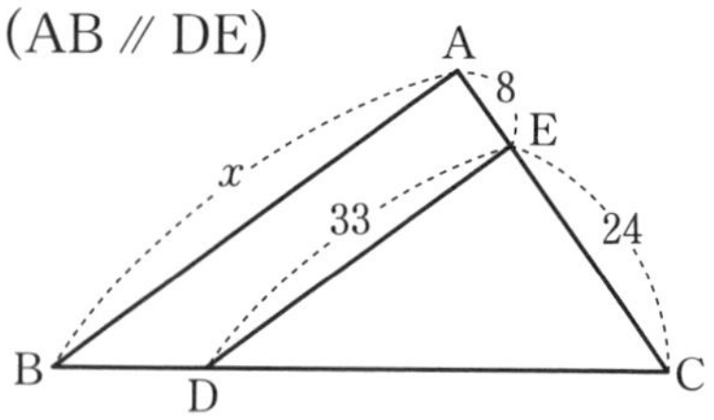

2 右の図のように，△ABC の ∠B の二等分線と辺 AC との交点を D とすると，∠DBC＝∠ACB となりました。AB＝7cm，AC＝10cm のとき，次の問に答えなさい。

□(1)　△ABD と相似な三角形を答えなさい。

□(2)　AD の長さを求めなさい。

□(3)　BC の長さを求めなさい。

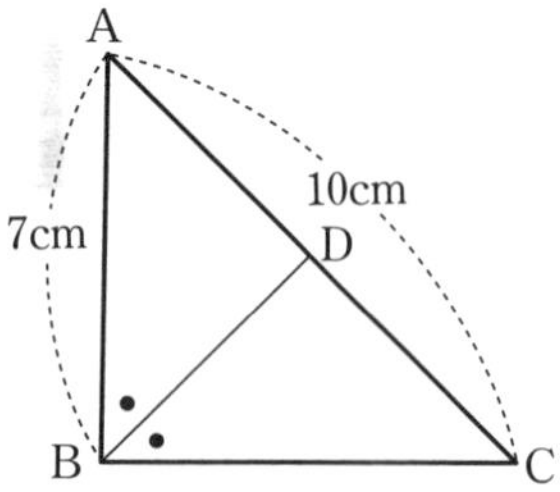

3 下の図で，x の値を求めなさい。

□(1)　(AB // DE，AD：DC＝1：1)

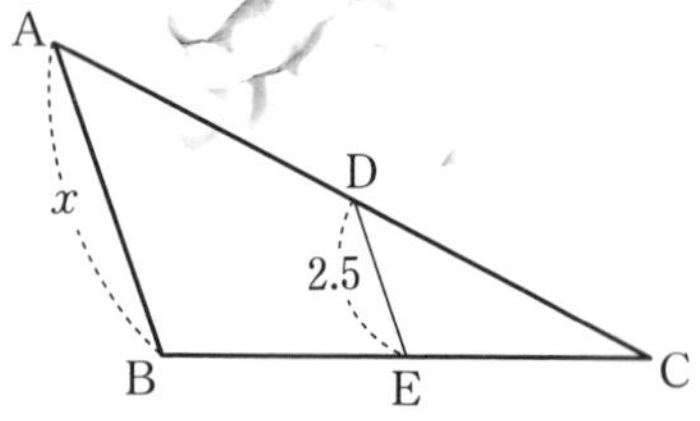

□(2)　(AD // BC，∠ABC＝∠DCB)

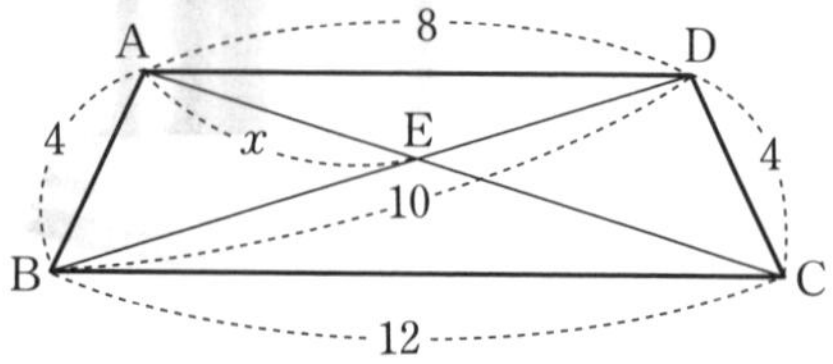

4 下の図で，ℓ // m // n のとき，x の値を求めなさい。

□(1)

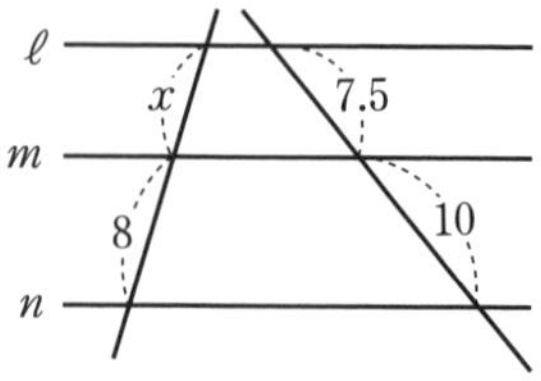

□(2)

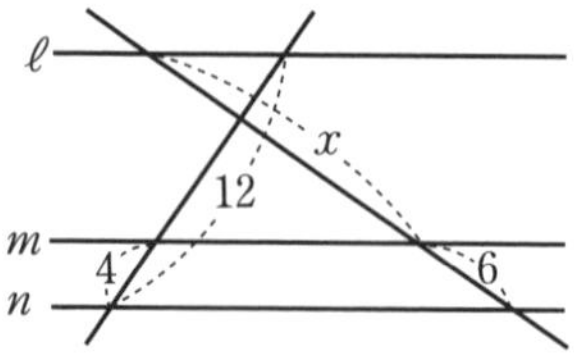

ヒント

3(2)　合同な三角形に着目しよう。

□**5** 右の図の△ABCの辺BCの中点をDとし，点Dを通り辺ABに平行な直線と辺ACとの交点をEとします。また，辺AB上に点Fをとり，CAの延長とDFの延長との交点をGとします。AF：ED＝3：5のとき，GA：AE：ECを求めなさい。

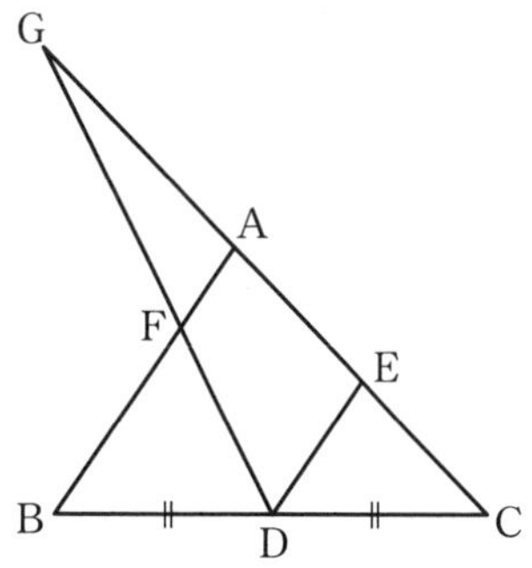

6 右の四角形ABCDは，AD∥BC，AD＝8cm，BC＝12cmの台形です。AE：EB＝3：1で，点Eを通り辺ADに平行な直線と辺DCとの交点をFとします。対角線BDとEFの交点をG，点Fを通りBDに平行な直線と辺BCとの交点をHとするとき，次の問に答えなさい。

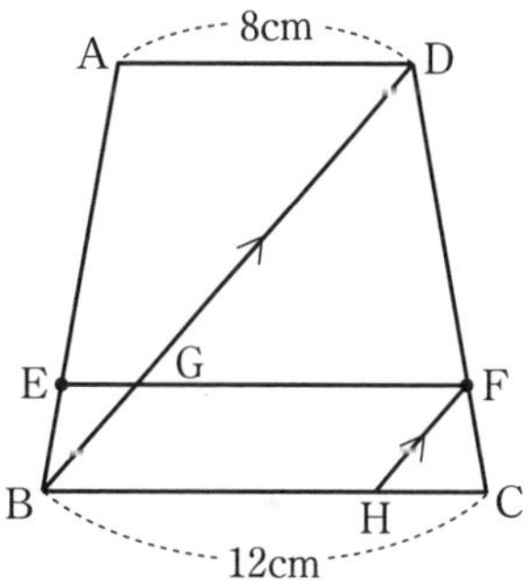

□(1) GF：BCを求めなさい。

□(2) △DGFと△FHCの面積比を求めなさい。

□(3) △EBGと△FHCの面積比を求めなさい。

□**7** 右の図のように，直角三角形ABCがあります。頂点Aを通る直線ℓをひき，頂点B，Cそれぞれから直線ℓにおろした垂線と直線ℓとの交点をD，Eとします。このとき，△ABD∽△CAEであることを証明しなさい。

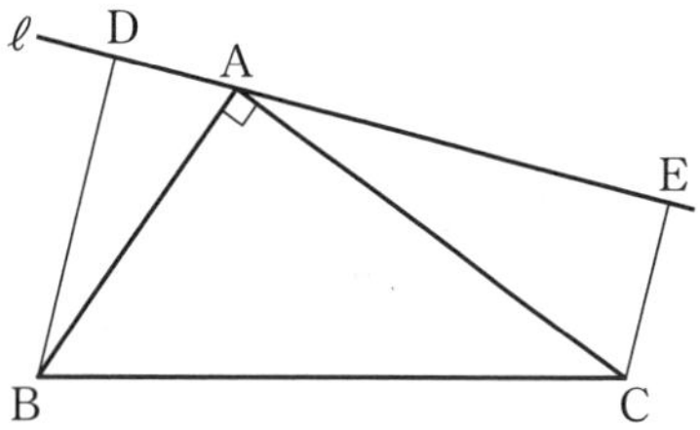

8 右の図のような，底面と高さがそれぞれ等しい円錐と円柱の容器があります。円錐の容器の深さの$\frac{2}{3}$まで入っている水を，円柱の容器にすべて移すとき，次の問に答えなさい。

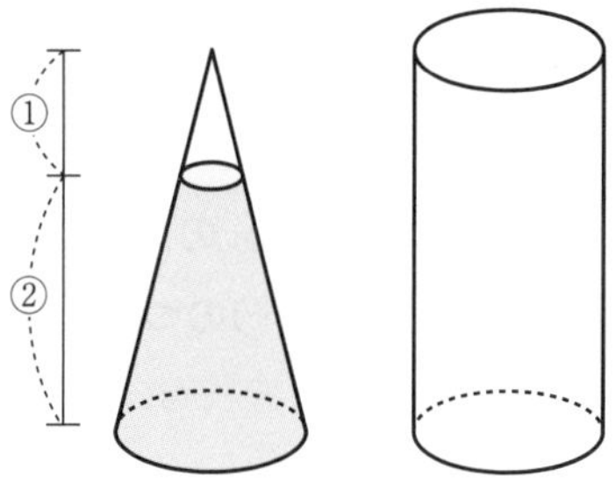

□(1) 水の体積と円錐の容器の容積の比を求めなさい。

□(2) 水の体積と円柱の容器の容積の比を求めなさい。

□(3) 円柱の容器に移したときの水の深さは，円柱の容器の高さの何倍になりますか。

ヒント

6(2) 四角形GBHFは，どのような図形といえるかな。

6章 円

中2　平行と合同
中2　三角形と四角形
中3　相似な図形

円の性質を見つけて証明しよう

ウォーミングアップ

1 次のおうぎ形の弧の長さと面積を求めなさい。

□(1)

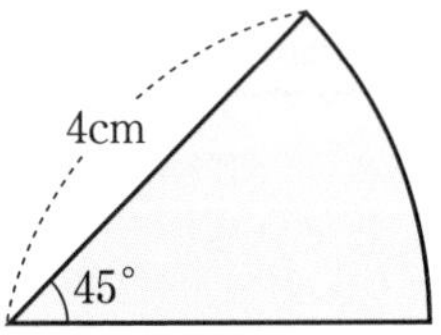

□(2)

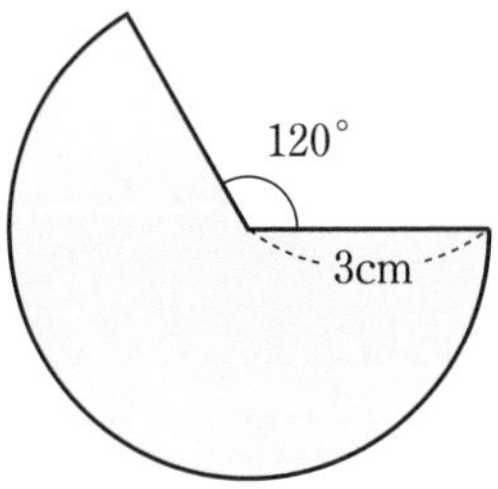

ふりかえり 中1

おうぎ形の弧の長さと面積

半径 r，中心角 a°のおうぎ形

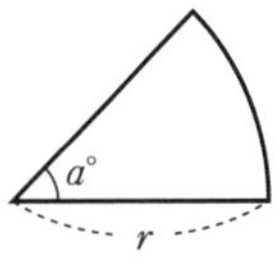

[弧の長さ] $2\pi r \times \frac{a}{360}$

[面積] $\pi r^2 \times \frac{a}{360}$

□ **2** 右の図のような，おうぎ形があります。弧の長さが 4πcm のとき，$\angle x$ の大きさを求めなさい。

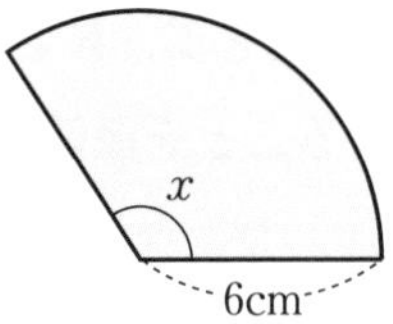

3 次の図で，$\angle x$ の大きさをそれぞれ求めなさい。
ただし，同じ印のついた辺や角はそれぞれ等しいものとします。

□(1)

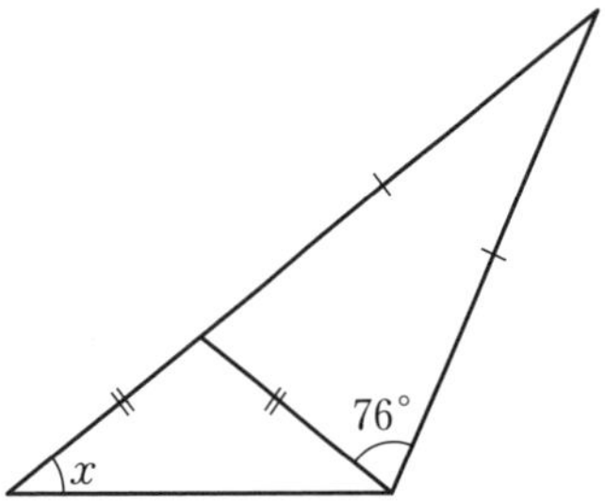

□(2)

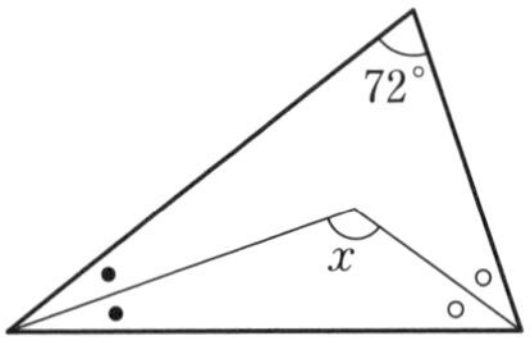

ふりかえり 中2

二等辺三角形の性質

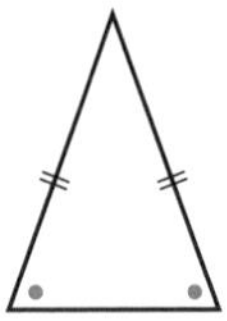

二等辺三角形の底角は等しい。

4 次の作図をしなさい。

□(1) 点Pを通る直線 ℓ の垂線

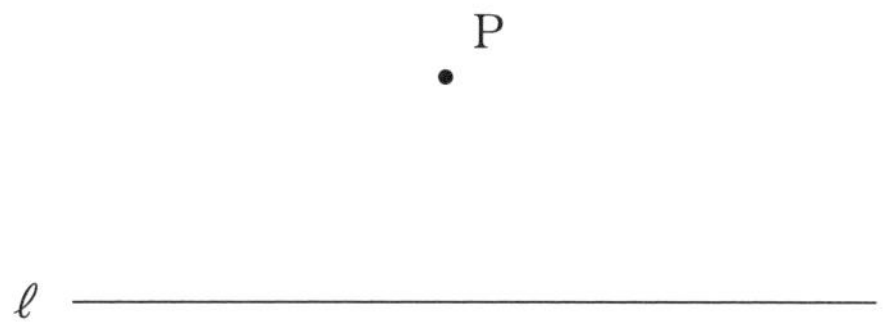

□(2) $\overset{\frown}{AC}=\overset{\frown}{BC}$ となる $\overset{\frown}{AB}$ 上の点C

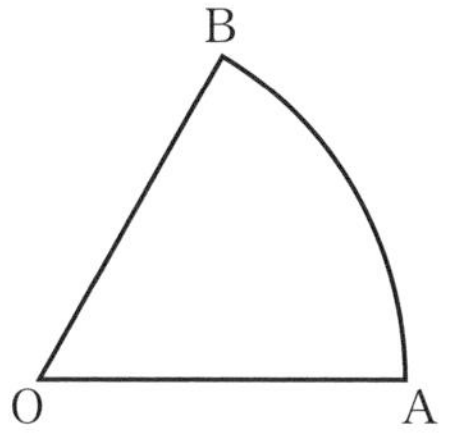

ふりかえり 中1

垂線の作図

直線 ℓ 上にない点Pから

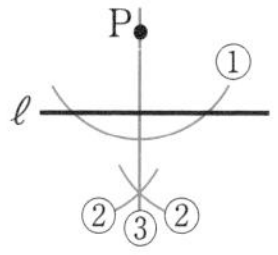

直線 ℓ 上にある点Pから

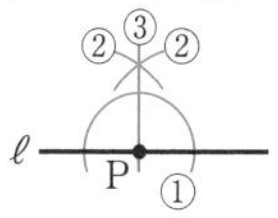

□(3) 点Aを通る円Oの接線

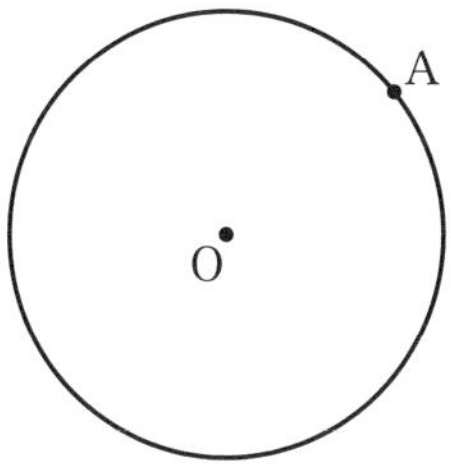

□(4) 3点A，B，Cを通る円

5 次の図で，相似な三角形の組を，記号∽を使って表しなさい。また，そのときに使った相似条件をいいなさい。

□(1)

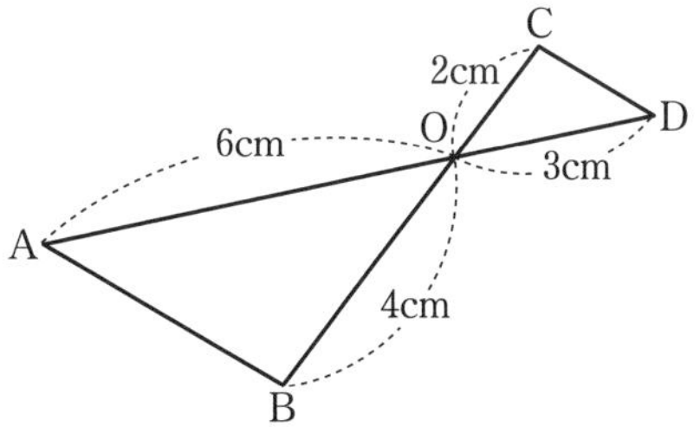

□(2)

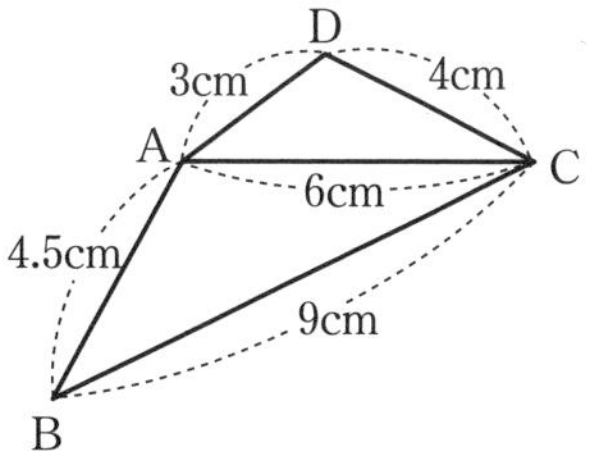

ふりかえり 中3

三角形の相似条件

3組の辺の比がすべて等しい。

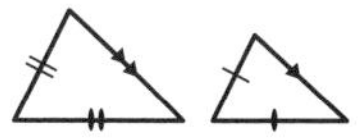

2組の辺の比とその間の角がそれぞれ等しい。

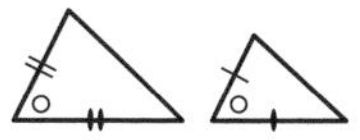

2組の角がそれぞれ等しい。

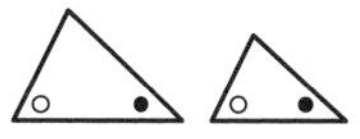

解答 p.54

もっとチャレンジ!

6章

1節　円周角の定理

1　円周角の定理①

例題 1　円周角の定理

教 p.170 問 1

下の図で，$\angle x$ の大きさを求めなさい。

(1)

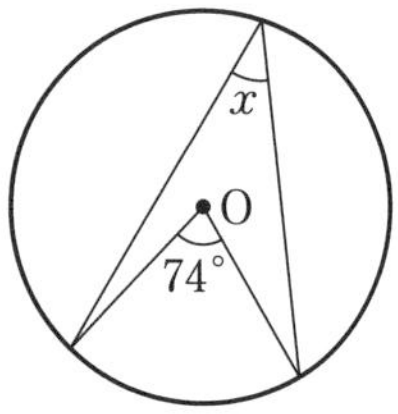

(2)

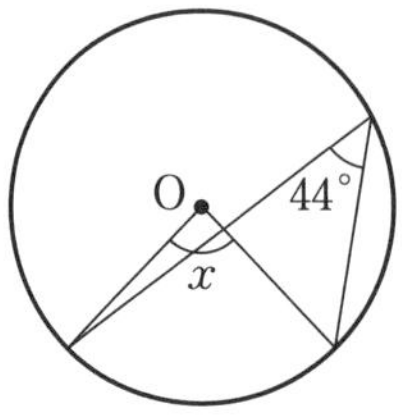

(3)

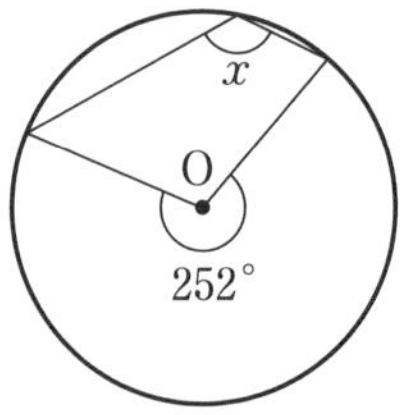

解き方

(1)　$\angle x$ は中心角 74° の弧に対する円周角だから，

$\angle x = \frac{1}{2} \times 74° = \mathbf{37°}$

(2)　$\angle x$ は円周角 44° の弧に対する中心角だから，

$\angle x = 2 \times 44° = \mathbf{88°}$

(3)　$\angle x$ は中心角 252° の弧に対する円周角だから，

$\angle x = \frac{1}{2} \times 252° = \mathbf{126°}$

ポイント

円周角の定理

1つの弧に対する円周角の大きさは一定であり，その弧に対する中心角の半分である。

$\underset{円周角}{\angle APB} = \frac{1}{2} \underset{中心角}{\angle AOB}$

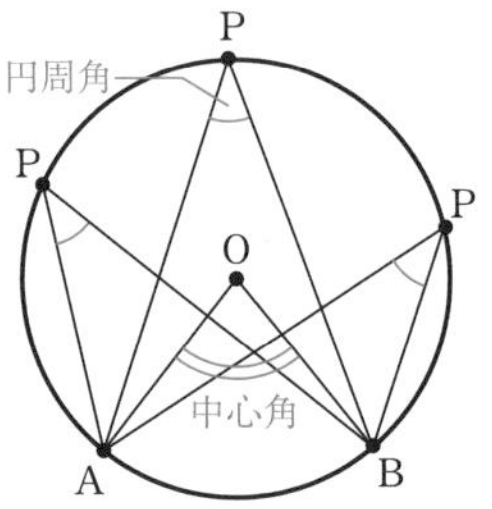

Check! 1　右の図で，$\angle x$ の大きさを求めなさい。

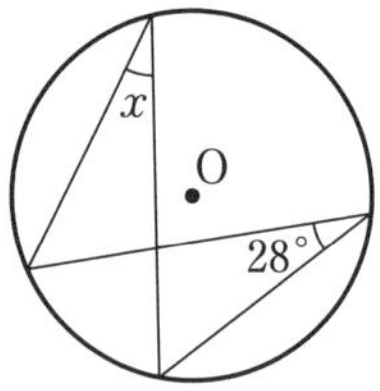

例題 2　円周角と弧

教 p.172 問 4

右の図で，A～F は円周を 6 等分する点です。次の問に答えなさい。

(1)　$\angle$ACF と $\angle$BAC の大きさの関係を，記号を用いた式で表しなさい。

(2)　BA // CF である理由をいいなさい。

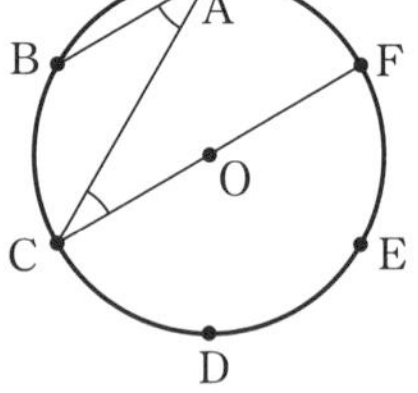

解き方

(1)　$\overset{\frown}{AF} = \overset{\frown}{BC}$ であるから，$\angle ACF = \angle BAC$

弧が等しい ――→ 円周角が等しい

(2)　(1)より，錯角が等しいので，BA // CF

ポイント

1つの円において

1 等しい円周角に対する弧は等しい。

2 等しい弧に対する円周角は等しい。

Check! 2　**例題 2** で，$\angle$ACF の大きさを求めなさい。

解答 p.55

1 円周角の定理　下の図で，$\angle x$ の大きさを求めなさい。教 p.170 問 1

□(1)

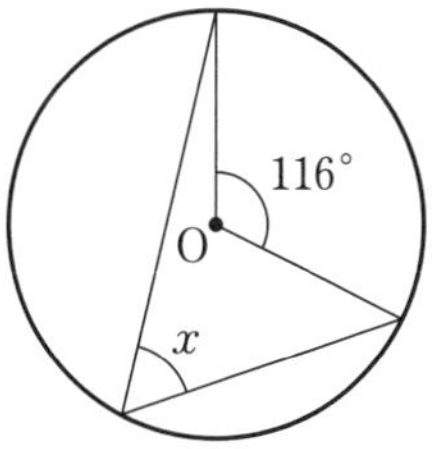

□(2)

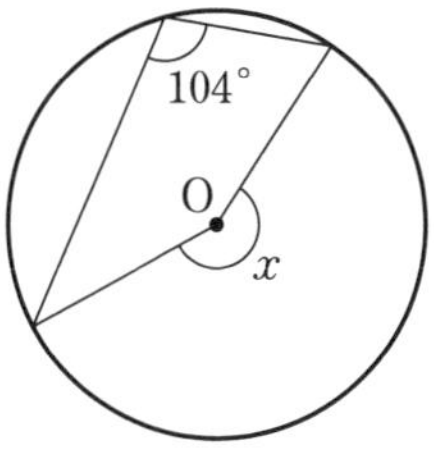

□(3)

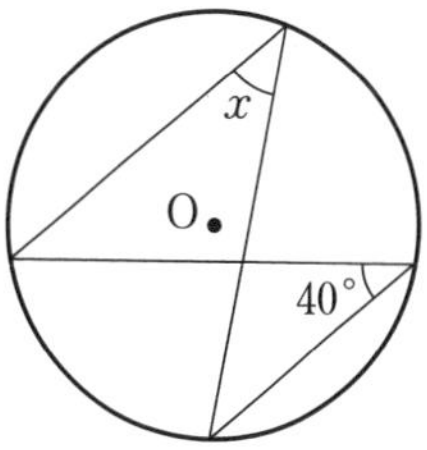

□(4)

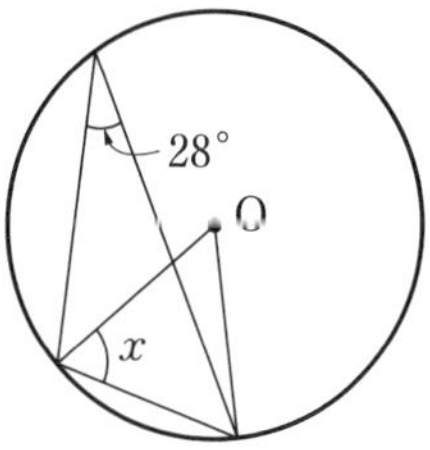

□(5)

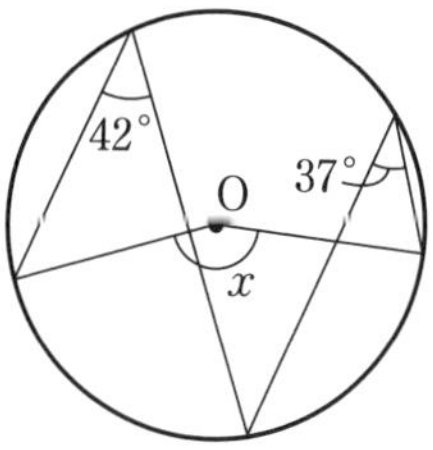

□(6)

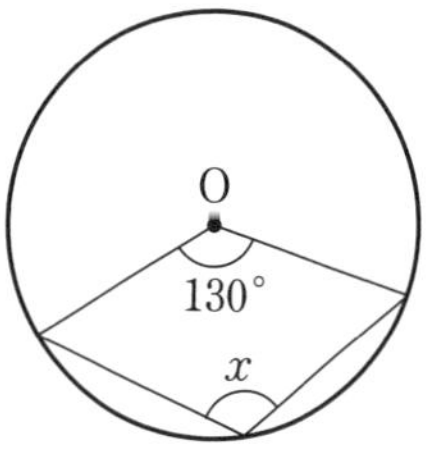

2 円周角と弧　右の図で，A，B，C，D は円 O の円周上にあり，$\angle \mathrm{AOC} = \angle \mathrm{BOD}$ です。これについて，次の問に答えなさい。

教 p.171 問 3

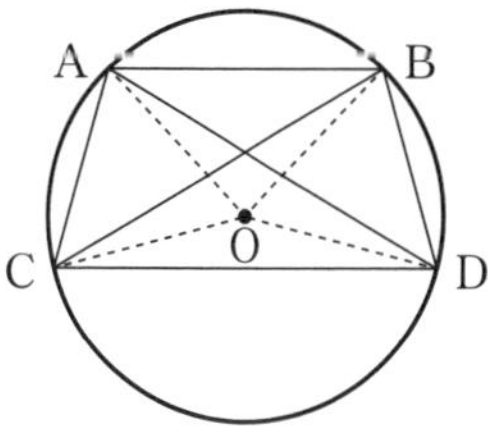

□(1)　$\overset{\frown}{\mathrm{AC}}$ と $\overset{\frown}{\mathrm{BD}}$ の長さの関係を，記号を用いた式で表しなさい。

□(2)　$\angle \mathrm{ABC}$ と $\angle \mathrm{BAD}$ の大きさの関係を，記号を用いた式で表しなさい。

□(3)　$\angle \mathrm{ABC}$ と $\angle \mathrm{ADC}$ の大きさの関係を，記号を用いた式で表しなさい。

□(4)　AB と CD の位置関係を，記号を用いた式で表しなさい。

□ **3 円周角と弧**　右の図で，A ～ H は円 O の円周を 8 等分する点です。$\angle x$，$\angle y$ の大きさをそれぞれ求めなさい。教 p.172 問 4

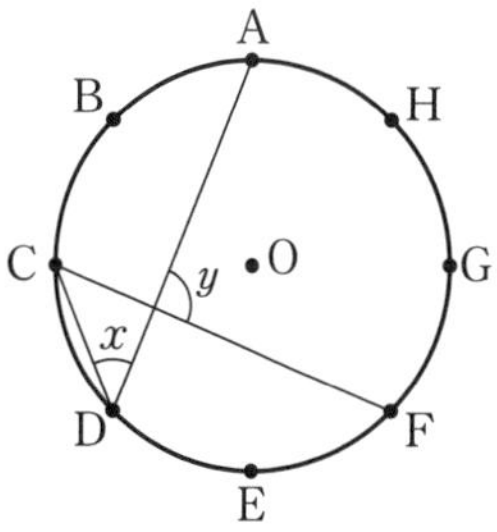

ヒント

はじめに，∠AOCの大きさを調べてみよう。

解答 p.55

もっとチャレンジ!

6章 1節 円周角の定理

1 円周角の定理② 2 円周角の定理の逆

例題 1 直径と円周角

教 p.173 問 5

下の図で，$\angle x$ の大きさを求めなさい。

(1)

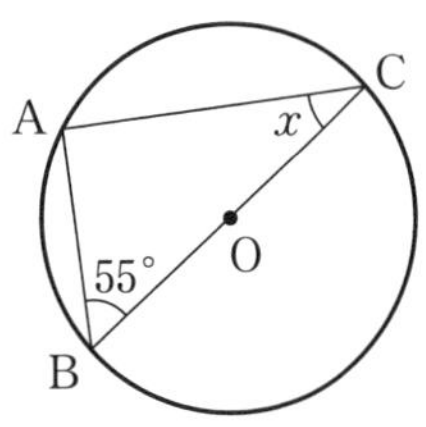

(2)

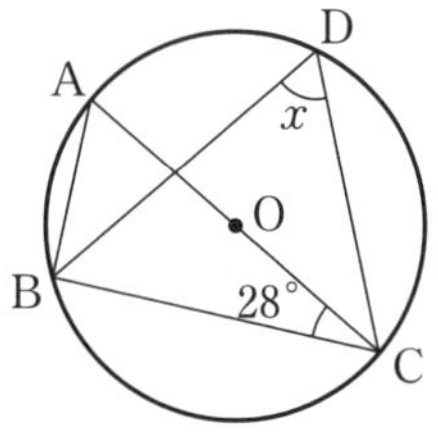

解き方

(1) BC は直径だから，$\angle \mathrm{BAC}=90^\circ$

三角形の内角の和から，

$\angle x=180^\circ-(90^\circ+55^\circ)=$ **35°**

(2) AC は直径だから，$\angle \mathrm{ABC}=90^\circ$

$\angle \mathrm{BAC}=180^\circ-(90^\circ+28^\circ)=62^\circ$

$\overset{\frown}{\mathrm{BC}}$ に対する円周角だから，$\angle x=$ **62°**

ポイント

直径と円周角

線分ABを直径とする円の周上にA，Bと異なる点Pをとれば，$\angle \mathrm{APB}=90^\circ$ である。

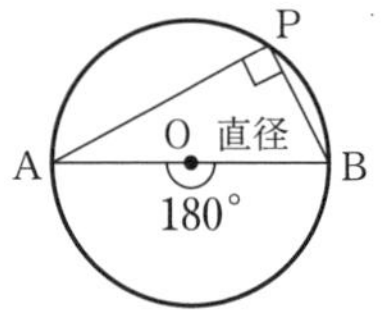

Check! 1 右の図で，$\angle x$ の大きさを求めなさい。

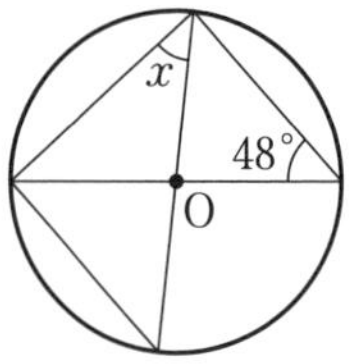

例題 2 円周角の定理の逆

教 p.175 問 1

右の図で，$\angle x$ の大きさが何度のとき，4 点 A，B，C，D は 1 つの円周上にあるといえますか。

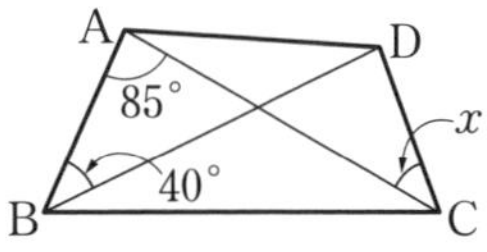

解き方

円周角の定理の逆が成り立つには，$\angle \mathrm{ABD}=\angle \mathrm{ACD}$ であればよいので，$\angle x=\angle \mathrm{ABD}=$ **40°**

$\angle x=40^\circ$ ならば，4 点 A，B，C，D が 1 つの円周上にあり，$\overset{\frown}{\mathrm{AD}}$ に対する円周角が等しい。

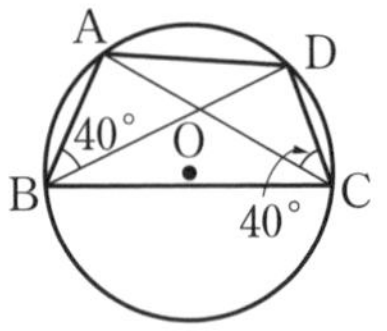

ポイント

円周角の定理の逆

4 点A，B，C，D について，C，D が直線 AB の同じ側にあって，$\angle \mathrm{ADB}=\angle \mathrm{ACB}$ ならば，この 4 点は 1 つの円周上にある。

Check! 2 右の図で，$\angle x$ の大きさが何度のとき，4 点 A，B，C，D は 1 つの円周上にあるといえますか。

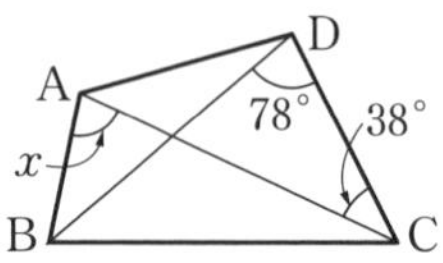

解答 p.56

❶ 直径と円周角　下の図で，∠x の大きさを求めなさい。教 p.173 問5

□(1)

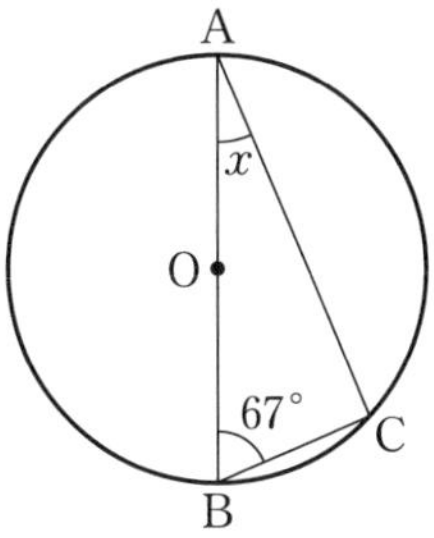

□(2)

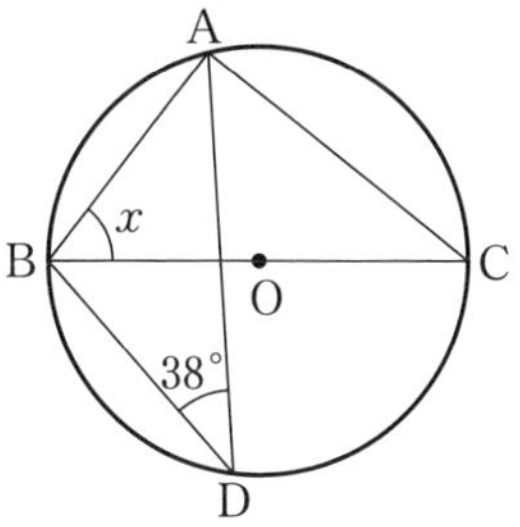

□(3)

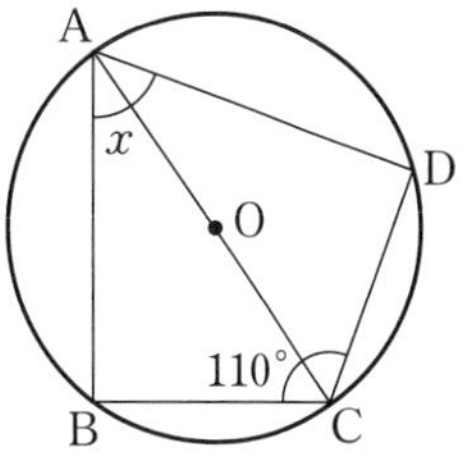

□(4)

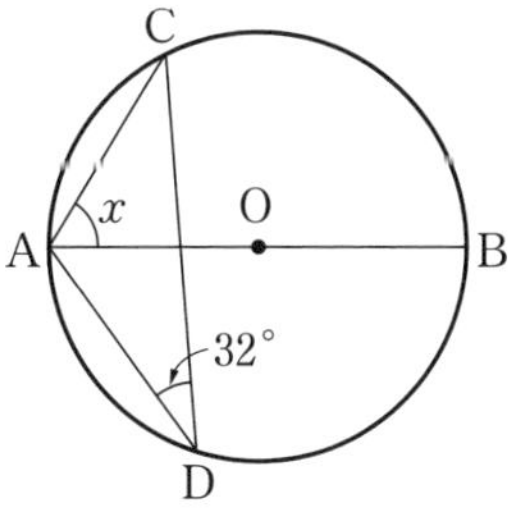

□(5)

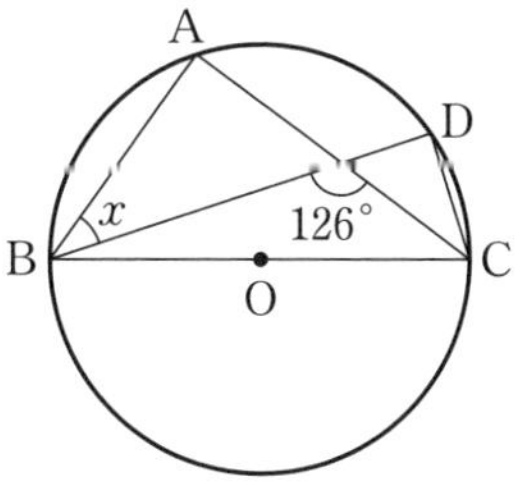

□(6)

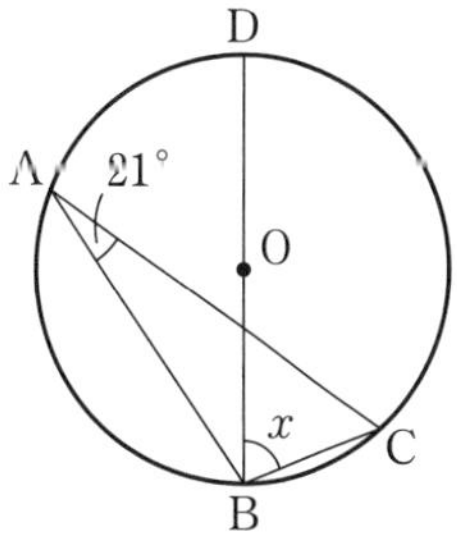

□❷ 円周角の定理の逆　下の図のうち，4点 A, B, C, D が1つの円周上にあるものをすべて選び，記号で答えなさい。教 p.175 問1

㋐

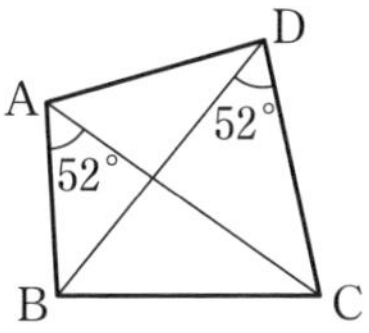

㋑

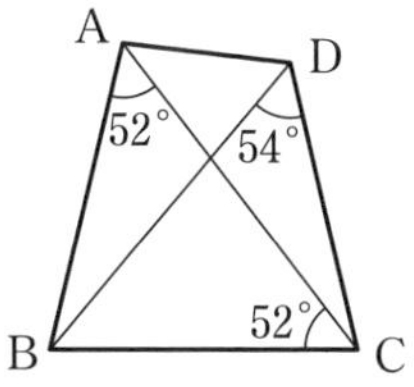

㋒

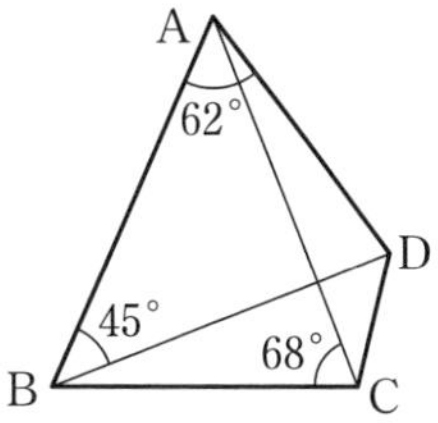

㋓

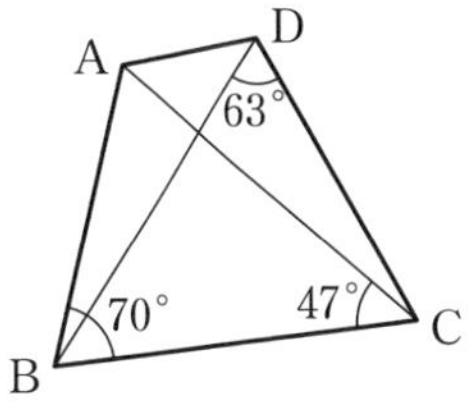

❸ 円周角の定理の逆　右の図の四角形 ABCD で，∠BAC＝∠BDC＝90° です。次の問に答えなさい。

教 p.175 問2

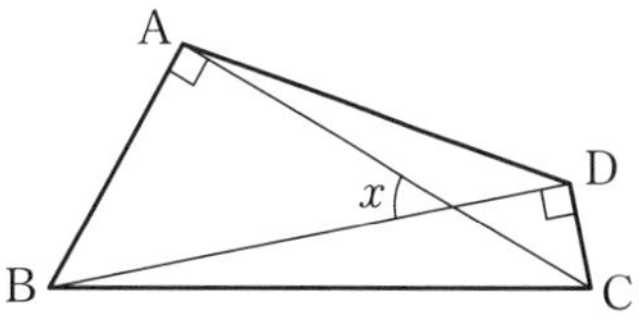

□(1)　4点 A，B，C，D が1つの円周上にあることを証明しなさい。

□(2)　∠ABC＝75°，∠BCD＝82° のとき，∠x の大きさを求めなさい。

ヒント！
(2)(1)の結果から，角の大きさを順番に求める。

解答 p.56

1節の問題　円周角の定理

教科書 168 ▸ 176
解答 p.57

1 下の図で，$\angle x$ の大きさを求めなさい。

□(1)

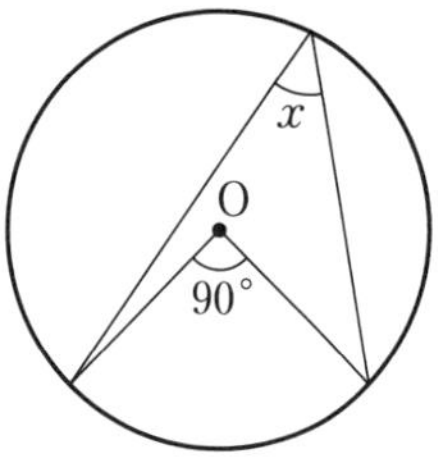

□(2)

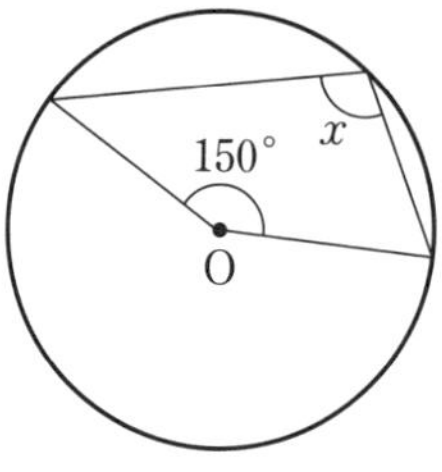

□(3)

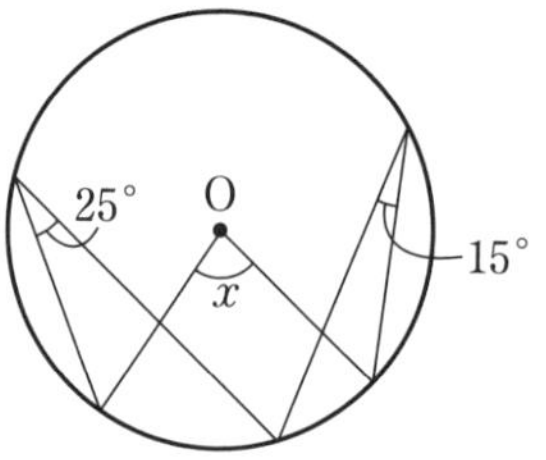

□(4)

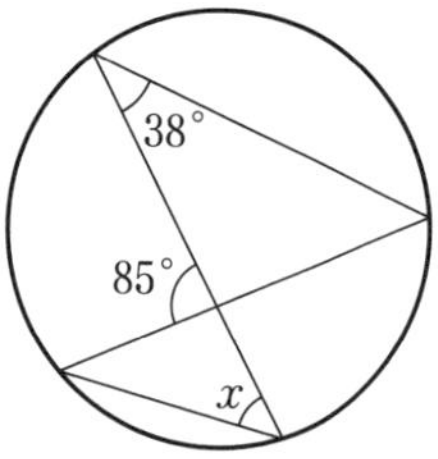

□(5)

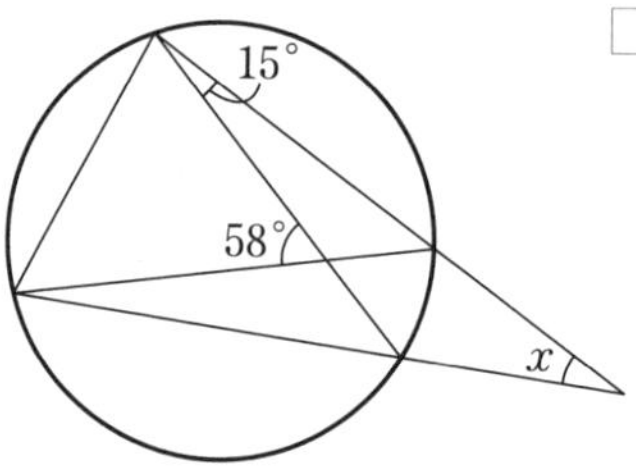

□(6)

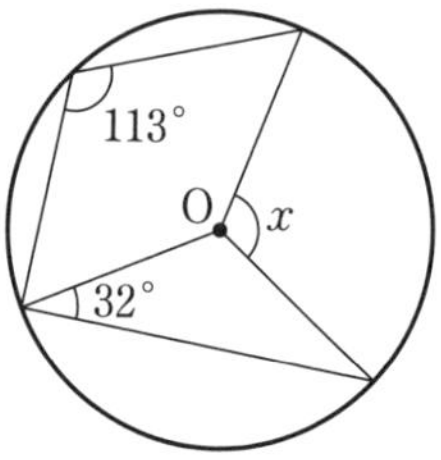

□ **2** 右の図のように，AB を直径とする円 O の $\overset{\frown}{\mathrm{AC}}$ 上に，2 点 A，C と異なる点 P を，$\overset{\frown}{\mathrm{BC}}=\overset{\frown}{\mathrm{AP}}$ となるようにとります。また，線分 AB 上に PC＝AE となる点 E をとり，C と E を結びます。このとき CE＝CB となることを，次のように証明しました。㋐～㋕に当てはまることばや記号，式を入れて，証明を完成させなさい。

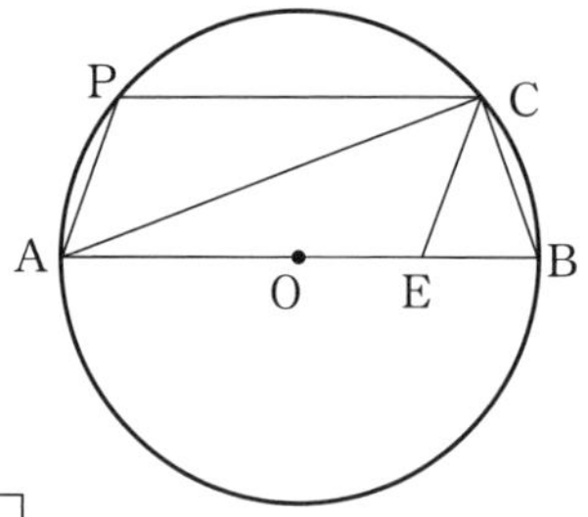

［証明］　四角形 AECP において，

仮定より　　PC＝AE　…①

$\overset{\frown}{\mathrm{BC}}=\overset{\frown}{\mathrm{AP}}$ より，［　㋐　］から

［　㋑　］　…②

②より［㋒］が等しいから，　PC［㋓］AE　…③

①，③より［　㋔　］から

四角形 AECP は平行四辺形である。平行四辺形の対辺は等しいから　［　㋕　］　…④

また $\overset{\frown}{\mathrm{AP}}=\overset{\frown}{\mathrm{CB}}$ より　　PA＝CB　…⑤

④，⑤より　　CE＝CB

ヒント

2 ［証明］をよく読むと，「四角形 AECP は平行四辺形である」ことを利用するのがわかるね。

3 右の図で，円周を 6 等分する点をとって，正六角形 ABCDEF をつくり，AC と BF の交点を P とします。次の問に答えなさい。

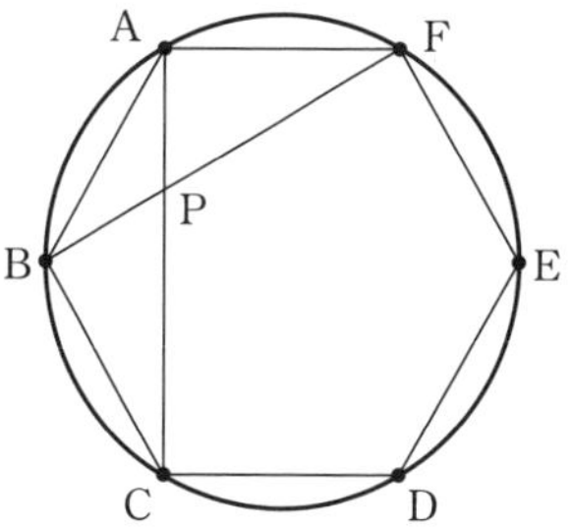

□(1)　∠BCA，∠BDF の大きさを求めなさい。

□(2)　△BPA が二等辺三角形になることを証明しなさい。

□ **4** 右の図で，円周上の 12 点は円周を 12 等分しています。∠x の大きさを求めなさい。

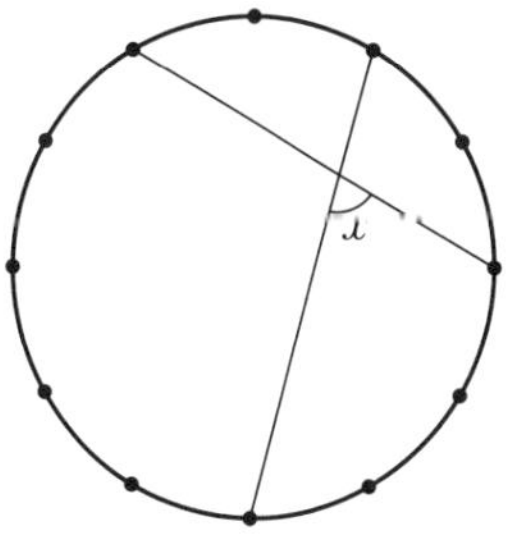

5 下の図で，∠x の大きさを求めなさい。

□(1)

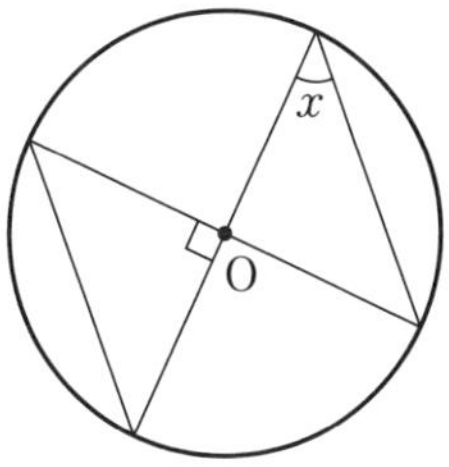

□(2)

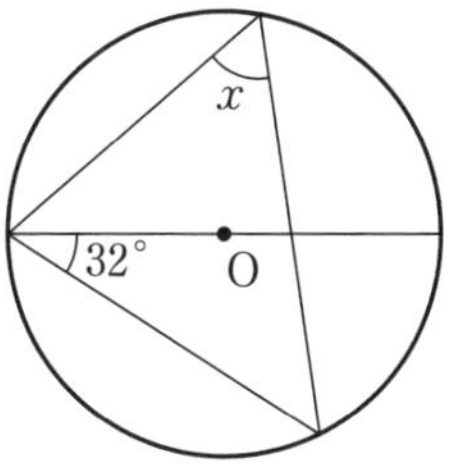

□(3)

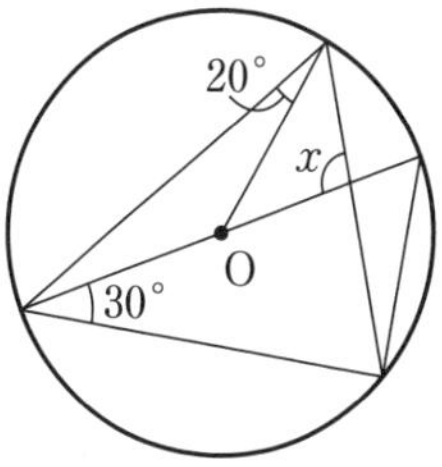

□ **6** 右の図の四角形 ABCD において，対角線 AC と BD の交点を E とします。このとき，4 点 A，B，C，D は 1 つの円周上にあることを証明しなさい。

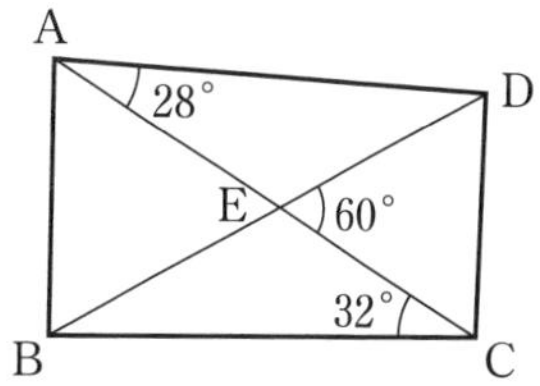

□ **7** 右の図のように，△ABC の辺 BC，AC 上にそれぞれ点 D，E があり，AB ∥ DE です。また，辺 AB 上に点 F があり，∠DFC＝∠BAC です。このとき，4 点 F，D，C，E は 1 つの円周上にあることを証明しなさい。

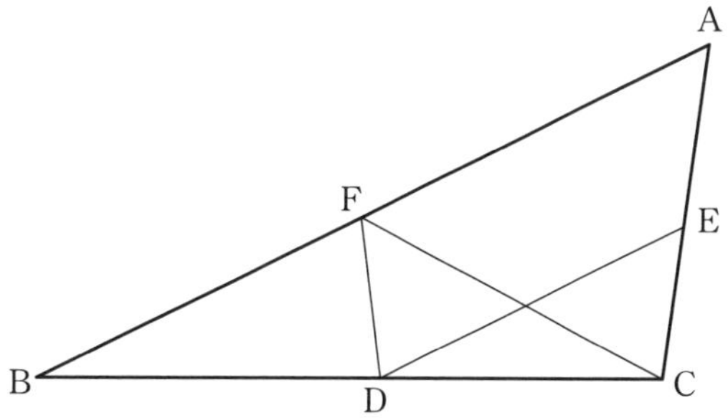

ヒント

7　4 点が 1 つの円周上にあることを証明するには，円周角の定理の逆（本冊 p.114）を示せばいいね。

もっとチャレンジ!

6章

2節 円周角の定理の利用

1 円周角の定理の利用①

例題 1　作図への利用

教 p.178 Q

右の図で，線分 AC 上にあり，∠APB＝90° となる点 P を作図しなさい。

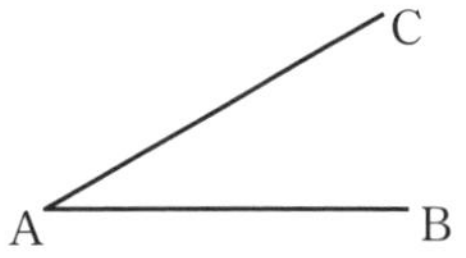

解き方

① 線分 AB の垂直二等分線と線分 AB との交点を O とする。

② O を中心とし，AB を直径とする円と線分 AC との交点を P とする。

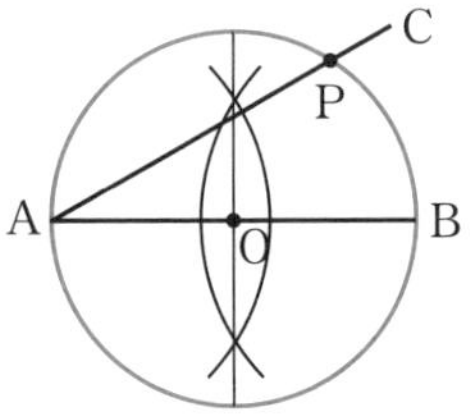

答　右の図

ポイント

作図への利用

・円周角の定理を使って，等しい角を移す。
・中心角と円周角の関係を使って，半分の角を作図。

Check! **1**　右の図で，∠ACB＝90° です。半直線 CD 上にあり，∠APC＝40° となる点 P を作図しなさい。

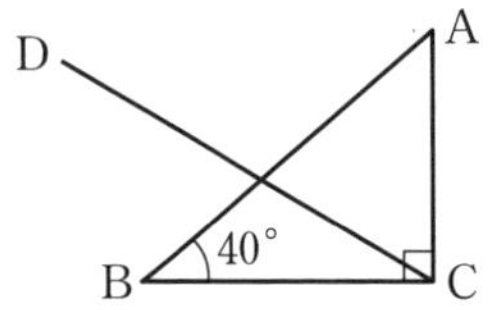

例題 2　円外の 1 点からの接線

教 p.178 Q

右の図で，円 O の外にある点 A から円 O に 2 本の接線をひき，接点を P，P′ とするとき，AP＝AP′ であることを証明しなさい。

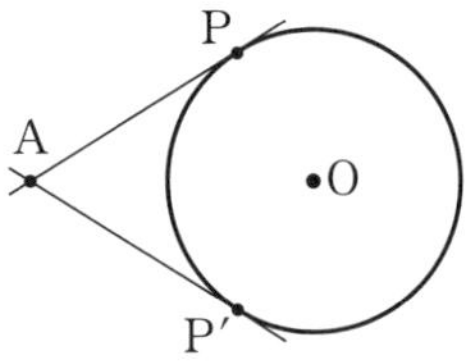

解き方

△AOP と △AOP′ において，
円 O の半径だから，

OP＝OP′　……①

接線は接点を通る半径に垂直なので，

∠APO＝∠AP′O＝90°……②

また，OA は共通　……③

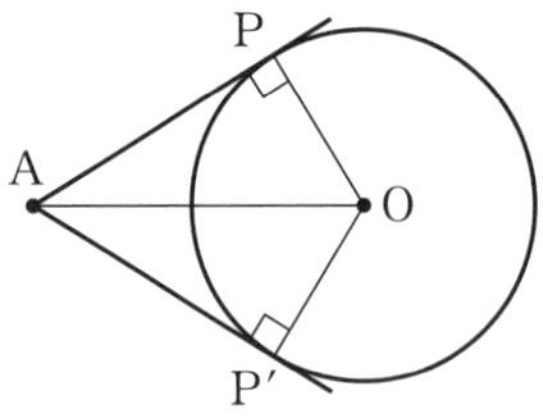

①，②，③より，直角三角形の斜辺と他の 1 辺がそれぞれ等しいから，

△AOP≡△AOP′

合同な図形の対応する辺の長さは等しいので，AP＝AP′

ポイント

円外の1点からの接線

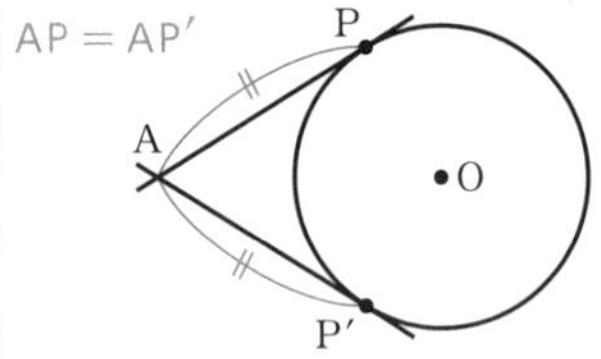

Check! **2**　**例題 2** で，OA⊥PP′ であることを証明しなさい。

解答 p.58

□ **1** **作図への利用**　右の図で，点 A から円 O への 2 本の接線を作図しなさい。教 p.178 Q

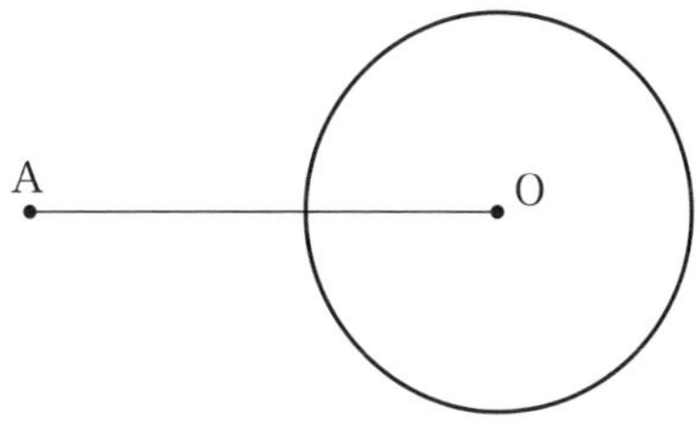

□ **2** **作図への利用**　右の図で，直線 ℓ 上にあり，$\angle APB = 90°$ となる点 P をすべて作図しなさい。教 p.178 Q

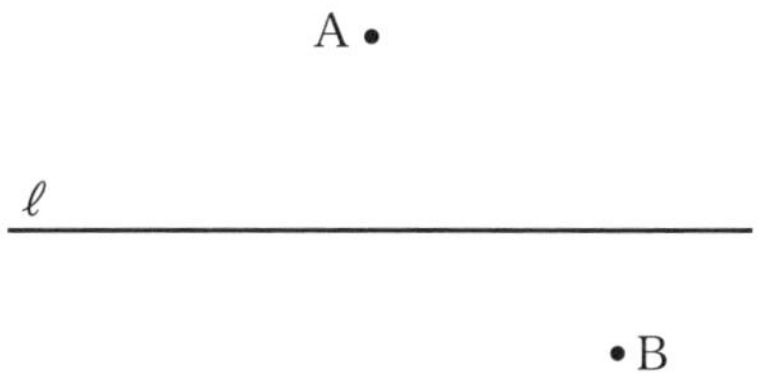

□ **3** **作図への利用**　右の図で，直線 ℓ 上にあり，$\angle APB = 30°$ となる点 P をすべて作図しなさい。

教 p.178 Q

ヒント
$\angle AOB = 60°$ となる点 O をとると，点 P は円 O の周上にある。

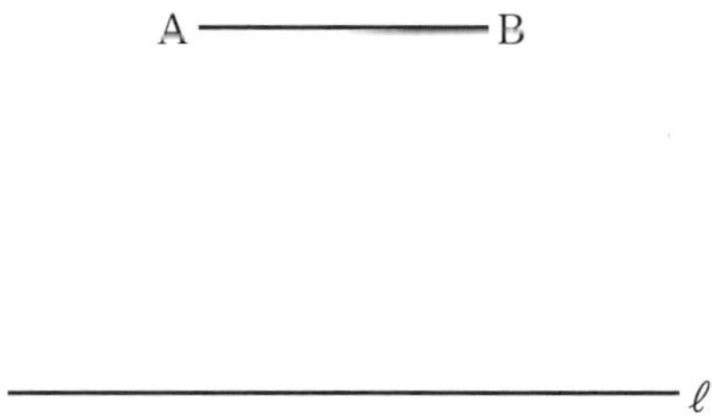

□ **4** **円外の 1 点からの接線**　右の図で，円 O は四角形 ABCD の各辺と 4 点 E，F，G，H で接しています。AB = 5cm，CD = 4cm のとき，四角形 ABCD の周の長さを求めなさい。教 p.178 Q

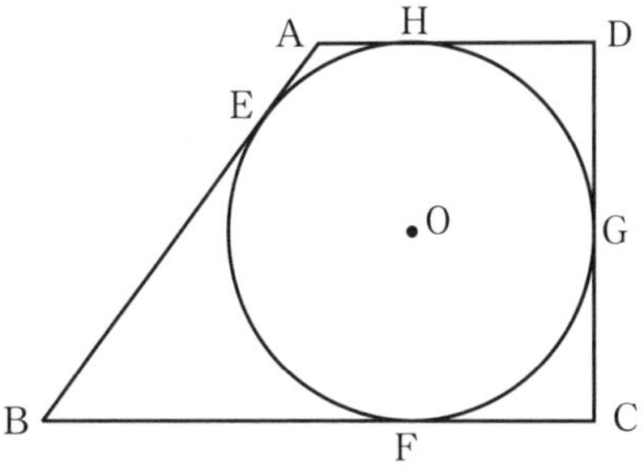

□ **5** **円外の 1 点からの接線**　右の図で，2 つの円 O，O′ は 2 点 A，B で交わっていて，円 O は点 O′ を通っています。PO′ が円 O の直径になるように P をとるとき，直線 PA が円 O′ の接線であることを証明しなさい。教 p.178 Q

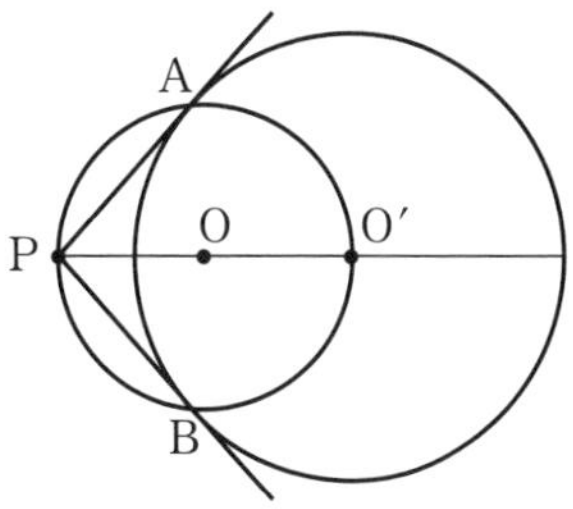

6章
円

解答 p.58

もっとチャレンジ!

6章 2節 円周角の定理の利用

1 円周角の定理の利用②

例題 1 円周角と相似

教 p.180 Q

右の図のように，1つの円周上に4点A，B，C，Dをとり，ACとBDとの交点をPとします。次の問に答えなさい。

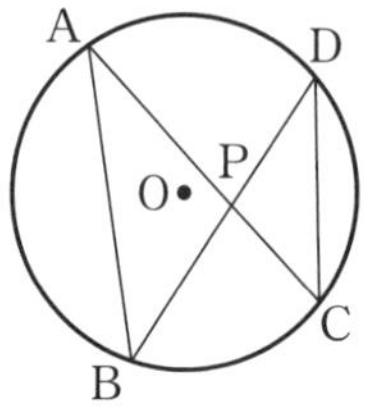

(1)　△ABP∽△DCPであることを証明しなさい。

(2)　AP＝4cm，CP＝2cm，DP＝3cmのとき，BPの長さを求めなさい。

解き方

(1)　△ABPと△DCPにおいて，

$\overset{\frown}{BC}$に対する円周角は等しいから，∠BAP＝∠CDP　……①

対頂角は等しいから，　∠APB＝∠DPC　……②

①，②より，2組の角がそれぞれ等しいから，

△ABP∽△DCP

(2)　相似な図形の対応する辺の長さの比は等しいから，

4：3＝BP：2より，BP＝$\frac{8}{3}$ (cm)

ポイント

頂点が円周上にある三角形の相似⇒等しい円周角を見つける。

AP：DP＝BP：CPの関係は
AP×CP＝BP×DPという
式に表すこともできるね。

Check! 1　**例題1**で，AB＝8cmのとき，CDの長さを求めなさい。

例題 2 相似比の利用（平方根の線分）

教 p.181 数学のまど

右の図で，ABは半円Oの直径であり，AP＝2，PB＝5です。このとき，PQ＝$\sqrt{10}$であることを示しなさい。

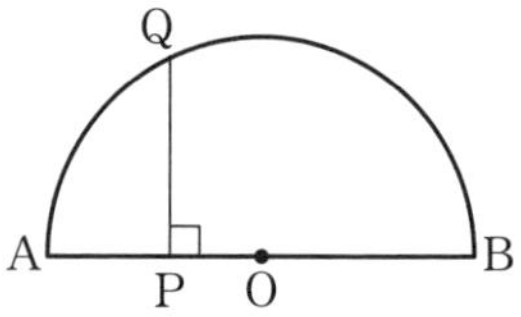

解き方

PQ＝xとすると，△APQ∽△QPBより，

AP：QP＝QP：BP

$2：x＝x：5$

$x^2＝10$

$x>0$であるから，$x＝\sqrt{10}$

ポイント

$\sqrt{a}$の長さの作図

1 aを2つの整数の積で表す。
2 1の2つの数の和を直径とする円をかく。
3 円の直径を1の2つの数の比に分ける点をPとする。
4 Pを通る直径の垂線と円との交点の1つをQとして，PQ＝$\sqrt{a}$

Check! 2　右の図で，ABは半円Oの直径であり，AP＝3，PB＝4です。このとき，$\overset{\frown}{AB}$上にPQ＝$2\sqrt{3}$となる点Qを作図しなさい。

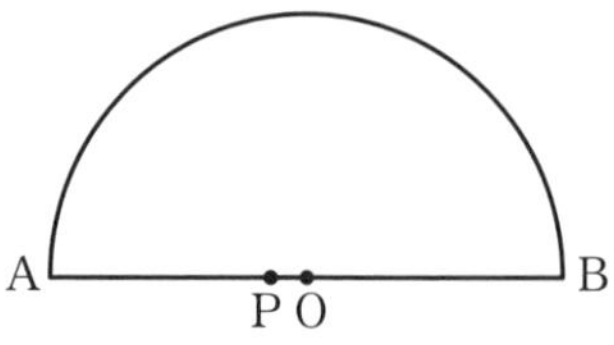

解答 p.59

1 円周角と相似　**右の図のように，円の外部の点 P を通る 2 つの直線と円との交点を A，B，C，D とします。次の問に答えなさい。** 教 p.180 Q

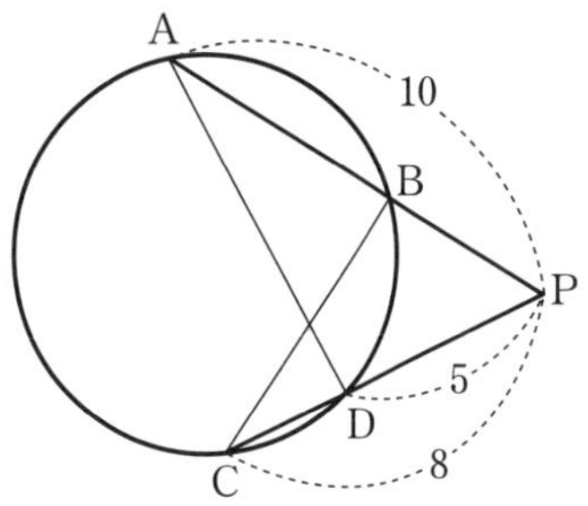

□(1)　△ADP ∽ △CBP であることを証明しなさい。

□(2)　BP の長さを求めなさい。

2 円周角と相似　**右の図で，A，B，C，D は円 O の周上の点で，∠BAC＝∠DAC です。AC と BD の交点を E とします。次の問に答えなさい。** 教 p.181 問 4

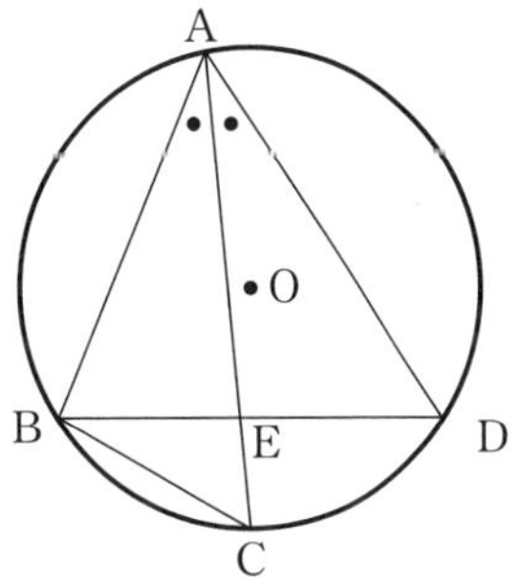

□(1)　△ABC ∽ △AED であることを証明しなさい。

□(2)　AB＝4cm，AD＝5cm，CE＝2cm のとき，AE の長さを求めなさい。

ヒント
AE＝$x$cmとして，方程式をつくる。

3 相似比の利用（平方根の線分）　**右の図で，AB は半円 O の直径であり，P は AB 上の点です。AP＝a，PB＝b のとき，次の問に答えなさい。** 教 p.181 数学のまど

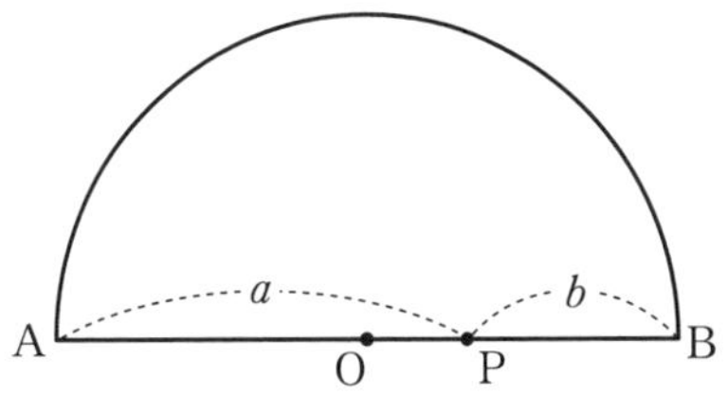

□(1)　右の図に，PQ＝$\sqrt{ab}$ となる $\overset{\frown}{AB}$ 上の点 Q を作図しなさい。

□(2)　(1)で作図した点 Q について，PQ＝$\sqrt{ab}$ であることを証明しなさい。

解答 p.59

2節の問題 | 円周角の定理の利用

教科書 178 ▸ 181

解答 p.60

1 右の図について，次の問に答えなさい。

□(1) 点Aから円Oへ接線をひくとき，円Oの上側にある接点をP，円Oの下側にある接点をP′とします。P，P′を作図によって求めなさい。

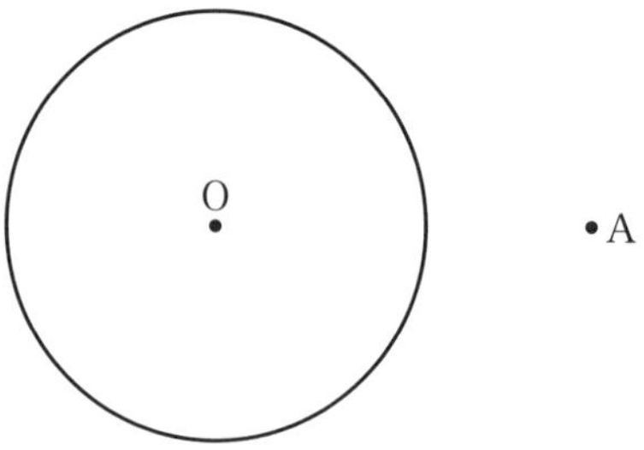

□(2) AP＝AP′となることを証明しなさい。

2 右の図のように，∠ACB＝90°，AC＝4cm，BC＝5cm の△ABCと，辺AC，BCの各辺に接し，辺AB上に中心のある円Oがあります。次の問に答えなさい。

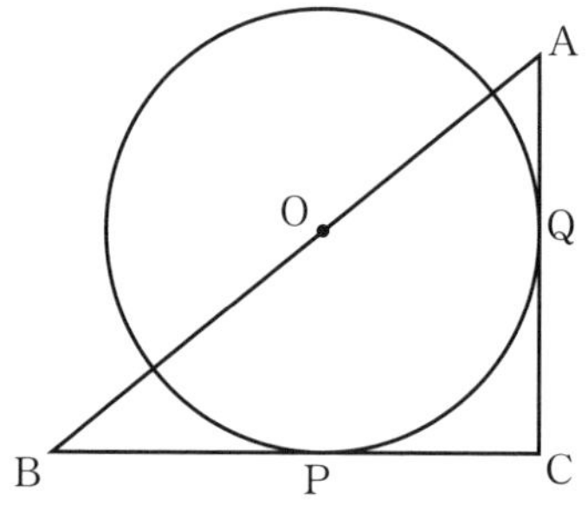

□(1) 四角形OPCQはどのような四角形ですか。

□(2) 円Oの半径を求めなさい。

3 下の図で，x の値を求めなさい。

□(1)

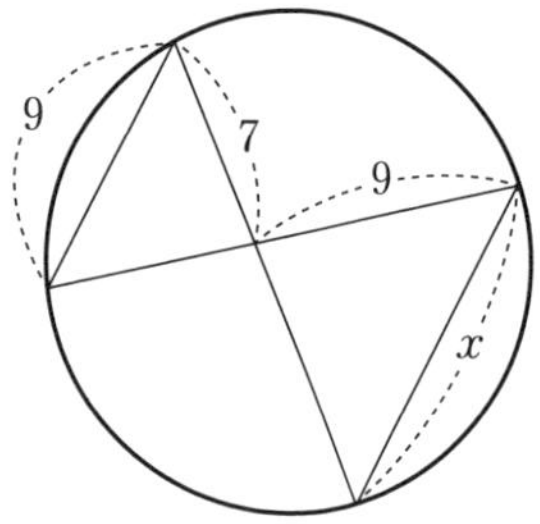

□(2)

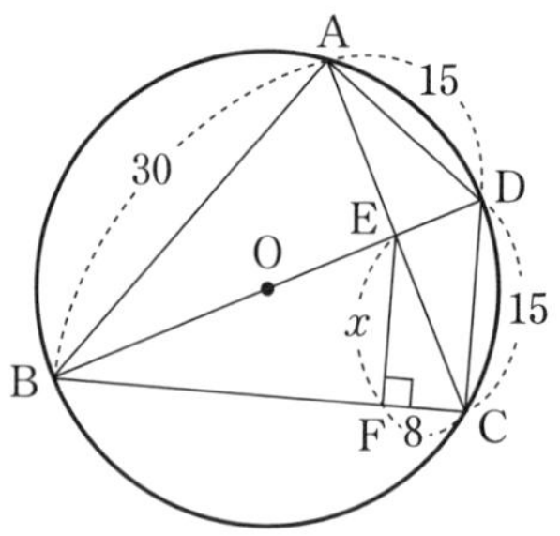

ヒント

2(2) 相似な三角形に着目しよう。

3(2) まず，△ABDと△CBDについて考えてみよう。直角三角形の性質を利用するよ。

□**4** 右の図のように，円周上の3点A，B，Cを頂点とする△ABCがあり，AB＝ACです。点Aを含まないほうの$\overset{\frown}{BC}$上に点Dをとり，ADとBCの交点をEとします。△ADC∽△ACEとなることを証明しなさい。

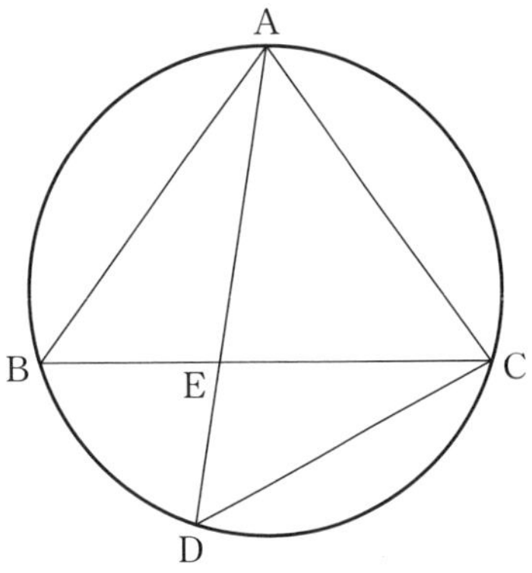

□**5** 右の図のように，円Oの周上にA，B，C，Dがあり，$\overset{\frown}{AD}=\overset{\frown}{DC}$です。ACとBDの交点をEとし，AB＝BEのとき，△ABD≡△EBCとなることを証明しなさい。

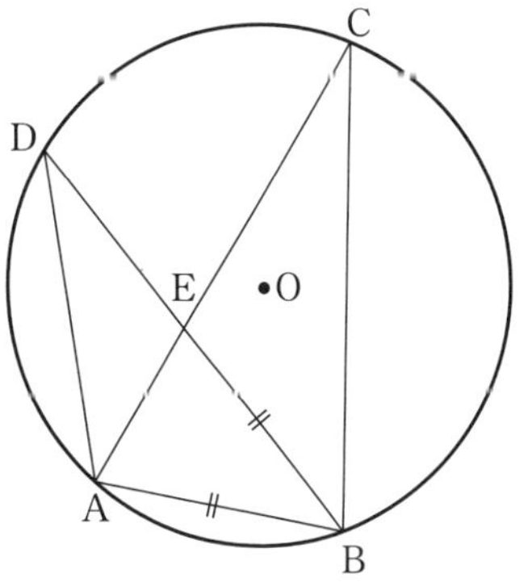

6 右の図のように，線分ABを直径とする半円Oがあり，$\overset{\frown}{AB}$上にAC＝CBとなる点Cをとり，$\overset{\frown}{AC}$上に点Dをとります。ADの延長とBCの延長の交点をEとし，ACとBDの交点をFとします。

□(1) △ACE≡△BCFとなることを証明しなさい。

□(2) AC＝CB＝4cm，BF＝5cm，FC＝3cmのとき，線分DEの長さを求めなさい。

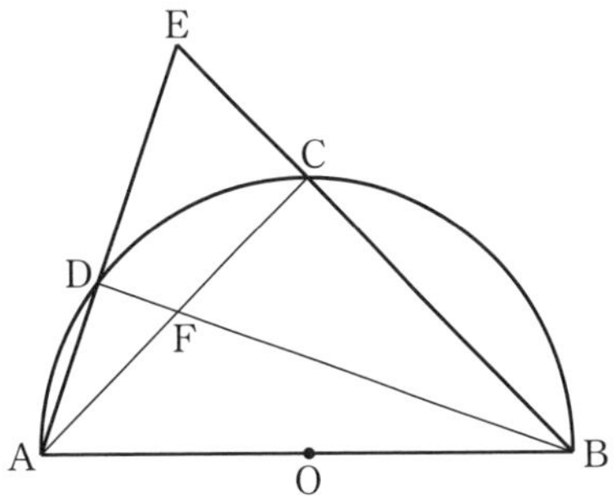

□**7** 右の図のように，2つの円O，O′が2点A，Bで交わっており，点Aを通る直線ℓと円O，O′との交点をそれぞれC，Dとします。小さいほうの$\overset{\frown}{AD}$上に点Eをとり，線分EBと直線ℓとの交点をF，円Oとの交点をGとします。△CGF∽△DEFとなることを証明しなさい。

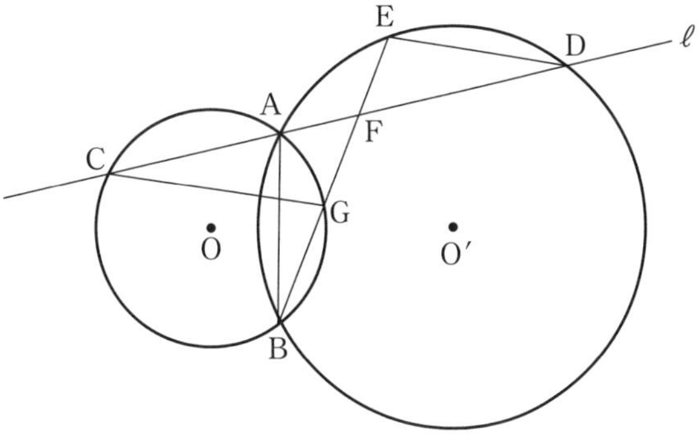

ヒント

6(2) (1)で証明したことを利用して，△FBCと△EBDについて考えてみよう。

6章の問題 円 円の性質を見つけて証明しよう

教科書 168 ▸ 184

解答 p.61

1 下の図で，∠x の大きさを求めなさい。

□(1)

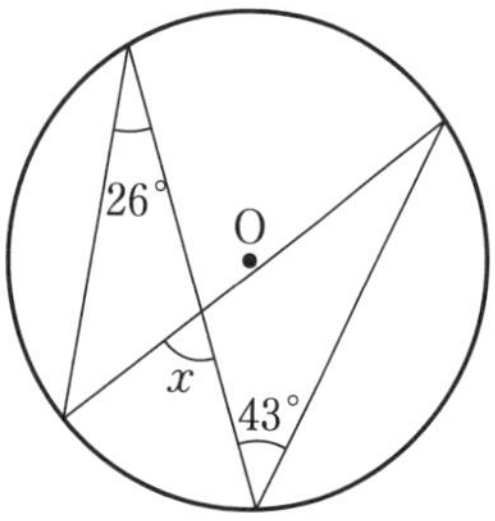

□(2) （AO // BC）

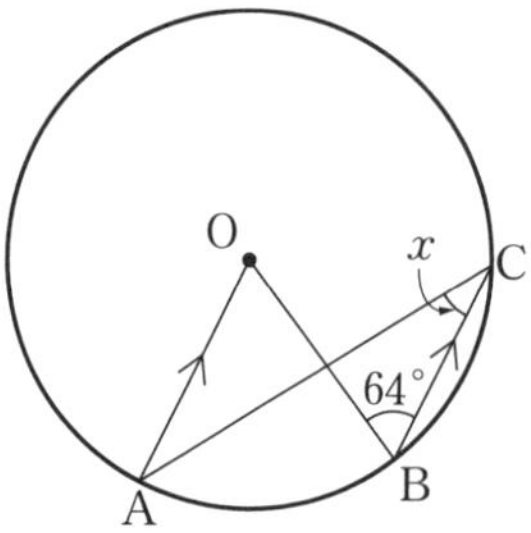

□(3) （$\overset{\frown}{BC}=\overset{\frown}{CD}$）

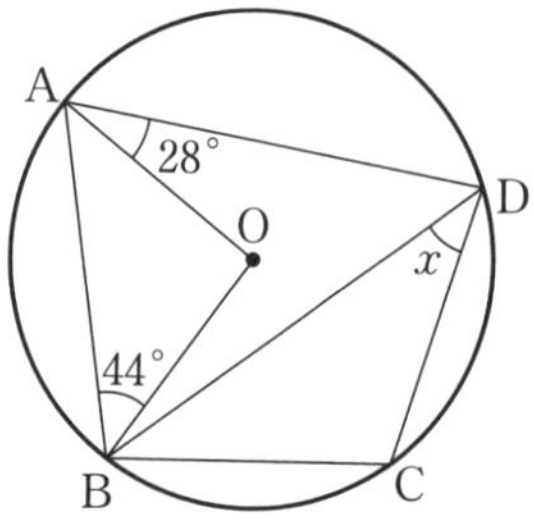

□(4)

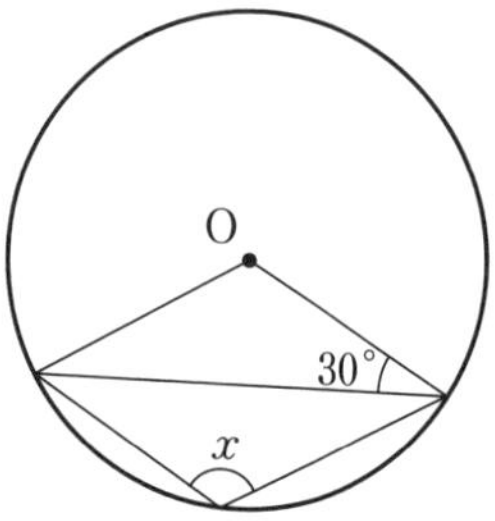

□(5)

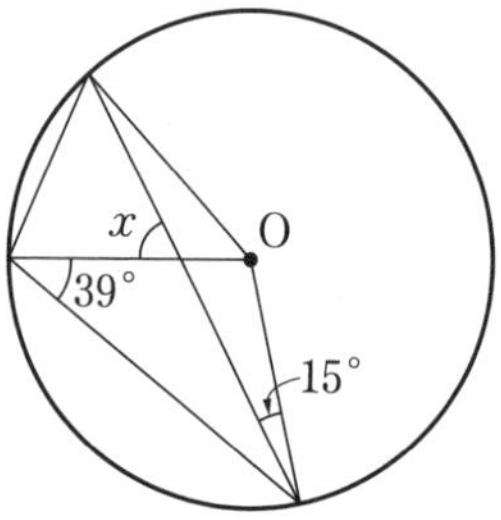

□(6) （ABCDE は正五角形）

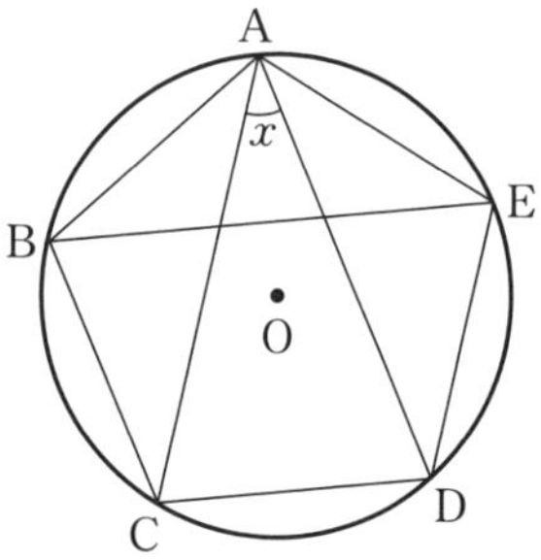

2 下の図で，∠x の大きさを求めなさい。

□(1)

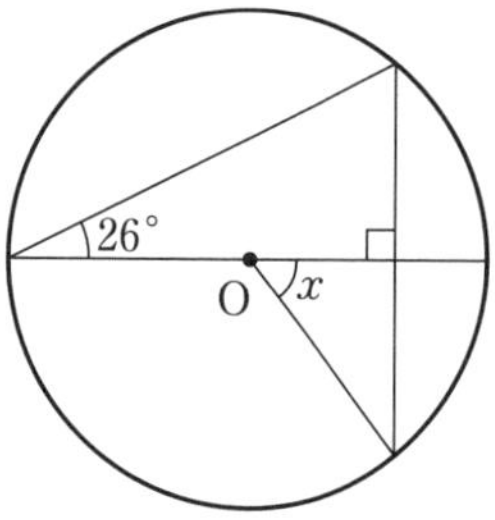

□(2)

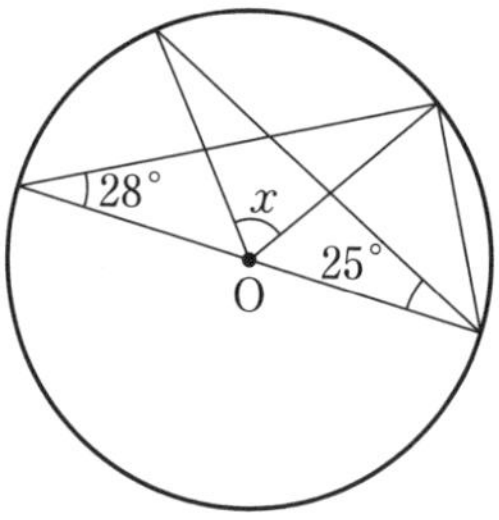

□(3)

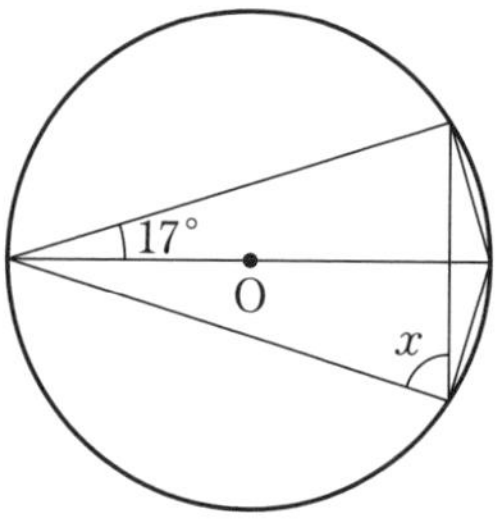

□ **3** 右の図のような四角形 ABCD に対角線 AC をひいたところ，∠BAC＝90° となりました。辺 CD 上に，∠ACB＝∠APB となる点 P を作図しなさい。

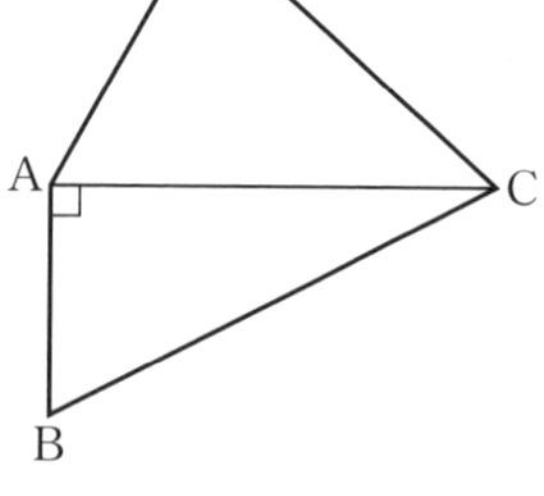

ヒント

3 ∠ACB＝∠APB となるためには，4 点 A，B，C，P がどのような点となればよいのかな。

□**4** 右の図のように，円 O の円周上に 4 点 A，B，C，D があり，AB は直径です。$\overset{\frown}{CB}=\overset{\frown}{BD}$ とし，中心 O から AD にひいた垂線と AD との交点を E とします。このとき，△ABC∽△AOE となることを証明しなさい。

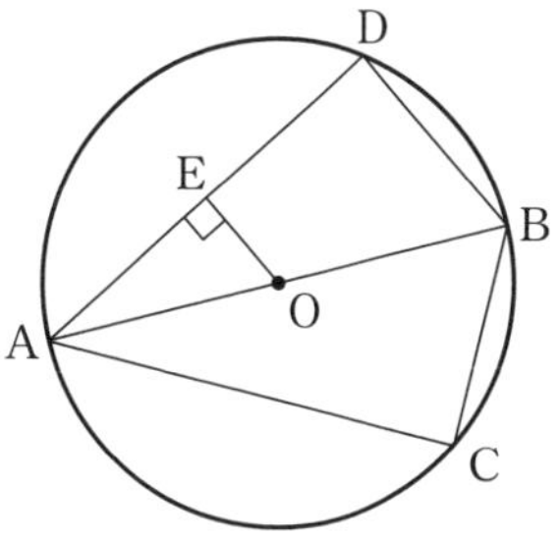

5 右の図において，4 点 A，B，C，D は円 O の周上の点で，AC は ∠BAD の二等分線で，AC と BD の交点を E とします。AE＝DE のとき，次の問に答えなさい。

□(1) △ABD∽△ECD となることを証明しなさい。

□(2) AD＝15cm，AB＝12cm，DE＝10cm のとき，EB の長さを求めなさい。

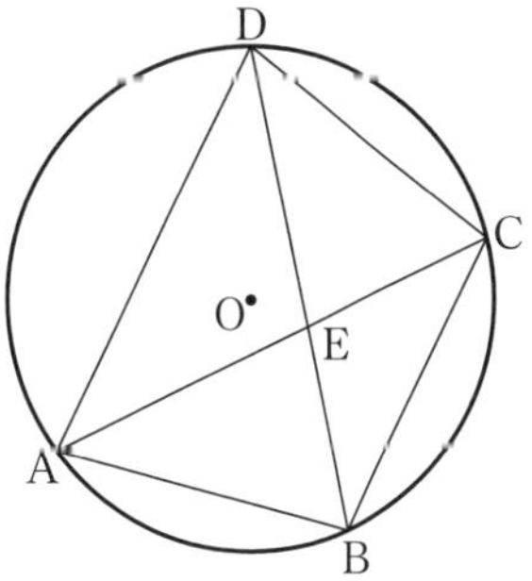

□**6** 右の図のように，線分 AB 上に点 C をとり，AC，CB をそれぞれ 1 辺とする正三角形 △ACD と △CBE を，線分 AB に対して同じ側につくります。線分 AE と BD の交点を F とするとき，4 点 B，E，F，C は 1 つの円周上にあることを証明しなさい。

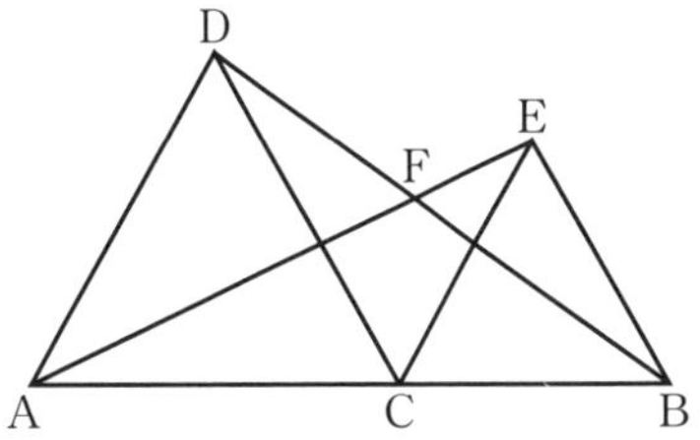

□**7** 右の図のように，円周上に 4 点 A，B，C，D があり，A を通り弦 DC に平行な直線と弦 BC との交点を E とします。このとき，△ABD∽△EAC であることを証明しなさい。

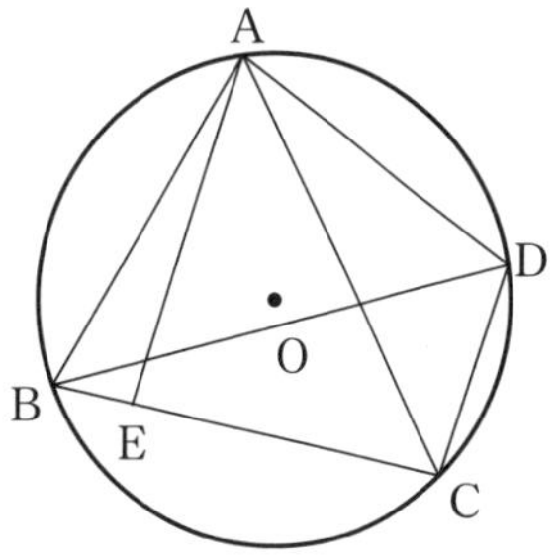

ヒント

5(2) 合同な三角形に着目しよう。

6 まず，△ACE と △DCB について考えてみよう。

7章 三平方の定理

- 中1 空間図形
- 中2 平行と合同
- 中2 三角形と四角形
- 中3 相似な図形

三平方の定理を活用しよう

ウォーミングアップ

1 次の計算をしなさい。

□(1) $\sqrt{2} \times \sqrt{7}$

□(2) $(\sqrt{3})^2 \times 5$

□(3) $\dfrac{\sqrt{10}}{\sqrt{2}}$

□(4) $\sqrt{3} + 3\sqrt{3}$

□(5) $\sqrt{72} - \sqrt{32}$

□(6) $2\sqrt{5} + \sqrt{10} \times \sqrt{2}$

ふりかえり 中3

平方根の計算

$a>0$, $b>0$ のとき

$\sqrt{a} \times \sqrt{b} = \sqrt{ab}$

$\dfrac{\sqrt{a}}{\sqrt{b}} = \sqrt{\dfrac{a}{b}}$

$\sqrt{a^2 b} = a\sqrt{b}$

$m\sqrt{a} + n\sqrt{a}$
$= (m+n)\sqrt{a}$

2 次の方程式を解きなさい。

□(1) $3^2 + 4^2 = x^2$

□(2) $x^2 + (4\sqrt{2})^2 = 7^2$

3 次の立体の体積を求めなさい。

□(1)

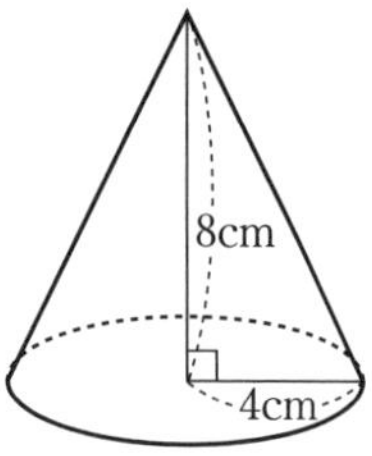

□(2)

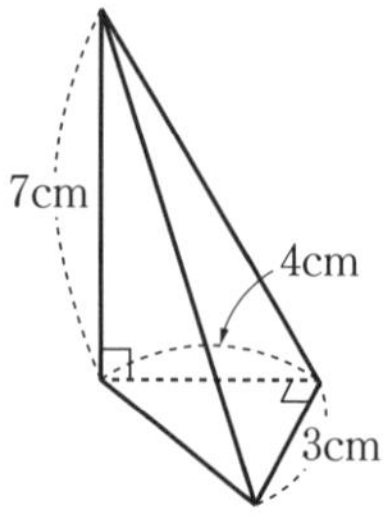

ふりかえり 中1

角錐・円錐の体積

底面積を S, 高さを h としたときの立体の体積

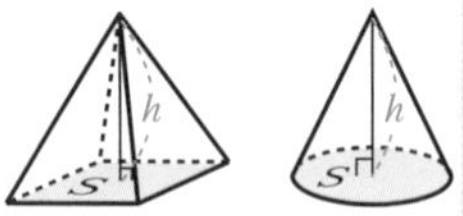

［体積］ $\dfrac{1}{3}Sh$

□(3)

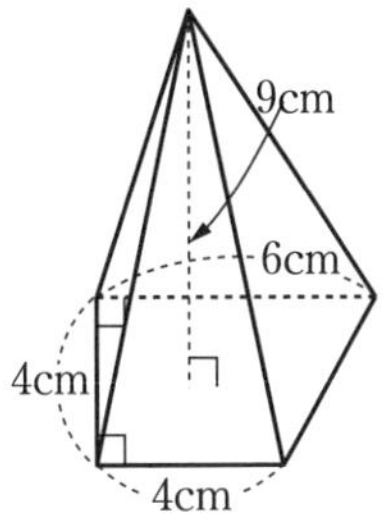

□(4)

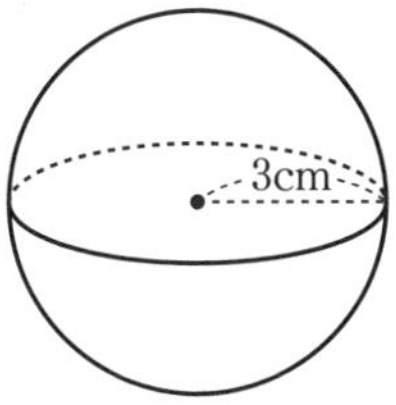

ふりかえり 中1

球の体積

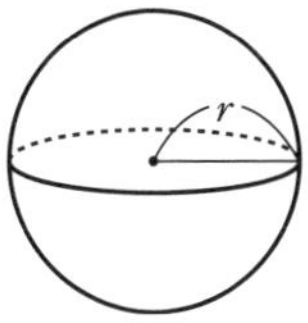

［体積］ $\frac{4}{3}\pi r^3$

4 **次の図形を，直線 ℓ を軸として1回転させてできる立体の体積を求めなさい。**

□(1) （直角三角形）

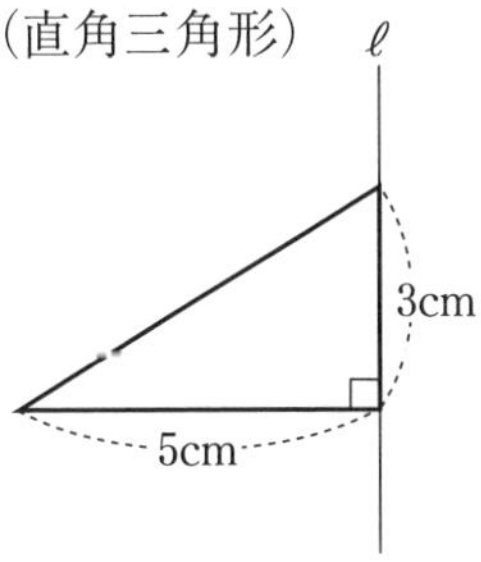

□(2) （長方形）

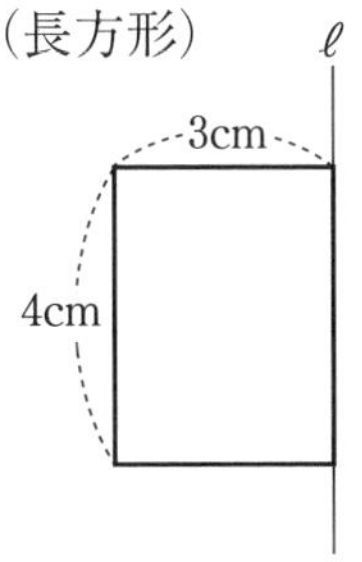

5 **次の図で，x の値を求めなさい。**

□(1) DE // BC

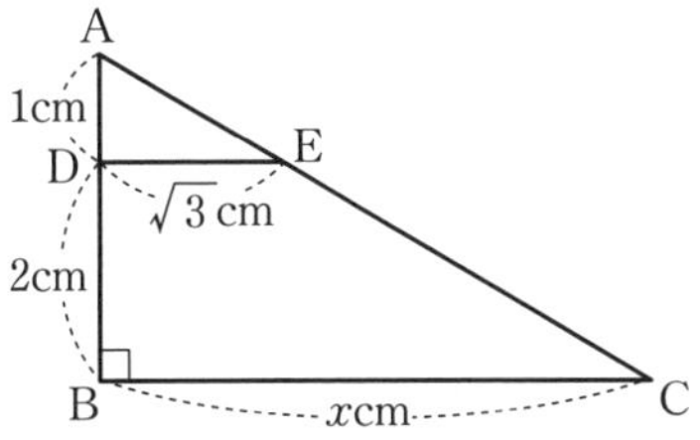

□(2) DE // BC

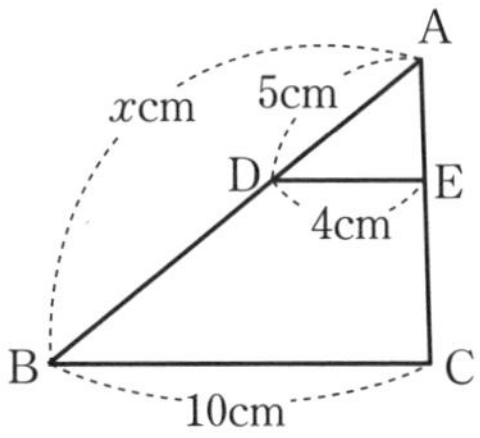

ふりかえり 中3

相似な図形

相似な図形の対応する辺の比は等しい。

ふりかえり 中1

比の性質

$a:b=c:d$
ならば
$ad=bc$

□(3)

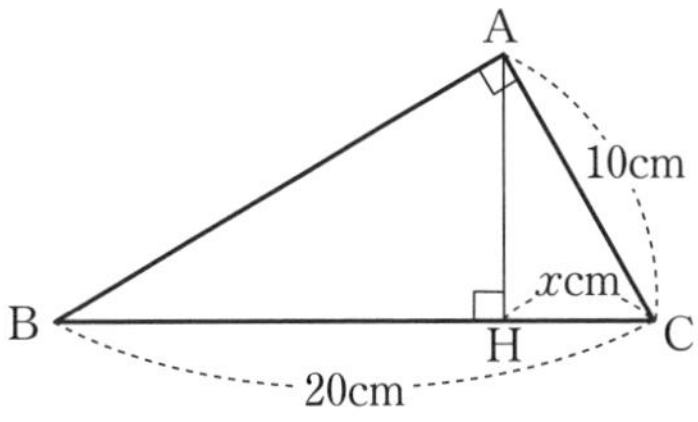

□(4)

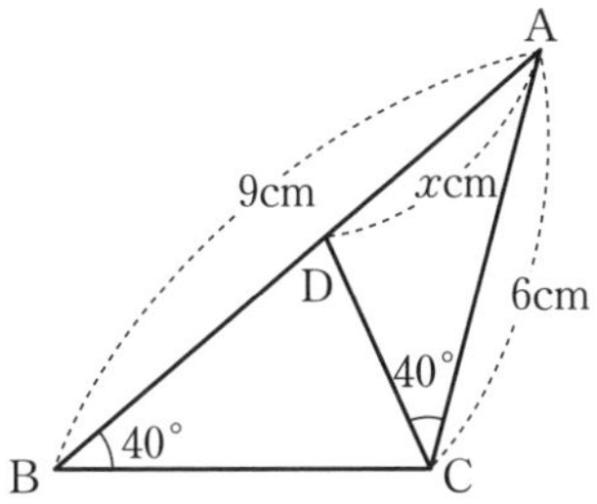

解答 p.62

もっとチャレンジ!

7章

1節 三平方の定理

1 三平方の定理 2 三平方の定理の逆

例題 1 三平方の定理

教 p.189 例 1

下の図の直角三角形で，x の値をそれぞれ求めなさい。

(1)

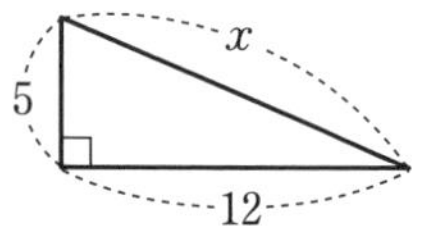

(2)

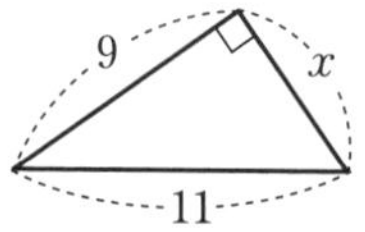

解き方

(1) $5^2+12^2=x^2$ ←斜辺は x

$x^2=169$

$x>0$ であるから

$\boldsymbol{x=13}$

(2) $9^2+x^2=11^2$ ←斜辺は 11

$x^2=40$

$x>0$ であるから

$\boldsymbol{x=2\sqrt{10}}$

ポイント

三平方の定理

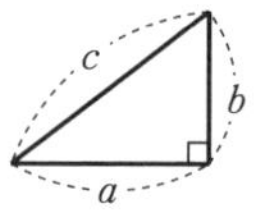

$a^2+b^2=c^2$

Check! 1 右の図の直角三角形で，x の値を求めなさい。

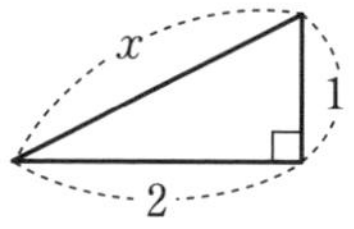

例題 2 三平方の定理の逆

教 p.191 例 1

次の長さを 3 辺とする三角形のうち，直角三角形はどれですか。

㋐ 5cm，6cm，7cm

㋑ $\sqrt{2}$ cm，$\sqrt{3}$ cm，$\sqrt{5}$ cm

解き方

㋐ $a=5$，$b=6$，$c=7$ とすると，

$a^2+b^2=5^2+6^2$

$=61$

$c^2=7^2=49$

したがって，$a^2+b^2=c^2$ は

成り立たない。

㋑ $a=\sqrt{2}$，$b=\sqrt{3}$，$c=\sqrt{5}$ とすると，

$a^2+b^2=2+3$

$=5$

$c^2=5$

したがって，$a^2+b^2=c^2$

が成り立つ。

よって，直角三角形は㋑

ポイント

三平方の定理の逆

三角形の 3 辺の長さ a，b，c の間に $a^2+b^2=c^2$ という関係が成り立てば，その三角形は長さ c の辺を斜辺とする直角三角形である。

Check! 2 次の長さを 3 辺とする三角形のうち，直角三角形はどれですか。

㋐ 2cm，3cm，4cm

㋑ $\sqrt{8}$ cm，$\sqrt{19}$ cm，$\sqrt{27}$ cm

解答 p.63

1 三平方の定理　下の図の直角三角形で，x の値をそれぞれ求めなさい。教 p.189 問 1

□(1)

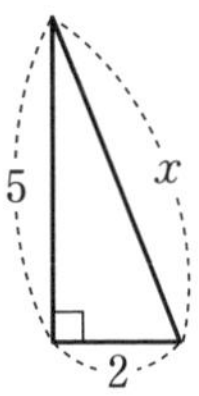

□(2)

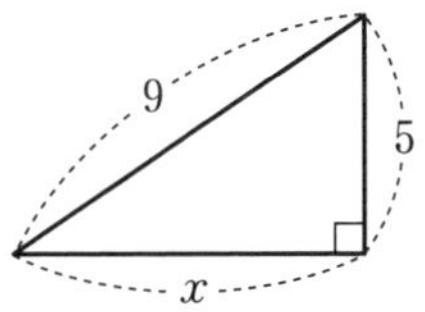

□(3)

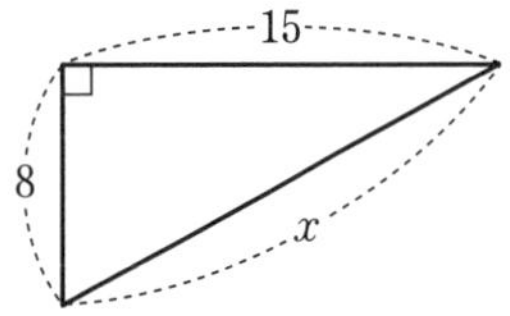

□(4)

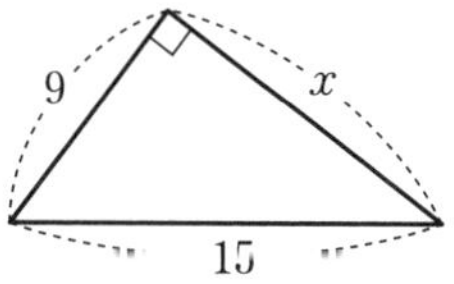

□(5)

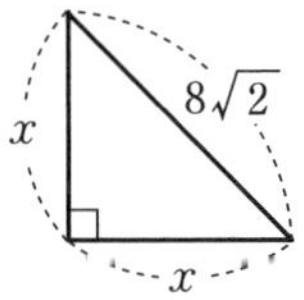

□(6)

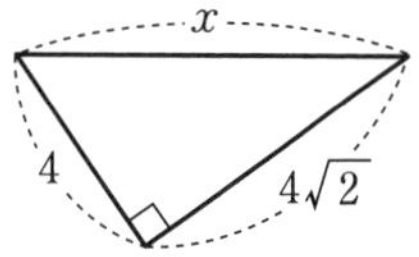

□(7)

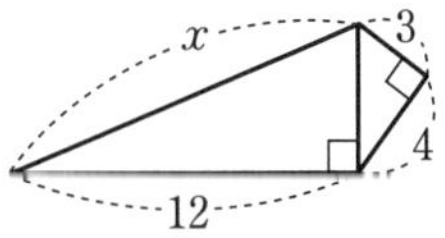

□(8)

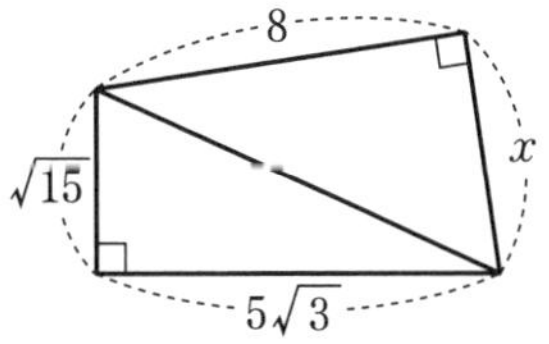

ヒント
(8)2辺の長さがわかっているほうの直角三角形について先に考える。

□ **2 三平方の定理の逆**　次の長さを3辺とする三角形のうち，直角三角形はどれですか。

教 p.191 問 1

㋐　3cm，8cm，9cm

㋑　2cm，$\sqrt{21}$cm，5cm

㋒　4cm，11cm，12cm

㋓　9cm，40cm，41cm

3 三平方の定理　右の図の四角形ABCDは，4つの合同な直角三角形を並べてできる正方形です。これについて，次の問に答えなさい。

教 p.188 Q

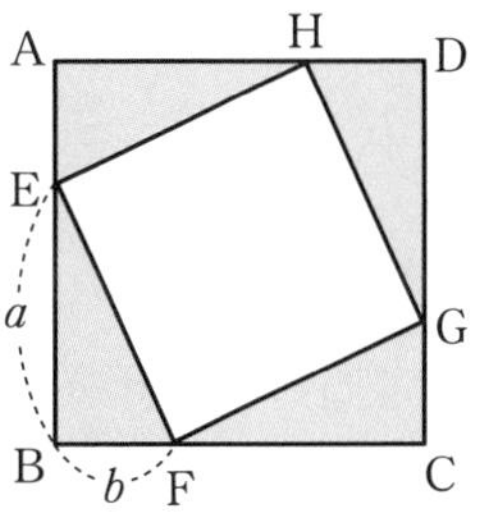

□(1)　四角形EFGHの面積を，a，b を使って表しなさい。

□(2)　EF＝c として，$a^2+b^2=c^2$ が成り立つことを証明しなさい。

ヒント
(2)まず四角形EFGHが正方形であることを証明しよう。

解答 p.63

もっとチャレンジ!

7章

2節 三平方の定理の利用

1 三平方の定理の利用①

例題 1 平面図形への利用

教 p.195 問 2

下の図で，x，y の値を求めなさい。

(1)

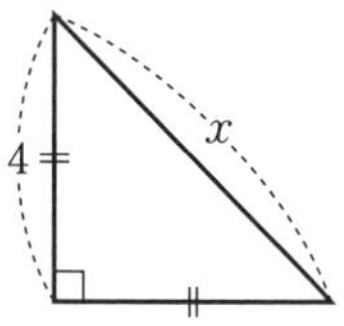

(2)

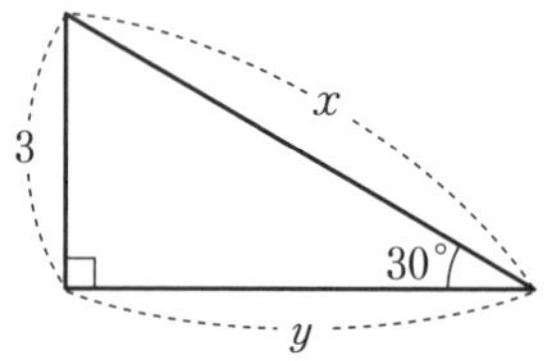

解き方

(1) 直角二等辺三角形の辺の比から，$4:x=1:\sqrt{2}$

これを解いて，$x=4\sqrt{2}$

(2) 3 つの内角が 30°，60°，90° の直角三角形の辺の比から，

$x:3=2:1$　これを解いて，$x=6$

$3:y=1:\sqrt{3}$　これを解いて，$y=3\sqrt{3}$

答 (1) $x=4\sqrt{2}$　(2) $x=6$，$y=3\sqrt{3}$

ポイント

特別な直角三角形の 3 辺の比

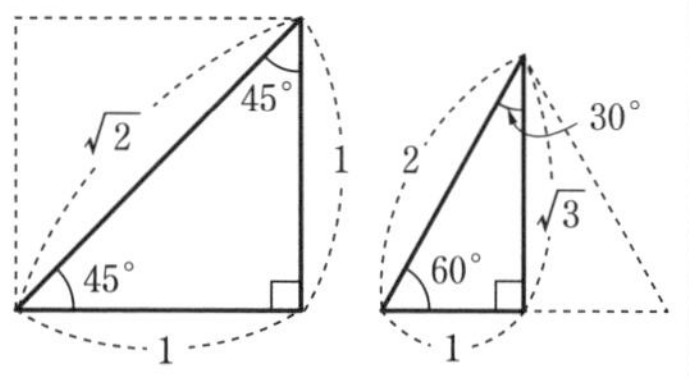

Check! 1 右の図で，x，y，z の値を求めなさい。

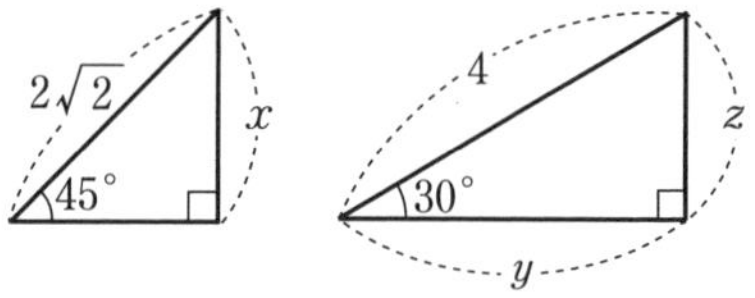

例題 2 座標への利用

教 p.197 例 1

2 点 A(3, 3)，B(−2, −4) の間の距離を求めなさい。

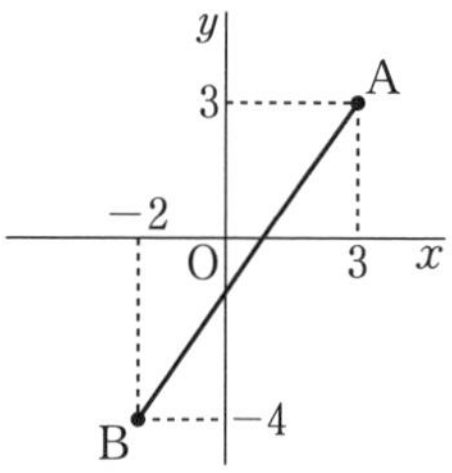

解き方

右の図の直角三角形 ABC で，

$BC=3-(-2)=5$

$AC=3-(-4)=7$

よって，$AB^2=5^2+7^2=74$

$AB>0$ より，$AB=\sqrt{74}$

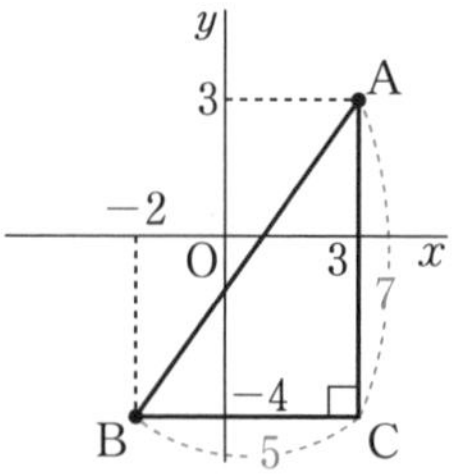

ポイント

2 点間の距離

x 軸，y 軸に平行な直線をかき，直角三角形をつくる。

Check! 2 2 点 (−5, 1)，(3, −3) の間の距離を求めなさい。

解答 p.64

1 平面図形への利用　下の図で，x，y の値を求めなさい。教 p.195 問 2・3

□(1)

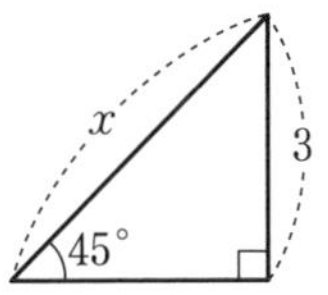

□(2)

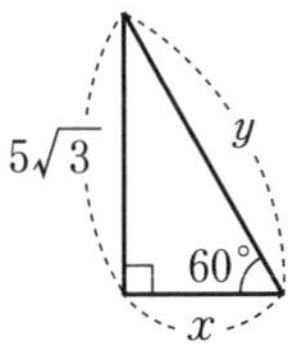

□(3)

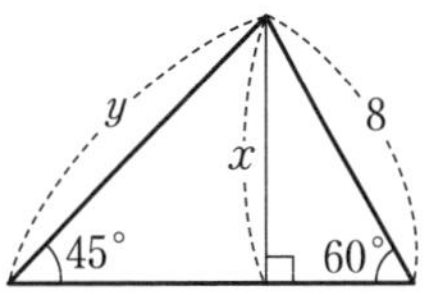

□ **2 平面図形への利用**　右の図で，△ABC は正三角形です。この三角形の 1 辺の長さを求めなさい。教 p.195 問 4

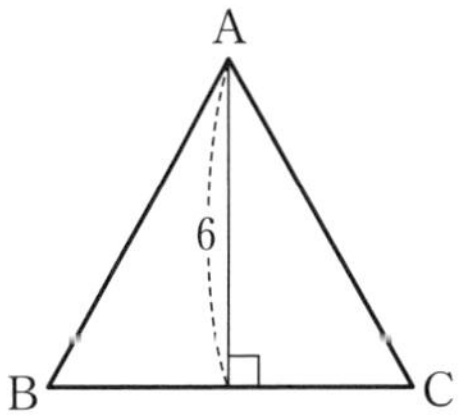

□ **3 平面図形への利用**　右の図で，△ABC は二等辺三角形です。この三角形の面積を求めなさい。教 p.196 問 6

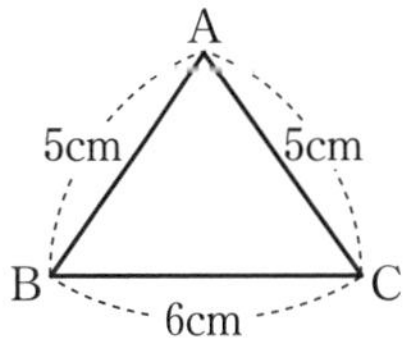

4 座標への利用　次の(1)，(2)について，2 点 A，B の間の距離を求めなさい。教 p.197 問 8

□(1)　下の図の 2 点 A，B

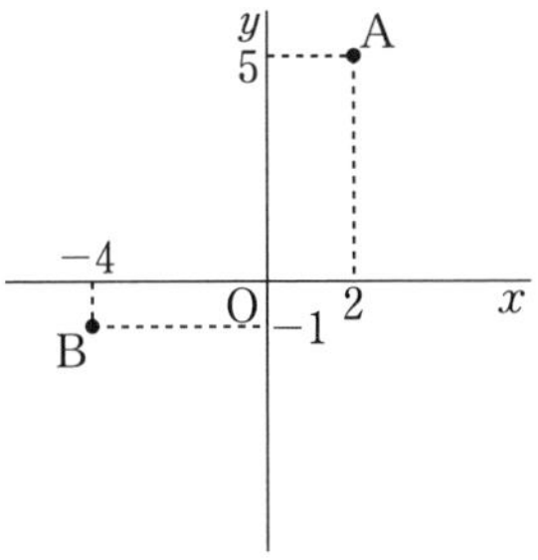

□(2)　A(−4, 3)，B(5, −9)

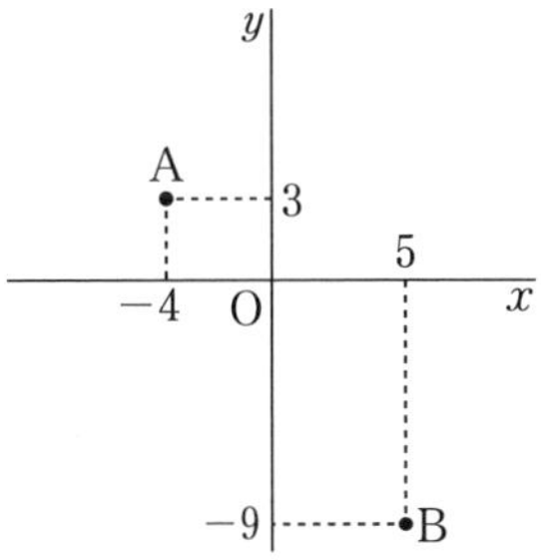

□ **5 座標への利用**　右の図で，四角形 ABCD が正方形であるとき，対角線 BD の長さを求めなさい。教 p.197 問 8

ヒント

まず，AB の長さを求める。

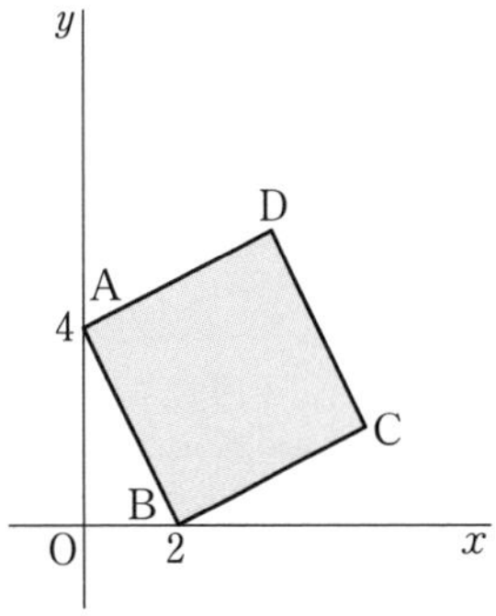

解答 p.64

1・2節の問題　1節　三平方の定理　2節　三平方の定理の利用①

教科書 188 ▸ 197
解答 p.64 ～ 65

1 下の図の直角三角形で，x の値をそれぞれ求めなさい。

□(1)
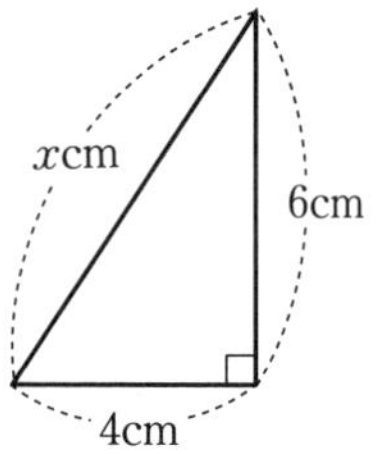

□(2)
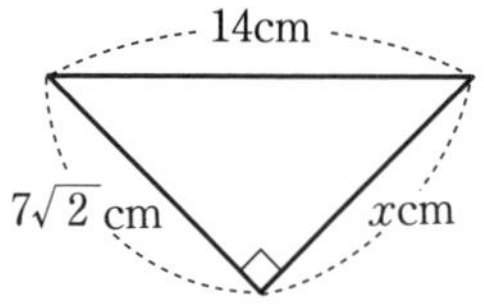

□(3)
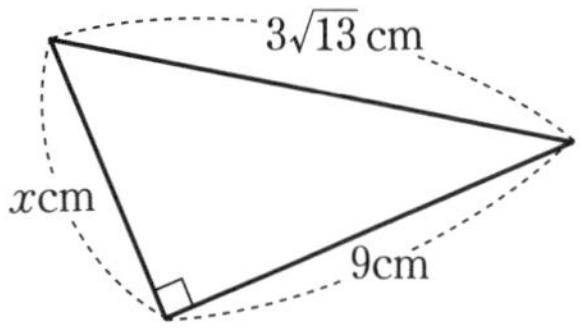

□ **2** 次の長さを 3 辺とする三角形のうち，直角三角形であるものをすべて選びなさい。

㋐　6cm，8cm，11cm　　　㋑　$\sqrt{5}$ cm，2cm，3cm

㋒　$\sqrt{3}$ cm，$2\sqrt{3}$ cm，$\sqrt{5}$ cm　　　㋓　1.5cm，0.9cm，1.2cm

3 下の図で，x，y の値を求めなさい。

□(1)
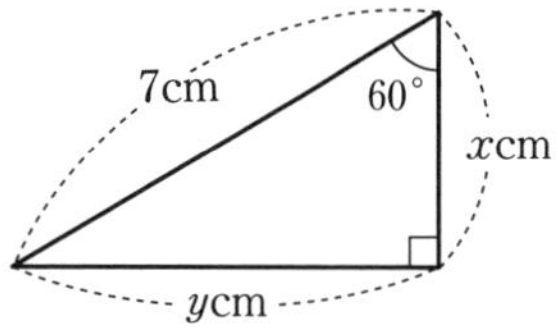

□(2)
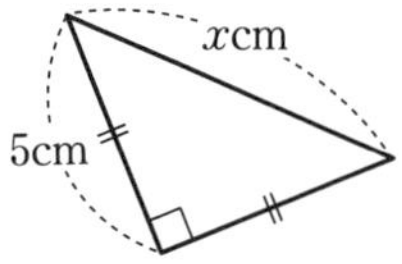

□(3)
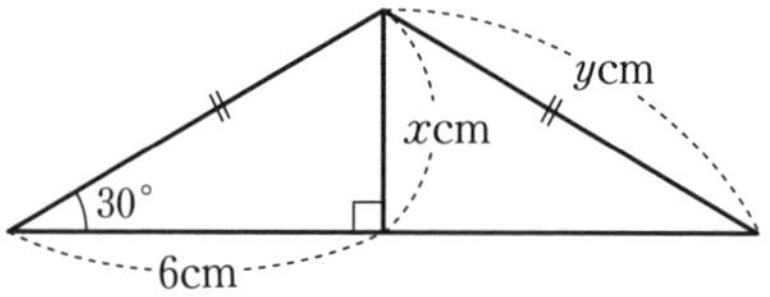

□ **4** 右の図のように，直角三角形 ABC の 3 辺をそれぞれ直径とする半円をかきます。半円の面積，P，Q，R について
(P の面積)＋(Q の面積)＝(R の面積) となることを下のように証明しました。㋐～㋕に当てはまる式を書きなさい。ただし，BC＝a，AC＝b，AB＝c とします。

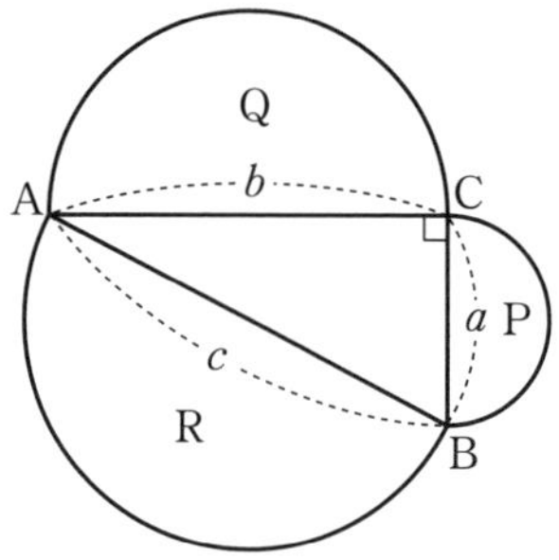

［証明］　△ABC は直角三角形なので，$c^2 =$ [㋐]　…①
P と Q の面積の和を求めると，

$P + Q = \frac{1}{2}\pi \times ($[㋑]$)^2 + \frac{1}{2}\pi \times ($[㋒]$)^2$

$= ($[㋓]$)\pi$　…②

R の面積は　$R = \frac{1}{2}\pi \times ($[㋔]$)^2$

$=$ [㋕] π　…③

①，②，③より　P＋Q＝R

ヒント
3(3)　図全体をみると，二等辺三角形になっているよ。

5 下の図の △ABC の面積を求めなさい。ただし，座標の 1 目もりを 1cm とします。

□(1)

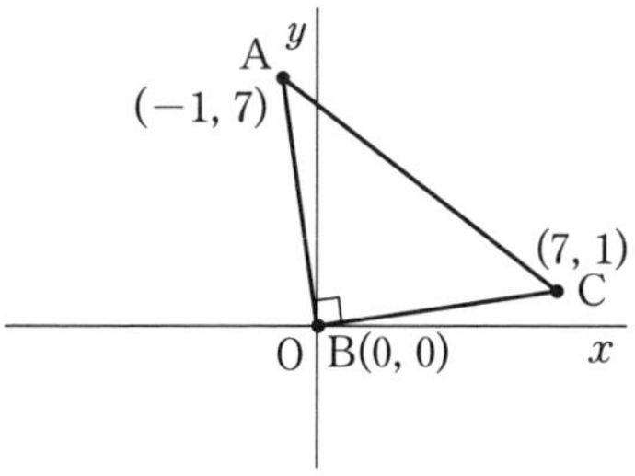

□(2)

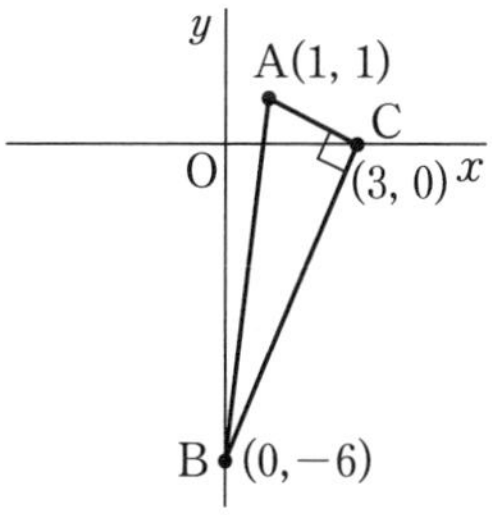

6 次の(1)〜(3)について，x の値を求めなさい。

□(1) AB＝AC の二等辺三角形

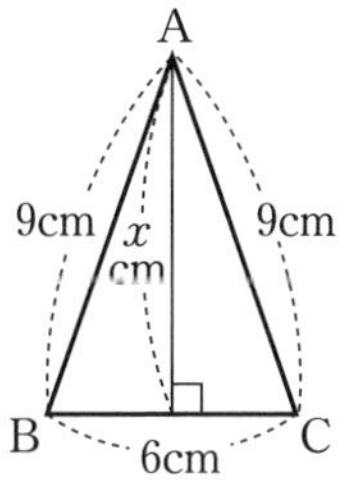

□(2)

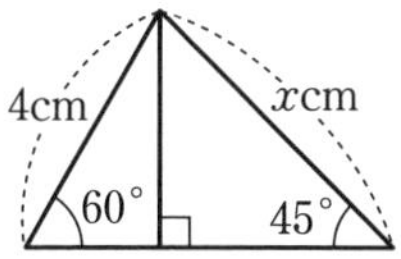

□(3) AD // BC，AB＝DC の台形

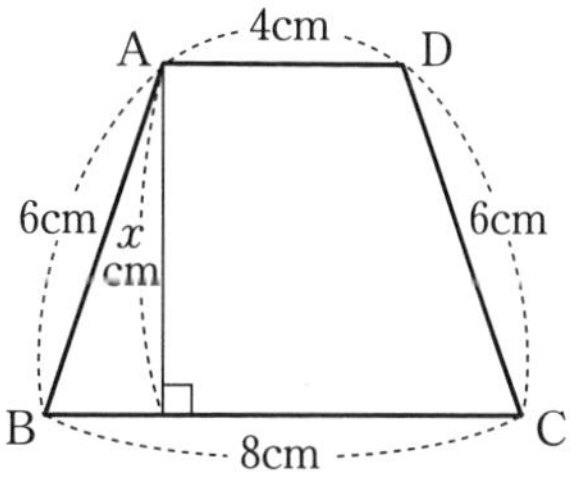

□**7** 右の図で，A，B は，$y=-3x^2$ のグラフ上の点で，x 座標はそれぞれ −2 と 3 です。線分 AB の長さを求めなさい。

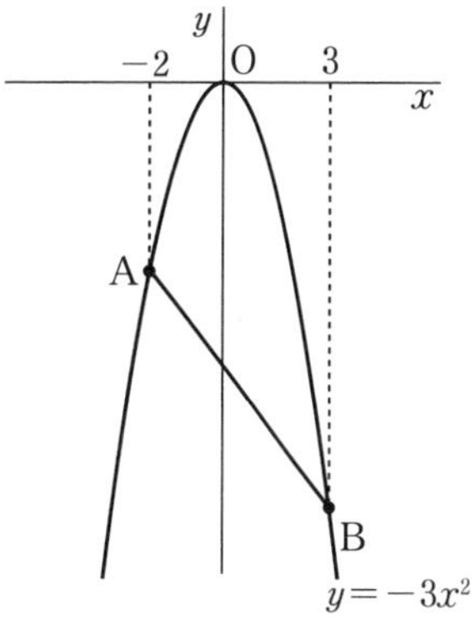

□**8** 右の図のように，AB＝5cm，AD＝6cm の長方形 ABCD があります。辺 AD 上に AE＝5cm となる点 E をとり，頂点 C から BE にひいた垂線と BE との交点を F とします。FC の長さを求めなさい。

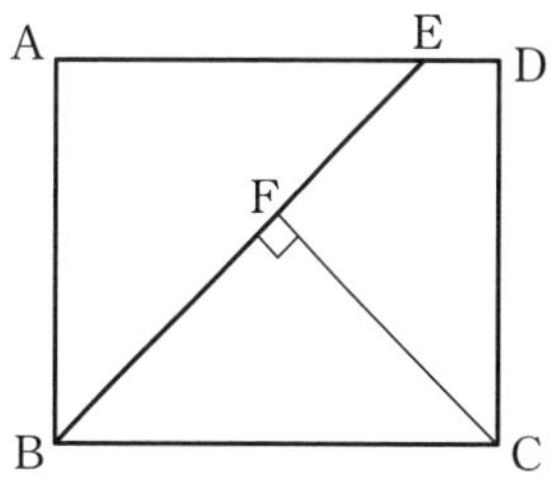

ヒント

6 (1)・(3) 合同な三角形をみつけよう。

8 △FBC はどのような三角形になっているのかな。

もっとチャレンジ!

7 章

2 節 三平方の定理の利用

1 三平方の定理の利用②

例題 1 円への利用

教 p.198 例 2

半径 5cm の円 O で，中心 O からの距離が 2cm である弦 AB の長さを求めなさい。

解き方

右の図で，AH ＝ $x$cm とする。

△OAH で，三平方の定理から，

$x^2+2^2=5^2$ より，$x^2=21$

$x>0$ であるから，$x=\sqrt{21}$

AB ＝ 2AH ＝ $\mathbf{2\sqrt{21}}$ **(cm)**

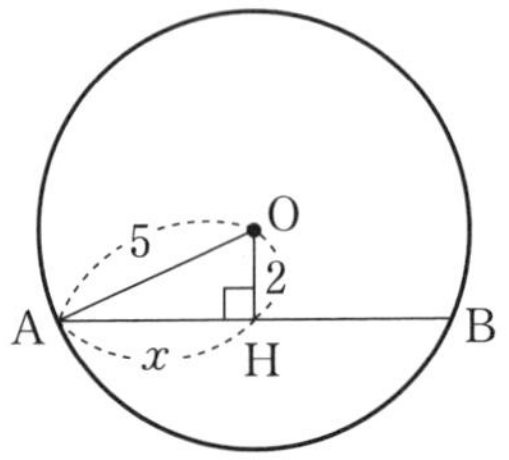

ポイント

円への利用

中心から，円の弦に垂線をひいてできる直角三角形を利用する。

Check! 1　半径 3cm の円 O で，中心 O からの距離が 1cm である弦 AB の長さを求めなさい。

例題 2 立体への利用

教 p.199 例 3

縦 3cm，横 5cm，高さ 4cm の直方体の対角線の長さを求めなさい。

解き方

△FGH で，三平方の定理から，

$FH^2=5^2+3^2=34$

△BFH で，三平方の定理から，

$BH^2=4^2+34=50$

BH > 0 であるから，BH ＝ $\sqrt{50}=\mathbf{5\sqrt{2}}$ **(cm)**

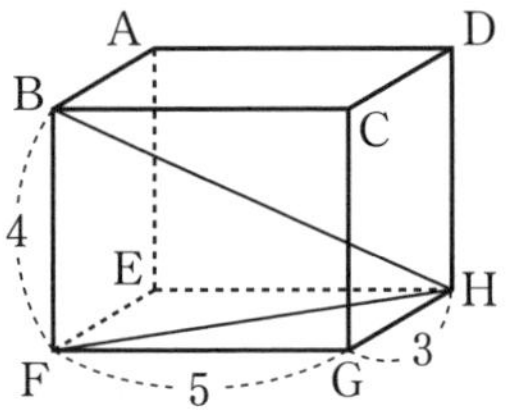

ポイント

直方体の対角線

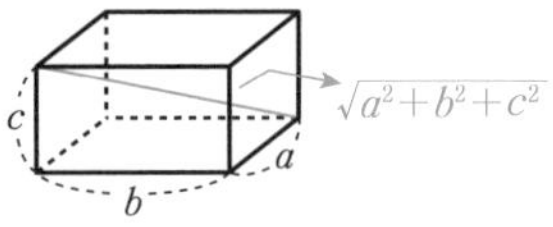

Check! 2　縦 6cm，横 2cm，高さ 3cm の直方体の対角線の長さを求めなさい。

例題 3 円錐・角錐の高さ

教 p.200 例 4

底面の半径が 6cm，母線の長さが 7cm の円錐の体積を求めなさい。

解き方

右の図で，AO ＝ $x$cm とすると，

△OAB で，三平方の定理から，

$x^2+6^2=7^2$ より，$x^2=13$

$x>0$ であるから，$x=\sqrt{13}$

体積は，$\frac{1}{3}\times\pi\times6^2\times\sqrt{13}=\mathbf{12\sqrt{13}\pi}$ **(cm³)**

（$\pi\times6^2$：底面積）

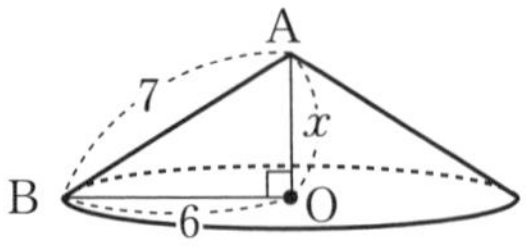

ポイント

円錐・角錐の高さ

高さをふくむ断面を考えると，直角三角形がつくれる。

Check! 3　底面の半径が 4cm，母線の長さが 6cm の円錐の体積を求めなさい。

解答 p.65

□ **1 円への利用**　右の図のように，点Oを中心とする半径3cmの半円に，点Oから8cmの距離にある点Aから接線をひき，接点をPとします。このとき，APの長さを求めなさい。 教 p.198 問10

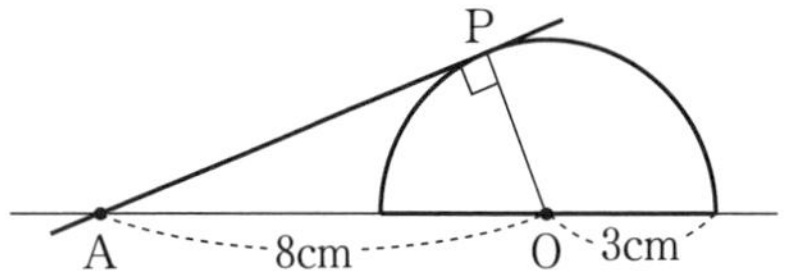

2 立体への利用　次の立体の対角線の長さを求めなさい。 教 p.199 問11・13

□(1)　縦8cm，横3cm，高さ5cmの直方体

□(2)　1辺の長さが10cmの立方体

□ **3 円錐・角錐の高さ**　底面の半径が7cm，母線の長さが9cmの円錐の体積を求めなさい。

教 p.200 問14

4 円錐・角錐の高さ　右の図のように，底面が1辺8cmの正方形で，他の辺がすべて7cmの正四角錐があります。底面の正方形の対角線の交点をHとするとき，次の問に答えなさい。 教 p.200 問15

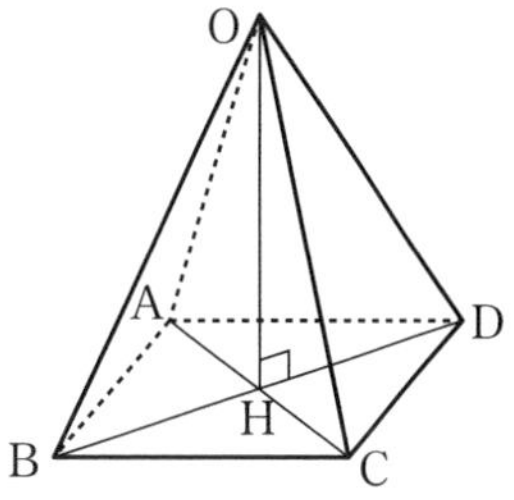

□(1)　AHの長さを求めなさい。

□(2)　この正四角錐の体積を求めなさい。

ヒント

(2)(1)で求めたAHと，(2)で必要なOHをふくむ直角三角形に着目する。

解答 p.65

もっとチャレンジ!

7章　2節 三平方の定理の利用

2 いろいろな問題

例題 1　展開図

教 p.203 Q

右の図の直方体の表面に，点 A から辺 BC を通って点 G まで糸をかけます。かける糸の長さがもっとも短くなるときの糸の長さを求めなさい。

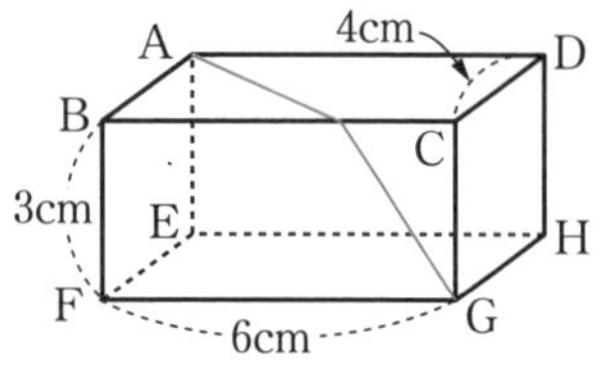

解き方

糸の長さがもっとも短くなるのは，右の図のように展開図上で線分になるときだから，

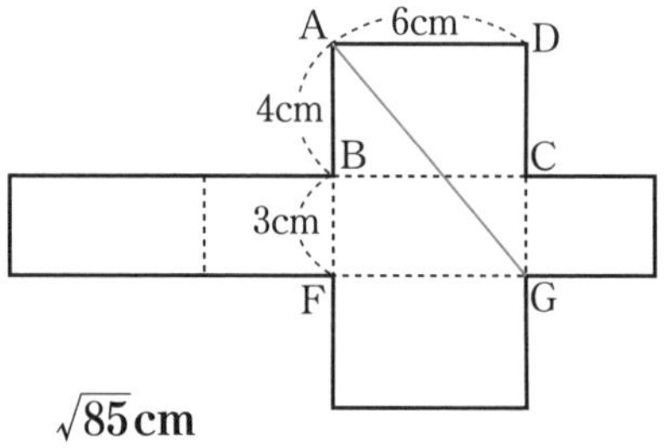

△AFG で三平方の定理より，

$AG^2 = 7^2 + 6^2 = 85$

$AG > 0$ より，$AG = \sqrt{85}$　**答** $\sqrt{85}$cm

ポイント
立体表面の最短の長さ
⇓
展開図上の線分の長さ

Check! 1　**例題 1** で，点 A から辺 BF を通って点 G まで糸をかけるとき，かける糸の長さがもっとも短くなるときの糸の長さを求めなさい。

例題 2　方程式の利用

教 p.204 問 2

右の図のように，縦 8cm，横 12cm の長方形 ABCD の紙を，頂点 C が辺 AB の中点 M と重なるように，EF を折り目として折ります。このとき，CE の長さを求めなさい。

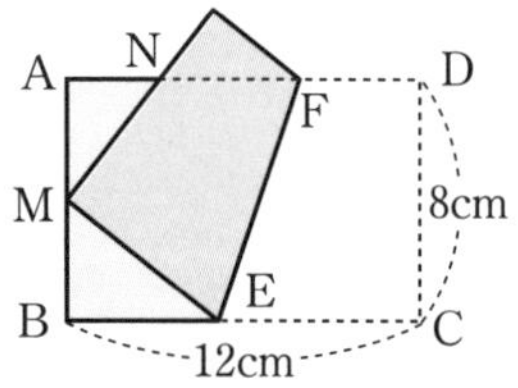

解き方

CE ＝ $x$cm とすると，BE ＝ $(12 - x)$cm，EM ＝ $x$cm

また，M は辺 AB の中点なので，BM ＝ 4cm

△BEM で，三平方の定理より，

$$BE^2 + BM^2 = EM^2$$

$$(12 - x)^2 + 4^2 = x^2$$

$$(144 - 24x + x^2) + 16 = x^2$$

$$-24x = -160$$

$$x = \frac{20}{3}$$

答 $\frac{20}{3}$ cm

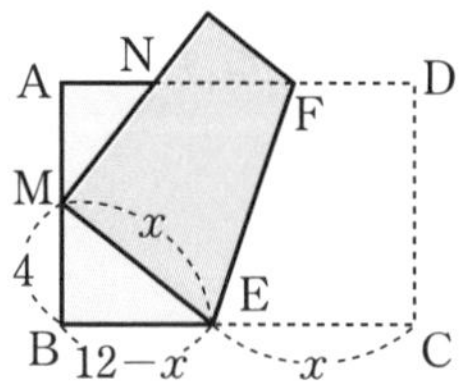

ポイント
直角三角形の辺の長さを x を使って表し，三平方の定理で方程式をつくる。

紙などを折り返す問題では，等しい長さの線分に注目するといいね。

Check! 2　**例題 2** で，AN の長さを求めなさい。

解答 p.66

□**1** **展開図**　右の図の直方体の表面に，点 A から辺 CD を通って点 G まで糸をかけます。かける糸の長さがもっとも短くなるときの糸の長さを求めなさい。 教 p.203 Q

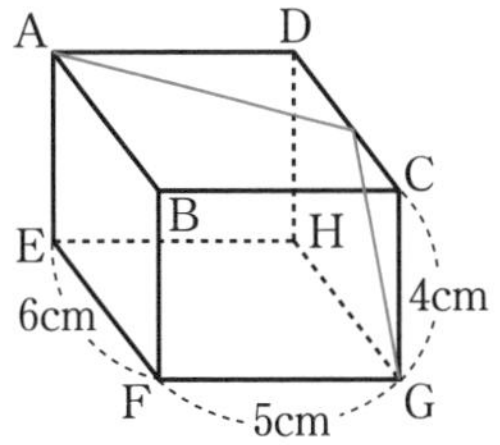

□**2** **展開図**　右の図の立方体の表面に，点 A から辺 BF，CG，DH を通って点 E まで糸をかけます。かける糸の長さがもっとも短くなるときの糸の長さを求めなさい。 教 p.203 Q

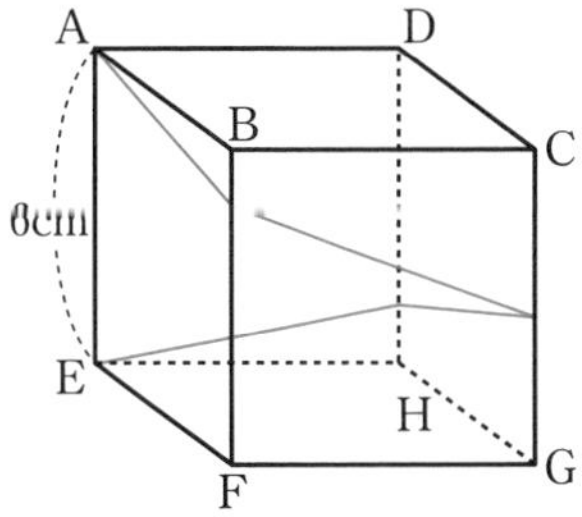

3 **方程式の利用**　右の図のように，長方形 ABCD の紙を，BE を折り目として折ったら，頂点 C は辺 AD 上の点 F と重なり，DF＝2cm でした。次の問に答えなさい。 教 p.204 問 1

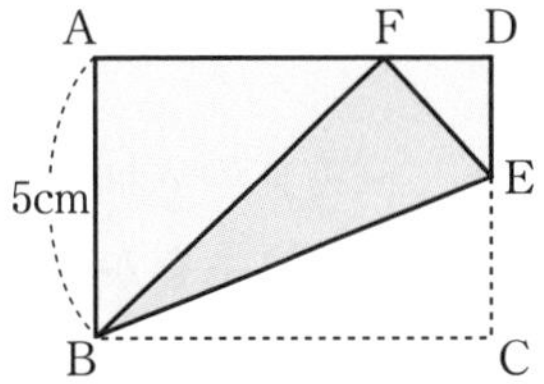

□(1)　DE＝$x$cm として，EF の長さを x を使って表しなさい。

□(2)　AD の長さを求めなさい。

ヒント
(2)△DEF∽△AFB を利用する。

□**4** **方程式の利用**　右の図のような台形 ABCD があり，AD，BC，CD は半円 O に接しています。このとき，辺 BC の長さを求めなさい。ただし，AD＜BC とします。 教 p.204 問 3

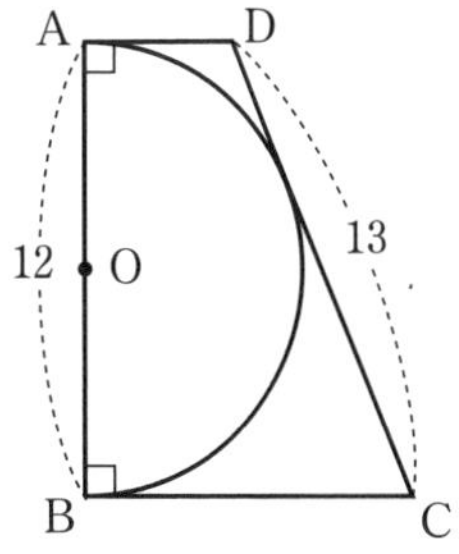

解答 p.66

2節の問題 ｜ 三平方の定理の利用②

教科書 198 ▸ 205
解答 p.66 ～ 67

1 次の⑴，⑵を求めなさい。

□⑴ 半径 4cm の円 O の弦 AB の長さ

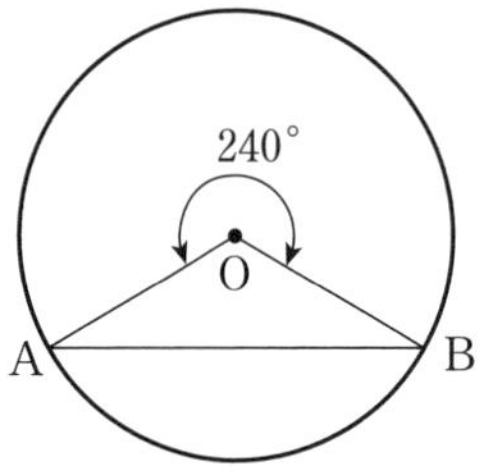

□⑵ 底面が 1 辺 6cm の正方形で，他の辺が 9cm の正四角錐の体積

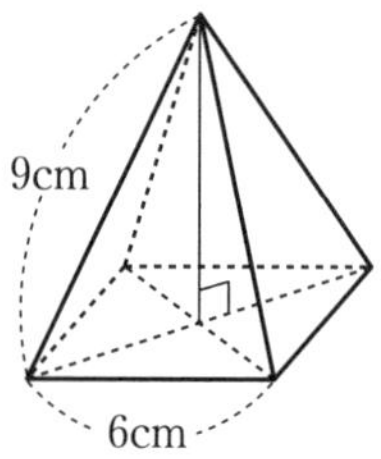

2 右の図は，縦 4cm，横 8cm，高さ 3cm の直方体です。次の問に答えなさい。

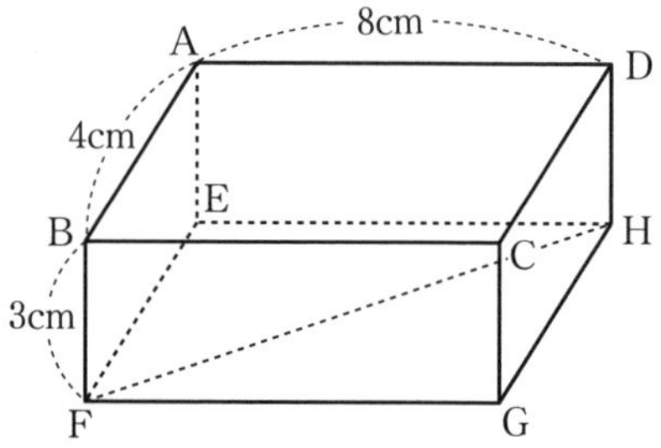

□⑴ 線分 FH の長さを求めなさい。

□⑵ 対角線 BH の長さを求めなさい。

□⑶ 直方体の表面に，頂点 B から頂点 H まで辺 CG と交わるように糸をかけます。糸の長さがもっとも短くなるとき，その長さを求めなさい。

3 右の図のように，直角三角形 ABC の頂点 A からひいた垂線と辺 BC との交点を P とするとき，次の問に答えなさい。

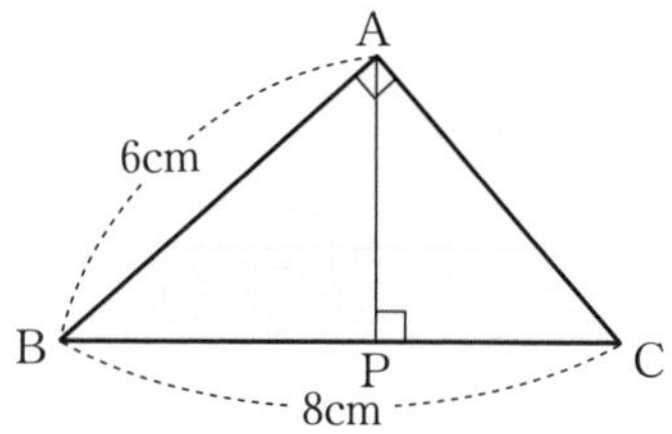

□⑴ AC の長さを求めなさい。

□⑵ AP の長さを求めなさい。

□**4 右の図のように，AB を直径とする半円と，その周上の点 P を通る接線があります。また，2 点 A，B を通る直径 AB の垂線と接線との交点をそれぞれ C，D とします。**
AC＝10cm，BD＝6cm のとき，CO の長さを求めなさい。

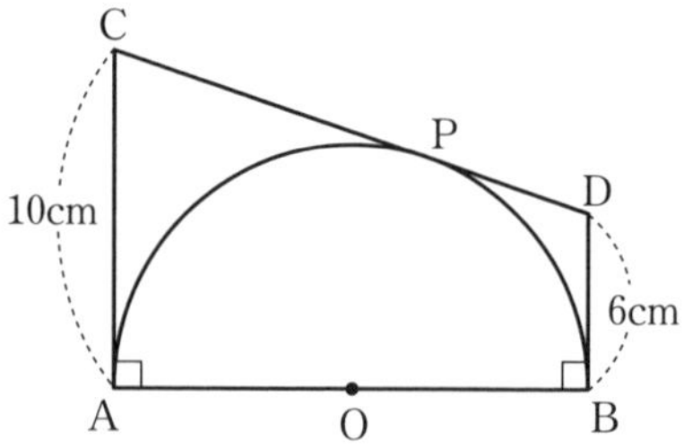

ヒント
3⑵ 相似な三角形に着目しよう。

5 右の図のような底面の半径が 2cm，母線の長さが 6cm の円錐の内側に接する半径 r の球 O があります。頂点 A から底面にひいた垂線と底面の交点を P とします。次の問に答えなさい。

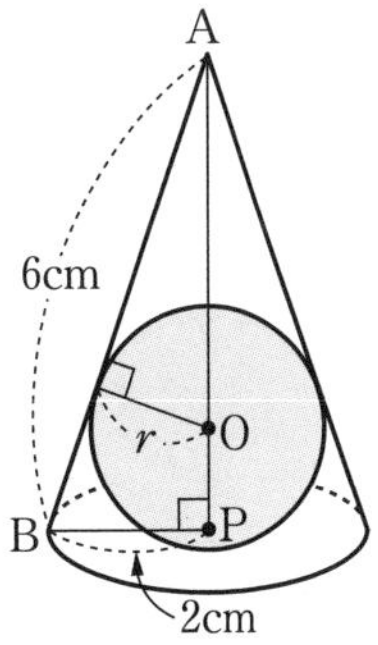

□(1)　AP の長さを求めなさい。

□(2)　線分 AO の長さを，r の式で表しなさい。

□(3)　r の値を求めなさい。

6 右の図のように，たて 6cm，横 12cm の長方形 ABCD を頂点 B が頂点 D に重なるように折るとき，次の問に答えなさい。

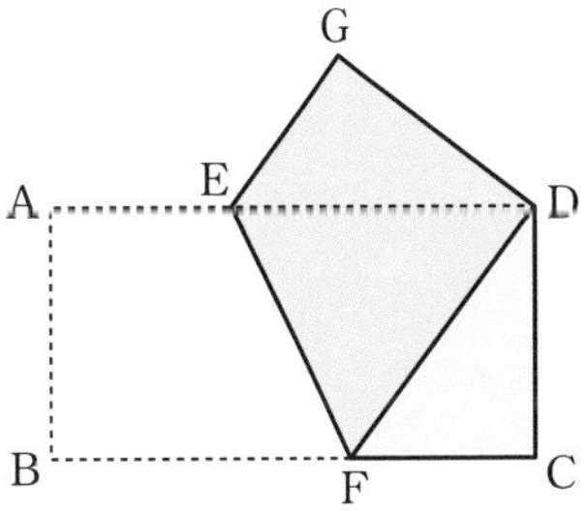

□(1)　EG の長さを求めなさい。

□(2)　△DEF の面積を求めなさい。

□ **7** 右の図のように，半径が 6cm の円 O の周上に点 A，B，C があり，△ABC は正三角形です。中心 O から AB にひいた垂線と AB の交点を E とするとき，OE の長さを求めなさい。

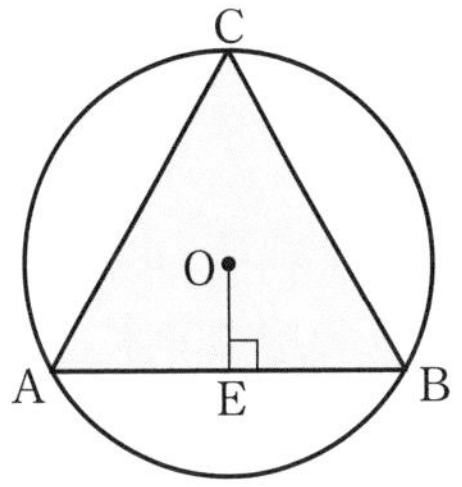

□ **8** 右の図のように，1 辺が 6cm の立方体があります。辺 AB の中点を M，辺 AD の中点を N とするとき，四角形 MEGN の面積を求めなさい。

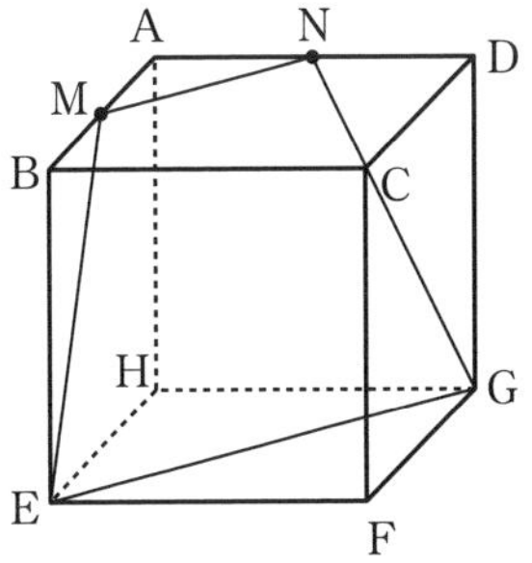

ヒント

5 (3)　三平方の定理を利用して方程式をつくってみよう。
8　四角形 MEGN は台形になっているね。

7章の問題 | 三平方の定理 三平方の定理を活用しよう

教科書 185 ▸ 208

解答 p.68

1 下の図で，x，y の値を求めなさい。

□(1)

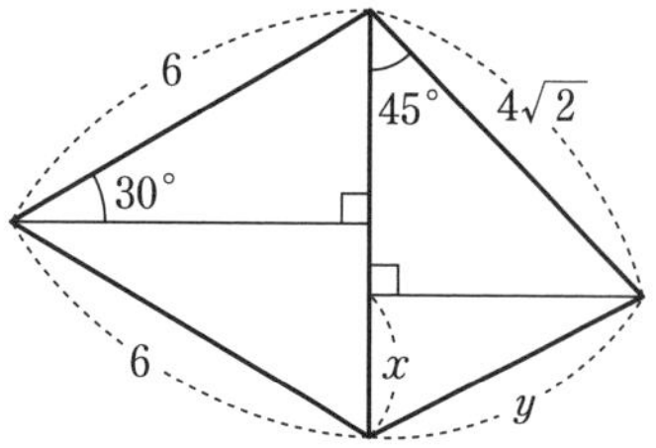

□(2) （四角形 ABCD は平行四辺形）

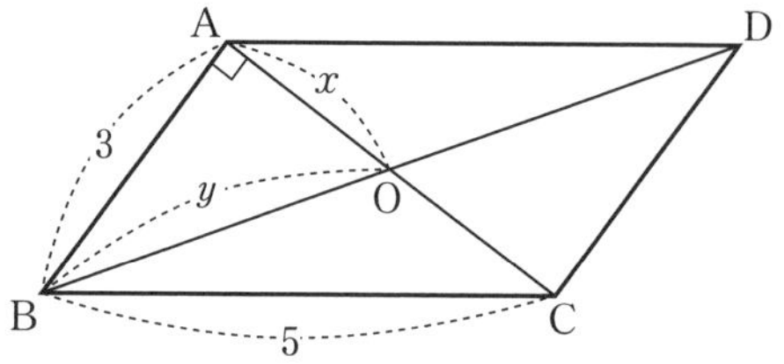

□ **2** 右の図の直角三角形 ABC で，BC は AC より 1cm 短く，AB は AC より 18cm 短くなっています。AC の長さを求めなさい。

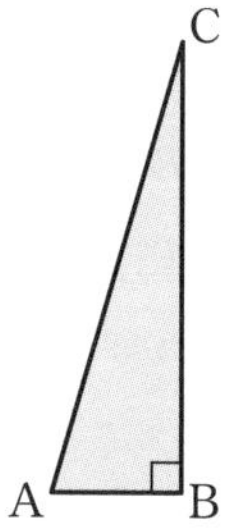

□ **3** 右の図のような 1 辺が 4cm の正六角形があります。この正六角形の面積を求めなさい。

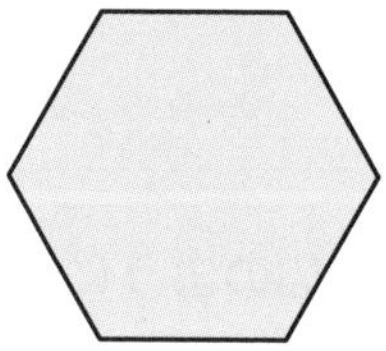

□ **4** 右の図で，3 点 A，B，C は円 O の周上にあり，PA，PB は円 O の接線です。∠ACB ＝ 60° で，円 O の半径が 6cm のとき，PB の長さを求めなさい。

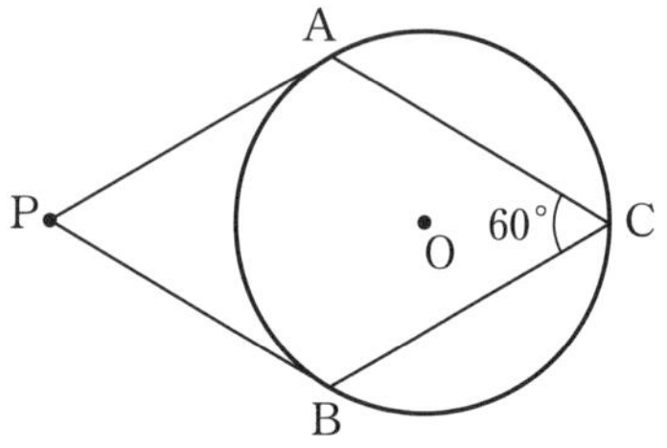

5 右の図のように，縦 9cm，横 10cm の長方形 ABCD を，頂点 D が辺 BC 上にくるように折るとき，次の問に答えなさい。

□(1) BF の長さを求めなさい。

□(2) FE の長さを求めなさい。

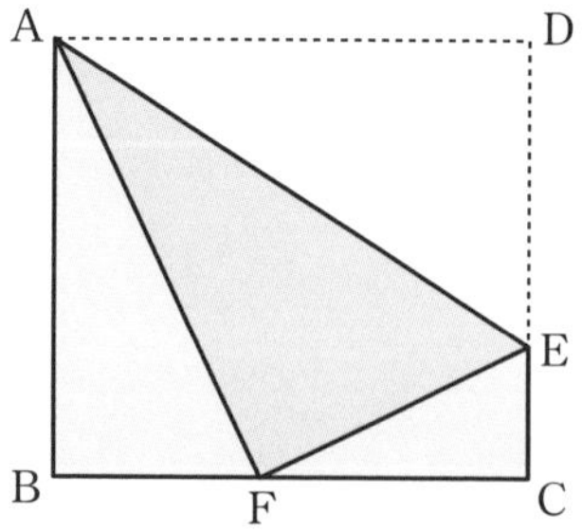

ヒント

1(2) 平行四辺形の対角線は，それぞれの中点で交わるね。

6 右の図のような直方体があります。頂点Fから線分AHにひいた垂線とAHとの交点をPとします。次の問に答えなさい。

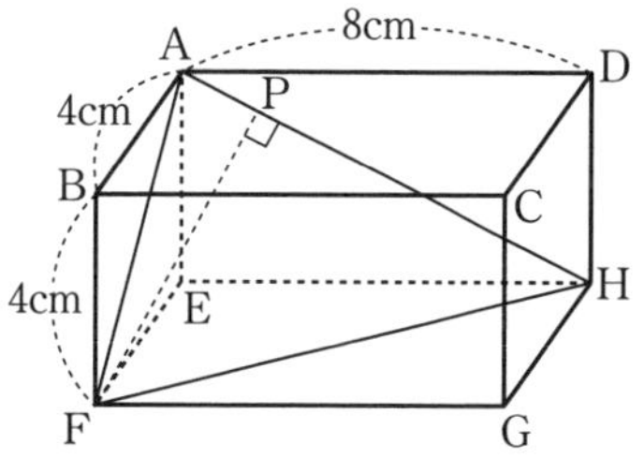

□(1)　△AFHの面積を求めなさい。

□(2)　FPの長さを求めなさい。

7 右の図は，長さ6cmの線分ABを底面の直径とし，母線の長さOA＝12cmの円錐です。次の問に答えなさい。

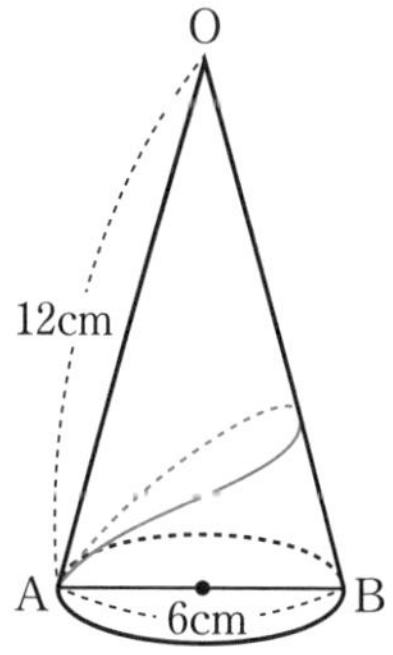

□(1)　この円錐の体積を求めなさい。

□(2)　図のように，点Aから円錐の側面にそって，糸を1周巻きつけて点Aに戻します。糸の長さがもっとも短くなるとき，その長さを求めなさい。

□**8** 右の図のように，直線$y=x-1$とx軸との交点をA，直線$y=\frac{1}{3}x+3$とy軸との交点をBとし，2つの直線の交点をPとします。∠ABP＝90°となることを証明しなさい。

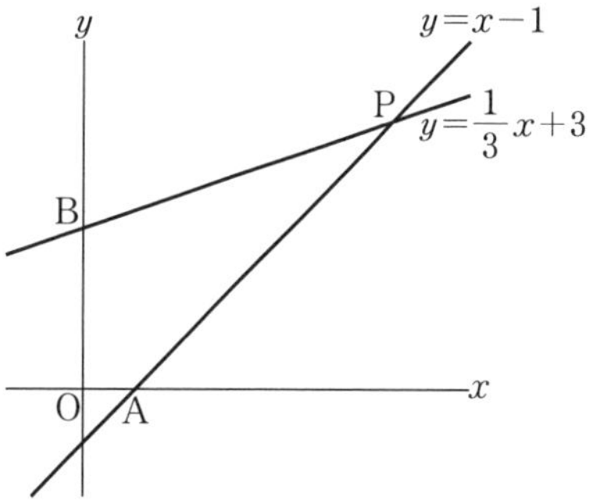

□**9** 家から大型ショッピングモールに行くまで，直線距離で何mあるか，右のような$\frac{1}{5000}$の地図を使って調べてみることにしました。家から大型ショッピングモールまで何mですか。地図上の1つのマス目の縦と横の長さを1cm，$\sqrt{13}=3.605$として求めなさい。

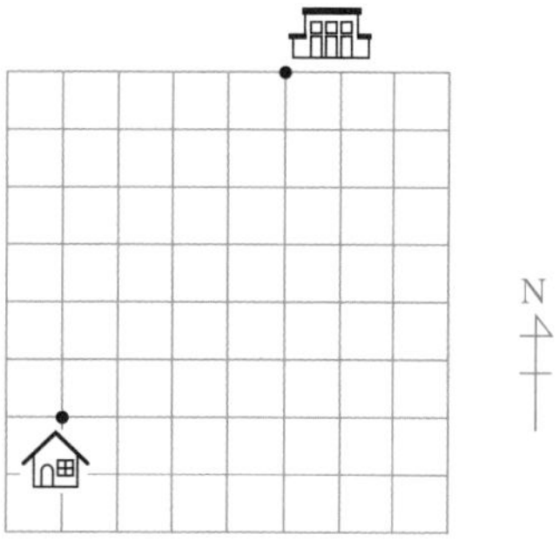

ヒント

6 (1)　△ADH≡△FGHだから，△AFHは二等辺三角形だね。
(2)　(1)で求めた三角形の面積が利用できないかを考えよう。

7 (2)　側面の展開図を考えよう。

8章 標本調査

中2 確率

中2 データの比較

集団全体の傾向を推測しよう

ウォーミングアップ

1 次の問に答えなさい。

□(1) 240 人は，400 人の何％ですか。

□(2) 300 人の 80％は何人ですか。

□(3) 全体の 90％が 333 人のとき，全体は何人ですか。

2 下の表は，あるクラスの生徒 20 人の身長を度数分布表に整理したものです。

身長（cm）	度数（人）
以上　未満 145 ～ 150	3
150 ～ 155	6
155 ～ 160	5
160 ～ 165	4
165 ～ 170	2
合計	20

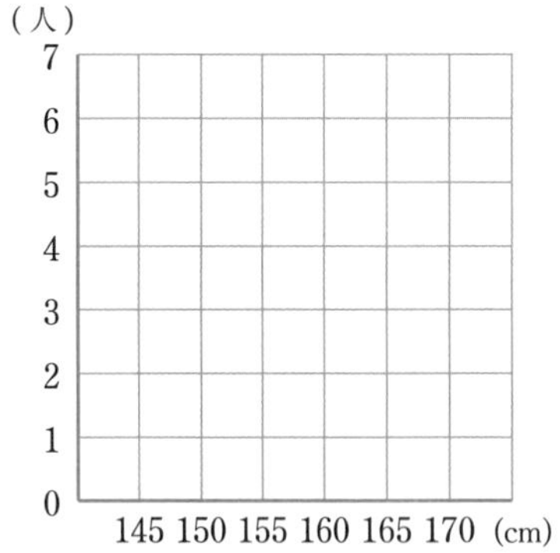

□(1) 145cm 以上 150cm 未満の階級の相対度数を求めなさい。

□(2) 身長が 160cm 未満の生徒は，全体の何％ですか。

□(3) 度数分布表をもとにして，上の図にヒストグラムと度数折れ線をかき入れなさい。

ヒント

(1)

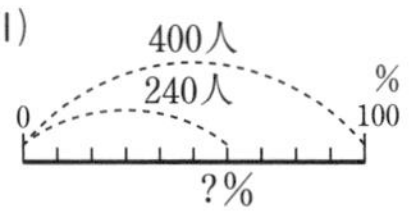

(2)

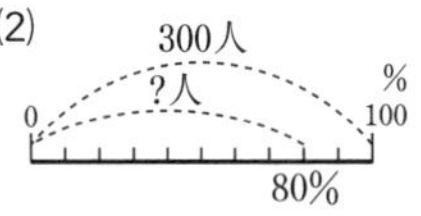

(3)

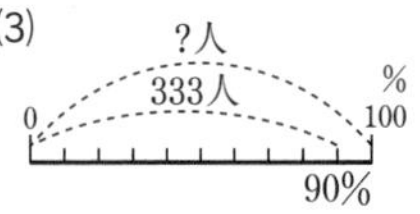

ふりかえり　中1

相対度数

度数の合計に対するその階級の割合を相対度数という。

$$（相対度数）=\frac{（その階級の度数）}{（度数の合計）}$$

3 右のデータは，2 つの紙飛行機 A，B を 20 回ずつ飛ばして飛距離を記録したものです。平均値は，A，B ともに 7.0m です。より遠くまで飛ばせるほうを選ぶとき，あなたなら，どちらを選びますか。A，B のどちらかを選び，下の語群から用語を 1 つ選んで理由を説明しなさい。

語群：最頻値　　度数の合計

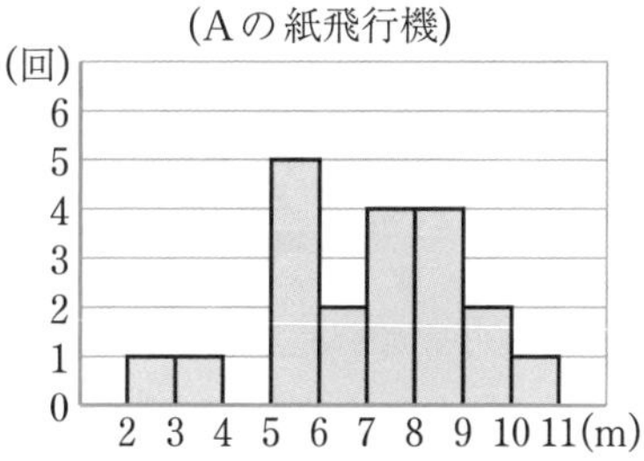

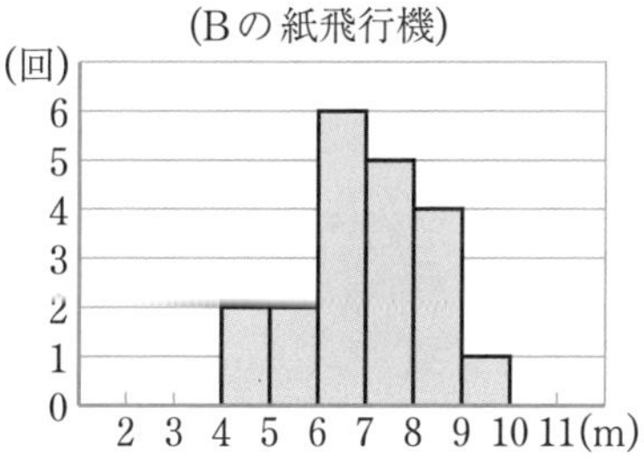

ふりかえり 中1

最頻値（モード）

データの中で，もっとも多く出てくる値。
度数分布表では，度数のもっとも多い階級の階級値。

4 下のデータは，10 人の生徒の読書時間を調べ，短い順に並べたものです。次の問に答えなさい。

4，6，9，9，10，11，13，16，18，19（単位　時間）

□(1)　四分位数を求めなさい。

□(2)　四分位範囲を求めなさい。

□(3)　右の図に，箱ひげ図をかき入れなさい。

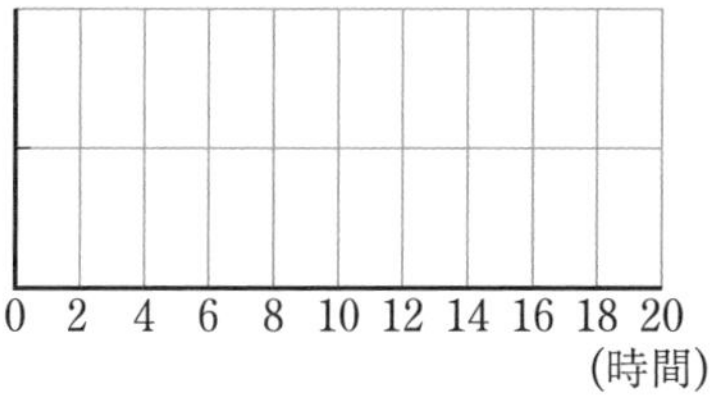

ふりかえり 中2

四分位範囲と箱ひげ図

第１四分位数…
　最小値をふくむ前半のデータの中央値
第２四分位数…
　データ全体の中央値
第３四分位数…
　最大値をふくむ後半のデータの中央値
四分位範囲…
　（第３四分位数）
　－（第１四分位数）

［箱ひげ図］

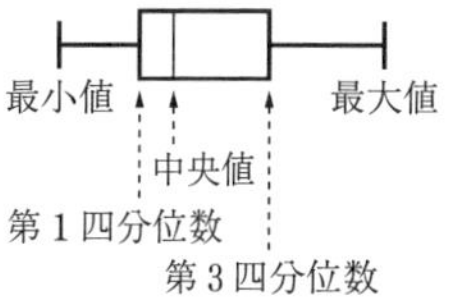

5 下の箱ひげ図①～④について，対応するヒストグラムを㋐～㋓から 1 つずつ選び，記号で答えなさい。

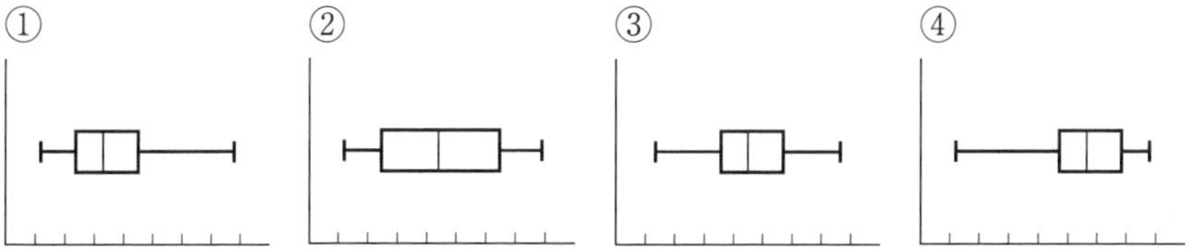

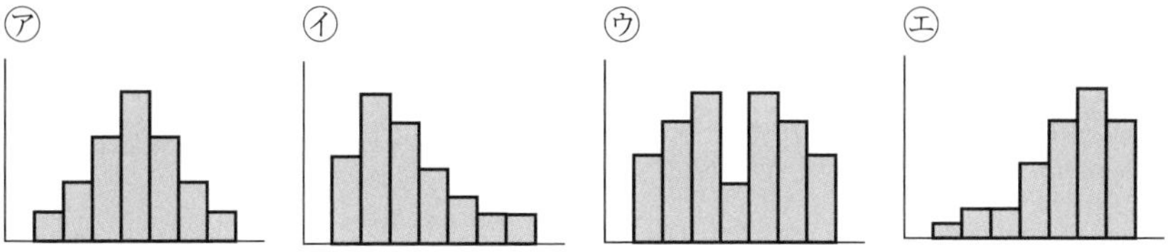

標本調査

解答 p.69

8章　1節 標本調査

◀もっとチャレンジ!

1 標本調査　2 標本調査の利用

例題 1　標本調査

教 p.212 Q

ある都市の全有権者から 1000 人を選び出して，世論調査を行いました。これは，全数調査，標本調査のどちらですか。また，この調査の母集団，標本はそれぞれ何ですか。

解き方

世論調査は，世論の動向を明らかにする目的で行われる。全数調査を行うと多くの手間がかかるので，標本調査が用いられる。

世論調査で調査したい対象は，全有権者なので，これを母集団といい，取り出して調べた 1000 人の有権者を標本という。標本は，くじなどを利用して無作為に抽出する必要がある。

ポイント

全数調査…調査対象となる集団全部について調査すること。

標本調査…集団の一部を調査して，集団全体の傾向を推測する調査。

母集団…標本調査で，傾向を知りたい集団全体。

標本…標本調査で，母集団の一部分として取り出して実際に調べたもの。取り出したデータの数を標本の大きさという。

答　**標本調査**，母集団…**ある都市の全有権者**，
標本…**実際に調べた 1000 人の有権者**

Check! 1　ある果樹園で，ある日収穫したみかんの糖度を調べるために 20 個のみかんを無作為に抽出しました。この調査の母集団と標本はそれぞれ何ですか。

例題 2　標本調査の利用

教 p.217 例 1

ある工場で作った 4000 個の製品があります。この中から 200 個を無作為に抽出したら，不良品が 4 個ありました。4000 個の製品の中に不良品は何個あると考えられますか。

解き方

200 個のうち，4 個が不良品なので，不良品の割合は，

$$\frac{4}{200}=\frac{1}{50}$$

したがって，4000 個の製品にふくまれる不良品は，

$$4000\times\frac{1}{50}=80\text{（個）}$$

ポイント

不良品が全部で x 個あるとすると，$4:200=x:4000$ の関係が成り立つことを利用してもいいね。

答　**およそ 80 個**

Check! 2　袋の中に黒球と白球が合わせて 500 個入っています。この袋の中から 30 個の球を無作為に抽出したら，白球が 6 個入っていました。この袋の中には，白球はおよそ何個入っていると考えられますか。

解答 p.70

□**1 標本調査**　次の調査は，それぞれ全数調査，標本調査のどちらですか。教 p.212 Q

㋐　国勢調査　　　㋑　日本の中学生の運動習慣調査

㋒　工場で作られた缶詰の品質検査　　　㋓　学校の健康診断

□**2 標本調査**　ある図書館で，利用者 150 人に対してアンケート調査をしたら，サービスに満足していると答えた人は 101 人でした。この調査の母集団，標本はそれぞれ何ですか。また，標本の大きさをいいなさい。教 p.213 問 2

□**3 標本調査の利用**　あるイベントのチラシを 50 万枚印刷しました。この中から 6000 枚を無作為に抽出したら，印刷不良が 3 枚見つかりました。50 万枚の中に，印刷不良はおよそ何枚あると考えられますか。教 p.217 問 3

4 標本調査の利用　ある温室植物園にいるミツバチの数を次の方法で調べました。

> [1]　園内の 5 か所で合計 120 匹のミツバチを捕まえ，印をつけて放した。
> [2]　1 週間後に同じようにして 120 匹のミツバチを捕まえたところ，印のついたミツバチが 9 匹いた。

教 p.217 問 4

□(1)　この調査の母集団，標本はそれぞれ何ですか。

□(2)　[1]と[2]の間で，1 週間あけたわけを説明しなさい。

□(3)　この温室植物園にいるミツバチはおよそ何匹ですか。

ヒント！
(3)求める数を x 匹として，比例式をつくろう。

□**5 標本調査の利用**　箱の中に白球が入っています。この箱の中に赤球 30 個を入れ，よくかき混ぜた後，この箱の中から 40 個の球を無作為に取り出したら，赤球が 5 個ふくまれていました。はじめに箱の中に入っていた白球はおよそ何個と考えられますか。教 p.220 [3]

解答 p.70

1節の問題 | 標本調査

教科書 212▸219

解答 p.71

1 次の文章で，正しいものには○，そうでないものには×をつけ，理由を答えなさい。

□(1) 水道の水質調査や飲料商品の品質検査は，安全性を確保するため全数調査が適している。

□(2) 標本をもとにして母集団の傾向をよみとるには，標本をかたよりなく取り出す必要がある。

□(3) 標本を無作為に選んだとき，母集団内における割合と標本内における割合はまったく同じである。

□(4) 国勢調査は，日本に住んでいる人の中で70%の人を対象とする標本調査である。

2 ある中学校の2学年の生徒の1か月の平均読書冊数を調べるために，標本調査をすることになりました。次のような標本の選び方が適切である場合は○を，適切でない場合は×をつけ，その理由も説明しなさい。

□(1) 出席番号が偶数の生徒を標本とする。

□(2) 図書室で本を借りた生徒を標本とする。

3 ある工場で製造された製品20万個の中から，1500個を無作為に抽出し，品質の調査をしたら，この中の3個が不良品でした。次の問に答えなさい。

□(1) 標本における不良品の割合を分数で求めなさい。

□(2) 20万個の製品の中には，およそ何個の不良品があると考えられますか。

4 右の表は，ある中学校の3年生180人の中から60人を無作為に抽出して，日曜日のテレビの視聴時間を調べた結果を度数分布表に表したものである。次の問に答えなさい。

□(1) この調査の母集団は何ですか。

□(2) 標本は何ですか。

□(3) 3年生180人のうち，日曜日のテレビの視聴時間が2時間未満の生徒の人数はおよそ何人であると考えられますか。

階級(時間)	度数(人)
以上　未満	
0 ～ 1	8
1 ～ 2	16
2 ～ 3	21
3 ～ 4	8
4 ～ 5	5
5 ～ 6	2
合計	60

ヒント

3(1) 無作為に抽出した1500個の製品のうちの3個が不良品だったよ。

□ **5** ある湖にいる魚の数を調べるために，100 匹の魚を捕獲し，印をつけて湖に返しました。7 日後，200 匹の魚を捕獲したところ，その中に印のついた魚が 4 匹混ざっていました。この湖の魚の総数はおよそ何匹ですか。

6 箱の中に当たりくじとはずれくじが合わせて 80 本入っています。箱の中をよくかき混ぜたあと，その中から 20 本のくじを無作為に抽出して，それぞれ当たりくじとはずれくじの本数を数えて箱の中に戻します。下の表は，この実験を 5 回行ったときの結果です。次の問に答えなさい。

回	1	2	3	4	5
当たりくじ	4	5	3	4	4
はずれくじ	16	15	17	16	16

□(1)　取り出したくじにふくまれる当たりくじとはずれくじの本数の比を求めなさい。

□(2)　箱の中に，当たりくじとはずれくじは何本あると考えられますか。

□ **7** 袋の中に米が入っています。米の数を推定するために，これとは別に米 250 粒を用意して色を付けてこの袋の中に入れました。よくかき混ぜて，ひとつかみ米を取り出して調べたところ，全部で 128 粒あり，その中に色のついた米粒が 8 粒ありました。はじめに，袋の中には米が何粒あったと考えられますか。

□ **8** インターネットで，似た商品を売り出している A 社と B 社の広告で，下のような記事をみつけました。お客さんの満足度が高いのはどちらの会社だといえますか。また，その理由も書きなさい。

A 社

お客様満足度
92%
調査方法
商品を定期購入していただいている 5000 名のお客様から 100 名を無作為に抽出し，アンケートを実施《じっし》。返答回収率 20%

B 社

お客様満足度
88%
調査方法
商品を 1 回以上購入していただいた 10000 名のお客様から 1000 名を無作為に抽出し，アンケートを実施。返答回収率 80%

ヒント

7 はじめに袋の中に入っていた米粒の個数を x 粒として式をつくってみよう。

8章の問題 | 標本調査 集団全体の傾向を推測しよう

教科書 212▸221

解答 p.72

□ **1** **次の調査の中で，標本調査で行うのが適当であるものをすべて選び，記号で答えなさい。**

ア　米の品質調査　　**イ**　内閣支持率調査

ウ　航空機に乗る前の手荷物検査　　**エ**　学校での身体測定

2 **ある中学校の全校生徒 240 人について，最近 1 か月間のメディア利用の実態を調べるために，40 人を対象に標本調査を行うことにした。**

□(1)　標本の選び方として適切なものを，次の**ア**～**ウ**から選び，記号で答えなさい。

ア　女子の中から 40 人を選ぶ。　　**イ**　3 年 1 組の生徒 40 人を選ぶ。

ウ　全校生徒に通し番号をつけて，乱数さいを使って 40 人を選ぶ。

□(2)　調査のために次のようなアンケートを考えましたが，A ～ C の内容には適切とはいえない点があります。その理由を，**ア**～**エ**からそれぞれ 1 つずつ選び，記号で答えなさい。

> A　あなたは，インターネットを長時間利用しますか。
> 1　利用する　　2　利用しない　　3　どちらともいえない
> B　インターネットを使って，あなたがもっともよく行うことは何ですか。
> 1　メールをする　　2　ゲームをする　　3　天気予報を見る
> C　新聞やニュース番組を見ることは，社会科のテストに役立ちます。
> あなたは，新聞やニュース番組を見るべきだと思いますか。
> 1　思う　　2　思わない　　3　どちらともいえない

ア　回答が一つに定まらない。

イ　解釈が回答する人によって異なる。

ウ　回答を誘導するような表現がある。

エ　考えられるすべての回答が選択肢として示されていない。

□ **3** **ある農家で，収穫したトマトを S，M，L の 3 つのサイズに分類しています。ある日，収穫されたトマト 850 個から 50 個を無作為に抽出したところ，M サイズのトマトは 34 個でした。この日に収穫された 850 個のうち，M サイズのトマトはおよそ何個あると考えられますか。**

ヒント

3　標本として抽出した 50 個のトマトにふくまれる M サイズのトマトの割合を求めよう。

4 240 ページある図鑑があります。この図鑑から無作為に 15 ページを抽出し，各ページに出てくる「生物」という単語の語数を調べたところ，次のようになりました。

6，7，9，8，6，5，10，8，7，6，8，5，9，6，5

□(1) この図鑑 1 ページに出てくる「生物」の語数の平均値を求めなさい。

□(2) この図鑑に出てくる「生物」の語数は，およそ何語であると考えられますか。

5 箱の中に白玉と黒玉が合計 10000 個入っています。箱の中に入っている黒玉の総数を調べるために，次の〈実験〉をくり返し行いました。右の表は，このとき行った〈実験〉のすべての結果をまとめたものです。

黒玉の個数(個)	度数(回)
7	7
8	10
9	19
10	8
11	4
12	2

〈実験〉

箱の中の玉をよくかき混ぜ，箱の中から 30 個の玉を無作為に抽出し，その中にふくまれる黒玉の個数を数える。その後，抽出した玉をすべて箱の中にもどす。

□(1) 抽出した玉の中にふくまれる黒玉の個数の平均値を求めなさい。

□(2) 箱の中に入っている黒玉の総数は，およそ何個であると考えられますか。四捨五入して整数で答えなさい。

6 ある工場で，A の機械で 1 日に生産された部品を箱に入れ，その個数を，標本調査を利用して次の手順で調べました。

手順

① 箱の中の部品を 500 個取り出し，印をつけて箱にもどす。
② 箱の中の部品をよく混ぜて，無作為に 200 個抽出する。
③ 取り出した 200 個の中に，印のついた部品が 8 個あった。

□(1) この調査の母集団と標本を答えなさい。

□(2) この箱の中には，およそ何個の部品が入っていたと考えられますか。

□(3) A の機械で生産された部品には，不良品が全体の 2％ふくまれています。また，同じ工場の B の機械では，A の機械と同じ部品を生産しており，不良品が全体の 0.5％ふくまれています。A と B の機械で 1 日に生産された部品の個数を合わせると，不良品が全体の 1.5％になりました。B の機械で 1 日に生産される部品の個数を求めなさい。

ヒント

5(1) まず，度数の合計を求めて，実験を行った回数を求めよう。
6(2) 箱の中に入っている部品の個数を x 個として考えるよ。

定期テスト　予想問題　教科書　p.12〜40

定期テスト前に予想問題で実力を確かめよう！　解答 p.73

1章　多項式

時間 40分　　/100

1 次の(1)，(2)の式を計算し，(3)〜(6)の式を展開しなさい。

各３点

教 p.13〜19

□(1)　$-2a(a-3b+1)$　　□(2)　$(a^2b-3ab^2)\div ab$

□(3)　$(x-2)(x-y+3)$　　□(4)　$(x-5)^2$

□(5)　$(x-3)(x+7)$　　□(6)　$(a-6)(a+6)$

(1)	
(2)	
(3)	
(4)	
(5)	
(6)	

2 次の(1)〜(4)の式を展開し，(5)の式を計算しなさい。教 p.20〜22

各３点

□(1)　$(2a+3b)^2$　　□(2)　$(3x-y)(3x+2y)$

□(3)　$(a-3b)(a+3b)$　　□(4)　$(a-b+3)(a-b-2)$

□(5)　$(4x+y)(4x-y)-(x-5y)^2$

(1)	
(2)	
(3)	
(4)	
(5)	

3 次の式を因数分解しなさい。教 p.24〜28

各３点

□(1)　a^2-8a　　□(2)　x^2+6x+8

□(3)　$x^2-5x-36$　　□(4)　a^2+6a+9

□(5)　x^2-1　　□(6)　$x^2-14x+49$

(1)	
(2)	
(3)	
(4)	
(5)	
(6)	

4 次の式を因数分解しなさい。 教 p.29～30　　各4点

□(1) $6a^2b-4ab^2+8ab$　　□(2) $4x^2-25y^2$

□(3) $4a^2-12ab+9b^2$　　□(4) $(x+1)^2-2(x+1)-15$

□(5) $2x^2+2x-24$　　□(6) $ab+3a-2b-6$

(1)	
(2)	
(3)	
(4)	
(5)	
(6)	

5 くふうして計算しなさい。 教 p.33　　各4点

□(1) 97^2　　□(2) 75^2-25^2

(1)	
(2)	

□ **6** 2つの続いた整数で，大きい数の平方から小さい数の平方をひいた差は，もとの整数の和になることを，次のように説明しました。□ に当てはまる式を書き，説明を完成させなさい。 教 p.34　　7点

［説明］ 2つの続いた整数を n，$n+1$ とおき，それらの平方の差を求めると，

□

したがって，2つの続いた整数で，大きい数の平方から小さい数の平方をひいた差は，もとの整数の和になる。

□ **7** 半径 rm の円形の土地のまわりに幅 am の道がついています。この道の面積を Sm²，道のまん中を通る円周の長さを ℓm とします。$S=a\ell$ となることを次の手順で証明しました。 ア ， イ に当てはまる式を書きなさい。 教 p.35

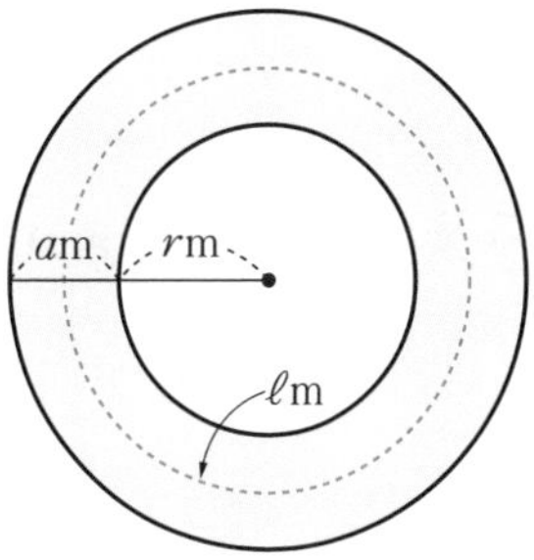

［証明］ S，ℓ をそれぞれ a，r を用いて表すと

$S=$ ア …①，$\ell=$ イ …②

②より，$a\ell=$ ア …③

①，③より　$S=a\ell$

各5点

ア	
イ	

定期テスト　予想問題　教科書 p.44～68

定期テスト前に予想問題で実力を確かめよう！　解答 p.74

時間 40分　　/100

2章　平方根

1 次の問に答えなさい。 教 p.45～50

各3点

□(1) ア～エのうち，正しいものをすべて選びなさい。

ア $\sqrt{(-5)^2}=-5$　　イ $(\sqrt{7})^2=\pm 7$

ウ $-\sqrt{25}=-5$　　エ $\sqrt{0.25}=0.5$

□(2) $2<\sqrt{n}<3$ に当てはまる自然数 n の値をすべて求めなさい。

□(3) $\sqrt{180n}$ が自然数になるような自然数 n の値のうち，もっとも小さい値を求めなさい。

□(4) $n<\sqrt{20}<n+1$ に当てはまる自然数 n の値を求めなさい。

(1)	
(2)	
(3)	
(4)	

2 次の問に答えなさい。 教 p.52～55

各3点

□(1) $\sqrt{54}$ を $a\sqrt{b}$ の形に表しなさい。

□(2) $\dfrac{4}{3\sqrt{2}}$ の分母を有理化しなさい。

□(3) $\sqrt{2}=1.414$ として，$\sqrt{200}$ の値を求めなさい。

(1)	
(2)	
(3)	

3 次の計算をしなさい。 教 p.56

各4点

□(1) $\sqrt{21}\times\sqrt{7}$　　□(2) $\sqrt{12}\times\sqrt{18}$

□(3) $\sqrt{27}\div\sqrt{3}$　　□(4) $10\sqrt{15}\div\sqrt{6}$

□(5) $2\sqrt{3}\times\sqrt{8}\div\sqrt{6}$　　□(6) $\sqrt{20}\div 3\sqrt{5}\times 6\sqrt{2}$

(1)	
(2)	
(3)	
(4)	
(5)	
(6)	

4 次の計算をしなさい。 教 p.57～59

各 4 点

□(1) $5\sqrt{2}-\sqrt{2}$

□(2) $3\sqrt{2}+\sqrt{18}$

□(3) $\sqrt{75}-\dfrac{12}{\sqrt{3}}$

□(4) $\sqrt{50}+3\sqrt{18}-\sqrt{8}$

□(5) $3\sqrt{5}-\sqrt{80}+\sqrt{20}$

□(6) $\sqrt{45}-\dfrac{30}{\sqrt{5}}+4\sqrt{5}$

(1)	
(2)	
(3)	
(4)	
(5)	
(6)	

5 次の計算をしなさい。 教 p60～61

各 4 点

□(1) $\sqrt{6}(\sqrt{18}-\sqrt{2})$

□(2) $(6+\sqrt{2})(1-\sqrt{2})$

□(3) $(\sqrt{5}-\sqrt{2})^2$

□(4) $(2\sqrt{3}+\sqrt{7})(2\sqrt{3}-\sqrt{7})$

□(5) $(\sqrt{8}+\sqrt{3})^2-\dfrac{24}{\sqrt{6}}$

(1)	
(2)	
(3)	
(4)	
(5)	

6 次の問に答えなさい。 教 p.61～67

(1), (2)各 4 点, (3) 3 点

□(1) $a=2\sqrt{5}-4$ のとき，a^2+3a-4 の値を求めなさい。

□(2) $\sqrt{20-n}$ の値が整数になるような n の値をすべて求めなさい。

(1)	
(2)	
(3)	

□(3) 対角線の長さが ℓcm の正方形の面積を Scm^2 とすると，

$S=\ell\times\ell\times\dfrac{1}{2}$ で求められます。

対角線の長さが 10cm の正方形の 1 辺の長さを求めなさい。

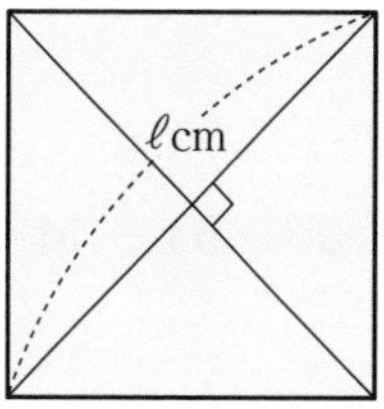

定期テスト 予想問題 教科書 p.72～92

定期テスト前に予想問題で実力を確かめよう！ 解答 p.75

時間 40分　　／100

3章　2次方程式

1 次の(1)～(3)の方程式を解き，(4)は［ア］～［ウ］に当てはまる数を書いて解きなさい。 教 p.74～77

各4点，(4)完答

□(1) $x^3 - 3 = 0$

□(2) $(x + 5)^2 = 4$

□(3) $(2x - 3)^2 - 12 = 0$

□(4)
$$x^2 - 6x = 1$$
$$x^2 - 6x + \boxed{ア} = 1 + \boxed{ア}$$
$$(x - \boxed{イ})^2 = \boxed{ウ}$$

(1)		
(2)		
(3)		
(4)	ア	イ
	ウ	
	$x =$	

2 次の方程式を解きなさい。 教 p.78～80

各4点

□(1) $3x^2 - x - 1 = 0$

□(2) $x^2 + 2x - 5 = 0$

□(3) $2x^2 - 3x - 2 = 0$

(1)	
(2)	
(3)	

3 次の方程式を解きなさい。 教 p.81～82

各4点

□(1) $(x - 2)(x + 5) = 0$

□(2) $x^2 + 4x = 0$

□(3) $x^2 + 5x + 6 = 0$

□(4) $x^2 - 4x - 21 = 0$

□(5) $x^2 - 4x + 4 = 0$

□(6) $x^2 + 11x - 26 = 0$

(1)	
(2)	
(3)	
(4)	
(5)	
(6)	

4 次の方程式を解きなさい。 教 p.83～84

各4点

□(1) $x^2 - x - 2 = 0$

□(2) $x^2 - 2x - 1 = 0$

□(3) $x^2 + 5x - 14 = 0$

□(4) $9x^2 - 6x + 1 = 0$

(1)	
(2)	
(3)	
(4)	

5 次の方程式を解きなさい。 教 p.83〜84　　**各 4 点**

□(1) $2x+7=(x+2)^2$　　□(2) $4x^2-x+1=7x+6$

(1)	
(2)	

6 次の問に答えなさい。 教 p.87〜91　　**各 6 点，(1)完答**

□(1) x についての 2 次方程式 $x^2+ax-12=0$ の解の 1 つが -2 であるとき，a の値ともう 1 つの解を求めなさい。

(1)	$a=$
	$x=$
(2)	
(3)	
(4)	

□(2) 連続する 2 つの正の整数があります。それぞれの整数を 2 乗した和が 265 のとき，この 2 つの整数を求めなさい。

□(3) 図のように，正方形の紙の 4 すみから 1 辺 4cm の正方形を切り取り，直方体の容器を作ります。容器の容積が 180cm^3 になるとき，もとの正方形の紙の 1 辺の長さは何 cm ですか。

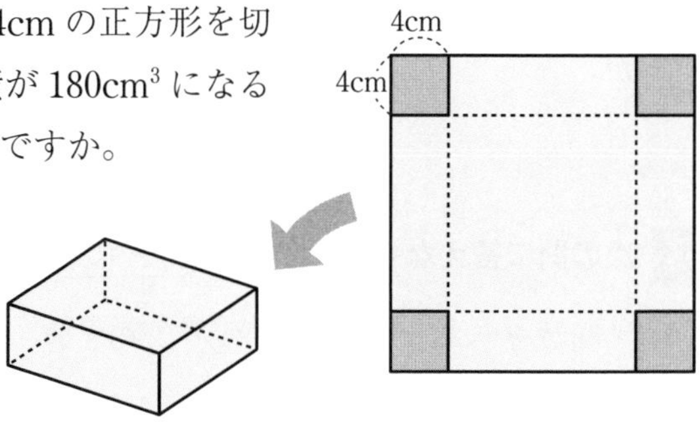

□(4) 図で，点 P は $y=-2x+12$ のグラフ上の点で，P から x 軸，y 軸に垂線をひき，交点をそれぞれ A，B とします。

長方形 OAPB の面積が 18 のとき，P の座標を求めなさい。

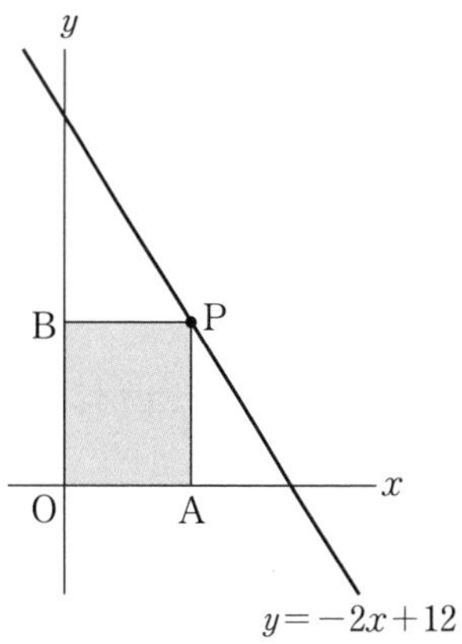

時間 40分　　/100

4章　関数$y = ax^2$

1 **y は x の2乗に比例し，$x = 4$ のとき $y = 8$ です。** 教 p.96〜98

各6点

□(1)　y を x の式で表しなさい。

□(2)　$x = -2$ のときの y の値を求めなさい。

□(3)　$y = 3$ のときの x の値を求めなさい。

(1)	
(2)	
(3)	

2 **次の問に答えなさい。** 教 p.99〜106

各6点

□(1)　関数 $y = \frac{1}{4}x^2$ のグラフをかきなさい。

□(2)　右の**ア**〜**オ**は $y = ax^2$ の形で表されるグラフです。**オ**が $y = \frac{3}{4}x^2$ のグラフであるとき，$y = -\frac{1}{2}x^2$ のグラフは**ア**〜**エ**のどれですか。

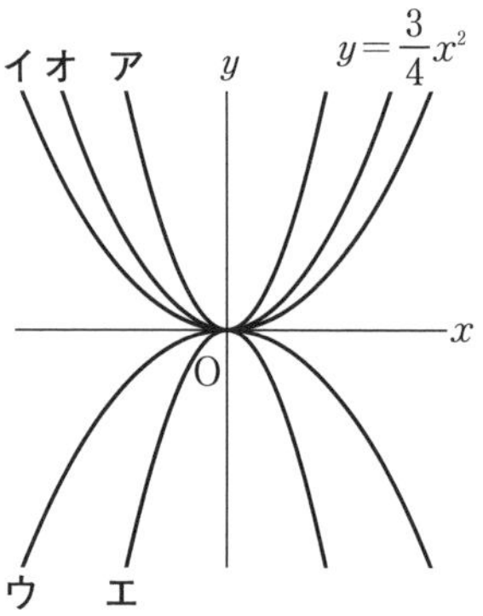

(1)

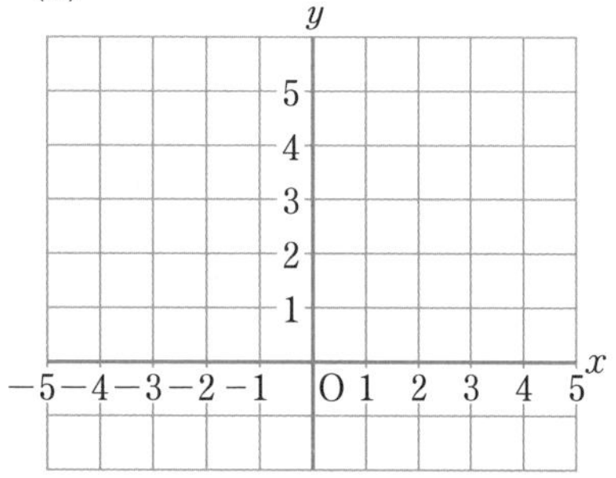

(2)	

3 **次の問に答えなさい。** 教 p.107〜109

各6点，(1)完答

(1)　関数 $y = \frac{1}{2}x^2$ で，次の①，②のとき，変化の割合を求めなさい。

□①　x の値が2から3まで増加する。

□②　x の値が -3 から2まで増加する。

□(2)　関数 $y = ax^2$ で，x の値が -1 から4まで増加するとき，変化の割合が9です。a の値を求めなさい。

(1)	①	
	②	
(2)		

4 **関数 $y = \frac{1}{3}x^2$ について，x の変域が次の(1)，(2)のとき，y の変域を求めなさい。** 教 p.110

各6点

□(1)　$3 \leqq x \leqq 6$　　□(2)　$-3 \leqq x \leqq 2$

(1)	
(2)	

5 1往復するのに x 秒かかる振り子の長さを ym とすると，$y=\dfrac{1}{4}x^2$ という関係があります。 教 p.117

各6点

(1)	
(2)	

□(1) 2秒で1往復する振り子の長さを求めなさい。

□(2) 長さ2m の振り子が1往復する時間を求めなさい。

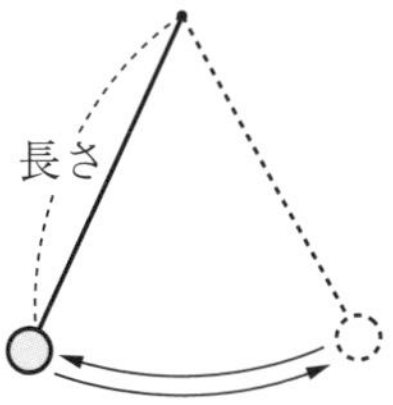

6 図のように，関数 $y=x^2$ のグラフと直線 ℓ が2点A，Bで交わっています。A，Bの x 座標はそれぞれ -3，4です。 教 p.119

各7点

(1)	
(2)	

□(1) 直線 ℓ の式を求めなさい。

□(2) △OAB の面積を求めなさい。

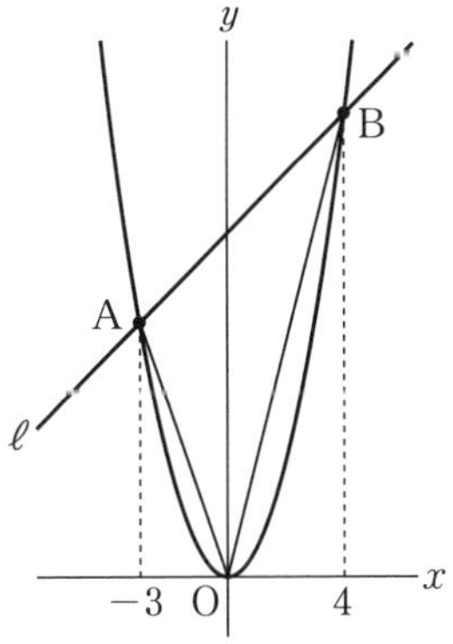

7 ある駐車場の料金は，60分以内が300円で，その後30分ごとに100円ずつ加算されます。グラフは x 分駐車したときの料金を y 円として，x と y の関係を表したものです。 教 p.120～121

各6点

(1)	
(2)	

□(1) 100分間駐車したときの料金を求めなさい。

□(2) 1000円で最長何分間駐車できますか。

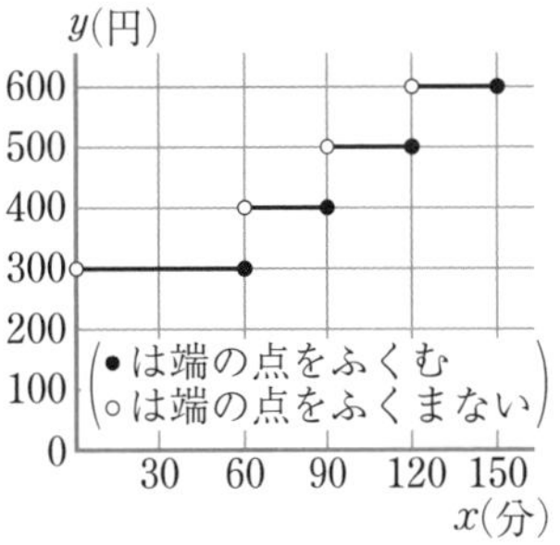

□ **8** 図のような長方形ABCDで，点Pは辺AB上を毎秒1cmの速さでAからBまで動き，点Qは辺BC上を毎秒2cmの速さでBからCまで動きます。P，Qが同時に出発して x 秒後の△APQの面積を $y$cm^2 とするとき，y を x の式で表しなさい。 教 p.124～125

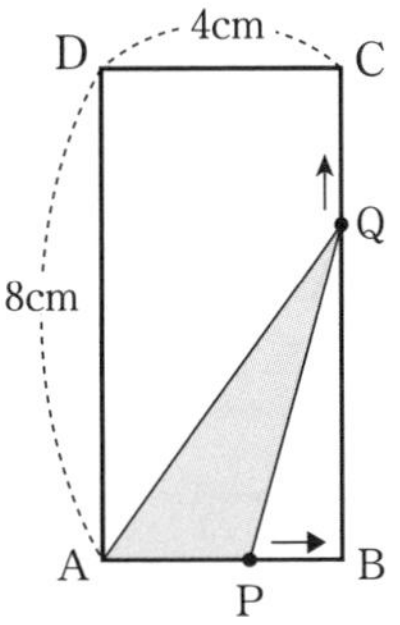

8点

定期テスト前に予想問題で実力を確かめよう！ 解答 p.77

5章 相似な図形

時間 40分　　/100

1 **右の図で，∠CAB＝∠CBD です。** 教 p.134～137

各 6 点，(1)完答

□(1) 相似な三角形を記号 ∽ を使って表し，そのときに使った相似条件をいいなさい。

□(2) AC＝10cm，BC＝5cm のとき，DC の長さを求めなさい。

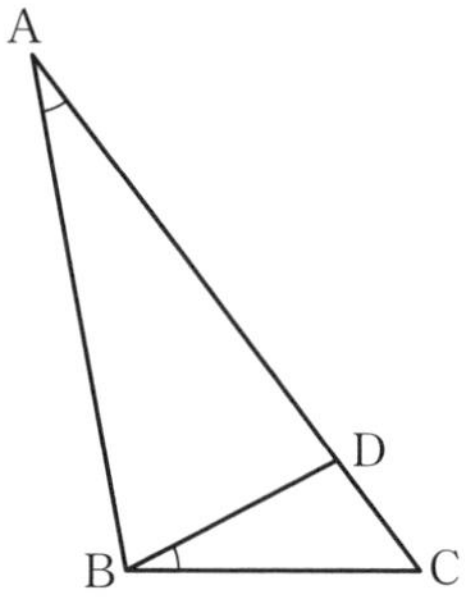

(1)	
(2)	

2 **右の図で，∠BDC＝∠CEB＝90°です。** 教 p.138

(1) 10 点，(2) 6 点

□(1) △DBF ∽ △ECF となることを証明しなさい。

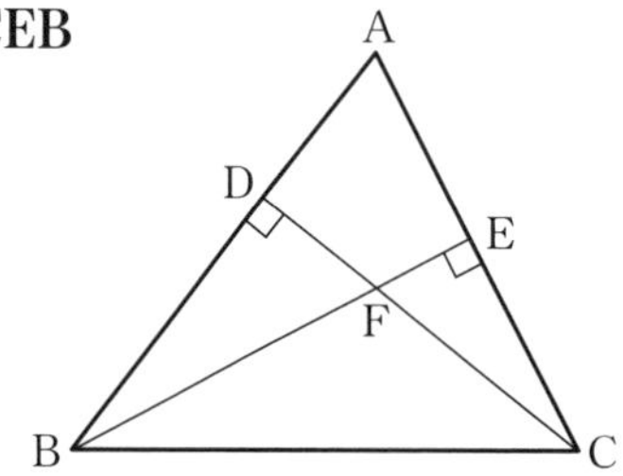

□(2) BD＝6cm，DF＝3cm，EF＝2cm のとき，EC の長さを求めなさい。

(1)	［証明］
(2)	

3 **次の問に答えなさい。** 教 p.144～147

各 6 点

(1) DE // BC のとき，x，y の値を求めなさい。

□①

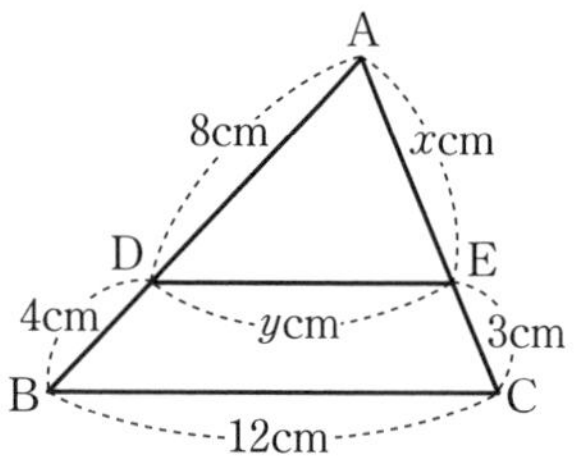

□②

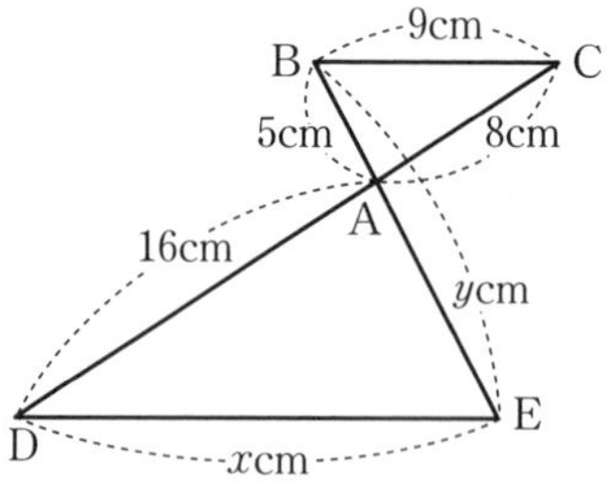

(1)	①	
	②	
(2)	①	
	②	

(2) 図で AB // CD // EF，AB＝10cm，CD＝15cm です。

□① AE：ED を求めなさい。

□② EF の長さを求めなさい。

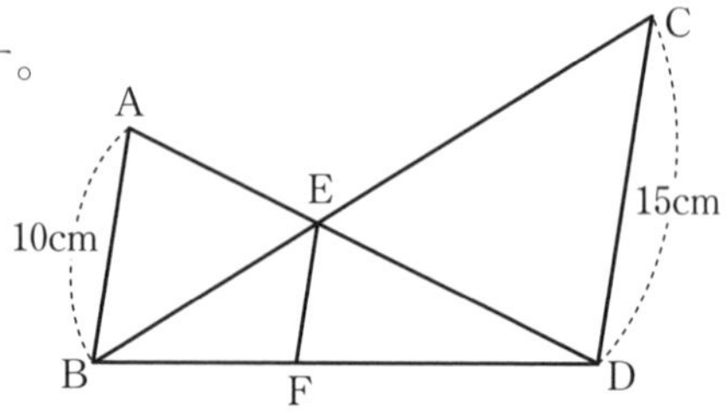

□**4** 図はAD∥BCの台形で，2辺AB，DCの中点をそれぞれM，Nとします。線分MNの長さを求めなさい。 教 p.148

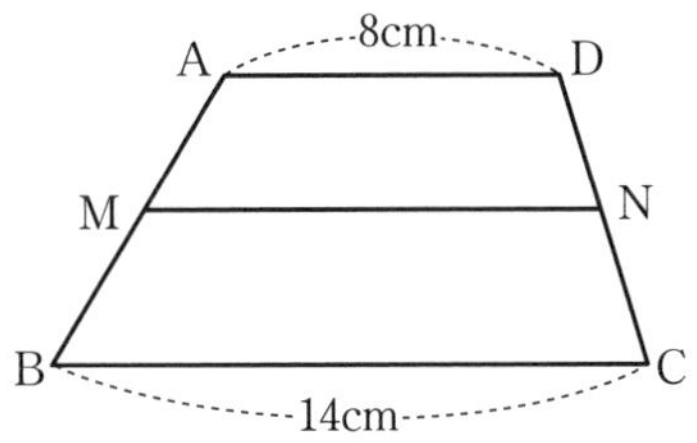

8点

5 図で，直線 ℓ，m，n が平行であるとき，x の値を求めなさい。

教 p.151～152

□(1)

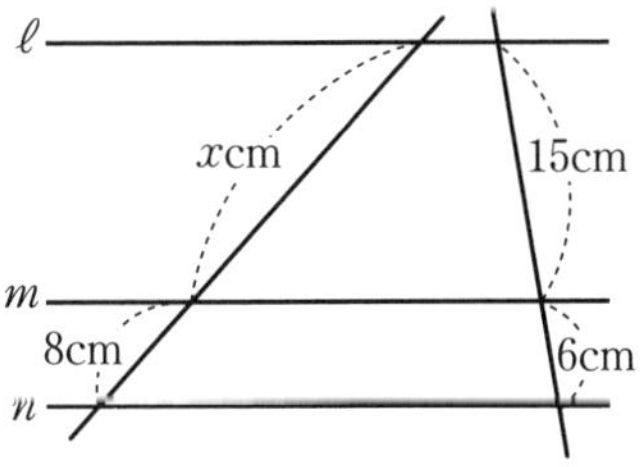

□(2)

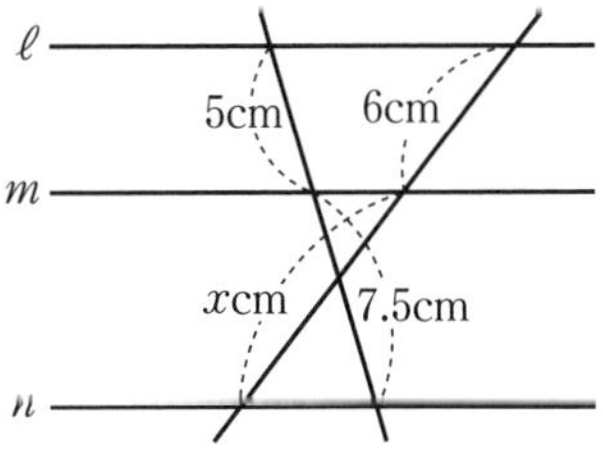

各6点

(1)	
(2)	

6 △ABCの∠Aの二等分線と辺BCとの交点をDとします。点Cを通り，ADに平行な直線と辺BAの延長との交点をEとします。 教 p.153

□(1) AEの長さを求めなさい。

□(2) BC＝10cmのとき，BDの長さを求めなさい。

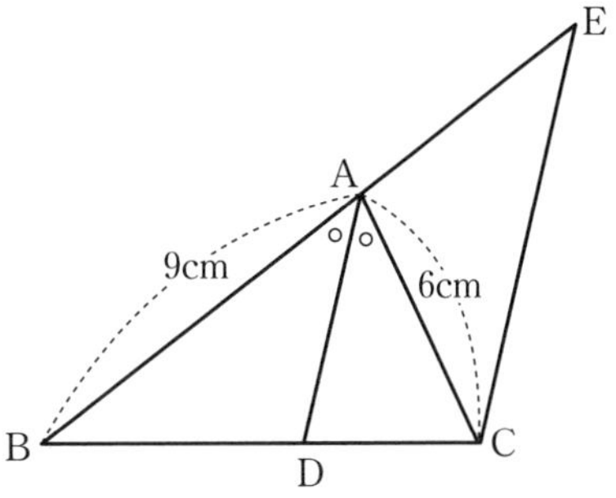

各7点

(1)	
(2)	

7 図のような円錐の形の容器があり，半分の深さまで水が入っています。 教 p.156～161

□(1) 水面の円の面積と，容器の口の円の面積の比を求めなさい。

□(2) この容器の容積は，入っている水の体積の何倍ですか。

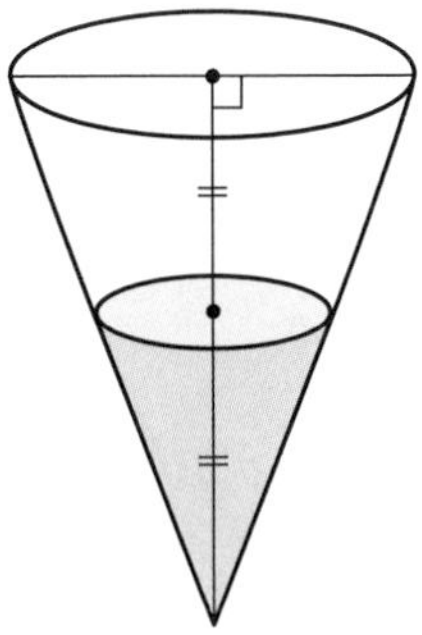

各7点

(1)	
(2)	

定期テスト前に予想問題で実力を確かめよう！　解答 p.78

6章　円

時間　40分　　　/100

1 次の ∠x の大きさを求めない。 教 p.168～170　　各 6 点

□(1)

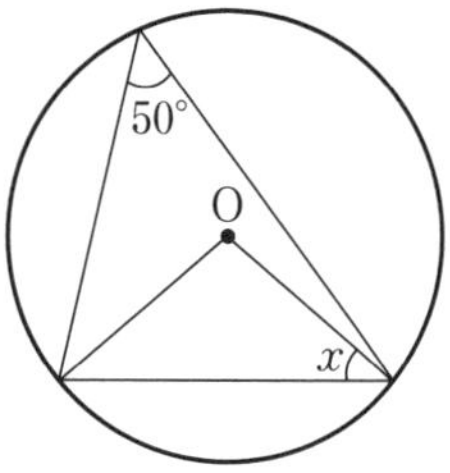

□(2)

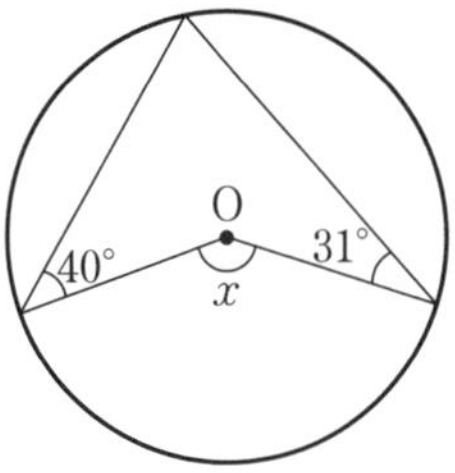

□(3)

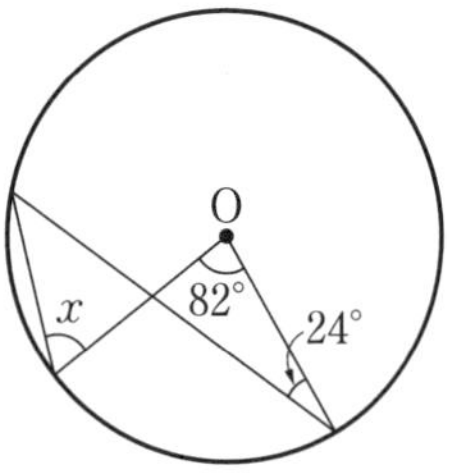

□(4)

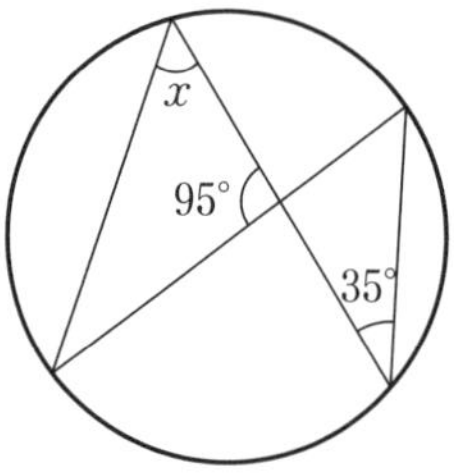

(1)	
(2)	
(3)	
(4)	

2 次の ∠x の大きさを求めなさい。 教 p.171～173　　各 6 点

□(1)　$\overset{\frown}{AB}=\overset{\frown}{BC}=\overset{\frown}{CD}$

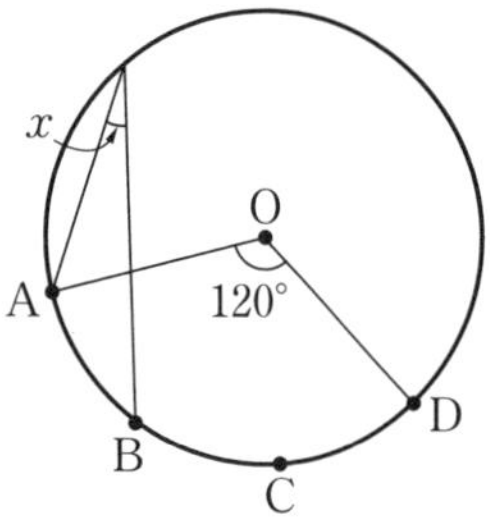

□(2)　BD は直径

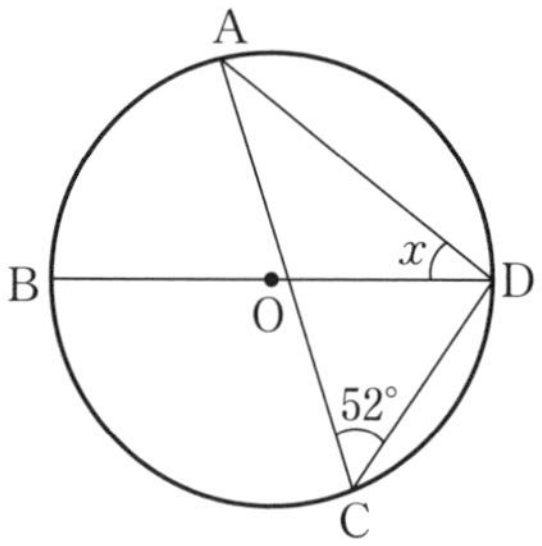

□(3)　AB＝AC，BD は直径

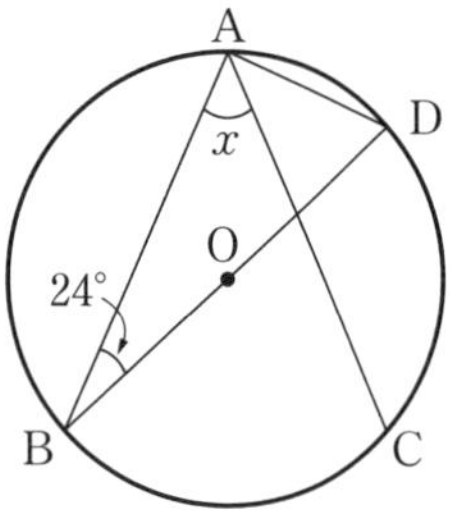

□(4)　AE は ∠BAC の二等分線

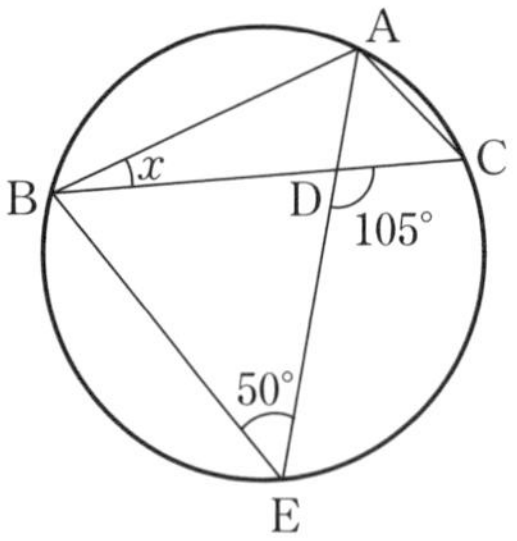

(1)	
(2)	
(3)	
(4)	

□ **3** 図で，$\overset{\frown}{AB}=\overset{\frown}{CD}$ であるとき，AD // BC となることを証明しなさい。 教 p.172　　8 点

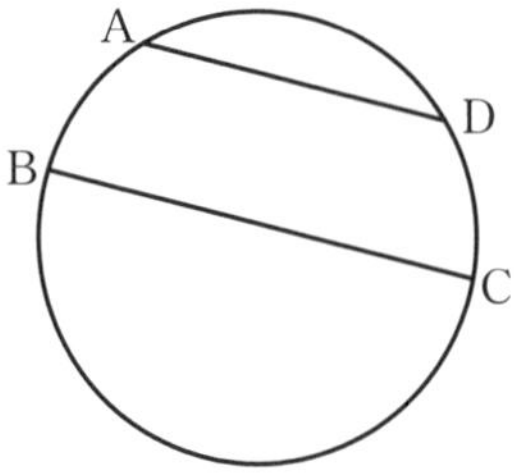

[証明]

4 次の問に答えなさい。

各 6 点

教 p.174 ～ 179

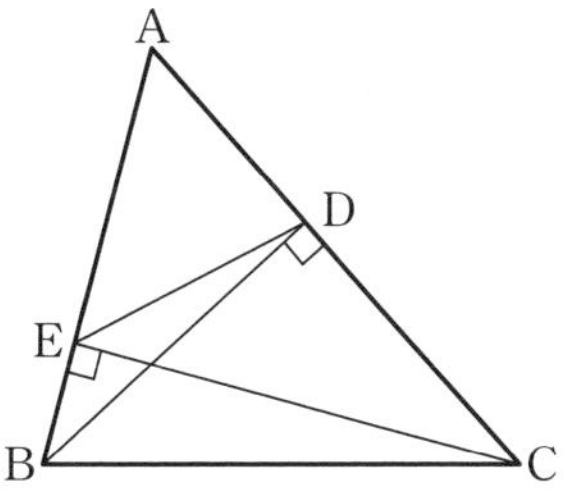

□(1) 図のように，△ABC の頂点 B，C から辺 AC, AB に垂線をひき，交点をそれぞれ D, E とします。∠ABC＝75° のとき，∠EDB の大きさを求めなさい。

(1)		
(2)	①	
	②	

(2) 図で，PA，PB は円 O の接線で，点 A，B はその接点です。また，大きいほうの $\overset{\frown}{\mathrm{AB}}$ 上に ∠ACB＝64° となる点 C をとります。

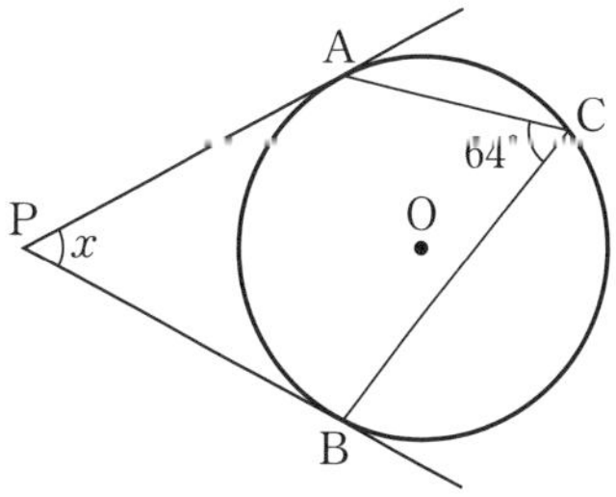

□① ∠x の大きさを求めなさい。

□② 4 点 A，B，O，P は 1 つの円周上にあります。その円の中心はどこですか。ことばで表しなさい。

5 図で，x の値を求めなさい。

教 p.180

各 6 点

(1)	
(2)	

□(1)

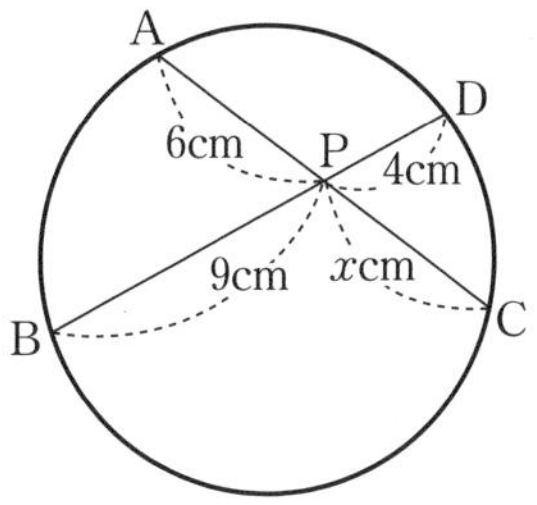

□(2)

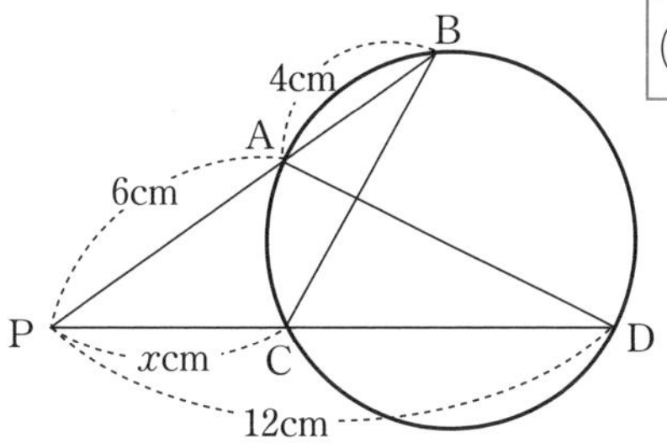

6 図で，4 点 A, B, C, D は円周上にあり $\overset{\frown}{\mathrm{AB}}=\overset{\frown}{\mathrm{AD}}$ です。

教 p.181

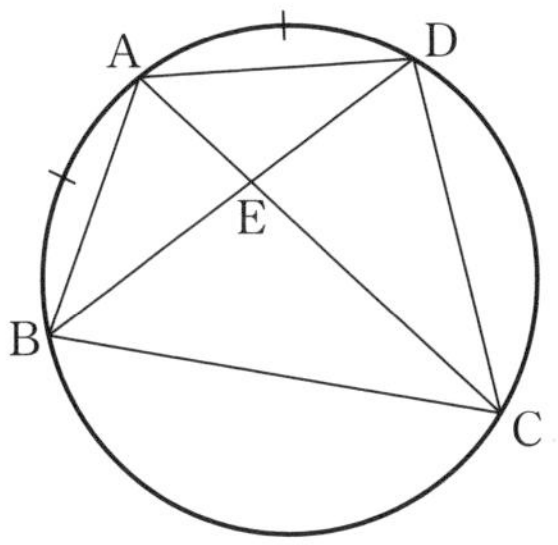

□(1) △ABE∽△ACB となることを証明しなさい。

□(2) AB＝6cm，AC＝9cm のとき，AE の長さを求めなさい。

(1) 8 点，(2) 6 点

(1)	[証明]
(2)	

定期テスト 予想問題 教科書 p.188～208

定期テスト前に予想問題で実力を確かめよう！ 解答 p.79～80

7章 三平方の定理

時間 40分 /100

1 次の直角三角形で，x の値を求めなさい。 教 p.188～189

各6点

□(1)

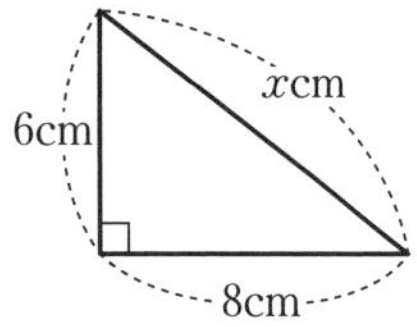

□(2)

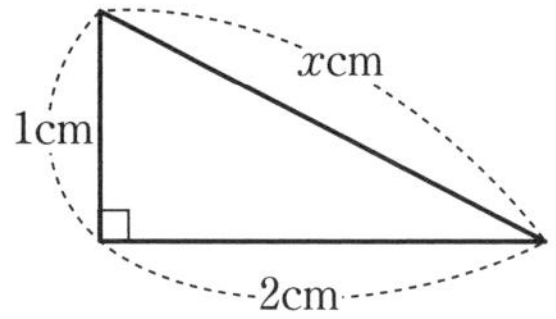

□(3)

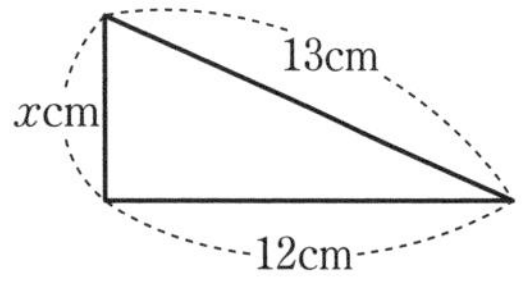

(1)	
(2)	
(3)	

2 次の x の値を求めなさい。 教 p.194～198

各6点

□(1) 四角形 ABCD は正方形

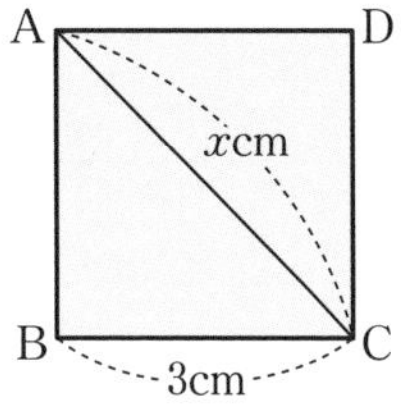

□(2) △ABC は正三角形

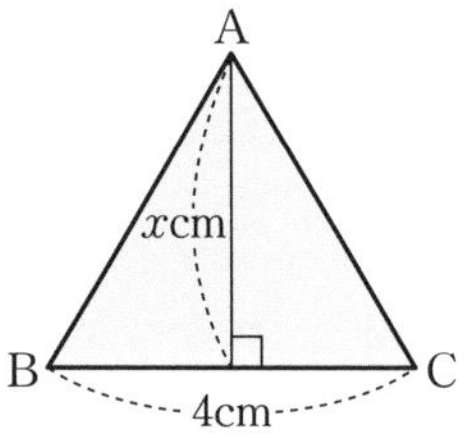

□(3)

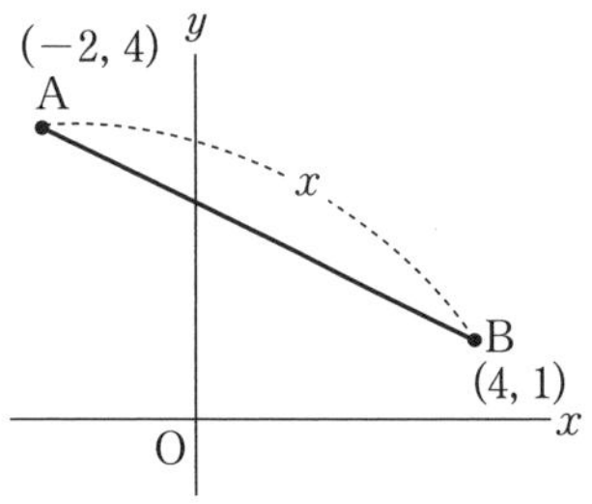

□(4) 線分 AB は円 O の弦

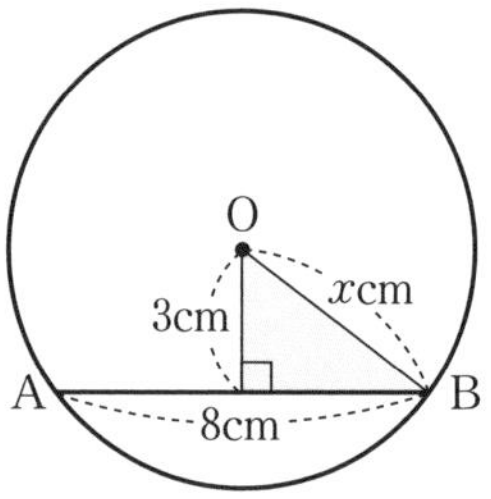

(1)	
(2)	
(3)	
(4)	

3 次の立方体と直方体の対角線の長さを求めなさい。 教 p.199

各6点

□(1) 立方体

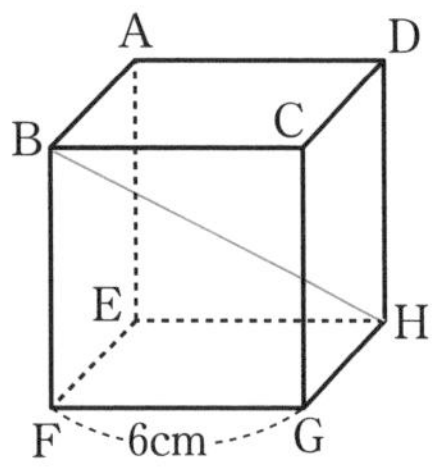

□(2) 直方体

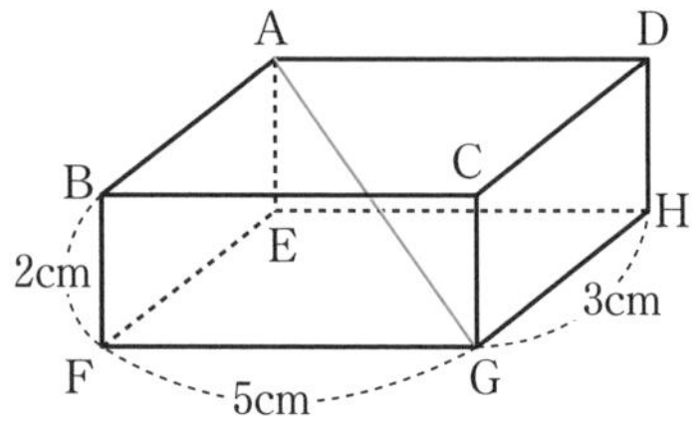

(1)	
(2)	

4 **次の立体の体積を求めなさい。** 教 p.200　　**各 6 点**

□(1)　円錐

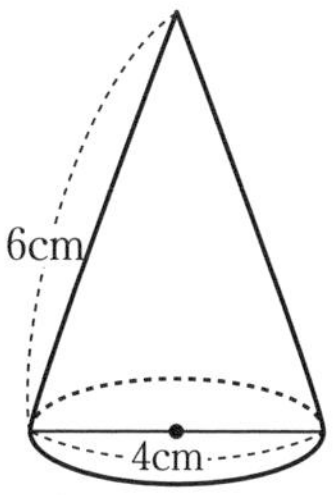

□(2)　正四角錐

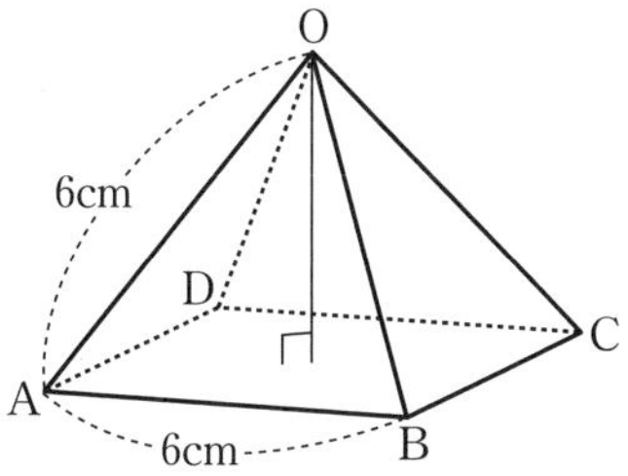

(1)	
(2)	

5 **次の問に答えなさい。** 教 p.203 ～ 205　　**各 6 点**

□(1)　図の直方体に，点Bから辺CDを通って点Hまで糸をかけます。糸がもっとも短くなるときの長さを求めなさい。

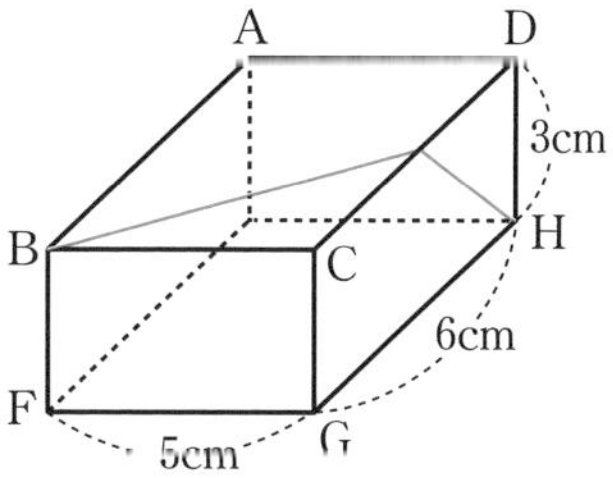

(2)　次の三角形の面積を求めなさい。

□①

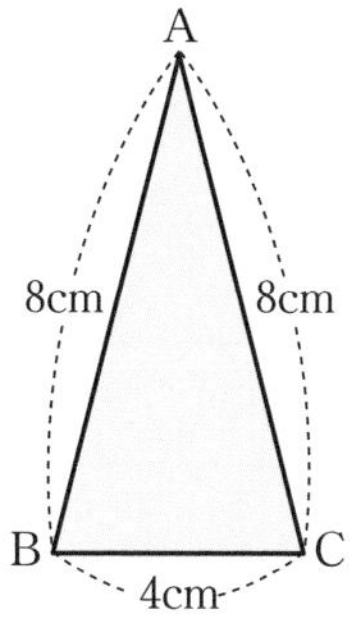

□②

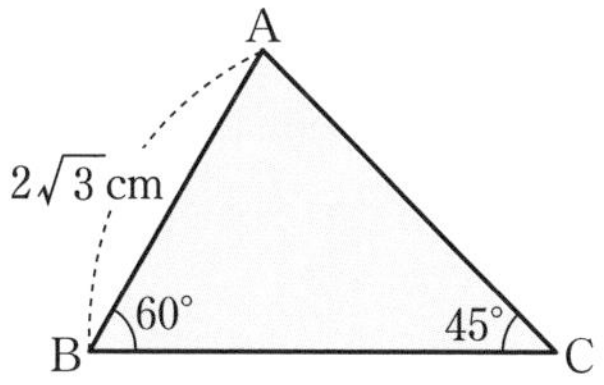

(1)		
(2)	①	
	②	

6 **次の x の値を求めなさい。** 教 p.204　　**各 8 点**

□(1)　長方形ABCDを，頂点CがAに重なるように折った図形

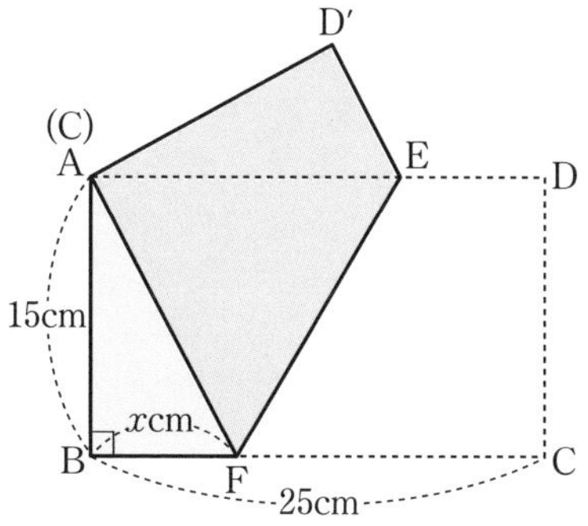

□(2)　線分AC，BD，CDがそれぞれ点A，B，Pで半円Oに接している図形

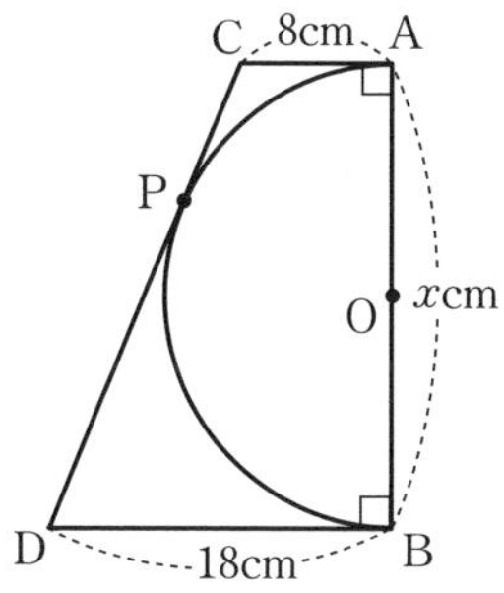

(1)	
(2)	

定期テスト 予想問題 教科書 p.212～221

定期テスト前に予想問題で実力を確かめよう！ 解答 p.80

時間 20分　　/100

8章 標本調査

1 次の問に答えなさい。 教 p.212～214

各8点

□(1) 次のア～エのうち，標本調査が適しているものをすべて選びなさい。

ア 政党支持率の調査　　**イ** 中学校で行う進路調査

ウ 空港における手荷物検査　　**エ** 工業製品の耐久力検査

□(2) 次の①～④に当てはまることばを入れなさい。

集団の一部分を調査して，集団全体の傾向を推測する調査を［ ① ］といい，傾向を知りたい集団全体を［ ② ］，取り出した一部のデータを［ ③ ］といいます。データを取り出すとき，かたよりがないように取り出すことを［ ④ ］といいます。

(1)		
(2)	①	
	②	
	③	
	④	

2 次の問に答えなさい。 教 p.217～221

各15点

□(1) 箱の中に同じ大きさの白玉と黒玉が合わせて480個入っています。この箱の中から，56個の玉を無作為に抽出したところ，黒玉は35個ふくまれていました。箱の中の黒玉の数は，およそ何個と考えられますか。

□(2) 同じ大きさの玉が入っている袋の中から玉を30個取り出し，印をつけて戻しました。よくかき混ぜてから，無作為に30個を抽出したら，印のついた玉が6個ふくまれていました。袋の中に入っていた玉の総数は，およそ何個と考えられますか。

□(3) ある池にいるコイの数を調べるために，池のコイを56匹捕まえて，そのすべてに印をつけてから，池に戻しました。数日後，同じ池のコイを45匹捕まえたところ，その中に印がついたコイが15匹いました。この池にいるコイの数は，およそ何匹と考えられますか。一の位を四捨五入して答えなさい。

□(4) ある工場で作られた12000個の製品のうち，8％にあたる製品を無作為に抽出して調べたところ，4個の不良品が発見されました。12000個の製品の中には，不良品はおよそ何個あると考えられますか。

(1)	
(2)	
(3)	
(4)	

解答と解説

数学３年
ワーク&テスト

1章　多項式

ウォーミングアップ　p.4〜5

1 (1) $5xy$　(2) $-8m^3$
(3) $2xy$　(4) $4x-3$
(5) $-2x+9y$　(6) $6a+6$
(7) $-\dfrac{2}{3}x+y$　(8) $\dfrac{x-4}{6}$
(9) $\dfrac{1}{5}a+6b$　(10) $\dfrac{3x+3y+z}{2}$

2 (1) -9　(2) $\dfrac{7}{4}$

3 (1) $y=2x-5$　(2) $h=\dfrac{V}{\pi r}$
(3) $x=\dfrac{y}{5}+1$　(4) $\ell=b+\dfrac{5}{2}$

4 (1) m，n を整数とすると，2つの3の倍数は，$3m$，$3n$ と表せる。これらの和は，
$3m+3n=3(m+n)$
$m+n$ は整数であるから，$3(m+n)$ は3の倍数である。したがって，2つの3の倍数の和は，3の倍数である。

(2) n を整数とし，真ん中の偶数を $2n$ とすると，3つの続いた偶数は，$2n-2$，$2n$，$2n+2$ と表せる。これらの和は，
$(2n-2)+2n+(2n+2)=6n$
n は整数であるから，$6n$ は6の倍数である。したがって，3つの続いた偶数の和は，6の倍数である。

5 (1) $\dfrac{\pi}{6}$ 倍　(2) $\dfrac{\pi}{6}$ 倍

解説

1 (2) $(-2m)^3=(-2m)\times(-2m)\times(-2m)$
$=-8m^3$

(3) $(-6x^2y^2)\div(-3xy)=\dfrac{-6x^2y^2}{-3xy}=2xy$

(4) $(12x-9)\div3=\dfrac{12x}{3}-\dfrac{9}{3}=4x-3$

(7) $(4x-6y)\times\left(-\dfrac{1}{6}\right)$
$=4x\times\left(-\dfrac{1}{6}\right)-6y\times\left(-\dfrac{1}{6}\right)=-\dfrac{2}{3}x+y$

(8) $\dfrac{3x+4}{6}-\dfrac{x+4}{3}=\dfrac{3x+4-2(x+4)}{6}$
$=\dfrac{3x+4-2x-8}{6}=\dfrac{x-4}{6}$

(9) $8\left(\dfrac{2}{5}a+\dfrac{3}{4}b\right)-3a=8\times\dfrac{2}{5}a+8\times\dfrac{3}{4}b-3a$
$=\dfrac{16}{5}a-3a+6b=\dfrac{1}{5}a+6b$

2 (1) $3(a+2b)-5(-a+b)$
$=3a+6b+5a-5b=8a+b$
$a=-2$，$b=7$ を代入すると，
$8\times(-2)+7=-9$

(2) $\dfrac{x+y}{2}-\dfrac{3x+y}{4}=\dfrac{2(x+y)-(3x+y)}{4}$
$=\dfrac{2x+2y-3x-y}{4}=\dfrac{-x+y}{4}$
$x=-3$，$y=4$ を代入すると，
$\dfrac{-(-3)+4}{4}=\dfrac{7}{4}$

3 (1) $2x$ を移項すると，$-y=-2x+5$　両辺に -1 をかけて
$y=2x-5$

(4) $\ell-b=\dfrac{5}{2}$，$\ell=b+\dfrac{5}{2}$

5 (1) 立方体Aの体積は，$(2a)^3=8a^3(\mathrm{cm}^3)$
球Bの体積は，$\dfrac{4}{3}\pi a^3(\mathrm{cm}^3)$
$\dfrac{4}{3}\pi a^3\div8a^3=\dfrac{\pi}{6}$　よって　$\dfrac{\pi}{6}$ 倍

(2) 立方体Aの表面積は，
$(2a)^2\times6=24a^2(\mathrm{cm}^2)$
球Bの表面積は，$4\pi a^2(\mathrm{cm}^2)$
$4\pi a^2\div24a^2=\dfrac{\pi}{6}$　よって　$\dfrac{\pi}{6}$ 倍

基本ワーク　p.6〜7

Check!

1　(1)　$4x^2+12xy$

(2)　$-2a^2-6ab+2a$

2　$-3y+2x$

3　$4a^2-ab-3a+2b-10$

基本問題

❶　(1)　$10x^2-5xy$　(2)　$-18a^2-8ab$

(3)　$-12ax+3bx-21x$

(4)　$15x^2-20xy-10x$

(5)　$11x^2-22x$　(6)　$-13a^2+4a$

❷　(1)　$4xy+1$　(2)　$-a+3b$

(3)　$4x-6y$　(4)　$14b^2-7a$

(5)　$-x^2-2xy+8y^2$

(6)　$-5a+10b-15$

❸　(1)　$ab+5a-3b-15$

(2)　$2x^2+x-3$　(3)　$6x^2-19x+10$

(4)　$12x^2+xy-6y^2$

(5)　$2a^2+5ab+3a+15b-9$

(6)　$3x^2-2xy-y^2+6x+2y$

解説

❶(1)　$5x(2x-y)=5x\times2x-5x\times y$

$=10x^2-5xy$

(2)　$-2a(9a+4b)=-2a\times9a-2a\times4b$

$=-18a^2-8ab$

(3)　$(4a-b+7)\times(-3x)$

$=4a\times(-3x)-b\times(-3x)+7\times(-3x)$

$=-12ax+3bx-21x$

(4)　$(12x-16y-8)\times\dfrac{5}{4}x$

$=12x\times\dfrac{5}{4}x-16y\times\dfrac{5}{4}x-8\times\dfrac{5}{4}x$

$=15x^2-20xy-10x$

(5)　$9x(x-4)+2x(x+7)$

$=9x^2-36x+2x^2+14x$

$=11x^2-22x$

(6)　$2a(a-8)-5a(3a-4)$

$=2a^2-16a-15a^2+20a=-13a^2+4a$

❷(1)　$(8x^2y+2x)\div2x=(8x^2y+2x)\times\dfrac{1}{2x}$

$=\dfrac{8x^2y}{2x}+\dfrac{2x}{2x}=4xy+1$

(2)　$(3a^2b-9ab^2)\div(-3ab)$

$=-\dfrac{3a^2b}{3ab}+\dfrac{9ab^2}{3ab}=-a+3b$

(3)　$(10x^2-15xy)\div\dfrac{5}{2}x=(10x^2-15xy)\times\dfrac{2}{5x}$

$=10x^2\times\dfrac{2}{5x}-15xy\times\dfrac{2}{5x}=4x-6y$

(4)　$(-12ab^2+6a^2)\div\left(-\dfrac{6}{7}a\right)$

$=(-12ab^2+6a^2)\times\left(-\dfrac{7}{6a}\right)$

$=-12ab^2\times\left(-\dfrac{7}{6a}\right)+6a^2\times\left(-\dfrac{7}{6a}\right)$

$=14b^2-7a$

(5)　$(x^3+2x^2y-8xy^2)\div(-x)$

$=(x^3+2x^2y-8xy^2)\times\left(-\dfrac{1}{x}\right)$

$=x^3\times\left(-\dfrac{1}{x}\right)+2x^2y\times\left(-\dfrac{1}{x}\right)-8xy^2\times\left(-\dfrac{1}{x}\right)$

$=-x^2-2xy+8y^2$

(6)　$(3a^2-6ab+9a)\div\left(-\dfrac{3}{5}a\right)$

$=(3a^2-6ab+9a)\times\left(-\dfrac{5}{3a}\right)$

$=3a^2\times\left(-\dfrac{5}{3a}\right)-6ab\times\left(-\dfrac{5}{3a}\right)+9a\times\left(-\dfrac{5}{3a}\right)$

$=-5a+10b-15$

❸(1)　$(a-3)(b+5)=ab+5a-3b-15$

(2)　$(x-1)(2x+3)=2x^2+3x-2x-3$

$=2x^2+x-3$

(3)　$(2x-5)(3x-2)=6x^2-4x-15x+10$

$=6x^2-19x+10$

(4)　$(3x-2y)(4x+3y)$

$=12x^2+9xy-8xy-6y^2=12x^2+xy-6y^2$

(5)　$(a+3)(2a+5b-3)$

$=2a^2+5ab-3a+6a+15b-9$

$=2a^2+5ab+3a+15b-9$

(6)　$(x-y+2)(3x+y)$

$=3x^2+xy-3xy-y^2+6x+2y$

$=3x^2-2xy-y^2+6x+2y$

基本ワーク　p.8～9

Check!

1　(1)　x^2+9x+8　(2)　y^2-6y+8

2　x^2-4x+4

3　x^2-16

基本問題

❶　(1)　x^2+4x+3　(2)　$x^2+8x+12$

(3)　a^2-a-72　(4)　$y^2-11y+28$

(5)　$x^2+1.2x-0.64$

(6)　$a^2-2a+\dfrac{9}{25}$

❷　(1)　$x^2+14x+49$　(2)　$x^2-8x+16$

(3)　y^2+2y+1　(4)　$a^2-18a+81$

(5)　$64-16x+x^2$　(6)　$y^2+y+\dfrac{1}{4}$

❸　(1)　x^2-4　(2)　x^2-64

(3)　$81-x^2$　(4)　$1-a^2$

(5)　$x^2-0.36$　(6)　$y^2-\dfrac{1}{16}$

解説

❶(1)　$(x+1)(x+3)=x^2+(1+3)x+1\times3$

$=x^2+4x+3$

(2)　$(x+6)(x+2)=x^2+(6+2)x+6\times2$

$=x^2+8x+12$

(3)　$(a-9)(a+8)$

$=a^2+(-9+8)a+(-9)\times8$

$=a^2-a-72$

(4)　$(y-4)(y-7)$

$=y^2+(-4-7)y+(-4)\times(-7)$

$=y^2-11y+28$

(5)　$(x+1.6)(x-0.4)$

$=x^2+(1.6-0.4)x+1.6\times(-0.4)$

$=x^2+1.2x-0.64$

(6)　$\left(a-\dfrac{9}{5}\right)\left(a-\dfrac{1}{5}\right)$

$=a^2+\left(-\dfrac{9}{5}-\dfrac{1}{5}\right)a+\left(-\dfrac{9}{5}\right)\times\left(-\dfrac{1}{5}\right)$

$=a^2-2a+\dfrac{9}{25}$

❷(1)　$(x+7)^2=x^2+2\times7\times x+7^2$

$=x^2+14x+49$

(2)　$(x-4)^2=x^2-2\times4\times x+4^2$

$=x^2-8x+16$

(3)　$(y+1)^2=y^2+2\times1\times y+1^2$

$=y^2+2y+1$

(4)　$(a-9)^2=a^2-2\times9\times a+9^2$

$=a^2-18a+81$

(5)　$(8-x)^2=8^2-2\times8\times x+x^2$

$=64-16x+x^2$

(6)　$\left(y+\dfrac{1}{2}\right)^2=y^2+2\times\dfrac{1}{2}\times y+\left(\dfrac{1}{2}\right)^2$

$=y^2+y+\dfrac{1}{4}$

❸(1)　$(x+2)(x-2)=x^2-2^2=x^2-4$

(2)　$(x-8)(x+8)=x^2-8^2=x^2-64$

(3)　$(9+x)(9-x)=9^2-x^2=81-x^2$

(4)　$(1+a)(1-a)=1^2-a^2=1-a^2$

(5)　$(x-0.6)(x+0.6)$

$=x^2-0.6^2=x^2-0.36$

(6)　$\left(y+\dfrac{1}{4}\right)\left(y-\dfrac{1}{4}\right)$

$=y^2-\left(\dfrac{1}{4}\right)^2=y^2-\dfrac{1}{16}$

基本ワーク　p.10 ～ 11

Check!

1　$4x^2-y^2$

2　$a^2+2ab+b^2-8a-8b+16$

3　$5x^2-14x-51$

基本問題

❶ (1)　$4x^2+16x+15$

(2)　$16a^2-12a+2$

(3)　$x^2+6xy+9y^2$

(4)　$25a^2-30ab+9b^2$

(5)　x^2-4y^2　　(6)　$9x^2-49$

❷ (1)　$x^2+2xy+y^2-2x-2y-8$

(2)　$a^2-2ab+b^2-2a+2b+1$

(3)　$x^2+2xy+y^2-36$

(4)　$a^2+2ac+c^2-b^2$

❸ (1)　$4x^2+8x+49$

(2)　$3x^2-16x+52$

(3)　$3y^2-17y-26$

(4)　$-3a^2-8a+17$

解説

❶(1)　$(2x+3)(2x+5)=(2x)^2+8\times 2x+15$

$=4x^2+16x+15$

(2)　$(4a-1)(4a-2)=(4a)^2-3\times 4a+2$

$=16a^2-12a+2$

(3)　$(x+3y)^2=x^2+2\times 3y\times x+(3y)^2$

$=x^2+6xy+9y^2$

(4)　$(5a-3b)^2=(5a)^2-2\times 3b\times 5a+(3b)^2$

$=25a^2-30ab+9b^2$

(5)　$(x+2y)(x-2y)=x^2-(2y)^2$

$=x^2-4y^2$

(6)　$(3x+7)(3x-7)=(3x)^2-7^2$

$=9x^2-49$

❷(1)　$x+y=A$ とおく。

$(x+y+2)(x+y-4)$

$=(A+2)(A-4)$

$=A^2-2A-8$

$=(x+y)^2-2(x+y)-8$

$=x^2+2xy+y^2-2x-2y-8$

(2)　$a-b=A$ とおく。

$(a-b-1)^2$

$=(A-1)^2$

$=A^2-2A+1$

$=(a-b)^2-2(a-b)+1$

$=a^2-2ab+b^2-2a+2b+1$

(3)　$x+y=A$ とおく。

$(x+y+6)(x+y-6)$

$=(A+6)(A-6)$

$=A^2-36$

$=(x+y)^2-36$

$=x^2+2xy+y^2-36$

(4)　$(a+b+c)(a-b+c)$

$=(a+c+b)(a+c-b)$

$a+c=A$ とおく。

$=(A+b)(A-b)$

$=A^2-b^2$

$=(a+c)^2-b^2$

$=a^2+2ac+c^2-b^2$

❸(1)　$3(x+2)(x+4)+(x-5)^2$

$=3(x^2+6x+8)+(x^2-10x+25)$

$=3x^2+18x+24+x^2-10x+25$

$=4x^2+8x+49$

(2)　$4(x-2)^2-(x+6)(x-6)$

$=4(x^2-4x+4)-(x^2-36)$

$=4x^2-16x+16-x^2+36$

$=3x^2-16x+52$

(3)　$(y-8)(y-9)+2(y+7)(y-7)$

$=y^2-17y+72+2(y^2-49)$

$=y^2-17y+72+2y^2-98$

$=3y^2-17y-26$

(4)　$(a-4)^2-(2a+1)(2a-1)$

$=a^2-8a+16-\{(2a)^2-1^2\}$

$=a^2-8a+16-(4a^2-1)$

$=a^2-8a+16-4a^2+1$

$=-3a^2-8a+17$

1 節の問題　p.12 ～ 13

1　(1)　$8x^2+6xy$

(2)　$-20ab+5b^2+45b$

(3)　$-3-\dfrac{2y}{x}$　(4)　$6a-3$

2　(1)　$3x^2-xy-18x+6y$

(2)　$a^2-2ab-2a-6b-15$

3　(1)　$a^2+9a+14$　(2)　$x^2-10x+9$

(3)　a^2-a-20　(4)　$x^2-2x-48$

(5)　$a^2+14a+49$　(6)　$x^2-12x+36$

(7)　a^2-25　(8)　$49-x^2$

4　(1)　$x^2+0.7x-0.3$

(2)　$y^2-0.4y+0.04$

5　(1)　$y^2-\dfrac{1}{5}y-\dfrac{2}{25}$　(2)　$x^2-x+\dfrac{1}{4}$

(3)　$x^2-\dfrac{16}{9}$　(4)　$a^2-\dfrac{5}{6}a+\dfrac{1}{6}$

6　(1)　$16x^2+12x-10$

(2)　$4a^2-2ab-12b^2$

(3)　$36x^2-49$

(4)　$64a^2-48ab+9b^2$

7　(1)　$x^2+2xy+y^2-8x-8y+15$

(2)　$a^2-2ab+b^2-4$

(3)　$x^2+2xy+y^2-2x-2y+1$

(4)　$a^2-b^2+10b-25$

8　(1)　$9x-13$

(2)　$2x^2-y^2-12x+27$

(3)　$2b^2+2ab$

9　㋐　$x+b$　㋑　$(x+a)(x+b)$

㋒　bx　㋓　ab

㋔　$x^2+(a+b)x+ab$

解説

1(4)　除法は，逆数の乗法になおす。

$(14a^2b-7ab)\div\left(\dfrac{7}{3}ab\right)$

$=(14a^2b-7ab)\times\dfrac{3}{7ab}$

$=\dfrac{\overset{2}{\cancel{14}}a^{\cancel{2}}\cancel{b}\times3}{\cancel{7}\cancel{a}\cancel{b}}-\dfrac{\cancel{7ab}\times3}{\cancel{7ab}}=6a-3$

4(2)　$(y-0.2)^2=y^2-2\times0.2\times y+0.2^2$

$=y^2-0.4y+0.04$

5(4)　公式を使って展開する。

$\left(a-\dfrac{1}{2}\right)\left(a-\dfrac{1}{3}\right)$

$=a^2+\left(-\dfrac{1}{2}-\dfrac{1}{3}\right)a-\dfrac{1}{2}\times\left(-\dfrac{1}{3}\right)$

$=a^2-\dfrac{3+2}{6}a+\dfrac{1}{6}$

$=a^2-\dfrac{5}{6}a+\dfrac{1}{6}$

6(2)　$(2a+3b)(2a-4b)$

$=(2a)^2+(3b-4b)\times2a+3b\times(-4b)$

$=4a^2-2ab-12b^2$

(3)　$(6x+7)(6x-7)$

$=(6x)^2-7^2=36x^2-49$

7(1)　(3 つの項)×(3 つの項) の形の式のときは，共通な 2 つの項を文字におきかえて，公式を使って計算する。

$x+y=A$ とおく。

$(x+y-3)(x+y-5)$

$=(A-3)(A-5)=A^2-8A+15$

$=(x+y)^2-8(x+y)+15$

$=x^2+2xy+y^2-8x-8y+15$

(4)　$(a+b-5)(a-b+5)$

$=\{a+(b-5)\}\{a-(b-5)\}$

$b-5=M$ とおく。

$(a+M)(a-M)=a^2-M^2$

$=a^2-(b-5)^2=a^2-b^2+10b-25$

8(3)　公式を使って展開する。「－」の符号に気をつけて計算する。

$(a+b)^2-(a-b)(a+b)$

$=a^2+2ab+b^2-(a^2-b^2)$

$=a^2+2ab+b^2-a^2+b^2$

$=2b^2+2ab$

基本ワーク　p.14 ～ 15

Check!

1　(1)　$a^2(b-a)$　(2)　$4xy(y+2x)$

2　(1)　$(x+3)(x+4)$　(2)　$(x+3)(x-7)$

基本問題

❶　(1)　$a(a+b)$　(2)　$x(7-x)$

(3)　$3x(a+2b)$　(4)　$9ab(2a-b)$

(5)　$m(a^2+2a+m)$

(6)　$5xy(6x-3+4y)$

❷　(1)　$(x+1)(x+8)$　(2)　$(a+3)(a+8)$

(3)　$(x-3)(x-5)$　(4)　$(y-4)(y-9)$

(5)　$(x-4)(x+8)$　(6)　$(a+3)(a-4)$

(7)　$(x+5)(x-8)$　(8)　$(y+7)(y+8)$

(9)　$(x+5)(x-9)$　(10)　$(a-8)(a+9)$

(11)　$(x+9)(x+11)$　(12)　$(y+5)(y-15)$

解説

❶(1)　a が共通因数だから，

$a^2+ab=a(a+b)$

(2)　x が共通因数だから，

$7x-x^2=x(7-x)$

(3)　$3x$ が共通因数だから，

$3ax+6bx=3x(a+2b)$

(4)　$9ab$ が共通因数だから，

$18a^2b-9ab^2=9ab(2a-b)$

(5)　m が共通因数だから，

$ma^2+2ma+m^2=m(a^2+2a+m)$

(6)　$5xy$ が共通因数だから，

$30x^2y-15xy+20xy^2=5xy(6x-3+4y)$

❷(1)　積が 8 になる 2 つの整数のうち，和が 9 になるのは 1 と 8 だから，

$x^2+9x+8=(x+1)(x+8)$

(2)　積が 24 になる 2 つの整数のうち，和が 11 になるのは 3 と 8 だから，

$a^2+11a+24=(a+3)(a+8)$

(3)　積が 15 になる 2 つの整数のうち，和が -8 になるのは，-3 と -5 だから，

$x^2-8x+15=(x-3)(x-5)$

(4)　積が 36 になる 2 つの整数のうち，和が -13 になるのは，-4 と -9 だから，

$y^2-13y+36=(y-4)(y-9)$

(5)　積が -32 になる 2 つの整数のうち，和が 4 になるのは，-4 と 8 だから，

$x^2+4x-32=(x-4)(x+8)$

(6)　積が -12 になる 2 つの整数のうち，和が -1 になるのは，3 と -4 だから，

$a^2-a-12=(a+3)(a-4)$

(7)　積が -40 になる 2 つの整数のうち，和が -3 になるのは，5 と -8 だから，

$x^2-3x-40=(x+5)(x-8)$

(8)　積が 56 になる 2 つの整数のうち，和が 15 になるのは，7 と 8 だから，

$y^2+15y+56=(y+7)(y+8)$

(9)　積が -45 になる 2 つの整数のうち，和が -4 になるのは，5 と -9 だから，

$x^2-4x-45=(x+5)(x-9)$

(10)　積が -72 になる 2 つの整数のうち，和が 1 になるのは，-8 と 9 だから，

$a^2+a-72=(a-8)(a+9)$

(11)　積が 99 になる 2 つの整数のうち，和が 20 になるのは，9 と 11 だから，

$x^2+20x+99=(x+9)(x+11)$

(12)　積が -75 になる 2 つの整数のうち，和が -10 になるのは，5 と -15 だから，

$y^2-10y-75=(y+5)(y-15)$

基本ワーク　p.16 ～ 17

Check!

1　$(x-2)^2$

2　$(x+9)(x-9)$

3　(1)　$3(x+1)(x+6)$

(2)　$-2(x-4)^2$

基本問題

❶ (1)　$(x+4)^2$　(2)　$(a-5)^2$

(3)　$(y+1)^2$　(4)　$(x-6)^2$

(5)　$(a+7)^2$　(6)　$(y-10)^2$

❷ (1)　$(x+3)(x-3)$　(2)　$(a+4)(a-4)$

(3)　$(y+8)(y-8)$　(4)　$(2+x)(2-x)$

(5)　$(1+a)(1-a)$　(6)　$(10+y)(10-y)$

❸ (1)　$2(x+2)(x+4)$

(2)　$3(y+1)(y-3)$

(3)　$-2(a+7)(a-8)$

(4)　$-4(x-4)(x-5)$

(5)　$7(x+2)(x-2)$

(6)　$2a(x-3)(x-4)$

解説

❶(1)　$x^2+8x+16$

$=x^2+2\times4\times x+4^2$

$=(x+4)^2$

(2)　$a^2-10a+25$

$=a^2-2\times5\times a+5^2$

$=(a-5)^2$

(3)　y^2+2y+1

$=y^2+2\times1\times y+1^2$

$=(y+1)^2$

(4)　$x^2-12x+36$

$=x^2-2\times6\times x+6^2$

$=(x-6)^2$

(5)　$a^2+14a+49$

$=a^2+2\times7\times a+7^2$

$=(a+7)^2$

(6)　$y^2-20y+100$

$=y^2-2\times10\times y+10^2$

$=(y-10)^2$

❷(1)　x^2-9

$=x^2-3^2$

$=(x+3)(x-3)$

(2)　a^2-16

$=a^2-4^2$

$=(a+4)(a-4)$

(3)　y^2-64

$=y^2-8^2$

$=(y+8)(y-8)$

(4)　$4-x^2$

$=2^2-x^2$

$=(2+x)(2-x)$

(5)　$1-a^2$

$=1^2-a^2$

$=(1+a)(1-a)$

(6)　$100-y^2$

$=10^2-y^2$

$=(10+y)(10-y)$

❸(1)　$2x^2+12x+16$

$=2(x^2+6x+8)$

$=2(x+2)(x+4)$

(2)　$3y^2-6y-9$

$=3(y^2-2y-3)$

$=3(y+1)(y-3)$

(3)　$-2a^2+2a+112$

$=-2(a^2-a-56)$

$=-2(a+7)(a-8)$

(4)　$-4x^2+36x-80$

$=-4(x^2-9x+20)$

$=-4(x-4)(x-5)$

(5)　$7x^2-28$

$=7(x^2-4)$

$=7(x+2)(x-2)$

(6)　$2ax^2-14ax+24a$

$=2a(x^2-7x+12)$

$=2a(x-3)(x-4)$

基本ワーク　p.18 ～ 19

Check!

1 (1) $(a-5b)^2$

(2) $(9x+y)(9x-y)$

2 (1) $(2x-y)(a+b)$

(2) $(x+y+5)(x+y+6)$

基本問題

❶ (1) $(2x-1)^2$　(2) $(3x-7)^2$

(3) $(8x+3)(8x-3)$

(4) $(a+4b)(a-4b)$

(5) $(4x-5y)^2$

(6) $8(x+5y)(x-5y)$

(7) $-27(2a+b)(2a-b)$

(8) $-2(3a-5b)^2$

❷ (1) $(x+3y)(x+y)$

(2) $(a-b+3)(a-b-5)$

(3) $(2x-1)(2x-3)$

(4) $(a+b+2)^2$　(5) $(9x+2)(x+4)$

(6) $(x-7)(x+5)$

(7) $5x(x+14y)$　(8) $(x-2)(3a+b)$

解説

❶(1) $4x^2-4x+1$

$=(2x)^2-2\times1\times2x+1^2=(2x-1)^2$

(2) $9x^2-42x+49^2$

$=(3x)^2-2\times7\times3x+7^2=(3x-7)^2$

(3) $64x^2-9=(8x)^2-3^2=(8x+3)(8x-3)$

(4) $a^2-16b^2=a^2-(4b)^2$

$=(a+4b)(a-4b)$

(5) $16x^2-40xy+25y^2$

$=(4x)^2-2\times5y\times4x+(5y)^2$

$=(4x-5y)^2$

(6) $8x^2-200y^2=8(x^2-25y^2)$

$=8(x+5y)(x-5y)$

(7) $-108a^2+27b^2=-27(4a^2-b^2)$

$=-27(2a+b)(2a-b)$

(8) $-18a^2+60ab-50b^2$

$=-2(9a^2-30ab+25b^2)$

$=-2(3a-5b)^2$

❷(1) $x+y=A$ とおく。

$x(x+y)+3y(x+y)$

$=xA+3yA=(x+3y)A$

$=(x+3y)(x+y)$

(2) $a-b=A$ とおく。

$(a-b)^2-2(a-b)-15$

$=A^2-2A-15=(A+3)(A-5)$

$=(a-b+3)(a-b-5)$

(3) $2x+5=A$ とおく。

$(2x+5)^2-14(2x+5)+48$

$=A^2-14A+48=(A-6)(A-8)$

$=(2x+5-6)(2x+5-8)$

$=(2x-1)(2x-3)$

(4) $a+b=A$ とおく。

$(a+b)^2+4(a+b)+4$

$=A^2+4A+4=(A+2)^2$

$=(a+b+2)^2$

(5) $5x+3=A$, $4x-1=B$ とおく。

$(5x+3)^2-(4x-1)^2$

$=A^2-B^2=(A+B)(A-B)$

$=\{(5x+3)+(4x-1)\}\{(5x+3)-(4x-1)\}$

$=(9x+2)(x+4)$

(6) $x-2=A$ とおく。

$(x-2)^2+2(x-2)-35$

$=A^2+2A-35=(A-5)(A+7)$

$=(x-2-5)(x-2+7)$

$=(x-7)(x+5)$

(7) $3x+7y=A$, $2x-7y=B$ とおく。

$(3x+7y)^2-(2x-7y)^2$

$=A^2-B^2=(A+B)(A-B)$

$=\{(3x+7y)+(2x-7y)\}\{(3x+7y)-(2x-7y)\}$

$=5x(x+14y)$

(8) $x(3a+b)-6a-2b$

$=x(3a+b)-2(3a+b)$ として,

$3a+b=A$ とおく。

$xA-2A$

$=(x-2)A$

$=(x-2)(3a+b)$

2節の問題 p.20～21

1 (1) $a(b-4)$　(2) $3xy(3x-2y)$

(3) $7b(3ab+2a-1)$

(4) $-4x^2(2xy-4+3y^2)$

2 (1) $(a+2)(a+3)$　(2) $(x-4)(x-5)$

(3) $(x-6)(x+8)$　(4) $(x-1)(x+10)$

(5) $(a-1)(a+7)$　(6) $(x+3)(x-6)$

3 (1) $(a+2)^2$　(2) $(x-6)^2$

(3) $(x+4)(x-4)$　(4) $(x+11)(x-11)$

(5) $(10+x)(10-x)$

(6) $(x-3)(x+12)$

4 (1) $3(x-2)^2$　(2) $4(x-1)(x+3)$

(3) $-2(x-5)^2$　(4) $-7(a+1)(a-4)$

(5) $a(b-2)(b-3)$

(6) $3a(b-2)(b-7)$

5 (1) $(x+7y)^2$

(2) $(5x+8y)(5x-8y)$

(3) $(x-y)(x+2y)$

(4) $(3x-1)^2$

6 (1) $(a-b)(x-y)$

(2) $(x+y-2)(x+y+7)$

(3) $(x-y+3)(x-y+6)$

(4) $(a-6)^2$

(5) $(2a+b)(2a-b-6)$

7 (1) $\left(a-\dfrac{1}{2}\right)^2$　(2) $\left(\dfrac{1}{4}+x\right)\left(\dfrac{1}{4}-x\right)$

8 (1) $(a+1)(b-9)$　(2) $(x-7)(y-1)$

(3) $(x+y-5)(x-y)$

(4) $(x+1+y)(x+1-y)$

9 因数分解は，まず，共通因数4をくくり出さないといけないから。

10 三角形B

解説

4 共通因数をくくり出す→公式を使って因数分解の手順で解く。

(3) $-2x^2+20x-50$

$=-2(x^2-10x+25)=-2(x-5)^2$

(6) $3ab^2-27ab+42a$

$=3a(b^2-9b+14)=3a(b-2)(b-7)$

5(2) $25x^2-64y^2=(5x)^2-(8y)^2$

$=(5x+8y)(5x-8y)$

(4) $9x^2-6x+1$

$=(3x)^2+2\times(-1)\times3x+(-1)^2$

$=(3x-1)^2$

6 同じ多項式を1つの文字におきかえて，因数分解をする。

(2) $x+y=A$ とおく。

$(x+y)^2+5(x+y)-14$

$=A^2+5A-14=(A-2)(A+7)$

$=(x+y-2)(x+y+7)$

(4) $a-3=A$ とおく。

$(a-3)^2-6(a-3)+9$

$=A^2-6A+9=(A-3)^2$

$=(a-3-3)^2=(a-6)^2$

(5) $2a-3=A$，$b+3=B$ とおく。

$(2a-3)^2-(b+3)^2$

$=A^2-B^2=(A+B)(A-B)$

$=\{(2a-3)+(b+3)\}\{(2a-3)-(b+3)\}$

$=(2a+b)(2a-b-6)$

8(2) $xy-7y-x+7=y(x-7)-(x-7)$

$x-7=A$ とおくと，

$Ay-A=A(y-1)=(x-7)(y-1)$

(3) x^2-5x-y^2+5y

$=(x^2-y^2)-5(x-y)$

$=(x+y)(x-y)-5(x-y)$

$x-y=A$ とおくと，

$(x+y)A-5A=(x+y-5)A$

$=(x+y-5)(x-y)$

(4) $x^2+2x+1-y^2=(x+1)^2-y^2$

$x+1=A$ とおくと，

$A^2-y^2=(A+y)(A-y)$

$=(x+1+y)(x+1-y)$

9 $4x^2-8x+4$

$=4(x^2-2x+1)=4(x-1)^2$

10 Aの面積：$(x-1)(x+3)$

Bの面積：$(x-1)(x+5)$

A，Bと面積が等しく，縦の長さが $(x-1)$cm の長方形を考えると，横の長さはそれぞれ $(x+3)$cm，$(x+5)$cm。$x+3<x+5$ であるから，Bの面積のほうが大きい。

基本ワーク　p.22 〜 23

Check!

1　(1)　10404　　(2)　896

2　2 つの続いた整数は，整数 n を使って n，$n+1$ と表される。
これらの数の 2 乗の差を求めると

$(n+1)^2-n^2=(n^2+2n+1)-n^2$
$\qquad =2n+1$

となる。n は整数だから，$2n+1$ は奇数である。したがって，2 つの続いた整数の 2 乗の差は，奇数になる。

基本問題

❶　(1)　2800　　(2)　10609
　(3)　998001　　(4)　8075

❷　(1)　1600　　(2)　160

❸　(1)　㋐　9　　㋑　49
　㋒　121
　㋓　（例）奇数を 2 乗した数

(2)　2 つの続いた偶数は，整数 n を使って $2n$，$2n+2$ と表される。
これらの積に 1 を加えると

$2n(2n+2)+1=4n^2+4n+1$
$\qquad =(2n+1)^2$

となる。n は整数だから，$2n+1$ は奇数である。したがって，2 つの続いた偶数の積に 1 を加えた数は，奇数の 2 乗になる。

❹　(1)　$S=8a+16$
(2)　$\ell=4a+8$
(3)　(1)より，$S=8a+16$
(2)より，$2\ell=2(4a+8)=8a+16$
したがって，$S=2\ell$ である。

解説

❶(1)　$64^2-36^2=(64+36)(64-36)$
$=100\times28$
$=2800$

(2)　$103^2=(100+3)^2$
$=100^2+2\times3\times100+3^2$
$=10000+600+9$
$=10609$

(3)　$999^2=(1000-1)^2$
$=1000^2-2\times1\times1000+1^2$
$=1000000-2000+1$
$=998001$

(4)　$85\times95=(90-5)(90+5)$
$=90^2-5^2$
$=8100-25$
$=8075$

❷(1)　$x^2+2xy+y^2=(x+y)^2$
$=(28+12)^2$
$=40^2$
$=1600$

(2)　$x^2-xy-2y^2$
$=x^2+(y-2y)x+y\times(-2y)$
$=(x+y)(x-2y)$
$=(28+12)\times(28-2\times12)$
$=40\times4$
$=160$

❸(1)　2，4，6，…などの具体的な偶数を使って予想する。
$2\times4+1=9$，$6\times8+1=49$，
$10\times12+1=121$
9，49，121 となるから，奇数を 2 乗した数になると予想できる。

別解例　㋓は「2 つの偶数の間の数の 2 乗」などでもよい。

(2)　2 つの続いた偶数のうち，小さいほうを $2n$ とすると，大きいほうは $2n+2$ と表される。

❹(1)　道の面積は，外側の正方形の面積から正方形の土地の面積をひいたものなので，
$S=(a+4)^2-a^2=8a+16$

(2)　道の真ん中を通る線の長さは，1 辺 $(a+2)$m の正方形の周の長さに等しいから，
$\ell=4(a+2)=4a+8$

3節の問題　p.24 ～ 25

1　(1)　10201　　(2)　800

(3)　4891　　(4)　98.01

2　(1)　160　　(2)　100

3　㋐　n　　㋑　$n+1$

㋒　n^2-1-n^2

4　2つの続いた奇数は，整数 n を使って

$2n-1$，$2n+1$ と表される。

$(2n+1)^2-(2n-1)^2$

$=4n^2+4n+1-(4n^2-4n+1)$

$=8n$

n は整数だから，$8n$ は8の倍数である。したがって，2つの続いた奇数で，大きい奇数の平方から小さい奇数の平方をひいた差は，8の倍数になる。

5　大きいほうは $(3n+3)$ と表されるから，

$(3n+3)^2-(3n)^2$

$=9n^2+18n+9-9n^2$

$=18n+9=3(6n+3)$

$=3(3n+3n+3)$

したがって，2つの続いた3の倍数で，大きい数の平方から小さい数の平方をひいた差は，はじめの2数の和の3倍に等しくなる。

6　㋐　$A+B$　　㋑　$A-B$

㋒　$10b+a$　　㋓　11

㋔　9　　㋕　99

㋖　$99(a+b)(a-b)$ は99の倍数である。

7　(1)　$S=4a^2+6ap$

(2)　$\ell=4a+6p$

(3)　(1)より，$S=4a^2+6ap$

(2)より，$a\ell=a(4a+6p)=4a^2+6ap$，

したがって，$S=a\ell$ である。

解説

1(3)　$67\times 73=(70-3)(70+3)$

$=70^2-3^2=4900-9=4891$

(4)　$9.9^2=(10-0.1)^2$

$=10^2-2\times 0.1\times 10+0.1^2$

$=100-2+0.01=98.01$

2(2)　$x^2-4xy+4y^2$ を因数分解すると $(x-2y)^2$

$x=82$，$y=36$ を代入すると，

$(82-2\times 36)^2=(82-72)^2=10^2=100$

5　はじめの2数の和は，$3n+3n+3$ であるから，計算の結果がその3倍であることを示せばよい。

7(1)　花だんの面積を求めるには，縦 $(p+2a)$m，横 $(2p+2a)$m の長方形の土地の面積から，縦 pm，横 $2p$m の建物の面積をひけばよい。したがって，

$S=(p+2a)(2p+2a)-p\times 2p$

$=2p^2+6ap+4a^2-2p^2=4a^2+6ap$

(2)　花だんの真ん中を通る線の長さ ℓ は，縦 $(p+a)$m が2つと，横 $(2p+a)$m が2つ分の長さであるから，

$\ell=2(p+a)+2(2p+a)$

$=2p+2a+4p+2a=4a+6p$

1 章の問題　p.26 ~ 27

1 (1) $3a^2b-3ab$　(2) $xy-2$

(3) $-8b^2-4$　(4) $-x^2+7xy+6x$

2 (1) x^2+x-12　(2) $a^2-7a+10$

(3) $x^2-18x+81$　(4) $9x^2-12xy+4y^2$

(5) x^2-49　(6) $16x^2-1$

(7) $3a^2-11ab-20b^2$

(8) $25a^2-5ab-6b^2$

3 (1) $-12a+73$　(2) $5x^2-xy-7y^2$

(3) $-8a^2+4ab+5b^2$

4 (1) $x^2+2xy+y^2-7x-7y+10$

(2) $a^2-6ab+9b^2+2a-6b+1$

(3) $x^2+2xy+y^2-64$

(4) $a^2-4b^2+12b-9$

5 (1) $xy(5x-3)$　(2) $(x-1)(x-3)$

(3) $(x-6)^2$　(4) $(x+10)(x-10)$

6 (1) $(6x+1)(x-2)$

(2) $(x-y-3)^2$

(3) $(a-1+b)(a-1-b)$

(4) $(y-4)(x+2)$

(5) $\left(a+\dfrac{6}{11}\right)\left(a-\dfrac{6}{11}\right)$

(6) $\left(2x-\dfrac{1}{3}\right)^2$

7 (1) 2401　(2) 9991

(3) 99.96　(4) 1120

8 ある数を n とすると，ある数の 2 乗から 1 をひいた数は，n^2-1 と表せる。また，ある数より 1 大きい数と 1 小さい数の積は，

$(n+1)(n-1)=n^2-1$

したがって，ある数の 2 乗から 1 をひいた数は，この数より 1 大きい数と 1 小さい数の積と等しい。

9 m，n を自然数とする。自然数 a は $6m+3$，自然数 b は $4n+2$ と表せる。

a と b の積は，

$ab=(6m+3)(4n+2)$

$=24mn+12m+12n+6$

$=6(4mn+2m+2n+1)$

$4mn+2m+2n+1$ は自然数だから，6 でわると 3 あまる自然数 a と，4 でわると 2 あまる自然数 b の積 ab は，6 の倍数になる。

10 土地の面積は，

$S=\dfrac{\pi a^2}{2}-\dfrac{\pi(a-b)^2}{2}$

$=\dfrac{\pi a^2-(\pi a^2-2\pi ab+\pi b^2)}{2}$

$=\dfrac{2\pi ab-\pi b^2}{2}$　…①

$\ell=2\pi\times\left(a-\dfrac{b}{2}\right)\times\dfrac{1}{2}$

$=\pi a-\dfrac{\pi b}{2}=\dfrac{2\pi a-\pi b}{2}$

したがって　$b\ell=\left(\dfrac{2\pi a-\pi b}{2}\right)\times b$

$=\dfrac{2\pi ab-\pi b^2}{2}$　…②

①，②より，$S=a\ell$

11 $a=b-7$，$c=b+7$ と表される。

$bc-ab=b(b+7)-b(b-7)$

$=b^2+7b-b^2+7b$

$=14b$

したがって，$bc-ab$ は，真ん中の数の 14 倍となる。

解説

4 (4) $(a-2b+3)(a+2b-3)$

$=\{a-(2b-3)\}\{a+(2b-3)\}$

$2b-3=X$ とおくと

$=(a-X)(a+X)=a^2-X^2$

$a^2-(2b-3)^2=a^2-4b^2+12b-9$

6 (3) $a^2-2a+1-b^2=(a-1)^2-b^2$

$a-1=A$ とおくと

$A^2-b^2=(A+b)(A-b)$

$=(a-1+b)(a-1-b)$

(4) $xy+2y-4x-8$

$=y(x+2)-4(x+2)$

$x+2=A$ とおくと

$Ay-4A=(y-4)A$

$=(y-4)(x+2)$

7 (4) $32\times35=(30+2)(30+5)$

$=30^2+(2+5)\times30+2\times5$

$=900+210+10=1120$

2章　平方根

ウォーミングアップ　p.28 ～ 29

1　(1)　8cm^2　　(2)

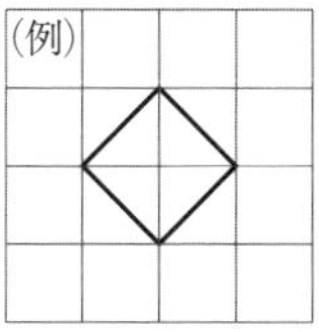

2　(1)　2，3，5，7

(2)　$2^3 \times 3$

(3)　2^5

3　(1)　3　　(2)　10

4　(1)　36　　(2)　-25

(3)　81　　(4)　-27

5　(1)　$10x-16$　　(2)　$x^2+10x-88$

(3)　$2x^2+12xy+18y^2$

(4)　$4x^2-xy-25y^2$

6　(1)　□に入る数 1，答 10201

(2)　□に入る数 29，答 120

(3)　53　　(4)　9996

解説

1(1)　(ひし形の面積) = (対角線) × (対角線) ÷ 2

より，$4 \times 4 \times \dfrac{1}{2} = 8(\text{cm}^2)$

(2)　1 辺の長さが 2cm の正方形の面積は 4cm^2 だから，この正方形の半分の面積の正方形を作図すればよい。

2(1)　1 とその数自身の積でしか表せない自然数を素数という。ただし，1 は素数ではない。

2)24
2)12
2)　6
　　3

(2)　素数で順にわって，素数の積で表す。

3　素因数分解して，累乗の指数がすべて偶数になるようにする。

(1)　$75 = 3 \times 5^2$ より，

$75 \times 3 = 3^2 \times 5^2 = (3 \times 5)^2 = 15^2$

3 をかけると 15 の 2 乗になる。

(2)　$360 = 2^3 \times 3^2 \times 5$，$2 \times 5$ でわると，

$\dfrac{2^3 \times 3^2 \times 5}{2 \times 5} = 2^2 \times 3^2 = (2 \times 3)^2 = 6^2$

となり，6 の 2 乗になるので，$\dfrac{360}{n}$ が整数の 2 乗になるようなもっとも小さい自然数 n は 10

4(1)　$6^2 = 6 \times 6 = 36$

(2)　$-5^2 = -5 \times 5 = -25$

(3)　$(-9)^2 = (-9) \times (-9) = 81$

(4)　$(-3)^3 = (-3) \times (-3) \times (-3) = -27$

5(1)　$(x+4)(x-4)+x(10-x)$

$= x^2-16+10x-x^2 = 10x-16$

(2)　$-(x-2)(x-8)-2(6-x)(x+6)$

$= -(x^2-10x+16)-2(6^2-x^2)$

$= -x^2+10x-16-72+2x^2$

$= x^2+10x-88$

(3)　$2(x+3y)^2$

$= 2(x^2+6xy+9y^2)$

$= 2x^2+12xy+18y^2$

6(1)　$101^2 = (100+1)^2 = 100^2+2 \times 1 \times 100+1^2$

$= 10201$

(2)　$31^2-29^2 = (31+29)(31-29)$

$= 60 \times 2 = 120$

(3)　$27^2-26^2 = (27+26)(27-26)$

$= 53 \times 1 = 53$

(4)　$98 \times 102 = (100-2)(100+2)$

$= 100^2-2^2 = 10000-4 = 9996$

基本ワーク　p.30 ～ 31

Check!

1　(1)　8 と -8　　(2)　$\frac{1}{3}$ と $-\frac{1}{3}$

(3)　0.1 と -0.1

2　(1)　3　　(2)　-4

(3)　7　　(4)　8

(5)　19　　(6)　25

基本問題

❶　(1)　9 と -9　　(2)　12 と -12

(3)　$\frac{3}{4}$ と $-\frac{3}{4}$

❷　(1)　$\pm\sqrt{5}$　　(2)　$\pm\sqrt{13}$

(3)　$\pm\sqrt{\frac{1}{2}}$　　(4)　$\pm\sqrt{2.1}$

(5)　$\pm\sqrt{\frac{7}{11}}$　　(6)　$\pm\sqrt{8.9}$

❸　(1)　7　　(2)　-6

(3)　2　　(4)　10

(5)　0.3　　(6)　-5

(7)　$\frac{1}{8}$　　(8)　$-\frac{2}{9}$

(9)　-15

❹　(1)　4　　(2)　13

(3)　3　　(4)　22

(5)　36　　(6)　-81

(7)　0.3　　(8)　$\frac{9}{25}$

(9)　-2

解説

❶(1)　$9^2=81$，$(-9)^2=81$ であるから，81 の平方根は 9 と -9

(2)　$12^2=144$，$(-12)^2=144$ であるから，144 の平方根は 12 と -12

(3)　$\left(\frac{3}{4}\right)^2=\frac{9}{16}$，$\left(-\frac{3}{4}\right)^2=\frac{9}{16}$ であるから，

$\frac{9}{16}$ の平方根は $\frac{3}{4}$ と $-\frac{3}{4}$

❷(1)　$\sqrt{5}$ と $-\sqrt{5}$ でもよい。

(2)　$\sqrt{13}$ と $-\sqrt{13}$ でもよい。

(3)　$\sqrt{\frac{1}{2}}$ と $-\sqrt{\frac{1}{2}}$ でもよい。

(4)　$\sqrt{2.1}$ と $-\sqrt{2.1}$ でもよい。

(5)　$\sqrt{\frac{7}{11}}$ と $-\sqrt{\frac{7}{11}}$ でもよい。

(6)　$\sqrt{8.9}$ と $-\sqrt{8.9}$ でもよい。

❸(1)　$\sqrt{49}$ は，2 乗して 49 になる数のうち，正のほうだから，7

(2)　$-\sqrt{36}$ は，2 乗して 36 になる数のうち，負のほうだから，-6

(3)　$\sqrt{(-2)^2}=\sqrt{4}=2$

(4)　$\sqrt{(-10)^2}=\sqrt{100}=10$

(5)　$0.3^2=0.3\times0.3=0.09$ であるから $\sqrt{0.09}=0.3$

または $\sqrt{0.09}=\sqrt{\frac{9}{100}}=\frac{3}{10}$ としてもよい。

(6)　$-\sqrt{5^2}=-\sqrt{25}$ であり，2 乗して 25 になる数のうち，負のほうだから，-5

(7)　$\sqrt{\frac{1}{64}}$ は，2 乗して $\frac{1}{64}$ になる数のうち，正のほうだから，$\frac{1}{8}$

(8)　$-\sqrt{\frac{4}{81}}$ は，2 乗して $\frac{4}{81}$ になる数のうち，負のほうだから，$-\frac{2}{9}$

(9)　$-\sqrt{(-15)^2}=-\sqrt{225}=-15$

❹(1)　$\sqrt{4}$ は，2 乗すると 4 になる正の数である。

(3)　$-\sqrt{3}$ は，2 乗すると 3 になる負の数である。

(6)　$(\sqrt{81})^2=81$ だから，$-(\sqrt{81})^2=-81$

(7)　$\sqrt{0.3}$ は，2 乗すると 0.3 になる正の数である。

(8)　$-\sqrt{\frac{9}{25}}$ は，2 乗すると $\frac{9}{25}$ になる負の数である。

(9)　$-\sqrt{2}$ は，2 乗すると 2 になる負の数だから，$-(-\sqrt{2})^2=-2$

基本ワーク　p.32 ～ 33

Check!

1　(1)　$3 > \sqrt{6}$　　(2)　$-\sqrt{5} > -\sqrt{7}$

2　$\sqrt{5}$

基本問題

❶　(1)　$\sqrt{17} < \sqrt{19}$　　(2)　$7 < \sqrt{50}$

(3)　$-\sqrt{11} > -\sqrt{13}$

(4)　$-4 < -\sqrt{15}$

(5)　$\sqrt{0.4} > 0.4$　　(6)　$-0.3 > -\sqrt{0.3}$

❷　(1)　$2 < \sqrt{5} < 3$

(2)　$-4 < -\sqrt{12} < -3$

(3)　$-\sqrt{13} < -\sqrt{10} < -\sqrt{7}$

(4)　$-\sqrt{0.8} < -\sqrt{0.36} < \frac{1}{2}$

❸　$-\sqrt{3}$，$\sqrt{7}$

❹　A　-2.2　B　$-\sqrt{3}$　C　$\frac{8}{3}$　D　$\sqrt{10}$

❺　$\frac{1}{13}$ … 循環小数　$\frac{1}{16}$ … 有限小数

解説

❶(1)　$17 < 19$ であるから，$\sqrt{17} < \sqrt{19}$

(2)　$7^2 = 49$，$(\sqrt{50})^2 = 50$ で，$49 < 50$ であるから，$\sqrt{49} < \sqrt{50}$　したがって，$7 < \sqrt{50}$

(3)　$11 < 13$ であるから，$\sqrt{11} < \sqrt{13}$

負の数は絶対値が大きいほど小さいから，

$-\sqrt{11} > -\sqrt{13}$

(4)　$4^2 = 16$，$(\sqrt{15})^2 = 15$ で，$16 > 15$ であるから，$\sqrt{16} > \sqrt{15}$

負の数は絶対値が大きいほど小さいから，

$-\sqrt{16} < -\sqrt{15}$　したがって，

$-4 < -\sqrt{15}$

(5)　$(\sqrt{0.4})^2 = 0.4$，$0.4^2 = 0.16$ で，$0.4 > 0.16$ であるから，$\sqrt{0.4} > 0.4$

(6)　$0.3^2 = 0.09$，$(\sqrt{0.3})^2 = 0.3$ で，

$0.09 < 0.3$ であるから，$\sqrt{0.09} < \sqrt{0.3}$

負の数は絶対値が大きいほど小さいから，

$-\sqrt{0.09} > -\sqrt{0.3}$　よって，$-0.3 > -\sqrt{0.3}$

❷(1)　$2^2 = 4$，$3^2 = 9$，$(\sqrt{5})^2 = 5$ で，$4 < 5 < 9$ であるから，$\sqrt{4} < \sqrt{5} < \sqrt{9}$　したがって，

$2 < \sqrt{5} < 3$

(2)　$(\sqrt{12})^2 = 12$，$3^2 = 9$，$4^2 = 16$ で，$9 < 12 < 16$ であるから，$\sqrt{9} < \sqrt{12} < \sqrt{16}$

負の数は絶対値が大きいほど小さいから，

$-\sqrt{16} < -\sqrt{12} < -\sqrt{9}$　したがって，

$-4 < -\sqrt{12} < -3$

(3)　$7 < 10 < 13$ であるから，$\sqrt{7} < \sqrt{10} < \sqrt{13}$

負の数は絶対値が大きいほど小さいから，

$-\sqrt{13} < -\sqrt{10} < -\sqrt{7}$

(4)　$\frac{1}{2}$ は正の数で，$-\sqrt{0.36}$ と $-\sqrt{0.8}$ は負の数であるから，$\frac{1}{2}$ がいちばん大きい。$0.36 < 0.8$ であるから，$\sqrt{0.36} < \sqrt{0.8}$

負の数は絶対値が大きいほど小さいから，

$-\sqrt{0.36} > -\sqrt{0.8}$

したがって，$-\sqrt{0.8} < -\sqrt{0.36} < \frac{1}{2}$

❸　$6 = \frac{6}{1}$，$-\sqrt{\frac{9}{25}} = -\frac{3}{5}$，$\sqrt{0.04} = 0.2 = \frac{1}{5}$ であるから，これらの数と 0，$\frac{3}{11}$ は有理数である。よって，無理数は，$-\sqrt{3}$ と $\sqrt{7}$

❹　点 A と B に対応する数は負の数だから，$-\sqrt{3}$ か -2.2　$2 = \sqrt{4}$ だから $\sqrt{3} < 2$ より，$-\sqrt{3} > -2$，$-2.2 < -2$ より，A に対応する数は -2.2，B に対応する数は $-\sqrt{3}$　点 C と D に対応する数は正の数だから，$\frac{8}{3}$ か $\sqrt{10}$　$9 < 10$ であるから，$\sqrt{9} < \sqrt{10}$　したがって，$3 < \sqrt{10}$

また，$\frac{8}{3} < 3$ であるから，点 C に対応する数は $\frac{8}{3}$，点 D に対応する数は $\sqrt{10}$

❺　$\frac{1}{16} = 0.0625$ だから，有限小数である。

$\frac{1}{13} = 1 \div 13 = 0.076923076923\cdots$ と，小数点以下で 076923 をくり返すので，循環小数である。

1 節の問題　p.34 ～ 35

1　(1)　$\pm\sqrt{7}$　(2)　± 8
(3)　± 30　(4)　0
(5)　± 1.2　(6)　$\pm\dfrac{2}{7}$

2　(1)　9　(2)　-4
(3)　2　(4)　1
(5)　14　(6)　0.1

3　(1)　$\sqrt{10}<\sqrt{13}$　(2)　$9<\sqrt{82}$
(3)　$-\sqrt{17}<-\sqrt{15}$
(4)　$6<\sqrt{39}<7$

4　㋒

5　C

6　$\dfrac{5}{4}$ … 有限小数　$\dfrac{7}{9}$ … 循環小数

7　(1)　± 9　(2)　7
(3)　○　(4)　有理数

8　(1)　11 個　(2)　$a=1,\ 8,\ 13,\ 16$
(3)　$a=4$

9　$\sqrt{5}$ cm

10　$n=8$

解説

1　2 乗するとその数になる数をさがす。
(5)　$1.44=1.2^2$　もしくは $(-1.2)^2$　したがって，1.44 の平方根は，± 1.2

2(1)　$\sqrt{81}=\sqrt{9^2}=9$
(2)　$-\sqrt{16}=-\sqrt{4^2}=-4$
(3)　$\sqrt{(-2)^2}=\sqrt{4}=\sqrt{2^2}=2$
(4)　$\sqrt{1}=\sqrt{1^2}=1$
(5)　$(-\sqrt{14})^2=(-\sqrt{14})\times(-\sqrt{14})=14$
(6)　$\sqrt{0.01}=\sqrt{0.1^2}=0.1$

3　正の数の場合，$\sqrt{\ }$ の中の数が大きいほど，数は大きい。負の数の場合，$\sqrt{\ }$ の中の数が大きいほど，数は小さい。

整数は，$\sqrt{\ }$ に直すことで，$\sqrt{\ }$ の数と大小を比べることができる。
(2)　$9=\sqrt{9^2}=\sqrt{81}$　$\sqrt{81}<\sqrt{82}$ より，$9<\sqrt{82}$
(3)　$\sqrt{17}>\sqrt{15}$　負の数は絶対値が大きいほど小さい。

4　㋒　$\sqrt{27}=3\sqrt{3}$
㋔　$-\sqrt{\dfrac{1}{4}}=-\sqrt{\left(\dfrac{1}{2}\right)^2}=-\dfrac{1}{2}$
したがって，無理数は㋒

5　$1=\sqrt{1^2}=\sqrt{1}$　$2=\sqrt{2^2}=\sqrt{4}$　より，
$1<\sqrt{3}<2$
したがって，$\sqrt{3}$ は，1 と 2 の間の数になり，C が当てはまる。

6　$\dfrac{5}{4}=1.25$　$\dfrac{7}{9}=0.777\cdots$
したがって，$\dfrac{5}{4}$ はわりきれるので，有限小数。
$\dfrac{7}{9}$ は，7 が限りなく続き，わりきれないので，循環小数。

8(2)　a は自然数だから，$17-a\leqq 16$ であり，$\sqrt{17-a}$ が整数となるのは，$\sqrt{\ }$ の中が $1^2=1$，$2^2=4$，$3^2=9$，$4^2=16$ となる場合である。
$17-a=1$ のとき $a=16$，$17-a=4$ のとき $a=13$，$17-a=9$ のとき $a=8$，$17-a=16$ のとき $a=1$ となる。
(3)　$3=\sqrt{9}$，$4=\sqrt{16}$，$5=\sqrt{25}$，$\sqrt{9}<\sqrt{10}$，$\sqrt{19}<\sqrt{25}$ より
$\sqrt{9}<a<\sqrt{25}$，$a=4$

9　立方体の 1 つの面は，$30\div 6=5(\mathrm{cm}^2)$　1 辺の長さは，2 乗すると 5 になる正の数だから $\sqrt{5}$ cm

10　正方形の 1 辺の長さ $a=\sqrt{74}$　$8=\sqrt{64}$　$9=\sqrt{81}$ より，$\sqrt{64}<\sqrt{74}<\sqrt{81}$ となるので，$8<a<9$　したがって，$n=8$

基本ワーク　p.36 ～ 37

Check!

1　(1)　$-\sqrt{22}$　　(2)　$-\sqrt{5}$

2　$2\sqrt{7}$ … $\sqrt{28}$　$\sqrt{54}$ … $3\sqrt{6}$

3　(1)　$\dfrac{\sqrt{5}}{2}$　　(2)　$\dfrac{\sqrt{17}}{10}$

基本問題

❶　(1)　$\sqrt{30}$　　(2)　$\sqrt{7}$

(3)　$\sqrt{55}$　　(4)　2

(5)　-6　　(6)　$-\sqrt{7}$

❷　(1)　$\sqrt{50}$　　(2)　$\sqrt{72}$

(3)　$\sqrt{32}$　　(4)　$\sqrt{180}$

❸　(1)　$2\sqrt{6}$　　(2)　$3\sqrt{5}$

(3)　$4\sqrt{3}$　　(4)　$5\sqrt{7}$

❹　(1)　$\dfrac{\sqrt{7}}{3}$　　(2)　$\dfrac{\sqrt{11}}{4}$

(3)　$\dfrac{\sqrt{6}}{10}$　　(4)　$\dfrac{\sqrt{29}}{100}$

解説

❶(1)　$\sqrt{10}\times\sqrt{3}=\sqrt{10\times3}=\sqrt{30}$

(2)　$\dfrac{\sqrt{14}}{\sqrt{2}}=\sqrt{\dfrac{14}{2}}=\sqrt{7}$

(3)　$\sqrt{5}\times\sqrt{11}=\sqrt{5\times11}=\sqrt{55}$

(4)　$\dfrac{\sqrt{12}}{\sqrt{3}}=\sqrt{\dfrac{12}{3}}=\sqrt{4}=2$

(5)　$-\sqrt{18}\times\sqrt{2}=-\sqrt{36}=-6$

(6)　$\sqrt{42}\div(-\sqrt{6})$

$=-\dfrac{\sqrt{42}}{\sqrt{6}}=-\sqrt{\dfrac{42}{6}}$

$=-\sqrt{7}$

❷(1)　$5\sqrt{2}=\sqrt{5^2\times2}=\sqrt{50}$

(2)　$3\sqrt{8}=\sqrt{3^2\times8}=\sqrt{72}$

(3)　$4\sqrt{2}=\sqrt{4^2\times2}=\sqrt{32}$

(4)　$6\sqrt{5}=\sqrt{6^2\times5}=\sqrt{180}$

❸(1)　$\sqrt{24}=\sqrt{2^2\times6}=2\sqrt{6}$

(2)　$\sqrt{45}=\sqrt{3^2\times5}=3\sqrt{5}$

(3)　$\sqrt{48}=\sqrt{4^2\times3}=4\sqrt{3}$

(4)　$175=5^2\times7$ と素因数分解できるから，

$\sqrt{175}=\sqrt{5^2\times7}=5\sqrt{7}$

❹(1)　$\sqrt{\dfrac{7}{9}}=\dfrac{\sqrt{7}}{\sqrt{9}}=\dfrac{\sqrt{7}}{3}$

(2)　$\sqrt{\dfrac{11}{16}}=\dfrac{\sqrt{11}}{\sqrt{16}}=\dfrac{\sqrt{11}}{4}$

(3)　$\sqrt{0.06}$

$=\sqrt{\dfrac{6}{100}}=\dfrac{\sqrt{6}}{\sqrt{100}}=\dfrac{\sqrt{6}}{10}$

(4)　$\sqrt{0.0029}$

$=\sqrt{\dfrac{29}{10000}}=\dfrac{\sqrt{29}}{\sqrt{10000}}=\dfrac{\sqrt{29}}{100}$

基本ワーク　p.38 ~ 39

Check!

1　0.1732

2　$\dfrac{5\sqrt{3}}{6}$

3　(1)　$4\sqrt{6}$　　(2)　$\dfrac{\sqrt{35}}{5}$

基本問題

❶ (1)　4.472　　(2)　0.7071

(3)　0.6708

❷ (1)　$\dfrac{\sqrt{21}}{3}$　　(2)　$\dfrac{3\sqrt{2}}{2}$

(3)　$\dfrac{\sqrt{6}}{9}$　　(4)　$\dfrac{2\sqrt{10}}{5}$

(5)　$3\sqrt{3}$　　(6)　$2\sqrt{6}$

❸ (1)　$7\sqrt{6}$　　(2)　$2\sqrt{33}$

(3)　$9\sqrt{30}$　　(4)　$40\sqrt{3}$

(5)　$12\sqrt{3}$　　(6)　$-8\sqrt{5}$

(7)　$\dfrac{\sqrt{21}}{7}$　　(8)　$\dfrac{\sqrt{65}}{5}$

(9)　$\dfrac{3\sqrt{10}}{2}$　　(10)　$-\dfrac{5\sqrt{6}}{9}$

(11)　$\dfrac{\sqrt{14}}{7}$　　(12)　$-\dfrac{2\sqrt{11}}{11}$

解説

❶(1)　$\sqrt{20}=2\sqrt{5}=2\times2.236=4.472$

(2)　$\sqrt{0.5}=\sqrt{\dfrac{50}{100}}=\dfrac{\sqrt{50}}{\sqrt{100}}=\dfrac{\sqrt{50}}{10}=0.7071$

(3)　$\sqrt{0.45}=\sqrt{\dfrac{45}{100}}=\dfrac{\sqrt{45}}{\sqrt{100}}=\dfrac{3\sqrt{5}}{10}=0.6708$

❷(1)　$\dfrac{\sqrt{7}}{\sqrt{3}}=\dfrac{\sqrt{7}\times\sqrt{3}}{\sqrt{3}\times\sqrt{3}}=\dfrac{\sqrt{21}}{3}$

(2)　$\dfrac{3}{\sqrt{2}}=\dfrac{3\times\sqrt{2}}{\sqrt{2}\times\sqrt{2}}=\dfrac{3\sqrt{2}}{2}$

(3)　$\dfrac{2}{3\sqrt{6}}=\dfrac{2\times\sqrt{6}}{3\sqrt{6}\times\sqrt{6}}=\dfrac{2\sqrt{6}}{18}=\dfrac{\sqrt{6}}{9}$

(4)　$\dfrac{4}{\sqrt{10}}=\dfrac{4\times\sqrt{10}}{\sqrt{10}\times\sqrt{10}}=\dfrac{4\sqrt{10}}{10}=\dfrac{2\sqrt{10}}{5}$

(5)　$\dfrac{9}{\sqrt{3}}=\dfrac{9\times\sqrt{3}}{\sqrt{3}\times\sqrt{3}}=\dfrac{9\sqrt{3}}{3}=3\sqrt{3}$

(6)　$\dfrac{4\sqrt{3}}{\sqrt{2}}=\dfrac{4\sqrt{3}\times\sqrt{2}}{\sqrt{2}\times\sqrt{2}}=\dfrac{4\sqrt{6}}{2}=2\sqrt{6}$

❸(1)　$\sqrt{14}\times\sqrt{21}=\sqrt{2\times7}\times\sqrt{3\times7}$

$=\sqrt{2\times3\times7^2}=7\sqrt{6}$

(2)　$\sqrt{6}\times\sqrt{22}=\sqrt{2\times3}\times\sqrt{2\times11}$

$=\sqrt{2^2\times3\times11}=2\sqrt{33}$

(3)　$\sqrt{45}\times\sqrt{54}=3\sqrt{5}\times3\sqrt{6}$

$=9\sqrt{30}$

(4)　$4\sqrt{5}\times2\sqrt{3\times5}=4\times2\times\sqrt{3\times5^2}=8\times5\sqrt{3}$

$=40\sqrt{3}$

(5)　$\sqrt{24}\times\sqrt{18}=2\sqrt{6}\times3\sqrt{2}$

$=2\times3\times\sqrt{2^2\times3}=12\sqrt{3}$

(6)　$(-\sqrt{10})\times\sqrt{32}=(-\sqrt{10})\times4\sqrt{2}$

$=-4\times\sqrt{2^2\times5}=-8\sqrt{5}$

(7)　$\sqrt{3}\div\sqrt{7}=\dfrac{\sqrt{3}}{\sqrt{7}}$

$=\dfrac{\sqrt{3}\times\sqrt{7}}{\sqrt{7}\times\sqrt{7}}=\dfrac{\sqrt{21}}{7}$

(8)　$\sqrt{13}\div\sqrt{5}=\dfrac{\sqrt{13}}{\sqrt{5}}=\dfrac{\sqrt{13}\times\sqrt{5}}{\sqrt{5}\times\sqrt{5}}=\dfrac{\sqrt{65}}{5}$

(9)　$\sqrt{45}\div\sqrt{2}=\dfrac{3\sqrt{5}}{\sqrt{2}}$

$=\dfrac{3\sqrt{5}\times\sqrt{2}}{\sqrt{2}\times\sqrt{2}}=\dfrac{3\sqrt{10}}{2}$

(10)　$5\sqrt{2}\div(-\sqrt{27})=-\dfrac{5\sqrt{2}}{\sqrt{27}}$

$=-\dfrac{5\sqrt{2}\times\sqrt{3}}{3\sqrt{3}\times\sqrt{3}}=-\dfrac{5\sqrt{6}}{9}$

(11)　$\sqrt{10}\div\sqrt{35}=\sqrt{\dfrac{10}{35}}=\sqrt{\dfrac{2}{7}}=\dfrac{\sqrt{2}\times\sqrt{7}}{\sqrt{7}\times\sqrt{7}}$

$=\dfrac{\sqrt{14}}{7}$

(12)　$(-\sqrt{8})\div\sqrt{22}=-\dfrac{\sqrt{8}}{\sqrt{22}}=-\dfrac{2\sqrt{2}\times\sqrt{22}}{\sqrt{22}\times\sqrt{22}}$

$=-\dfrac{4\sqrt{11}}{22}=-\dfrac{2\sqrt{11}}{11}$

基本ワーク　p.40 ～ 41

Check!

1　(1)　$15\sqrt{2}$　　(2)　$-3\sqrt{3}$

2　$2\sqrt{3}$

3　$\dfrac{5\sqrt{10}}{2}$

基本問題

❶　(1)　$7\sqrt{6}$　　(2)　$4\sqrt{10}$

(3)　$5\sqrt{2}$　　(4)　$-4\sqrt{7}$

(5)　$14\sqrt{3}$　　(6)　$5\sqrt{2}$

❷　(1)　$6\sqrt{2}-\sqrt{3}$　　(2)　$-5\sqrt{3}-4\sqrt{7}$

(3)　$2\sqrt{5}-3\sqrt{2}$　　(4)　$\sqrt{6}-6$

❸　(1)　$5\sqrt{7}$　　(2)　$2\sqrt{3}$

(3)　$-6\sqrt{2}$　　(4)　$8\sqrt{6}$

❹　(1)　$8\sqrt{2}$　　(2)　$3\sqrt{3}$

(3)　$\dfrac{7\sqrt{6}}{2}$　　(4)　$-3\sqrt{5}$

解説

❶(1)　$3\sqrt{6}+4\sqrt{6}=(3+4)\sqrt{6}=7\sqrt{6}$

(2)　$\sqrt{10}+3\sqrt{10}=(1+3)\sqrt{10}=4\sqrt{10}$

(3)　$6\sqrt{2}-\sqrt{2}=(6-1)\sqrt{2}=5\sqrt{2}$

(4)　$5\sqrt{7}-9\sqrt{7}=(5-9)\sqrt{7}=-4\sqrt{7}$

(5)　$2\sqrt{3}+5\sqrt{3}+7\sqrt{3}$

$=(2+5+7)\sqrt{3}=14\sqrt{3}$

(6)　$3\sqrt{2}-4\sqrt{2}+6\sqrt{2}$

$=(3-4+6)\sqrt{2}=5\sqrt{2}$

❷(1)　$7\sqrt{2}+4\sqrt{3}-\sqrt{2}-5\sqrt{3}$

$=(7-1)\sqrt{2}+(4-5)\sqrt{3}$

$=6\sqrt{2}-\sqrt{3}$

(2)　$3\sqrt{3}-6\sqrt{7}-8\sqrt{3}+2\sqrt{7}$

$=(3-8)\sqrt{3}+(-6+2)\sqrt{7}$

$=-5\sqrt{3}-4\sqrt{7}$

(3)　$9\sqrt{5}-3\sqrt{2}-7\sqrt{5}$

$=(9-7)\sqrt{5}-3\sqrt{2}$

$=2\sqrt{5}-3\sqrt{2}$

(4)　$5\sqrt{6}-7-4\sqrt{6}+1$

$=(5-4)\sqrt{6}+(-7+1)$

$=\sqrt{6}-6$

❸(1)　$\sqrt{28}+\sqrt{63}$

$=2\sqrt{7}+3\sqrt{7}=5\sqrt{7}$

(2)　$\sqrt{48}-\sqrt{12}$

$=4\sqrt{3}-2\sqrt{3}=2\sqrt{3}$

(3)　$\sqrt{32}-5\sqrt{8}$

$=4\sqrt{2}-10\sqrt{2}=-6\sqrt{2}$

(4)　$2\sqrt{54}-\sqrt{24}+\sqrt{96}$

$=6\sqrt{6}-2\sqrt{6}+4\sqrt{6}$

$=8\sqrt{6}$

❹(1)　$3\sqrt{2}+\dfrac{10}{\sqrt{2}}$

$=3\sqrt{2}+\dfrac{10\times\sqrt{2}}{\sqrt{2}\times\sqrt{2}}$

$=3\sqrt{2}+\dfrac{10\sqrt{2}}{2}$

$=3\sqrt{2}+5\sqrt{2}=8\sqrt{2}$

(2)　$8\sqrt{3}-\dfrac{15}{\sqrt{3}}$

$=8\sqrt{3}-\dfrac{15\times\sqrt{3}}{\sqrt{3}\times\sqrt{3}}$

$=8\sqrt{3}-\dfrac{15\sqrt{3}}{3}$

$=8\sqrt{3}-5\sqrt{3}=3\sqrt{3}$

(3)　$4\sqrt{6}-\sqrt{\dfrac{3}{2}}$

$=4\sqrt{6}-\dfrac{\sqrt{3}\times\sqrt{2}}{\sqrt{2}\times\sqrt{2}}$

$=4\sqrt{6}-\dfrac{\sqrt{6}}{2}=\dfrac{8\sqrt{6}-\sqrt{6}}{2}=\dfrac{7\sqrt{6}}{2}$

(4)　$3\sqrt{20}-\dfrac{60}{\sqrt{5}}+\sqrt{45}$

$=6\sqrt{5}-\dfrac{60\times\sqrt{5}}{\sqrt{5}\times\sqrt{5}}+3\sqrt{5}$

$=6\sqrt{5}-\dfrac{60\sqrt{5}}{5}+3\sqrt{5}$

$=6\sqrt{5}-12\sqrt{5}+3\sqrt{5}=-3\sqrt{5}$

基本ワーク　p.42～43

Check!

1　$-8-2\sqrt{7}$

2　$4\sqrt{2}$

3　$\sqrt{2}\,b$cm

基本問題

❶　(1)　$\sqrt{3}-3\sqrt{7}$　　(2)　$5-13\sqrt{6}$

　(3)　$-15-7\sqrt{3}$　　(4)　$18+8\sqrt{5}$

　(5)　$41-24\sqrt{2}$　　(6)　-19

❷　(1)　24　　(2)　$6\sqrt{3}$

❸　(1)　7　　(2)　$5\sqrt{7}+10$

❹　(1)　$\{(\sqrt{2}-1)a\}$cm

　(2)　$\{(\sqrt{2}-1)a\}$cm

解説

❶(1)　$\sqrt{3}(1-\sqrt{21})$

$=\sqrt{3}-\sqrt{3}\times\sqrt{21}$

$=\sqrt{3}-3\sqrt{7}$

(2)　$(\sqrt{6}-7)(2\sqrt{6}+1)$

$=\sqrt{6}\times2\sqrt{6}+\sqrt{6}\times1-7\times2\sqrt{6}-7\times1$

$=12+\sqrt{6}-14\sqrt{6}-7$

$=5-13\sqrt{6}$

(3)　$(\sqrt{3}+2)(\sqrt{3}-9)$

$=(\sqrt{3})^2+(2-9)\sqrt{3}+2\times(-9)$

$=3-7\sqrt{3}-18$

$=-15-7\sqrt{3}$

(4)　$(\sqrt{8}+\sqrt{10})^2$

$=(\sqrt{8})^2+2\times\sqrt{2^2\times2\times2\times5}+(\sqrt{10})^2$

$=8+2\times4\sqrt{5}+10$

$=18+8\sqrt{5}$

(5)　$(4\sqrt{2}-3)^2$

$=(4\sqrt{2})^2-2\times3\times4\sqrt{2}+3^2$

$=32-24\sqrt{2}+9$

$=41-24\sqrt{2}$

(6)　$(\sqrt{6}+5)(\sqrt{6}-5)$

$=(\sqrt{6})^2-5^2$

$=6-25=-19$

❷(1)　$x^2+2xy+y^2=(x+y)^2$　ここで，

$x+y=(\sqrt{6}+\sqrt{3})+(\sqrt{6}-\sqrt{3})=2\sqrt{6}$ より，

$(x+y)^2=(2\sqrt{6})^2=24$

(2)　$x^2y-xy^2=xy(x-y)$　ここで，

$xy=(\sqrt{6}+\sqrt{3})(\sqrt{6}-\sqrt{3})$

$=(\sqrt{6})^2-(\sqrt{3})^2=6-3=3$，

$x-y=(\sqrt{6}+\sqrt{3})-(\sqrt{6}-\sqrt{3})=2\sqrt{3}$ より，

$xy(x-y)=3\times2\sqrt{3}$

$=6\sqrt{3}$

❸(1)　$a^2-10a+25=(a-5)^2$

$a=5+\sqrt{7}$ より，

$(a-5)^2=(5+\sqrt{7}-5)^2$

$=(\sqrt{7})^2$

$=7$

(2)　$a^2-5a+3=a(a-5)+3$

$a=5+\sqrt{7}$ より，

$a(a-5)+3=(5+\sqrt{7})(5+\sqrt{7}-5)+3$

$=(5+\sqrt{7})\times\sqrt{7}+3$

$=5\sqrt{7}+7+3$

$=5\sqrt{7}+10$

❹(1)　∠FBC＝45°だから，

∠BFC＝180°－90°－45°＝45°　2つの角が等しいので，△BCFは二等辺三角形であり，CF＝BC＝$a$cm　また，AB＝DC＝$x$cmとすると，$x:a=\sqrt{2}:1$ より，$x=\sqrt{2}\,a$

したがって，DF＝DC－CF＝$\sqrt{2}\,a-a$

$=\{(\sqrt{2}-1)a\}$cm

(2)　BF＝AB＝$\sqrt{2}\,a$cm，BH＝BC＝$a$cm より，

FH＝BF－BH＝$\sqrt{2}\,a-a=\{(\sqrt{2}-1)a\}$cm

2・3節の問題　p.44 ～ 45

1 (1) $\sqrt{20}$　(2) $\sqrt{72}$
(3) $\sqrt{448}$

2 (1) $3\sqrt{7}$　(2) $6\sqrt{3}$
(3) $5\sqrt{6}$

3 (1) 77.46　(2) 4.898
(3) 0.7347

4 (1) $\frac{5\sqrt{3}}{3}$　(2) $\frac{\sqrt{55}}{5}$
(3) $\frac{\sqrt{7}}{2}$

5 (1) $9\sqrt{6}$　(2) $6\sqrt{10}$
(3) $15\sqrt{2}$　(4) $-\frac{\sqrt{14}}{7}$
(5) $\frac{5\sqrt{6}}{2}$　(6) $-\frac{\sqrt{15}}{2}$

6 (1) $3\sqrt{3}$　(2) $-\sqrt{6}+\sqrt{2}$
(3) $3\sqrt{3}$　(4) $\sqrt{3}$
(5) 0　(6) $-3\sqrt{2}$
(7) $-2\sqrt{3}$　(8) $\frac{\sqrt{14}}{2}$

7 (1) $\sqrt{3}$　(2) $5\sqrt{3}$
(3) $-2\sqrt{2}$　(4) $17\sqrt{2}$

8 (1) $14\sqrt{6}-6\sqrt{35}$　(2) $7-2\sqrt{10}$
(3) $9-2\sqrt{5}$　(4) $-12\sqrt{2}$

9 (1) $20+8\sqrt{7}$　(2) $32-10\sqrt{7}$

10 $n=10$,　$\sqrt{40n}=20$

11 (1) 3　(2) $\sqrt{15}-3$
(3) -10

12 (1) 58cm^2　(2) $\sqrt{58}\text{cm}$

解説

3(3) $\sqrt{0.54}=\sqrt{\frac{54}{100}}=\frac{\sqrt{3^2\times6}}{\sqrt{10^2}}=\frac{3\sqrt{6}}{10}$

よって，$3\times2.449\div10=0.7347$

4(3) $\frac{7}{2\sqrt{7}}=\frac{7\times\sqrt{7}}{2\sqrt{7}\times\sqrt{7}}=\frac{\overset{1}{\cancel{7}}\sqrt{7}}{2\times\underset{1}{\cancel{7}}}=\frac{\sqrt{7}}{2}$

5(6) $5\sqrt{3}\div(-\sqrt{20})=5\sqrt{3}\div(-2\sqrt{5})=-\frac{5\sqrt{3}}{2\sqrt{5}}$

$=-\frac{5\sqrt{3}\times\sqrt{5}}{2\sqrt{5}\times\sqrt{5}}=-\frac{\overset{1}{\cancel{5}}\sqrt{15}}{2\times\underset{1}{\cancel{5}}}=-\frac{\sqrt{15}}{2}$

6(8) $\sqrt{56}-\sqrt{\frac{63}{2}}=2\sqrt{14}-\frac{3\sqrt{7}\times\sqrt{2}}{\sqrt{2}\times\sqrt{2}}$

$=2\sqrt{14}-\frac{3\sqrt{14}}{2}$

$=\frac{4\sqrt{14}-3\sqrt{14}}{2}=\frac{\sqrt{14}}{2}$

7(4) $3\sqrt{6}\times2\sqrt{3}-\sqrt{8}\div2$

$=6\sqrt{3^2\times2}-2\sqrt{2}\div2$

$=18\sqrt{2}-\sqrt{2}=17\sqrt{2}$

8(1) $\sqrt{14}(2\sqrt{21}-3\sqrt{10})$

$=2\times\sqrt{14}\times\sqrt{21}-3\times\sqrt{14}\times\sqrt{10}$

$=2\times\sqrt{2\times7\times3\times7}-3\times\sqrt{2\times7\times2\times5}$

$=14\sqrt{6}-6\sqrt{35}$

(4) $\sqrt{2}-3=A$，$\sqrt{2}+3=B$ とおくと，

$A^2-B^2=(A+B)(A-B)$

$(\sqrt{2}-3+\sqrt{2}+3)\{\sqrt{2}-3-(\sqrt{2}+3)\}$

$=2\sqrt{2}\times(-6)=-12\sqrt{2}$

10 $\sqrt{40n}=\sqrt{2^2\times2\times5\times n}$　$n=2\times5$ のとき

$\sqrt{2^4\times5^2}=20$ と整数になる。したがって，$n=10$

11(1) $3=\sqrt{3^2}=\sqrt{9}$，$4=\sqrt{4^2}=\sqrt{16}$ より

$\sqrt{9}<\sqrt{15}<\sqrt{16}$

したがって　$3<\sqrt{15}<4$　$\sqrt{15}=3.\cdots$

(2) 小数部分は，$\sqrt{15}$ から整数部分の 3 をひくと求められるので，$\sqrt{15}-3$

(3) $a=\sqrt{15}-3$ を代入して，

$(\sqrt{15}-3-2)(\sqrt{15}-3+8)$

$=(\sqrt{15}-5)(\sqrt{15}+5)=(\sqrt{15})^2-5^2=15-25$

$=-10$

12(1) △APS，△BQP，△CRQ，△DSR は合同な三角形だから，面積が等しいので

正方形PQRS＝正方形ABCD－△APS×4

$=10^2-\frac{1}{2}\times3\times7\times4$

$=100-42=58\ (\text{cm}^2)$

2章の問題　p.46 ～ 47

1 (1) ○　(2) -4

(3) ○　(4) ○

(5) $\sqrt{2}$

2 (1) $n=2,\ 3,\ 5,\ 6,\ 7,\ 8,\ 10$

(2) $n=2,\ 8$

3 (1) 7.347　(2) 24.49

(3) 0.02449

4 (1) $\sqrt{0.25}<0.51$　(2) $-3\sqrt{2}<-2\sqrt{3}$

5 (1) 12　(2) $-\sqrt{5}$

(3) $10\sqrt{7}$　(4) $5\sqrt{3}+2\sqrt{2}$

(5) $\sqrt{5}$　(6) $4\sqrt{6}$

(7) $\sqrt{5}$　(8) $-2\sqrt{6}$

(9) $4-8\sqrt{2}$　(10) $28-4\sqrt{3}$

6 (1) $\dfrac{9\sqrt{5}}{10}$　(2) $3\sqrt{10}$

(3) $\dfrac{3\sqrt{2}+\sqrt{6}}{3}$

7 (1) 19 個

(2) $a=2,\ 11,\ 18,\ 23,\ 26$

8 $9\sqrt{11}-29$

9 (1) $4\sqrt{21}$　(2) $12\sqrt{21}-24$

10 (1) ㋐ 4　㋑ 8　㋒ $2\sqrt{2}$

(2) 1 辺の長さ…8cm，面積…64cm^2

(3) 2 倍

解説

1(2) $-\sqrt{(-4)^2}=-\sqrt{16}=-\sqrt{4^2}=-4$

(3) $\sqrt{(-3)^2}\times\sqrt{3^2}=\sqrt{9}\times\sqrt{9}=9$

(4) $\sqrt{32}\div\sqrt{4}=\sqrt{\dfrac{32}{4}}=\sqrt{8}=2\sqrt{2}$

(5) $\sqrt{8}-\sqrt{2}=2\sqrt{2}-\sqrt{2}=\sqrt{2}$

2(2) (1)の n の値から $\sqrt{\dfrac{n}{2}}$ が有理数になる n の値をさがす。$n=2$ のとき $\sqrt{\dfrac{2}{2}}=\sqrt{1}=1$

$n=8$ のとき $\sqrt{\dfrac{8}{2}}=\sqrt{4}=\sqrt{2^2}=2$　したがって，$n=2,\ 8$ が当てはまる。

3(1) $\sqrt{54}=\sqrt{3^2\times 6}=3\sqrt{6}=3\times 2.449=7.347$

(3) $\sqrt{0.0006}=\sqrt{\dfrac{6}{10000}}=\dfrac{\sqrt{6}}{100}=\dfrac{2.449}{100}=0.02449$

4(1) $\sqrt{0.25}=0.5$，$0.5<0.51$ より，$\sqrt{0.25}<0.51$

(2) $-3\sqrt{2}=-\sqrt{3^2\times 2}=\ \ \sqrt{18}$,

$-2\sqrt{3}=-\sqrt{2^2\times 3}=-\sqrt{12}$　負の数は，絶対値が大きいほど小さいので，$-\sqrt{18}<-\sqrt{12}$　したがって，$-3\sqrt{2}<-2\sqrt{3}$

5(1) $\sqrt{8}\times\sqrt{18}$

$=2\sqrt{2}\times 3\sqrt{2}=2\times 3\times(\sqrt{2})^2=2\times 3\times 2=12$

(2) $\sqrt{55}\div(-\sqrt{11})=-\sqrt{\dfrac{55}{11}}=-\sqrt{5}$

(8) $\sqrt{72}\times(-\sqrt{2})\div\sqrt{6}$

$=-\dfrac{\sqrt{72}\times\sqrt{2}}{\sqrt{6}}=-\dfrac{12}{\sqrt{6}}=-2\sqrt{6}$

(9) $(\sqrt{8}+1)(\sqrt{8}-4)-\dfrac{4}{\sqrt{2}}$

$=(2\sqrt{2}+1)(2\sqrt{2}-4)-\dfrac{4\times\sqrt{2}}{\sqrt{2}\times\sqrt{2}}$

$=(2\sqrt{2})^2+(1-4)\times 2\sqrt{2}+1\times(-4)-\dfrac{4\sqrt{2}}{2}$

$=8-6\sqrt{2}-4-2\sqrt{2}=4-8\sqrt{2}$

6(3) $\dfrac{\sqrt{6}+\sqrt{2}}{\sqrt{3}}=\dfrac{\sqrt{3}(\sqrt{6}+\sqrt{2})}{\sqrt{3}\times\sqrt{3}}=\dfrac{3\sqrt{2}+\sqrt{6}}{3}$

7(1) $4.2^2=17.64$，$6^2=36$ より $17.64<a\leqq 36$，a は自然数だから $18\leqq a\leqq 36$　したがって $a=36-17=19$（個）

(2) $27-a=1^2,\ 2^2,\ 3^2$ …となる a の値をさがす。

8 $\sqrt{9}<\sqrt{11}<\sqrt{16}$ より $3<\sqrt{11}<4$ だから，$\sqrt{11}$ の整数部分は 3，小数部分は $\sqrt{11}-3$ である。

$a=3$　$b=\sqrt{11}-3$ を代入して

$(\sqrt{11}-3)\{3-(\sqrt{11}-3)\}=(\sqrt{11}-3)(6-\sqrt{11})$

10(1) 2 番目の正方形の 1 辺の中点が 1 番目の正方形の頂点になるので，2 番目の面積は 1 番目の 2 倍になる。3，4，5 番目…と，面積は 1 つ前の図形の 2 倍になっていくので，㋐ $2\times 2=4$ ㋑ $4\times 2=8$　㋒は面積が 8cm^2 の正方形の 1 辺なので $\sqrt{8}=2\sqrt{2}$ (cm)

3章　2次方程式

ウォーミングアップ　p.48～49

1
(1)　$x=2$　　(2)　$x=4$
(3)　$x=11$　　(4)　$x=\dfrac{1}{12}$
(5)　$x=\dfrac{4}{5}$　　(6)　$x=-\dfrac{7}{2}$
(7)　$x=5$　　(8)　$x=-120$

2
(1)　± 9　　(2)　$\pm\dfrac{2}{3}$
(3)　$\pm\sqrt{6}$　　(4)　± 20

3
(1)①　$\sqrt{7}>\sqrt{5}$　　②　$-6<-\sqrt{35}$
(2)①　$2\sqrt{3}$　　②　$-10\sqrt{3}$

4
(1)　$(x+3)(x+1)$　　(2)　$(x-2)(x-6)$
(3)　$(x+4)(x+8)$　　(4)　$(x-1)(x-8)$
(5)　$(x+5)^2$　　(6)　$(7x+4)(7x-4)$

5
(1)　$a=5$　　(2)　$x=6$

解説

1(1)　$5x-8=2$
$5x=2+8$
$x=2$

(2)　$2x+1=-3x+21$
$2x+3x=21-1$
$5x=20$
$x=4$

(3)　$4x-3(x+2)=5$
$4x-3x-6=5$
$x=11$

(4)　$2(x+4)=7(2x+1)$
$2x+8=14x+7$
$2x-14x=7-8$
$-12x=-1$
$x=\dfrac{1}{12}$

(5)　式の両辺に分母の最小公倍数をかけて，分数をふくまない形に変形してから解く。
$18\left(\dfrac{3}{2}x+\dfrac{5}{9}\right)=18\left(\dfrac{1}{9}x+\dfrac{5}{3}\right)$
$27x+10=2x+30$
$25x=20$
$x=\dfrac{4}{5}$

(6)　式の両辺を2倍すると，
$-4(x+4)=2x+5$

(7)　式の両辺を100でわると，
$2x+(30-x)=3x+20$

(8)　式の両辺を100倍すると，
$8x+500=3x-100$

2(1)　2乗すると81になる数だから，$+9$ と -9

(2)　2乗すると $\dfrac{4}{9}$ になる数だから，$+\dfrac{2}{3}$ と $-\dfrac{2}{3}$

(3)　6の平方根は $\sqrt{6}$ と $-\sqrt{6}$ の2つ。

(4)　$400=4\times 100=2^2\times 10^2=(2\times 10)^2$

3(1)①　$a<b$ ならば $\sqrt{a}<\sqrt{b}$
②　$-6=-\sqrt{36}$ だから，$-\sqrt{36}<-\sqrt{35}$

(2)①　$\sqrt{2^2\times 3}=2\sqrt{3}$
②　$-\sqrt{100\times 3}=-\sqrt{10^2\times 3}=-10\sqrt{3}$

4(6)　$49x^2-16=(7x)^2-4^2=(7x+4)(7x-4)$

5(1)　方程式に $x=-5$ を代入すると，
$3-\{a-(-5)\}=4\times(-5)+13$
これを a についての方程式とみて解く。
$3-(a+5)=-20+13$
$-a=-7+2$
$a=5$

(2)　ある数 x と3との和の3倍は，$3(x+3)$ と表せる。また，x の5倍から3をひいた数は，$5x-3$ と表されるので，$3(x+3)=5x-3$
これを解いて，$x=6$

基本ワーク　p.50 ～ 51

Check!

1　-4 と 0

2　$x=\pm 2\sqrt{7}$

3　$x=6\pm\sqrt{13}$

基本問題

❶　㋐，㋑

❷　1 と 3

❸　(1)　$x=\pm 9$　(2)　$x=\pm\sqrt{7}$

(3)　$x=\pm 2$　(4)　$x=\pm\dfrac{4}{3}$

(5)　$x=\pm\dfrac{\sqrt{5}}{2}$　(6)　$x=\pm\dfrac{\sqrt{11}}{6}$

❹　(1)　$x=2\pm\sqrt{5}$　(2)　$x=-4,\ x=-10$

(3)　$x=3\pm 2\sqrt{2}$　(4)　$x=3,\ x=-13$

(5)　$x=4\pm 2\sqrt{6}$　(6)　$x=-9\pm 2\sqrt{3}$

(7)　$x=12,\ x=4$　(8)　$x=3,\ x=-7$

(9)　$x=-6\pm 4\sqrt{2}$

解説

❶　$ax^2+bx+c=0\ (a\neq 0)$ の形に変形できるのが 2 次方程式である。

㋐　$(x+6)^2=2$

$x^2+12x+36=2$

$x^2+12x+34=0$

したがって，㋐は 2 次方程式である。

㋑　$3x^2=5$ より，$3x^2-5=0$

$a=3,\ b=0,\ c=-5$ の場合だから，㋑は 2 次方程式である。

㋒　$x^2-4x+1=x^2+7x$

$-11x+1=0$

$a=0$ となってしまうので，㋒は 2 次方程式ではない。

したがって，2 次方程式は㋐と㋑である。

❷　$x=0$ のとき，(左辺) $=0^2-4\times 0+3=3$

したがって，(左辺) $\neq$ (右辺)

$x=1$ のとき，(左辺) $=1^2-4\times 1+3=0$

したがって，(左辺) $=$ (右辺)

$x=2$ のとき，(左辺) $=2^2-4\times 2+3=-1$

したがって，(左辺) $\neq$ (右辺)

$x=3$ のとき，(左辺) $=3^2-4\times 3+3=0$

したがって，(左辺) $=$ (右辺)

$x=4$ のとき，(左辺) $=4^2-4\times 4+3=3$

したがって，(左辺) $\neq$ (右辺)　より，解は 1 と 3

❸(1)　$x^2=81$ より，$x=\pm 9$

(2)　$2x^2=14$

$x^2=7$

$x=\pm\sqrt{7}$

(3)　$5x^2=20$

$x^2=4$

$x=\pm 2$

(4)　$9x^2=16$

$x^2=\dfrac{16}{9}$

$x=\pm\dfrac{4}{3}$

(5)　$x^2=\dfrac{5}{4}$

$x=\pm\dfrac{\sqrt{5}}{2}$

(6)　$36x^2=11$

$x^2=\dfrac{11}{36}$

$x=\pm\dfrac{\sqrt{11}}{6}$

❹(1)　$x-2=\pm\sqrt{5}$

$x=2\pm\sqrt{5}$

(2)　$x+7=\pm 3$

$x=-7\pm 3$

$x=-4,\ x=-10$

(3)　$(x-3)^2-8=0$

$(x-3)^2=8$

$x-3=\pm 2\sqrt{2}$

$x=3\pm 2\sqrt{2}$

(4)　$(x+5)^2-64=0$

$(x+5)^2=64$

$x+5=\pm 8$

$x=3,\ x=-13$

(5)　$(x-4)^2=24$

$x-4=\pm 2\sqrt{6}$

$x=4\pm 2\sqrt{6}$

(6)　$(x+9)^2-12=0$

$(x+9)^2=12$

$x+9=\pm 2\sqrt{3}$

$x=-9\pm 2\sqrt{3}$

(7)　$(x-8)^2+6=22$

$(x-8)^2=16$

$x-8=\pm 4$

$x=12,\ x=4$

(8)　$(x+2)^2-11=14$

$(x+2)^2=25$

$x+2=\pm 5$

$x=3,\ x=-7$

(9)　$2(x+6)^2=64$

$(x+6)^2=32$

$x+6=\pm 4\sqrt{2}$

$x=-6\pm 4\sqrt{2}$

基本ワーク　p.52 ～ 53

Check!

1　$x=4\pm\sqrt{17}$

2　$x=\dfrac{-1\pm\sqrt{13}}{6}$

基本問題

❶ (1)（左上から順に）1，1，1，10，

$-1\pm\sqrt{10}$

(2) 9，9，3，15，$3\pm\sqrt{15}$

(3) $\dfrac{5}{2}$，$\dfrac{33}{4}$，$\dfrac{-5\pm\sqrt{33}}{2}$

❷ (1) $x=\dfrac{-1\pm\sqrt{13}}{2}$

(2) $x=\dfrac{5\pm\sqrt{41}}{4}$　(3) $x=\dfrac{9\pm5\sqrt{5}}{2}$

(4) $x=\dfrac{-3\pm3\sqrt{5}}{2}$

(5) $x=\dfrac{7\pm\sqrt{17}}{8}$　(6) $x=\dfrac{11\pm3\sqrt{17}}{16}$

❸ (1) $x=\dfrac{1\pm\sqrt{19}}{6}$　(2) $x=\dfrac{2\pm\sqrt{10}}{3}$

(3) $x=\dfrac{-2\pm\sqrt{2}}{2}$

❹ (1) $x=\dfrac{1}{3}$，$x=-1$

(2) $x=\dfrac{5}{6}$，$x=-1$

(3) $x=\dfrac{1}{2}$

解説

❷(1) 解の公式を使って解く。$ax^2+bx+c=0$ の解は，$x=\dfrac{-b\pm\sqrt{b^2-4ac}}{2a}$

$$x=\frac{-1\pm\sqrt{1^2-4\times1\times(-3)}}{2\times1}=\frac{-1\pm\sqrt{13}}{2}$$

(2) $$x=\frac{-(-5)\pm\sqrt{(-5)^2-4\times2\times(-2)}}{2\times2}$$

$$=\frac{5\pm\sqrt{41}}{4}$$

(3) $$x=\frac{-(-9)\pm\sqrt{(-9)^2-4\times1\times(-11)}}{2\times1}$$

$$=\frac{9\pm5\sqrt{5}}{2}$$

(4) $$x=\frac{-3\pm\sqrt{3^2-4\times1\times(-9)}}{2\times1}$$

$$=\frac{-3\pm3\sqrt{5}}{2}$$

(5) $$x=\frac{-(-7)\pm\sqrt{(-7)^2-4\times4\times2}}{2\times4}$$

$$=\frac{7\pm\sqrt{17}}{8}$$

(6) $$x=\frac{-(-11)\pm\sqrt{(-11)^2-4\times8\times(-1)}}{2\times8}$$

$$=\frac{11\pm3\sqrt{17}}{16}$$

❸(1) $$x=\frac{-(-2)\pm\sqrt{(-2)^2-4\times6\times(-3)}}{2\times6}$$

$$=\frac{2\pm2\sqrt{19}}{12}=\frac{1\pm\sqrt{19}}{6}$$

(2) $$x=\frac{-(-4)\pm\sqrt{(-4)^2-4\times3\times(-2)}}{2\times3}$$

$$=\frac{4\pm2\sqrt{10}}{6}=\frac{2\pm\sqrt{10}}{3}$$

(3) $$x=\frac{-4\pm\sqrt{4^2-4\times2\times1}}{2\times2}$$

$$=\frac{-4\pm2\sqrt{2}}{4}=\frac{-2\pm\sqrt{2}}{2}$$

❹(1) $$x=\frac{-2\pm\sqrt{2^2-4\times3\times(-1)}}{2\times3}$$

$$=\frac{-2\pm4}{6}$$

$x=\dfrac{-2+4}{6}$，$x=\dfrac{-2-4}{6}$

$x=\dfrac{1}{3}$，$x=-1$

(2) $$x=\frac{-1\pm\sqrt{1^2-4\times6\times(-5)}}{2\times6}$$

$$=\frac{-1\pm11}{12}$$

$x=\dfrac{-1+11}{12}$，$x=\dfrac{-1-11}{12}$

$x=\dfrac{5}{6}$，$x=-1$

(3) $$x=\frac{-(-4)\pm\sqrt{(-4)^2-4\times4\times1}}{2\times4}$$

$$=\frac{4}{8}=\frac{1}{2}$$

基本ワーク　p.54～55

Check!

1　(1)　$x=3$, $x=5$　(2)　$x=0$, $x=9$

2　(1)　$x=2$, $x=5$　(2)　$x=3$, $x=-1$

3　(1)　$x=-2$　(2)　$x=6$

基本問題

❶　(1)　$x=2$, $x=3$　(2)　$x=-1$, $x=-5$

(3)　$x=10$, $x=-12$

(4)　$x=0$, $x=-2$

(5)　$x=-\frac{1}{2}$, $x=\frac{1}{3}$　(6)　$x=0$, $x=\frac{3}{4}$

❷　(1)　$x=-1$, $x=-4$

(2)　$x=5$, $x=6$　(3)　$x=-2$, $x=7$

(4)　$x=-3$, $x=-5$

(5)　$x=1$, $x=6$　(6)　$x=2$, $x=-4$

(7)　$x=-2$, $x=-9$

(8)　$x=4$, $x=8$　(9)　$x=-8$, $x=9$

❸　(1)　$x=-5$　(2)　$x=1$

(3)　$x=-7$　(4)　$x=9$

(5)　$x=\pm 4$　(6)　$x=\pm 10$

解説

❶(1)　$x-2=0$ または $x-3=0$

$x=2$, $x=3$

(2)　$x+1=0$ または $x+5=0$

$x=-1$, $x=-5$

(3)　$x-10=0$ または $x+12=0$

$x=10$, $x=-12$

(4)　$x=0$ または $x+2=0$

$x=0$, $x=-2$

(5)　$2x+1=0$ または $3x-1=0$

$x=-\frac{1}{2}$, $x=\frac{1}{3}$

(6)　$x=0$ または $4x-3=0$

$x=0$, $x=\frac{3}{4}$

❷(1)　$(x+1)(x+4)=0$

$x+1=0$ または $x+4=0$

$x=-1$, $x=-4$

(2)　$(x-5)(x-6)=0$

$x-5=0$ または $x-6=0$

$x=5$, $x=6$

(3)　$(x+2)(x-7)=0$

$x+2=0$ または $x-7=0$

$x=-2$, $x=7$

(4)　$(x+3)(x+5)=0$

$x+3=0$ または $x+5=0$

$x=-3$, $x=-5$

(5)　$(x-1)(x-6)=0$

$x-1=0$ または $x-6=0$

$x=1$, $x=6$

(6)　$(x-2)(x+4)=0$

$x-2=0$ または $x+4=0$

$x=2$, $x=-4$

(7)　$(x+2)(x+9)=0$

$x+2=0$ または $x+9=0$

$x=-2$, $x=-9$

(8)　$(x-4)(x-8)=0$

$x-4=0$ または $x-8=0$

$x=4$, $x=8$

(9)　$(x+8)(x-9)=0$

$x+8=0$ または $x-9=0$

$x=-8$, $x=9$

❸(1)　$(x+5)^2=0$

$x+5=0$

$x=-5$

(2)　$(x-1)^2=0$

$x-1=0$

$x=1$

(3)　$(x+7)^2=0$

$x+7=0$

$x=-7$

(4)　$(x-9)^2=0$

$x-9=0$

$x=9$

(5)　$(x+4)(x-4)=0$

$x+4=0$ または $x-4=0$

$x=-4$, $x=4$

(6)　$(x+10)(x-10)=0$

$x+10=0$ または $x-10=0$

$x=-10$, $x=10$

基本ワーク

p.56 〜 57

Check!

1 (1) $x=-\dfrac{1}{3}$, $x=-2$

(2) $x=1\pm 3\sqrt{3}$

(3) $x=-2$, $x=-9$

2 (1) $x=\dfrac{1\pm\sqrt{21}}{10}$ (2) $x=9$, $x=-4$

基本問題

❶ (1) $x=\pm 2\sqrt{6}$ (2) $x=5$, $x=8$

(3) $x=\dfrac{3\pm\sqrt{17}}{4}$

❷ (1) $x=\dfrac{-1\pm\sqrt{7}}{2}$

(2) $x=7$, $x=-8$

(3) $x=-3$, $x=5$

(4) $x=2$, $x=-8$

(5) $x=12$ (6) $x=\dfrac{1}{3}$, $x=-3$

(7) $x=\dfrac{9\pm\sqrt{21}}{10}$ (8) $x=\dfrac{-1\pm\sqrt{89}}{4}$

解説

❶(1) $x^2=24$, $x=\pm 2\sqrt{6}$

(2) $(x-5)(x-8)=0$

$x-5=0$ または $x-8=0$

$x=5$, $x=8$

(3) 解の公式に, $a=2$, $b=-3$, $c=-1$ を代入すると,

$$x=\frac{-(-3)\pm\sqrt{(-3)^2-4\times 2\times(-1)}}{2\times 2}$$

$$=\frac{3\pm\sqrt{17}}{4}$$

❷(1) $2x^2+2x-3=0$

解の公式に, $a=2$, $b=2$, $c=-3$ を代入すると,

$$x=\frac{-2\pm\sqrt{2^2-4\times 2\times(-3)}}{2\times 2}$$

$$=\frac{-2\pm 2\sqrt{7}}{4}=\frac{-1\pm\sqrt{7}}{2}$$

(2) $x^2+x=56$

$x^2+x-56=0$

$(x-7)(x+8)=0$

$x-7=0$ または $x+8=0$

$x=7$, $x=-8$

(3) $x^2-2x-8=7$

$x^2-2x-15=0$

$(x+3)(x-5)=0$

$x+3=0$ または $x-5=0$

$x=-3$, $x=5$

(4) $4x^2+12x+9=2x^2+41$

$2x^2+12x-32=0$

$x^2+6x-16=0$

$(x-2)(x+8)=0$

$x-2=0$ または $x+8=0$

$x=2$, $x=-8$

(5) $2x^2+144=x^2+24x$

$x^2-24x+144=0$

$(x-12)^2=0$

$x-12=0$

$x=12$

(6) 式の両辺に 3 をかけると,

$3x^2+8x=3$

$3x^2+8x-3=0$

解の公式に, $a=3$, $b=8$, $c=-3$ を代入すると,

$$x=\frac{-8\pm\sqrt{8^2-4\times 3\times(-3)}}{2\times 3}=\frac{-8\pm 10}{6}$$

$$x=\frac{-8+10}{6},\quad x=\frac{-8-10}{6}$$

$x=\dfrac{1}{3}$, $x=-3$

(7) 式の両辺に 10 をかけると,

$5x^2=9x-3$

$5x^2-9x+3=0$

解の公式に, $a=5$, $b=-9$, $c=3$ を代入すると,

$$x=\frac{-(-9)\pm\sqrt{(-9)^2-4\times 5\times 3}}{2\times 5}=\frac{9\pm\sqrt{21}}{10}$$

(8) $x^2-x-12+x^2+2x+1=0$

$2x^2+x-11=0$

解の公式に, $a=2$, $b=1$, $c=-11$ を代入すると,

$$x=\frac{-1\pm\sqrt{1^2-4\times 2\times(-11)}}{2\times 2}=\frac{-1\pm\sqrt{89}}{4}$$

1 節の問題　p.58 〜 59

1　2 次方程式　㋑，㋒

$x=4$ が解であるもの　㋒

2　(1)　$x=\pm 6$　(2)　$x=\pm\sqrt{3}$

(3)　$x=12,\ x=6$　(4)　$x=-1\pm\sqrt{10}$

3　(1)　$x=3\pm\sqrt{2}$

(2)　$x=\dfrac{-2\pm\sqrt{14}}{2}\left(-1\pm\dfrac{\sqrt{14}}{2}\right)$

(3)　$x=1,\ x=\dfrac{2}{3}$　(4)　$x=\dfrac{5\pm\sqrt{29}}{2}$

(5)　$x=\dfrac{2\pm\sqrt{10}}{2}\left(1\pm\dfrac{\sqrt{10}}{2}\right)$

(6)　$x=\dfrac{4\pm\sqrt{21}}{2}\left(2\pm\dfrac{\sqrt{21}}{2}\right)$

4　(1)　$x=-6,\ x=4$

(2)　$x=-8,\ x=2$

(3)　$x=0,\ x=9$　(4)　$x=5$

(5)　$x=-2,\ x=9$

(6)　$x=\pm 2\sqrt{2}$　(7)　$x=2,\ x=8$

(8)　$x=7,\ x=-8$

(9)　$x=\pm\dfrac{3}{2}$　(10)　$x=-7$

5　(1)　$x=-2,\ x=-5$

(2)　$x=-2,\ x=-1$

(3)　$x=2,\ x=7$　(4)　$x=7$

6　(1)　式の両辺を x でわっているところ。

(2)　$x=0,\ \ x=5$

7　㋐　16　㋑　4　㋒　23

㋓　$\pm\sqrt{23}$　㋔　$4\pm\sqrt{23}$

8　(1)　$a=-9$　(2)　$x=8$

9　(1)　$x=-5,\ x=9$

(2)　$a=1$

10　$a=1,\ b=-72$

解説

1　㋐は 2 次式，㋓は展開して同類項をまとめると，1 次方程式 $-3x+1=0$ になる。

$x=4$ を式の左辺，右辺にそれぞれ代入して，等しくなれば，$x=4$ が解となる。

㋒　(左辺)$=4^2-4=12$，(右辺)$=3\times 4=12$

したがって，㋒が解となる。

2(2)　式の両辺を 8 でわると，$x^2=3$

$x=\pm\sqrt{3}$

(3)　$x-9=A$ とおく。$A^2=9$　$A=\pm 3$

$x-9=\pm 3,\ x=9\pm 3$　$x=12,\ x=6$

3(1)　解の公式を使ってもよいが，$(x+▲)^2=●$ の形に変形すると簡単に計算できる。

$x^2-6x+9=-7+9$

$(x-3)^2=2,\ x-3=\pm\sqrt{2},\ x=3\pm\sqrt{2}$

(5)　解の公式を使って，

$$x=\frac{-(-4)\pm\sqrt{(-4)^2-4\times 2\times(-3)}}{2\times 2}$$

$$=\frac{4\pm\sqrt{40}}{4}=\frac{4\pm 2\sqrt{10}}{4}$$

$$=\frac{2\pm\sqrt{10}}{2}\left(1\pm\frac{\sqrt{10}}{2}\right)$$

4(9)　$(2x)^2-3^2=0$

$(2x+3)(2x-3)=0$　$x=\pm\dfrac{3}{2}$

5(2)　$x^2+3x-4=-6$　$x^2+3x+2=0$

$(x+2)(x+1)=0$　$x=-2,\ x=-1$

(4)　両辺を 2 でわると，$x^2-14x+49=0$

因数分解して，$(x-7)^2=0$　$x=7$

8(1)　$x^2+ax+8=0$ に $x=1$ を代入すると，

$1+a+8=0$　$a=-9$

(2)　$a=-9$ を代入した式は，

$x^2-9x+8=0$　これを因数分解して，

$(x-1)(x-8)=0$　$x=1,\ x=8$ となり，もう 1 つの解は，$x=8$ となる。

9(1)　因数分解して，$(x-9)(x+5)=0$

$x=-5,\ x=9$

(2)　$x=-5$ を $x^2+ax-20a=0$ に代入すると，

$(-5)^2-5a-20a=0$　$-25a=-25$　$a=1$

$x=9$ を代入すると，$9^2+9a-20a=0$

$-11a=-81$　$a=\dfrac{81}{11}$　a は整数なので，

$a=1$ となる。

10　連立方程式 $\begin{cases}81-9a+b=0\\64+8a+b=0\end{cases}$ を解く。

基本ワーク　p.60 ～ 61

Check!

1　2 と 6

2　18cm

基本問題

❶　12 と 13

❷　7，8，9

❸　18m

❹　$(-2+\sqrt{14})$ 秒後

解説

❶　小さいほうの自然数を x とすると，大きいほうの自然数は $x+1$ と表される。

2 つの自然数の 2 乗の和が 313 であるから，

$$x^2+(x+1)^2=313$$
$$x^2+x^2+2x+1=313$$
$$2x^2+2x-312=0$$
$$x^2+x-156=0$$
$$(x-12)(x+13)=0$$

$x-12=0$ または $x+13=0$

$x=12,\ x=-13$

x は自然数であるから，$x=12$ は問題に適していて，$x=-13$ は問題に適していない。

したがって，12 と 13

❷　真ん中の自然数を x とすると，いちばん大きい自然数は $x+1$，いちばん小さい自然数は $x-1$ と表される。

いちばん大きい数の 2 乗からいちばん小さい数の 2 乗をひいた差は，真ん中の数の 2 乗の半分に等しいので，

$$(x+1)^2-(x-1)^2=\frac{1}{2}x^2$$
$$x^2+2x+1-(x^2-2x+1)=\frac{1}{2}x^2$$
$$4x=\frac{1}{2}x^2$$
$$x^2-8x=0$$
$$x(x-8)=0$$

したがって，$x=0,\ x=8$

x は自然数であるから，$x=8$ は問題に適していて，$x=0$ は問題に適していない。

したがって，7，8，9

❸　もとの正方形の 1 辺の長さを xm とすると，残りの畑を合わせてできる 1 つの長方形の縦の長さは $(x-2)$m と表される。

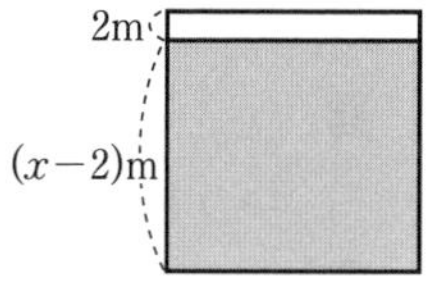

残りの畑の面積が 288m^2 なので

$$(x-2)x=288$$
$$x^2-2x-288=0$$
$$(x+16)(x-18)=0$$

$x+16=0$ または $x-18=0$

$x=-16,\ x=18$

$x-2>0$ であるから，$x=18$ は問題に適していて，$x=-16$ は問題に適していない。

したがって，18m

❹　2 点 P，Q が同時に出発してから x 秒後に △APQ の面積が 10cm^2 になったとすると，AP $=(x+4)$cm，AQ $=2x$cm となるから，

$$\frac{1}{2}\times 2x(x+4)=10$$
$$x^2+4x=10$$
$$x^2+4x-10=0$$
$$x=\frac{-4\pm\sqrt{4^2-4\times 1\times(-10)}}{2\times 1}$$
$$=\frac{-4\pm 2\sqrt{14}}{2}$$
$$=-2\pm\sqrt{14}$$

点 P は出発してから 4 秒後に B に着き，点 Q も同時に D に着くから，$0\leqq x\leqq 4$

$3<\sqrt{14}<4$ より，$1<-2+\sqrt{14}<2$ であるから，

$x=-2+\sqrt{14}$ は問題に適している。

$-2-\sqrt{14}<0$ であるから，$x=-2-\sqrt{14}$ は問題に適していない。

したがって，$(-2+\sqrt{14})$ 秒後。

2節の問題　p.62 〜 63

1 (1)　-5 と -1，5 と 1　　(2)　$x=6$

(3)　9，10，11

2 兄…10 歳，弟…5 歳

3 2m

4 10cm

5 $x=2$，$x=8$

6 $x=3$

7 13

8 (1)　28cm^2　　(2)　$n=10$

解説

1(2)　文章の通りに式をつくると $x^2-12=4x$，これを解くと　$x=-2$，$x=6$ となるが，x は正だから，$x=6$

(3)　3 つの自然数を x，$x+1$，$x+2$ とすると，
$8(x+2)=x(x+1)-2$　整理すると
$x^2-7x-18=0$，$(x+2)(x-9)=0$ より
$x=-2$，$x=9$ となるが，x は正だから，$x=9$

2　下の表に，6 年後の兄の年齢と弟の年齢の関係を整理し，方程式をつくる。現在の兄の年齢を x 歳とすると，
$(x+1)^2=8(x+6)-7$
$x^2-6x-40=0$　$(x-10)(x+4)=0$
$x=-4$, $x=10$　$x>0$ より，$x=10$
弟の年齢は，$x-5=10-5=5$(歳)

	兄	弟
現在	x	$x-5$
6 年後	$x+6$	$(x-5)+6=x+1$

3　通路の幅を xm とする。右の図のように，通路を土地の右と下に移動させると，花だんは縦 $(10-x)$m, 横 $(14-2x)$m の長方形になる。

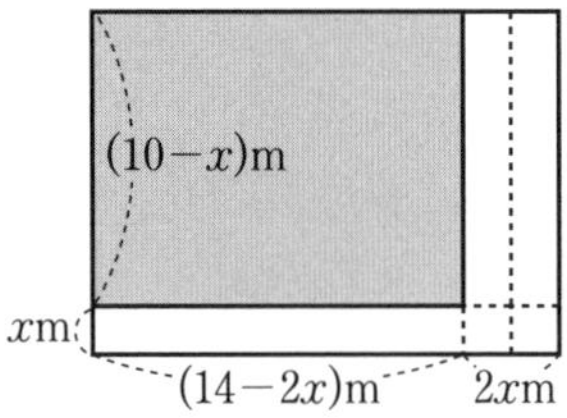

$(10-x)(14-2x)=80$ を整理すると $x^2-17x+30=0$，$(x-2)(x-15)=0$，したがって $x=2$，$x=15$　通路の幅は土地の縦，横の長さよりせまくなければならないので，$x=2$ が問題に適している。

4　紙の縦の長さを $x$cm とすると，横の長さは $(x+5)$cm，直方体の容器の底面の縦の長さは $(x-6)$cm，横の長さは $(x+5)-6=(x-1)$cm と表されるから，
$3(x-6)(x-1)=108$，$x^2-7x-30=0$，
$(x+3)(x-10)=0$，$x=-3$，$x=10$
$x>6$ より，$x=10$

5　$PC=20-AP=20-2x$(cm)　$CQ=x$(cm) より，
$\frac{1}{2}\times(20-2x)\times x=16$　$x^2-10x+16=0$
$(x-2)(x-8)=0$　$x=2$, $x=8$
$0<x<10$ より，$x=2$ と $x=8$ はどちらも問題に適している。

6　もとの長方形の面積は $2\times5=10$(cm^2)　したがって
$(2+x)(5+x)=10\times4$　$x^2+7x-30=0$
$(x+10)(x-3)=0$　$x=-10$, $x=3$
$x>0$ より，$x=3$

7　左下の数を x とおくと，上の数は $x-7$，右下の数は $x+1$ と表せる。
$(x-7)(x+1)-x=71$
$x^2-7x-78=0$　$(x+6)(x-13)=0$
$x=-6$, $x=13$　$x>0$ より，$x=13$

8(1)　7 番目の直角三角形の底辺は 7cm，高さは 8cm だから，$\frac{1}{2}\times7\times8=28$(cm^2)

(2)　n 番目の直角三角形の底辺は $n$cm，高さは $(n+1)$cm なので，
$\frac{1}{2}n(n+1)=55$　$n^2+n-110=0$
$(n+11)(n-10)=0$
$n=-11$, $n=10$　$n>0$ より $n=10$

3章の問題　p.64 ～ 65

1 (1) $x=\pm 3\sqrt{3}$　(2) $x=\pm\sqrt{2}$

(3) $x=-7\pm\sqrt{6}$　(4) $x=11,\ x=-5$

(5) $x=\dfrac{5\pm\sqrt{17}}{2}$　(6) $x=\dfrac{1}{2},\ x=-1$

(7) $x=-1\pm\sqrt{3}$　(8) $x=3,\ x=\dfrac{2}{3}$

2 (1) $x=9,\ x=-\dfrac{4}{3}$　(2) $x=0,\ x=17$

(3) $x=3,\ x=5$　(4) $x=-7$

(5) $x=8,\ x=-9$　(6) $x=5,\ x=11$

3 (1) $x=1,\ x=3$　(2) $x=-3\pm 2\sqrt{3}$

(3) $x=4,\ x=5$　(4) $x=-6,\ x=1$

4 (1) 3　(2) $a=4,\ x=1$

5 $(-6,\ -18),\ (6,\ 18)$

6 8m

7 BP＝6cm

8 (1) $n=10$　(2) $m=8$

(3) $p=12$

解説

1 (2) $x^2=2,\ x=\pm\sqrt{2}$

(4) $x-3=A$ とおく。$A^2=64,\ A=\pm 8$

$x-3=\pm 8,\ x=3\pm 8,\ x=11,\ x=-5$

(8) 解の公式を使う。

$$x=\frac{-(-11)\pm\sqrt{(-11)^2-4\times 3\times 6}}{2\times 3}$$

$$=\frac{11\pm\sqrt{121-72}}{6}=\frac{11\pm\sqrt{49}}{6}$$

$$=\frac{11\pm 7}{6}\quad x=\frac{18}{6}=3,\ x=\frac{4}{6}=\frac{2}{3}$$

2 (6) $(x-11)(x-5)=0,\ x=5,\ x=11$

3 (3) 両辺に3をかけて，$x^2=9x-20$

$x^2-9x+20=0$

$(x-4)(x-5)=0,\ x=4,\ x=5$

(4) $x+6=A$ とおくと，$A^2-7A=0$

$A(A-7)=0\quad A=0,\ A=7$

$x+6=0\quad x=-6\quad x+6=7,\ x=1$

4 (1) $(x+5)^2=2(x+9)+40$

(2) $x^2-5x+a=0$ に $x=a$ を代入すると，

$a^2-5a+a=0,\ a(a-4)=0\quad a=0,\ a=4$

a は正だから $a=4$ で，このとき方程式は

$x^2-5x+4=0,\ (x-1)(x-4)=0$ より

もう1つの解は $x=1$

5 点Pは，$y=3x$ のグラフ上にあるので，Pの x 座標を t とおくと，Pの座標は $(t,\ 3t)$　OQの長さはPの x 座標から $t$cm，PQの長さはPの y 座標から $3t$cm となるので，$\dfrac{1}{2}\times t\times 3t=54$

$\dfrac{3}{2}t^2=54\quad t^2=36\quad t=\pm 6$

$t=6$ のとき，$3t=3\times 6=18$

$t=-6$ のとき，$3t=3\times(-6)=-18$

したがって，$(6,\ 18),\ (-6,\ \ 18)$

6 右の図のように，花だんを長方形の土地の右下に，となり合わせにおく。長方形の土地の縦の長さを xm とすると，花だんを2つ合わせてできる長方形の縦の長さは $(x-2)$m，横の長さは $(x-1)$m だから，

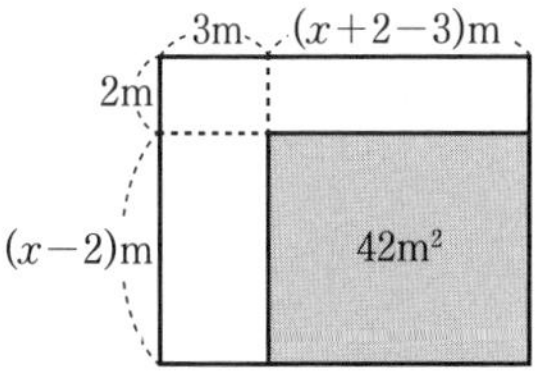

$(x-2)(x-1)=42$

$x^2-3x-40=0\quad (x-8)(x+5)=0\quad x=8,$

$x=-5\quad x>0$ より，$x=8$

$x+2=8+2=10$(m)

7 BPの長さを $x$cm とすると，

三角錐B-PFQの体積

$=\dfrac{1}{3}\times(\triangle\mathrm{PBQ})$ の面積$\times$BF　したがって，

$\dfrac{1}{3}\times\dfrac{1}{2}\times x(x+2)\times 10=80$

$x^2+2x-48=0,\ (x+8)(x-6)=0,$

$x=-8,\ x=6\quad 0<x<8$ より，$x=6$(cm)

8 (1) n 段目のいちばん右の数は，n^2　したがって，

$n^2=100\quad n=\pm 10\quad n>0$ より，$n=10$

(2) m 段目のいちばん左の数は，$(n-1)$ 段目のいちばん右の数に1をたした数になるので，

$(m-1)^2+1$　したがって，

$m^2+(m-1)^2+1=114$

(3) p 段目の真ん中の数は，$(p-1)$ 段目のいちばん右の数に p をたした数になるので，

$(p-1)^2+p=133$

4章　関数 $y = ax^2$

ウォーミングアップ　p.66 ～ 67

1 (1)

x	1	2	3	4	5
y	4	8	12	16	20

(2)　$y = 4x$　　(3)　$4 \leqq y \leqq 40$

2 (1)　$y = \dfrac{12}{x}$

(2)　右の図

(3)　$x = \dfrac{3}{2}$

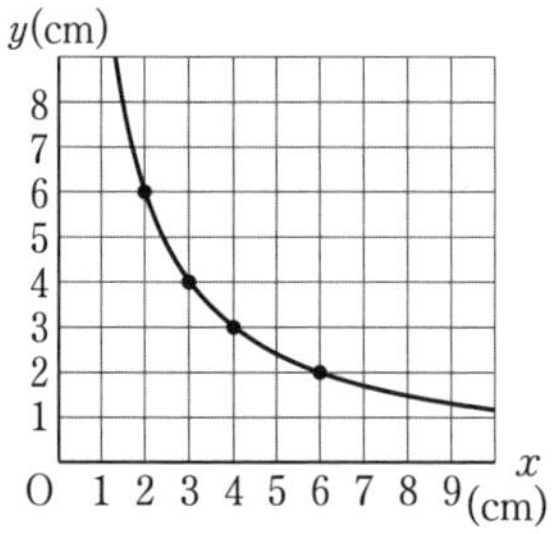

3 (1)　$y = 2x - 17$

(2)　$y = -x + 4$

(3)　$y = \dfrac{6}{7}x - 6$　　(4)　$y = 2x + 1$

4 (1)　2　　(2)　10

5 右の図

$x = 1$，$y = 4$

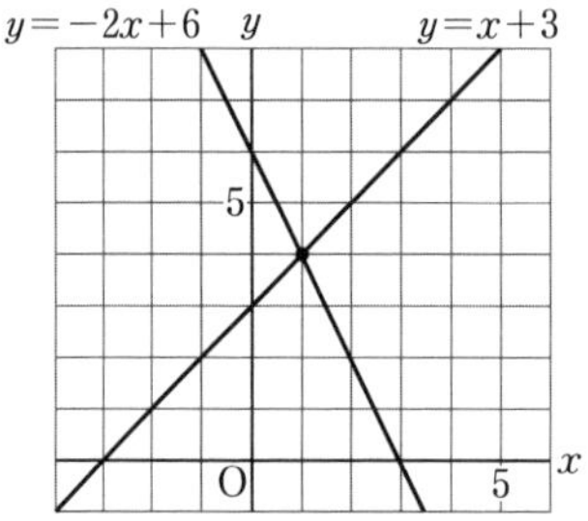

6 (1)　A(1, 6)，B(−2, 0)，C(7, 0)

(2)　27

解説

1(1)　(正方形の周の長さ)＝(1辺の長さ)×4

$x = 1$ のとき $y = 4$ となる。

(2)　(1)より，x の値が2倍，3倍，…になると，y の値も2倍，3倍，…になるので，y は x に比例する。また，$y \div x$ の値はつねに4だから，比例定数は4

(3)　(2)より，$x = 1$ のとき $y = 4$，$x = 10$ のとき $y = 40$ となるから，y の変域は $4 \leqq y \leqq 40$

2(1)　(長方形の縦の長さ)×(横の長さ)＝(面積)

より $x \times y = 12$，$y = \dfrac{12}{x}$　y は x に反比例する。

(3)　$xy = 12$ より，$y = 8$ のとき $8x = 12$

したがって，$x = \dfrac{3}{2}$

3　式を $y = ax + b$ とおいて条件を代入し，a，b の値を求める。

(1)　傾きが2なので，$a = 2$　求める式を

$y = 2x + b$ とし，$x = 9$，$y = 1$ を代入すると，

$b = -17$

(2)　$y = ax + b$ に $x = 1$，$y = 3$ を代入する。

$3 = a + b$　…①

$y = ax + b$ に $x = 4$，$y = 0$ を代入する。

$0 = 4a + b$　…②

①，②の連立方程式を解くと $a = -1$，$b = 4$

したがって，$y = -x + 4$

(3)　切片が -6 より，$b = -6$

$y = ax - 6$ に $x = 7$，$y = 0$ を代入する。

$0 = 7a - 6$　$a = \dfrac{6}{7}$ より，$y = \dfrac{6}{7}x - 6$

(4)　2直線が平行であれば，傾きは等しい。

グラフが $y = 2x$ と平行だから，傾きは2

したがって，$a = 2$

$y = 2x + b$ に $x = -3$，$y = -5$ を代入する。

$-5 = 2 \times (-3) + b$ より $b = 1$

4(1)　1次関数 $y = ax + b$ では，変化の割合は一定で，a に等しい。

(2)　(変化の割合)＝$\dfrac{(y\text{の増加量})}{(x\text{の増加量})}$ より，

(y の増加量)＝(変化の割合)×(x の増加量)

$2 \times 5 = 10$

6(1)　2直線の交点の座標は，2直線の式を連立方程式とみて解くと求められる。

$2x + 4 = -x + 7$ より $3x = 3$，$x = 1$

$x = 1$ を $y = -x + 7$ に代入すると，

$y = -1 + 7 = 6$　A(1, 6)

2点B，Cはグラフと x 軸との交点だから，y 座標は0　それぞれのグラフの式に $y = 0$ を代入すると，x 座標が求められる。

(2)　(三角形の面積)

＝(点Bと点Cの距離)×(点Aの y 座標)×$\dfrac{1}{2}$

したがって，$9 \times 6 \times \dfrac{1}{2} = 27$

基本ワーク　p.68 ～ 69

Check!

1　16 倍

2　$y = -2x^2$

基本問題

❶ (1)　$y = 3x^2$　　(2)　㋐　27　㋑　108

❷ (1)　$y = 8x^2$　　(2)　$y = x^3$

(3)　$y = 6x^2$

y が x の 2 乗に比例するもの…(1), (3)

❸ (1)　$y = 4x^2$　　(2)　$y = -2x^2$

(3)　$y = 5x^2$

❹ (1)　$y = \frac{1}{2}x^2$

(2)①　$y = 8$　②　$y = 2$

解説

❶(1)　四角錐の体積は，$\frac{1}{3}\times$(底面積)$\times$(高さ) で求められるから，$y = \frac{1}{3}\times x^2\times 9 = 3x^2$

(2)㋐　$y = 3x^2$ に $x = 3$ を代入して，

$y = 3\times 3^2 = 27$

㋑　$y = 3x^2$ に $x = 6$ を代入して，

$y = 3\times 6^2 = 108$

❷(1)　底面積は，$x\times x = x^2\ (\mathrm{cm}^2)$

したがって，$y = x^2\times 8 = 8x^2$

(2)　$y = x^2\times x = x^3$

(3)　すべての面の面積が $x^2\mathrm{cm}^2$ になるから，

$y = 6x^2$

❸(1)　$y = ax^2$ とおいて，$x = 3$，$y = 36$ を代入すると，$36 = 9a$ より，$a = 4$

(2)　$y = ax^2$ とおいて，$x = 4$，$y = -32$ を代入すると，$-32 = 16a$ より，$a = -2$

(3)　$y = ax^2$ とおいて，$x = -2$，$y = 20$ を代入すると，$20 = 4a$ より，$a = 5$

❹(1)　$y = ax^2$ とおいて，$x = 2$，$y = 2$ を代入すると，$2 = 4a$ より，$a = \frac{1}{2}$

(2)①　$y = \frac{1}{2}x^2$ に $x = 4$ を代入して，

$y = \frac{1}{2}\times 4^2 = 8$

②　$y = \frac{1}{2}x^2$ に $x = -2$ を代入して，

$y = \frac{1}{2}\times(-2)^2 = 2$　$x = 2$ のときと $x = -2$ のときとで，x^2 の値は 4 で等しいから，y の値も等しくなる。

基本ワーク　p.70 ～ 71

Check!

1

x	-4	-3	-2	-1	0	1	2	3	4
y	-4	$-\frac{9}{4}$	-1	$-\frac{1}{4}$	0	$-\frac{1}{4}$	-1	$-\frac{9}{4}$	-4

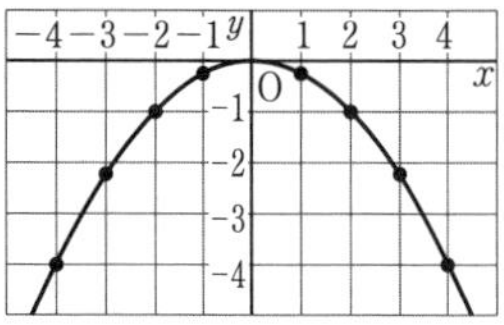

2　㋑

基本問題

❶ (1)

x	-3	-2	-1	0	1	2	3
y	$\frac{27}{4}$	3	$\frac{3}{4}$	0	$\frac{3}{4}$	3	$\frac{27}{4}$

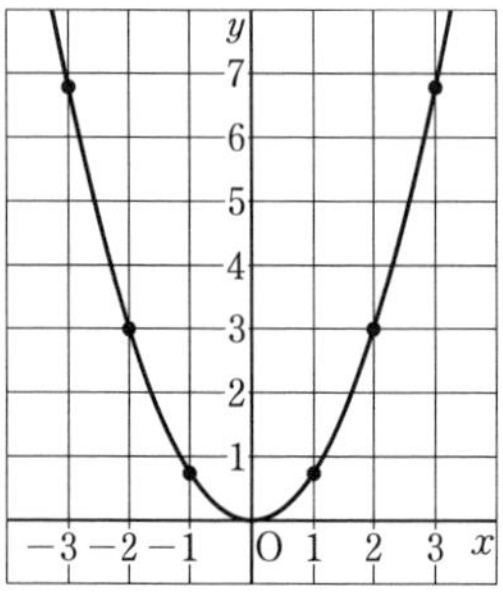

(2)

x	-3	-2	-1	0	1	2	3
y	-6	$-\frac{8}{3}$	$-\frac{2}{3}$	0	$-\frac{2}{3}$	$-\frac{8}{3}$	-6

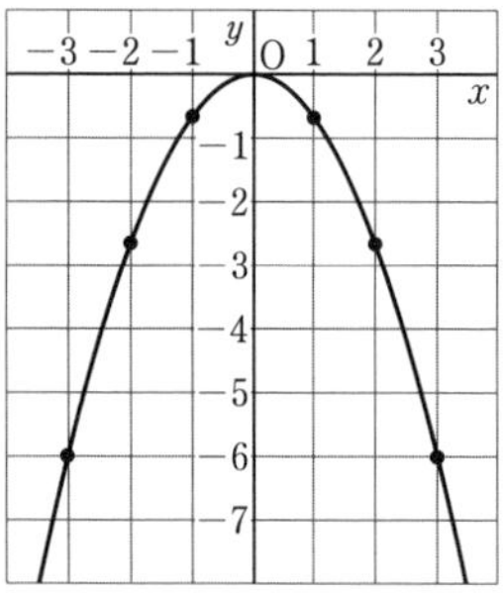

❷ (1)　㋐，㋓　　(2)　㋑

(3)　㋐と㋒

❸ (1)　㋑　(2)　㋐　(3)　㋓　(4)　㋒

解説

❶(1)　$y=\frac{3}{4}x^2$ の x に，-3 から 3 までの整数の値を１つずつ代入して，y の値を求める。

(2)　$y=-\frac{2}{3}x^2$ の x に，-3 から 3 までの整数の値を１つずつ代入して，y の値を求める。

❷(1)　$y=ax^2$ について，$a>0$ のときにグラフは上に開いた形になるので，㋐と㋓

(2)　$y=ax^2$ について，a の値の絶対値が小さいほどグラフの開き方は大きくなるので，㋑

(3)　グラフが x 軸について対称になるのは，$y=ax^2$ の a の値の絶対値が等しく，符号が異なる場合だから，㋐と㋒

❸　(1)と(2)のグラフは，上に開いたグラフだから，㋐か㋑である。$\frac{4}{3}>\frac{1}{3}$ より，(1)のグラフのほうがグラフの開き方は大きいから，(1)が㋑で，(2)が㋐である。(3)と(4)のグラフは，下に開いたグラフだから，㋒か㋓である。(3)のグラフのほうがグラフの開き方は大きいから，$\frac{3}{2}>\frac{1}{2}$ より，(3)が㋓で，(4)が㋒である。

基本ワーク　p.72 ～ 73

Check!

1　21
2　$0 \leqq y \leqq 8$
3　24m/s

基本問題

❶ (1) ㋐ 増加　㋑ 減少　㋒ 最大値
(2) 32

❷ (1) 3　(2) $-\frac{7}{3}$

❸ (1) $2 \leqq y \leqq 18$　(2) $0 \leqq y \leqq 8$
(3) $8 \leqq y \leqq 32$

❹ (1) $-48 \leqq y \leqq -3$
(2) $-27 \leqq y \leqq 0$　(3) $-108 \leqq y \leqq -3$

❺ (1) 15m/s　(2) 40m/s

解説

❶(1) 関数 $y=-4x^2$ のグラフは下に開いた形であることから考える。

(2) $x=-6$ のとき，$y=-4\times(-6)^2=-144$
$x=-2$ のとき，$y=-4\times(-2)^2=-16$
したがって，変化の割合は，
$\frac{(-16)-(-144)}{-2-(-6)}=32$

❷(1) $x=3$ のとき，$y=\frac{1}{3}\times 3^2=3$
$x=6$ のとき，$y=\frac{1}{3}\times 6^2=12$
したがって，変化の割合は，$\frac{12-3}{6-3}=3$

(2) $x=-5$ のとき，$y=\frac{1}{3}\times(-5)^2=\frac{25}{3}$
$x=-2$ のとき，$y=\frac{1}{3}\times(-2)^2=\frac{4}{3}$
x の増加量は，$-2-(-5)=3$，y の増加量は，
$\frac{4}{3}-\frac{25}{3}=-7$ だから，変化の割合は $-\frac{7}{3}$

❸ グラフは右図のように，上に開いた形である。

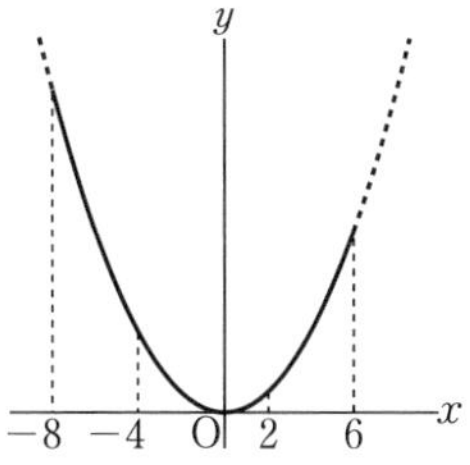

(1) グラフより，y の値は $x=2$ のとき最小値，$x=6$ のとき最大値をとる。$x=2$ のとき $y=\frac{1}{2}\times 2^2=2$
$x=6$ のとき $y=\frac{1}{2}\times 6^2=18$
したがって，$2 \leqq y \leqq 18$

(2) x の変域に $x=0$ をふくむから，y の値は $x=0$ のとき最小値 0 をとる。また $2<4$ より，y の値は $x=-4$ のとき最大値をとる。
$x=-4$ のとき $y=\frac{1}{2}\times(-4)^2=8$
したがって，$0 \leqq y \leqq 8$

(3) $x=-8$ のとき $y=\frac{1}{2}\times(-8)^2=32$，$x=-4$ のとき $y=\frac{1}{2}\times(-4)^2=8$　したがって，$x=-4$ のとき最小値 8，$x=-8$ のとき最大値 32 をとるから，$8 \leqq y \leqq 32$

❹ グラフは右図のように下に開いた形である。

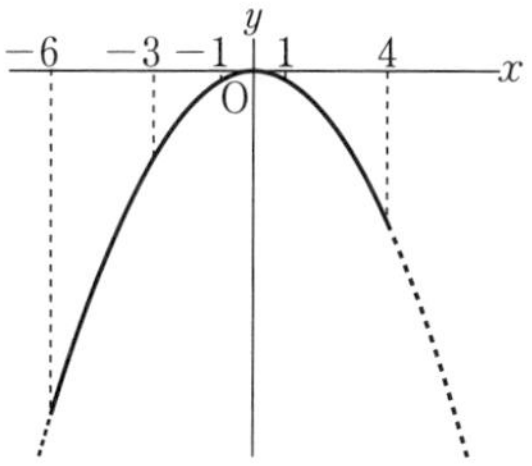

(1) $x=4$ のとき最小値，$x=1$ のとき最大値をとる。$x=1$ のとき $y=-3\times 1^2=-3$
$x=4$ のとき $y=-3\times 4^2=-48$
したがって，$-48 \leqq y \leqq -3$

(2) x の変域に $x=0$ をふくむから，y の値は $x=0$ のとき最大値 0 をとる。また，$3>1$ より，y の値は $x=-3$ のとき最小値をとる。
$x=-3$ のとき $y=-3\times(-3)^2=-27$
したがって，$-27 \leqq y \leqq 0$

(3) $x=-6$ のとき $y=-3\times(-6)^2=-108$
$x=-1$ のとき $y=-3\times(-1)^2=-3$
したがって，$x=-6$ のとき最小値 -108，$x=-1$ のとき最大値 -3 をとるから，
$-108 \leqq y \leqq -3$

❺(1) $\frac{(\text{進んだ距離})}{(\text{進んだ時間})}=\frac{5\times 2^2-5\times 1^2}{2-1}=15\ (\text{m/s})$

(2) $\frac{(\text{進んだ距離})}{(\text{進んだ時間})}=\frac{5\times 5^2-5\times 3^2}{5-3}=40\ (\text{m/s})$

1・2 節の問題　p.74 ～ 75

1 ㋐ $y=\dfrac{10}{x}$　㋑ $y=5x^2$

㋒ $y=-0.5x+12$

2 (1) $y=3\pi x^2$　(2) $48\pi\text{cm}^2$

(3) 9 倍　(4) $\sqrt{5}$ 倍

3 (1) $y=\dfrac{1}{3}x^2$　(2) $y=27$

(3)

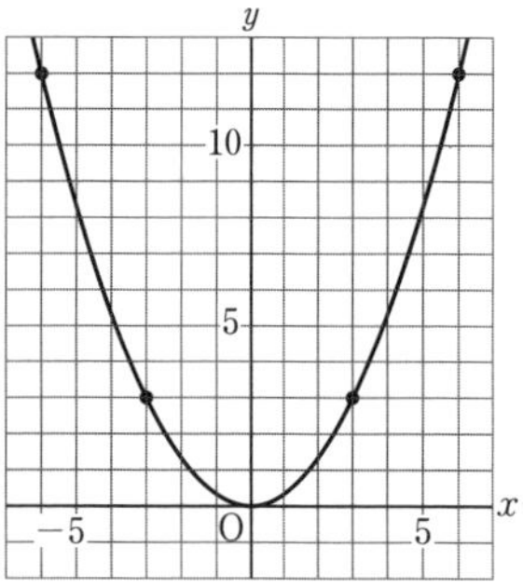

4 (1) $y=2x^2$

(2) $y=\dfrac{1}{2}x^2$

(3) $y=-\dfrac{1}{2}x^2$

5 (1) $0 \leqq y \leqq 8$　(2) $a=-4$

(3) $a=\dfrac{1}{4}$　(4) $a=\dfrac{1}{3}$

6 (1) $y=3x^2$　(2) ㋐ 3　㋑ 48

(3) 18m/s

7 (1) 36　(2) $a=-\dfrac{1}{3}$

解説

1 ㋐ $y=10\div x=\dfrac{10}{x}$

㋑ $y=\dfrac{1}{3}\times x^2\times 15=5x^2$

2 (1) (半球の表面積)

$=\dfrac{1}{2}\times$(半径 $x$cm の球の表面積)$+$(半径 $x$cm の円の面積)$=\dfrac{1}{2}\times 4\pi x^2+\pi x^2=3\pi x^2$

したがって，$y=3\pi x^2$

(2) (1)で求めた $y=3\pi x^2$ の式に $x=4$ を代入する。$y=3\pi\times 4^2=48\pi\ (\text{cm}^2)$

(3) 半径を 3 倍にすると，表面積は，$3^2=9$ 倍になる。

(4) 半径を a 倍にすると，表面積は a^2 倍になる。

$a^2=5$　$a>0$ より，$a=\sqrt{5}$ (倍)

5 (2) y の変域が 0 以下なので，$y=ax^2$ のグラフは，右の図のように下に開いたグラフになり，$x=5$ のとき，$y=-100$ となる。$x=5$，$y=-100$ を $y=ax^2$ の式に代入して $-100=25a$

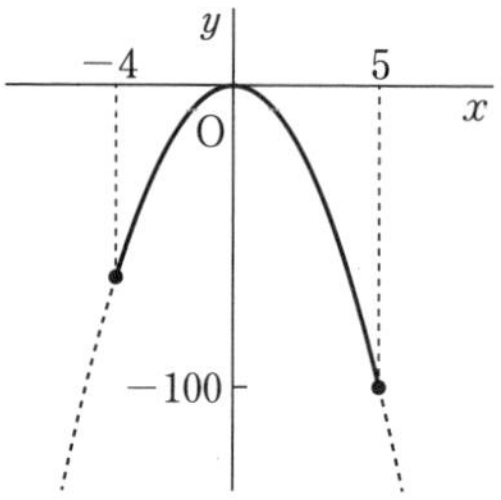

したがって，$a=-4$

(4) $y=ax^2$ で，$x=3$ のとき，$y=9a$，

$x=6$ のとき，$y=36a$

(x の増加量)$=6-3=3$

(y の増加量)$=36a-9a=27a$　から，

$(変化の割合)=\dfrac{(yの増加量)}{(xの増加量)}=\dfrac{27a}{3}=9a$

また，1 次関数の変化の割合は，x の係数と等しいので 3　したがって，$9a=3$　$a=\dfrac{1}{3}$

6 (1) y は x の 2 乗に比例するから，$y=ax^2$ に，表にある $x=2$，$y=12$ の値を代入して a を求める。$12=a\times 2^2$　$a=3$

したがって，$y=3x^2$

(2) (1)で求めた $y=3x^2$ の式に，$x=1$，$x=4$ をそれぞれ代入して，y の値を求める。

㋑ $=3\times 4^2=48$

(3) 2 秒後から 4 秒後までの平均の速さだから，

(2秒後から4秒後までに進んだ距離)$\div$(2秒間)

$=$(㋑$-12)\div 2=(48-12)\div 2=18$ (m/s)

7 (1) 点 A は，$y=4x^2$ のグラフ上にある点だから，$x=3$ をこの式に代入する。$y=4\times 3^2=36$

(2) 点 B は，$y=ax^2$ のグラフ上にある点だから，$x=3$ をこの式に代入する。$y=a\times 3^2=9a$

AB の長さは，点 A と点 B の y 座標の差で表せるから，$36-9a=39$　$-9a=3$

$a=-\dfrac{3}{9}=-\dfrac{1}{3}$

基本ワーク　p.76 ～ 77

Check!

1　2 秒

2　$y=-2x+12$

基本問題

❶　秒速 14m

❷　(1)　$y=\dfrac{25}{3}x+50$

　(2)　30 秒後

❸　(1)　A$(-6,\ -18)$，B$(2,\ -2)$

　(2)　$y=2x-6$　　(3)　24

解説

❶　$y=\dfrac{1}{20}x^2$ に，$y=9.8$ を代入すると，

$9.8=\dfrac{1}{20}x^2$ より，$x^2=196$　$x>0$ だから，

$x=14$

❷(1)　$\dfrac{500}{60}=\dfrac{25}{3}$ より，分速 500m は秒速 $\dfrac{25}{3}$m だから，求める式は，

$y=\dfrac{25}{3}x+50$

(2)　電車とオートバイが進むようすを表すグラフは右の図のようになる。2 つのグラフは，点 (30，300) で交わるので，電車がオートバイに追いつくのは，出発してから 30 秒後。

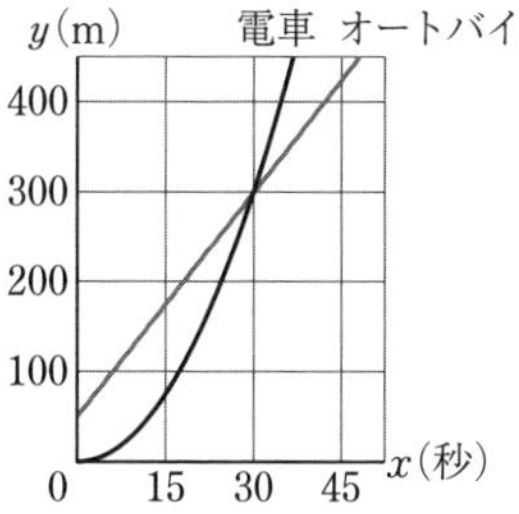

❸(1)　$y=-\dfrac{1}{2}x^2$ に $x=-6$ を代入して，

$y=-\dfrac{1}{2}\times(-6)^2=-18$

$y=-\dfrac{1}{2}x^2$ に $x=2$ を代入して，

$y=-\dfrac{1}{2}\times2^2=-2$

(2)　直線 AB の傾きは，$\dfrac{-2-(-18)}{2-(-6)}=2$

$y=2x+b$ とおいて，$x=2$，$y=-2$ を代入すると，$-2=4+b$ より，$b=-6$

したがって，$y=2x-6$

(3)　直線 AB と y 軸との交点を C とすると，(2)で求めた式から，C$(0,\ -6)$　OC を底辺として，

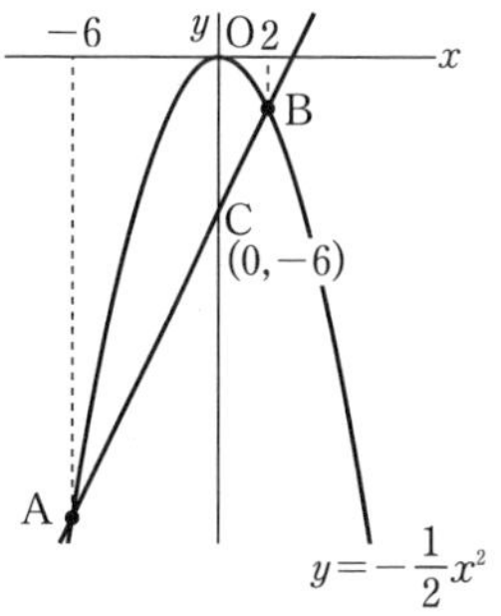

$\triangle OAC=\dfrac{1}{2}\times6\times6$

$=18$，

$\triangle OBC=\dfrac{1}{2}\times6\times2=6$ だから，

$\triangle OAB=18+6=24$

基本ワーク　p.78 ～ 79

Check!

1　26 回

2　4cm

基本問題

❶　(1)　いえる。

(2)　右の図

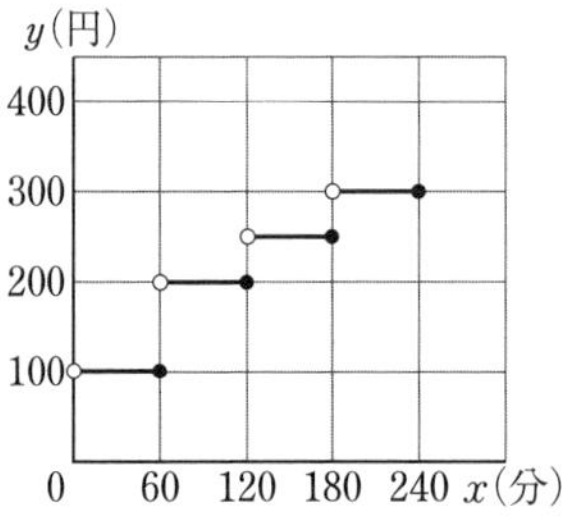

(3)　B が 50 円高い。

❷　110 分後

❸　(1)　$y=\frac{3}{2}x^2$

(2)　$0 \leqq x \leqq 6$

$0 \leqq y \leqq 54$

(3)　$\sqrt{30}$ cm

解説

❶(1)　x の値を決めると，y の値がただ 1 つに決まるので，y は x の関数である。

(2)　$0 < x \leqq 60$　のとき，$y=100$

$60 < x \leqq 120$ のとき，$y=200$

$120 < x \leqq 180$ のとき，$y=250$

$180 < x \leqq 240$ のとき，$y=300$

それぞれの線分の左端が○，右端が●となることに注意する。

(3)　スポーツ施設 B のグラフは右のようになる。200 分のときの料金は，A では 300 円，B では 350 円なので，B のほうが 50 円高い。

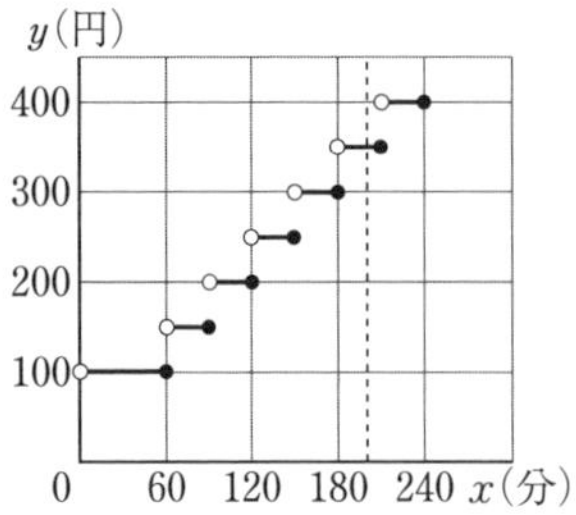

❷　微生物の数は，10 分ごとに 2 倍に増えるので，$2^{10}=1024$ であることから，$10 \times 10=100$（分）後に，$3 \times 1024=3072$（匹），その 10 分後に，$3072 \times 2=6144$（匹）となるから，110 分後。

❸(1)　Q は P の 3 倍の速さなので，BP $=x$cm のとき，BQ $=3x$cm　$\triangle$BPQ $=\frac{1}{2} \times$ BP $\times$ BQ であるから，$y=\frac{1}{2} \times x \times 3x=\frac{3}{2}x^2$

(2)　P が B を出発するとき，$x=0$ で，P が A に着くとき，$x=6$ だから，$0 \leqq x \leqq 6$

$x=6$ のとき y は最大値をとり，$y=\frac{3}{2} \times 6^2=54$　したがって，y の変域は，$0 \leqq y \leqq 54$

(3)　$y=\frac{3}{2}x^2$ に $y=45$ を代入して，$45=\frac{3}{2}x^2$ より，$x^2=30$　$x>0$ だから，$x=\sqrt{30}$

3節の問題　p.80 ～ 81

1 (1) $\frac{9}{4}$m　(2) 4秒

2 (1) $a=\frac{1}{4}$

(2) 右の図

(3) 10秒後

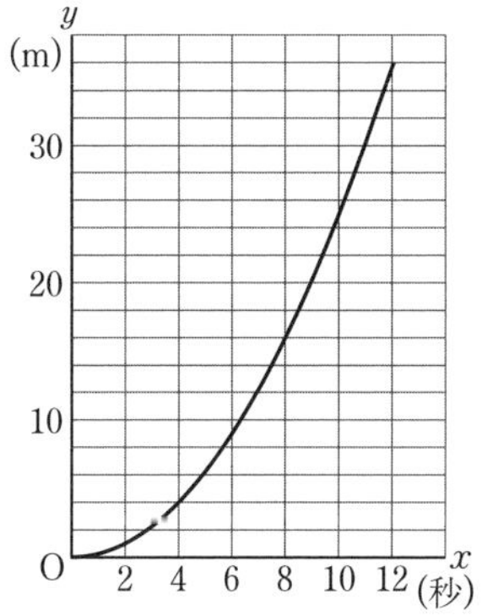

3 (1) $y=12$

(2) $y=x+6$

(3) 27

4 (1) $y=4$

(2) 6

(3) $\mathrm{Q}\left(\sqrt{10},\ \frac{5}{2}\right)$

5 (1) 1100円　(2) B

6 (1)① $y=x^2$　② $y=-6x+72$

(2) 4秒後, $\frac{28}{3}$秒後

解説

2(1) $y=ax^2$に, 表から$x=4$, $y=4$を代入して,

$4=a\times4^2$, $a=\frac{1}{4}$

(3) (2)のグラフに弟のグラフをかき入れると, 右の図のようになり, 点(10, 25)で交わる。

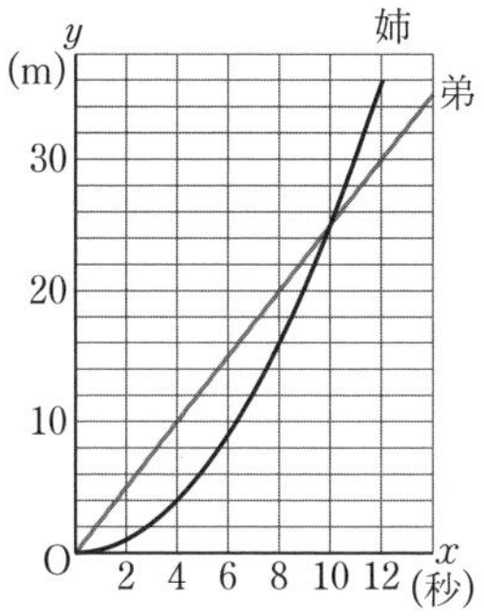

別解例

$\begin{cases} y=\frac{1}{4}x^2 \\ y=2.5x \end{cases}$

を連立方程式とみると,

$\frac{1}{4}x^2=2.5x$, $x^2-10x=0$, $x(x-10)=0$より

$x=0$, $x=10$となるから, 原点と点(10, 25)で交わることがわかる。

3(2) (1)より, 点Aの座標は, (6, 12)　点Bの座標も同様に求めて, (−3, 3)　1次関数の式$y=ax+b$に, AとBの座標をそれぞれ代入する。$12=6a+b$　$3=-3a+b$の連立方程式を解き, aとbを求める。$a=1$, $b=6$　よって, 直線ℓは, $y=x+6$

(3) △OABの面積は, 直線ℓとy軸との交点をCとしたとき, △OAC＋△OBCと表すことができる。

(2)より, 直線ℓの切片は6なので C(6, 0)とわかる。

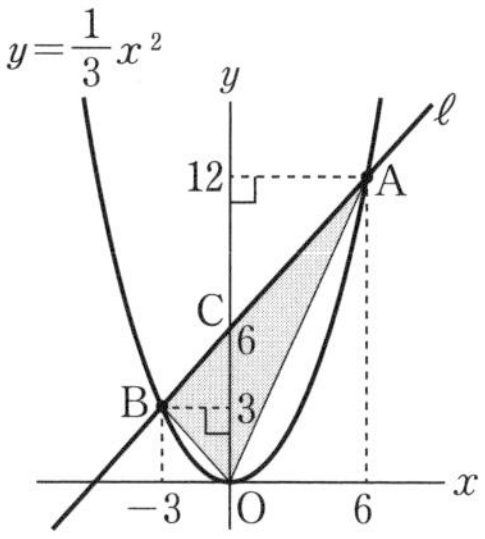

$\triangle\mathrm{OAC}=\frac{1}{2}\times6\times6$

$=18$

$\triangle\mathrm{OBC}=\frac{1}{2}\times6\times3=9$

よって, △AOB＝18＋9＝27

4(1) 点Aの座標(−2, 1)を$y=ax^2$に代入して,

$1=4a$　$a=\frac{1}{4}$

①のグラフ$y=\frac{1}{4}x^2$上に点Bがあるので,

$x=4$を代入して, $y=\frac{1}{4}\times4^2=4$

(2) 点Pの座標は, (2, 1)　したがって,

$\triangle\mathrm{APB}=\frac{1}{2}\times4\times(4-1)=6$

(3) △APQと△APBは, 底辺APが共通だから, △APQの高さが△APBの$\frac{1}{2}$となればよい。

(2)より, △APBの高さは3だから, △APQの高さは$\frac{3}{2}$　したがって, 点Qのy座標は

$1+\frac{3}{2}=\frac{5}{2}$

Qは①のグラフ上の点だから, $\frac{5}{2}=\frac{1}{4}x^2$として$x$座標を求める。$x^2=10$より$x=\sqrt{10}$

5(2)

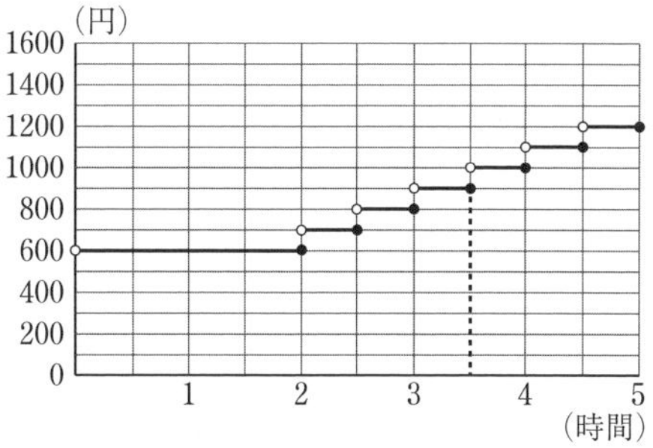

駐車場Bでの駐車時間と駐車料金の関係は, 上の図のようになる。3時間30分で, Aは1100円, Bは900円かかるので, Bのほうが安い。

6 (1)① 6秒後まで，点Pは AB 上を，点Qは BC 上を動く。△APQ は，右の図のような形となり，AP を底辺とすると，QB が高さとなる。点Pは毎秒 2cm の速さで動くから，AP＝$2x$(cm)　点Qは毎秒 1cm の速さで動くから，QB＝x(cm)　したがって，

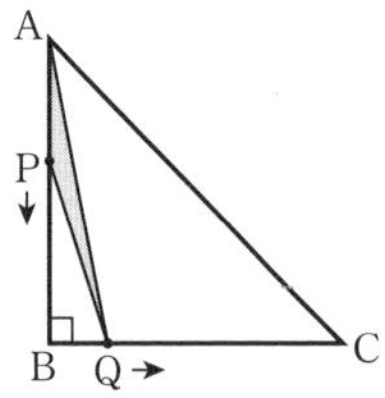

$y=\dfrac{1}{2}\times AP\times BQ=\dfrac{1}{2}\times 2x\times x=x^2$

② 6秒後から12秒後までは，点P，Qともに BC 上を動き，12秒後にPとQは，点Cに同時に到着する。△APQ は，右の図のような形になり，PQ を底辺としたときの高さは，AB となる。

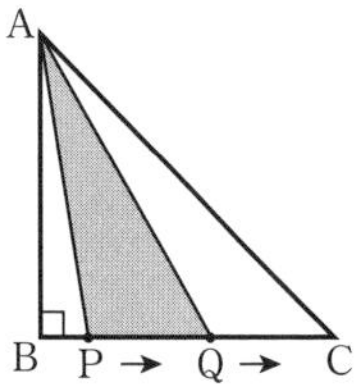

AB＝(AB＋BQ)－(点Pがx秒間で進んだ距離)＝$(12+x)-2x=12-x$

したがって，

$y=\dfrac{1}{2}\times(12-x)\times 12=72-6x$

(2) (1)で求めた2つの式それぞれに $y=16$ を代入して，x の値を求める。

4章の問題　p.82～83

1 (1) ㋐，㋑，㋓　(2) ㋐，㋒，㋓

(3) ㋒，㋔

2 (1) $y=-\dfrac{1}{8}x^2$　(2) $x=\pm 8$

(3)

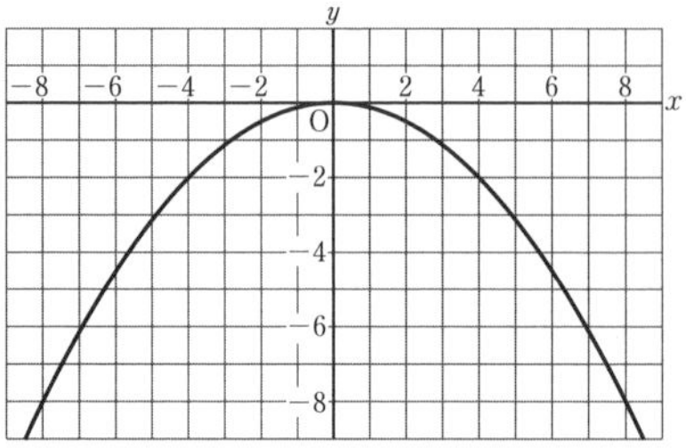

3 (1) 6　(2) $a=-3$

4 (1) $0\leqq y\leqq 8$　(2) $a=-3$

(3) $a=\dfrac{2}{9}$

5 (1) 下の図　(2) B社

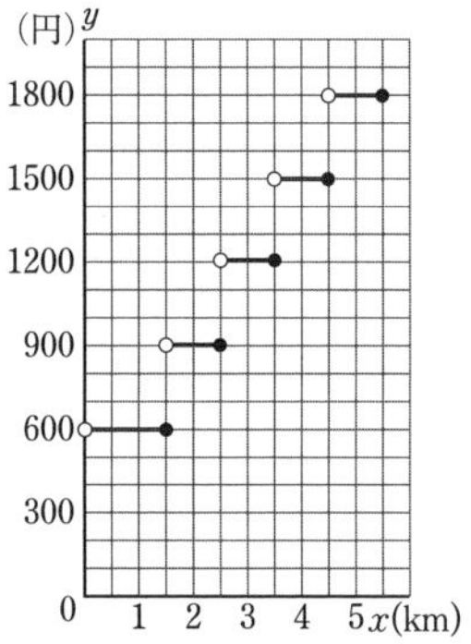

6 (1) A(2, 4)　(2) AB＝6

(3) $a=-\dfrac{1}{2}$　(4) $t=\dfrac{3}{2}$

7 (1) $y=\dfrac{1}{2}x^2$　(2) $y=8$

(3) ㋐

解説

3 (2) $y=x^2$ に $x=a$，$x=a+1$ をそれぞれ代入する。$x=a$ のとき，$y=a^2$，$x=a+1$ のとき，

$y=(a+1)^2=a+2a+1$　したがって，

(x の増加量)＝$(a+1)-a=1$

(y の増加量)＝$(a^2+2a+1)-a^2=2a+1$

変化の割合が5より，$\dfrac{2a+1}{1}=-5$，$a=-3$

4 (2) $y=5x^2$ に $x=2$ を代入すると，

$y=5\times 2^2=20$ だから，$x=a\,(a<0)$ のとき，

y の最大値45をとることがわかる。したがって，
$y=5x^2$ に $x=a$，$y=45$ を代入すると，
$45=5a^2$　$a^2=9$　$a<0$ より，$a=-3$

(3) $y=x+2$ の y の変域を求める。この式に $x=-2$，$x=6$ を代入すると，それぞれ $y=0$，$y=8$ となるから，y の変域は $0\leqq y\leqq 8$　これが，$-2\leqq x\leqq 6$ のときの $y=ax^2$ の y の変域でもある。したがって，$a>0$ で，$x=6$ のとき，y は最大値8をとることがわかる。$y=ax^2$ に (6, 8) を代入し，$8=a\times 6^2$，$a=\dfrac{2}{9}$

5 (2)

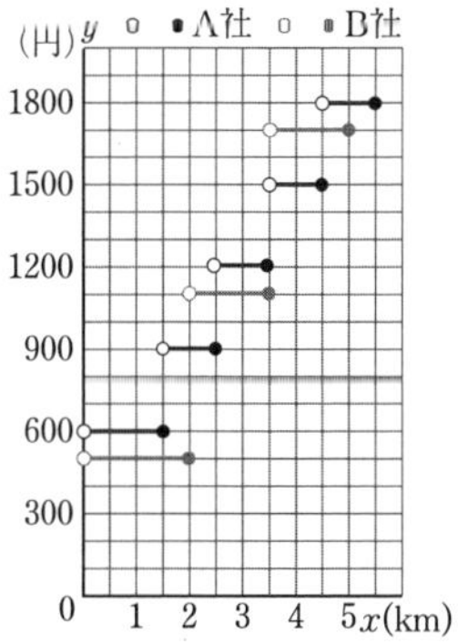

上の図のように，A社とB社のグラフを比べると，5km走るとA社は1800円，B社は1700円で，B社の方が安い。

6 (2) ACの長さは，点Aの y 座標から4　したがって，AC：CB＝2：1から，
4：CB＝2：1　CB＝2　AB＝AC＋CB より，AB＝4＋2＝6

(3) (2)より，CB＝2から，点Bの y 座標は -2
　したがって，点Bの座標は $(2,\ -2)$ この値を $y=ax^2$ に代入して，$-2=a\times 2^2$，
$4a=-2$，$a=-\dfrac{1}{2}$

(4) 点Pは $y=x^2$ のグラフ上の点なので，y 座標は $y=x^2$ に $x=t$ を代入して $y=t^2$　したがって，点Pの座標は $(t,\ t^2)$　また，点Qは，(3)より $y=-\dfrac{1}{2}x^2$ 上の点で，x 座標は t だから，
$y=-\dfrac{1}{2}x^2$ に $x=t$ を代入して，y 座標は
$y=-\dfrac{1}{2}t^2$　したがって $Q\left(t,\ -\dfrac{1}{2}t^2\right)$　PRの長さは，点Pの x 座標 t と等しく，PQの長さは，
(点Pの y 座標)－(点Qの y 座標)
$=t^2-\left(-\dfrac{1}{2}t^2\right)=\dfrac{3}{2}t^2$
したがって，RP：PQ＝4：9から，
$t:\dfrac{3}{2}t^2=4:9$，$\dfrac{3}{2}t^2\times 4=t\times 9$，$t^2-9t=0$ より
$t(2t-3)=0$，$t>0$ より，$t=\dfrac{3}{2}$

7 (1) 長方形ABCDの辺DAと直角二等辺三角形の辺GFとの交点をHとすると，2つの図形が重なる部分は△HAFとおくことができる。$0\leqq x\leqq 4$ のときの△HAFは，HA＝AFの直角二等辺三角形　したがって，
$y=\dfrac{1}{2}\times x\times x=\dfrac{1}{2}x^2$

(2) $4\leqq x\leqq 8$ のときの2つの図形の重なる部分は，△EFGの面積となるから，
$y=\dfrac{1}{2}\times 4\times 4=8$

(3) (1)(2)より，x が0から4までは，$y=\dfrac{1}{2}x^2$ のグラフ，x が4から8までは，重なる面積が一定になるので，㋐のグラフが適しているとわかる。

5章　相似な図形

ウォーミングアップ　p.84 ～ 85

1　拡大図　F，縮図　G

2　(1)　$\frac{1}{15000}$　　(2)　750m

3　(1)　△ABC≡△FDE，3組の辺がそれぞれ等しい。

(2)　△ABC≡△EDC，2組の辺とその間の角がそれぞれ等しい。

(3)　△ABC≡△ADC，1組の辺とその両端の角がそれぞれ等しい。

4　(1)①　3：1　　②　2：3

(2)①　$x=\frac{7}{2}$　　②　$x=8$

③　$x=8$　　④　$x=7$

5　(1)　$\angle x=105°$　　(2)　$\angle x=45°$

(3)　$\angle x=35°$　　(4)　$\angle x=60°$

6　［証明］（△EBC と △DCB において）

仮定から　BC＝CB　…①

∠CEB＝∠BDC＝90°　…②

二等辺三角形の底角は等しいから

∠EBC＝∠DCB　…③

①，②，③より，直角三角形の斜辺と1つの鋭角がそれぞれ等しいから

△EBC≡△DCB

合同な図形の対応する辺は等しいから

CE＝BD

解説

1　拡大図や縮図では，対応する辺の長さの比がどれも等しくなっている。

A と F は，辺の長さの比が2：3

A と G は，辺の長さの比が2：1だから，

F は A の $\frac{3}{2}$ 倍の拡大図，G は A の $\frac{1}{2}$ の縮図といえる。

2(1)　450m＝45000cm より，$\frac{3}{45000}=\frac{1}{15000}$

(2)　縮図上で BC の長さをはかるとおよそ 5cm。

実際の距離は，$5\times15000=75000$(cm)

75000cm＝750m

4(1)　比を表す2つの数を，それらの最大公約数でわれば，比を簡単にすることができる。

①　$12:4=(12\div4):(4\div4)=3:1$

②　$24:36=(24\div12):(36\div12)=2:3$

(2)　①　$4x=14$，$x=\frac{7}{2}$

②　$6x=48$，$x=8$

③　$3(x-4)=12$，$x=8$

④　$3(2x+1)=45$，$x=7$

5(1)　$\angle x$ は，△ABC の ∠B の外角なので，

三角形の内角と外角の関係から

$\angle x=70°+35°=105°$

(2)　△AOB の内角と外角の関係から

$\angle BOD=65°+60°=125°$

△COD において

$\angle x+80°=125°$ より

$\angle x=125°-80°=45°$

(3)　∠A＝90° より

$\angle C=180°-(90°+35°)=55°$

△AHC において，∠AHC＝90° より

$\angle x=180°-(90°+55°)=35°$

(4)　△AMN において，

$\angle AMN=180°-(40°+80°)=60°$

MN∥BC なので，同位角より

$\angle x=\angle AMN=60°$

6　△EBC と △DCB が合同であることを示せばよい。斜辺が等しい直角三角形では，「三角形の合同条件」のほかに，以下の合同条件が使える。

【直角三角形の合同条件】

・斜辺と1つの鋭角がそれぞれ等しい。

・斜辺と他の1辺がそれぞれ等しい。

基本ワーク　p.86 ～ 87

Check!

1

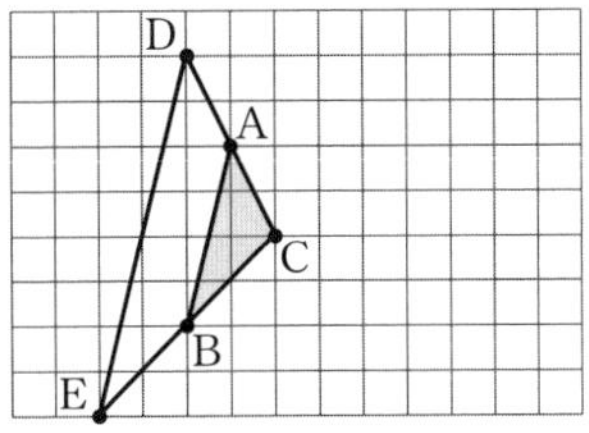

2　$\dfrac{7}{2}$ cm

基本問題

❶

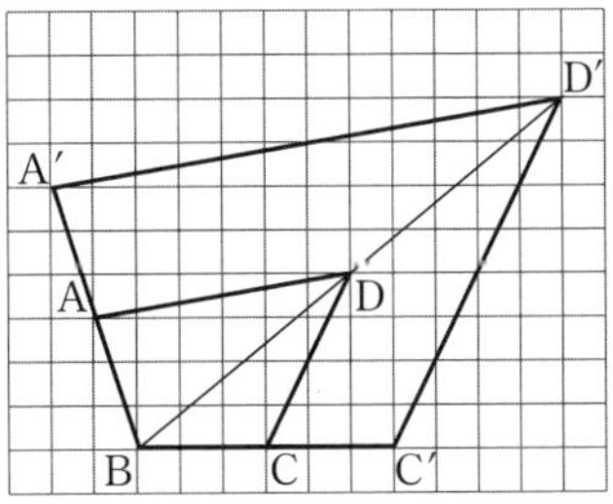

❷

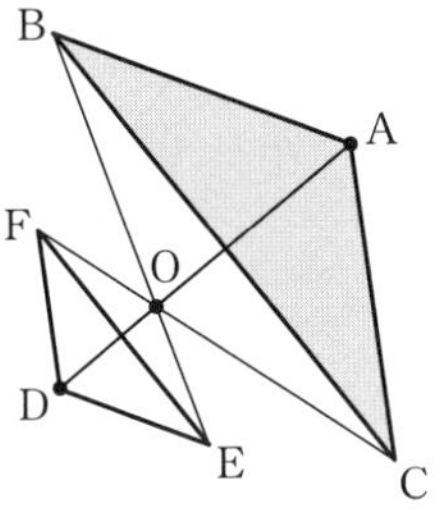

❸ (1)　3：4

(2)　CD＝12cm，EF＝28cm

❹ (1)　12：7　　(2)　3.15cm

解説

❶　まず，半直線BA上に，BA′＝2BAとなる点A′をとる。次に，半直線BC上に，BC′＝2BCとなる点C′をとる。さらに半直線BD上に，BD′＝2BDとなる点D′をとり，A′とD′，D′とC′をそれぞれ結ぶ。

❷　半直線BO上に，OE＝$\dfrac{1}{2}$OBとなる点Eをとり，半直線CO上に，OF＝$\dfrac{1}{2}$OCとなる点Fをとる。最後に，3点D，E，Fを結ぶ。

❸(1)　対応する辺の長さを比べると，

AD：EH＝15：20＝3：4

(2)　CD＝$x$cmとすると，x：16＝3：4より，

$4x=48$　したがって，$x=12$

EF＝$y$cmとすると，21：y＝3：4より，

$3y=84$　したがって，$y=28$

❹(1)　対応する辺の長さを比べると，

AB：DE＝4.8：2.8＝12：7

(2)　EF＝$x$cmとすると，5.4：x＝12：7より，

$12x=37.8$　したがって，$x=3.15$

基本ワーク　p.88 ～ 89

Check!

1　△ABC，△JKL

2　2組の辺の比とその間の角がそれぞれ等しい。

基本問題

❶　△ABC∽△WXV，2組の辺の比とその間の角がそれぞれ等しい。

△DEF∽△PRQ，2組の角がそれぞれ等しい。

△GHI∽△SUT，3組の辺の比がすべて等しい。

❷　(1)　△ABC∽△DEC，2組の辺の比とその間の角がそれぞれ等しい。

(2)　△ABC∽△EDA，3組の辺の比がすべて等しい。

(3)　△ABC∽△DBE，2組の角がそれぞれ等しい。

❸　(1)　△ABC∽△EDC，2組の辺の比とその間の角がそれぞれ等しい。

(2)　$x=12$

❹　(1)　$x=12$　　(2)　$x=\frac{72}{5}$

(3)　$x=\frac{27}{2}$

解説

❶　△ABC と △WXV で，∠C＝∠V，AC：WV＝BC：XV＝14：9 となっている。

△DEF と △PRQ で，∠D＝∠P，∠E＝∠R，∠F＝∠Q が成り立っている。

△GHI と △SUT で，GH：SU＝HI：UT＝IG：TS＝7：6 となっている。

❷(1)　AC：DC＝BC：EC＝7：4 であり，∠C が共通である。

(2)　AB：ED＝BC：DA＝CA：AE＝3：2 が成り立っている。

(3)　∠B が共通で，∠ACB＝∠DEB＝90°

❸(1)　AC：EC＝BC：DC＝2：1 で，対頂角は等しいから，∠ACB＝∠ECD

(2)　相似比は，AC：EC＝2：1 だから，

x：6＝2：1 より，$x=12$

❹(1)　右の図で，

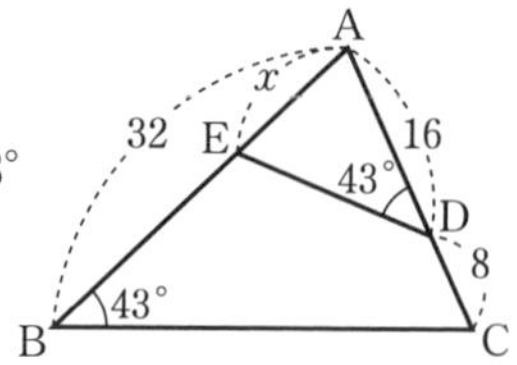

∠A は共通，

∠ABC＝∠ADE＝43°

だから，

△ABC∽△ADE

相似比は，

32：16＝2：1

したがって，

(16＋8)：x＝2：1 より，

$x=12$

(2)　右の図で，

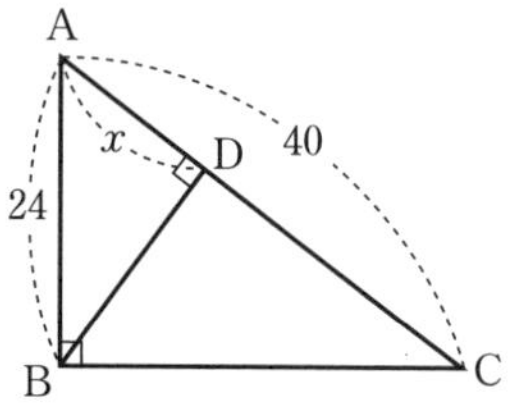

△ABC∽△ADB

相似比は，

40：24＝5：3

したがって，

24：x＝5：3 より，

$x=\frac{72}{5}$

(3)　右の図で，

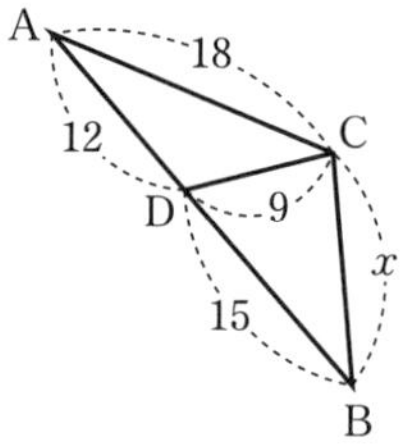

AB：AC＝27：18＝3：2，

AC：AD＝18：12＝3：2

したがって，

AB：AC＝AC：AD…①

∠A は共通…②

①，②より，2組の辺の比とその間の角がそれぞれ等しいから，

△ABC∽△ACD

したがって，x：9＝3：2 より，

$x=\frac{27}{2}$

基本ワーク　p.90 ～ 91

Check!

1　△ABC と △ADE において，
仮定から，∠ABC＝∠ADE　…①
また，　∠A は共通　…②
①，②より，2 組の角がそれぞれ等しいから，　△ABC∽△ADE

2　△ABC と △DBA において，
仮定から，BC：BA＝2.7：1.8＝3：2
　　　　　AB：DB＝1.8：1.2＝3：2
したがって，BC：BA＝AB：DB　…①
また，　∠B は共通　…②
①，②より，2 組の辺の比とその間の角がそれぞれ等しいから，
　　　△ABC∽△DBA
相似な図形の対応する角の大きさは等しいから，　∠ACB＝∠DAB

基本問題

❶　△ADF と △DEC において，
仮定から，∠AFD＝∠DCE＝90°…①
平行線の錯角は等しいから，
　　　∠ADF＝∠DEC　…②
①，②より，2 組の角がそれぞれ等しいから，
　　　△ADF∽△DEC

❷　(1)　△ABC と △BDC
(2)　△ABC と △BDC において，
仮定から，AC：BC＝4：3
　　　　　BC：DC＝4：3
したがって，AC：BC＝BC：DC …①
また，　∠C は共通　…②
①，②より，2 組の辺の比とその間の角がそれぞれ等しいから，
　　　△ABC∽△BDC

❸　△BEF と △CDF において，
仮定から，∠BEF＝∠CDF＝90°　…①
対頂角は等しいから，
　　　∠BFE＝∠CFD　…②
①，②より，2 組の角がそれぞれ等しいから，
　　　△BEF∽△CDF
相似な図形の対応する辺の長さの比は等しいから，BF：CF＝EF：DF

❹　(1)　△ABE と △DCE において，
仮定から，AE：DE＝3：7
　　　　　BE：CE＝3：7
したがって，AE：DE＝BE：CE …①
対頂角は等しいから，
　　　∠AEB＝∠DEC　…②
①，②より，2 組の辺の比とその間の角がそれぞれ等しいから，
　　　△ABE∽△DCE
相似な図形の対応する角の大きさは等しいから，∠BAE＝∠CDE
錯角が等しいので，AB∥CD
(2)　$x=9.1$

解説

❶　辺の長さについての条件は与えられていないので，相似条件は「2 組の角がそれぞれ等しい」になることが予想できる。

❷　AC：BC＝3.2：2.4＝4：3
BC：DC＝2.4：(3.2－1.4)＝4：3となることに気づくことがポイント。

❸　BF，EF を辺にもつ △BEF と，CF，DF を辺にもつ △CDF の相似を証明すればよいという見通しを立てる。

❹(1)　AB∥CD を示すには，錯角が等しいことを示せばよい。そのために，△ABE∽△DCE を証明する，と逆算して考える。辺の比について，BE：CE＝1.8：4.2＝3：7 だから，AE：DE と等しい。
(2)　(1)より相似比は 3：7 だから，
3.9：x＝3：7 より，$3x=3.9\times7$
　したがって，$x=9.1$

基本ワーク　p.92 ～ 93

Check!

1　18m

2　5m 以下

基本問題

❶　48m

❷　148.5m

❸　8m80cm

❹　$83.5 \leqq a < 84.5$

❺　4.9×10^3km

解説

❶　36：42＝6：7 だから，たとえば，右の図のような縮図をかいて考えればよい。

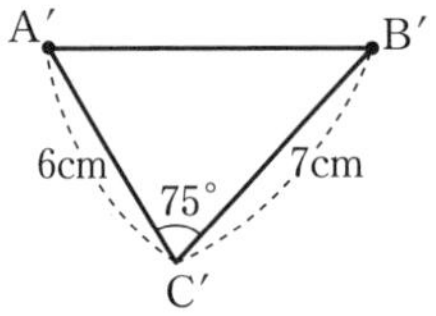

$\dfrac{6\text{cm}}{36\text{m}} = \dfrac{6}{3600} = \dfrac{1}{600}$ より，

右の図は 600 分の 1 の縮図になっている。この縮図上で A′B′ の長さをはかるとおよそ 8cm だから，実際の長さは，$AB = 8 \times 600 \div 100 = 48$(m)

❷　縮図上で A′C′ の長さをはかるとおよそ 2.8cm。$\triangle ABC \backsim \triangle A'B'C'$ だから，AC＝xm とすると，$126 : x = 2.4 : 2.8$　これを解くと，$x = 147$

したがって，電波塔の高さは，$147 + 1.5 = 148.5$(m)

❸

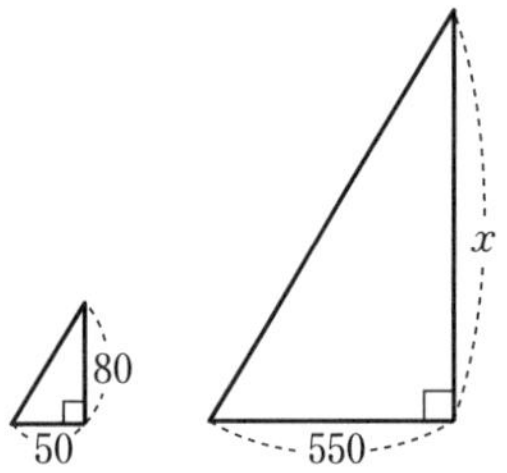

棒とその影，木とその影の先端をそれぞれ結んでできる上の図のような 2 つの三角形は相似であると考えられる。$50 : 80 = 550 : x$ を解いて，$x = 880$

❹　小数第一位を四捨五入して 84g になるので，$83.5 \leqq a < 84.5$

❺　$4900 = 4.9 \times 1000$ で，$1000 = 10^3$ である。

1節の問題　p.94 ～ 95

1　(1)　4：3　　　(2)　$\frac{9}{2}$cm

2　△ABC∽△NOM，2組の角がそれぞれ等しい。
△DEF∽△LJK，2組の辺の比とその間の角がそれぞれ等しい。
△GHI∽△QRP，3組の辺の比がすべて等しい。

3　△AED と △ABC において，
AE：AB＝5：10＝1：2　…①
AD：AC＝6：12＝1：2　…②
①，②より，AE：AB＝AD：AC　…③
共通な角より，∠EAD＝∠BAC　…④
③，④より，2組の辺の比とその間の角がそれぞれ等しいから，△AED∽△ABC

4　△ABC と △BDC において，
共通な角より，　∠ACB＝∠BCD　…①
AB＝AC より，∠ACB＝∠ABC　…②
BC＝BD より，△BCD は二等辺三角形で，
∠BCD＝∠BDC　…③
①～③より，　∠ABC＝∠BDC　…④
①，④より，2組の角がそれぞれ等しいから，
△ABC∽△BDC

5　12m

6　△EBC と △CDF において，
四角形 ABCD は平行四辺形だから，
対角は等しいので ∠EBC＝∠CDF　…①
EB∥DC より，錯角が等しいので，
∠BEC＝∠DCF　…②
①，②より，2組の角がそれぞれ等しいから，
△EBC∽△CDF

7　(1)　△AED と △BAF において，
四角形 ABCD は正方形だから，
∠ADE＝90°　…①
仮定から　∠BFA＝90°　…②
①，②より，
∠ADE＝∠BFA(＝90°)　…③
AB∥DC から錯角が等しいので，
∠AED＝∠BAF　…④
③，④より，2組の角がそれぞれ等しいから，△AED∽△BAF
(2)　15cm

8　△ADC と △APE において，
△ABC は正三角形だから，
∠ACD＝60°　…①
△ADE は正三角形だから，
∠AEP＝60°　…②
①，②より，∠ACD＝∠AEP(＝60°)…③
∠DAC＝60°－∠BAD　…④
∠PAE＝60°－∠BAD　…⑤
④，⑤より，∠DAC＝∠PAE　…⑥
③，⑥より，2組の角がそれぞれ等しいから，△ADC∽△APE

9　(1)　23950≦a＜24050
(2)　2.40×10^4m

解説

4　△ABC と △BDC をそれぞれの辺や角が対応するように図をかいてみるとわかりやすい。

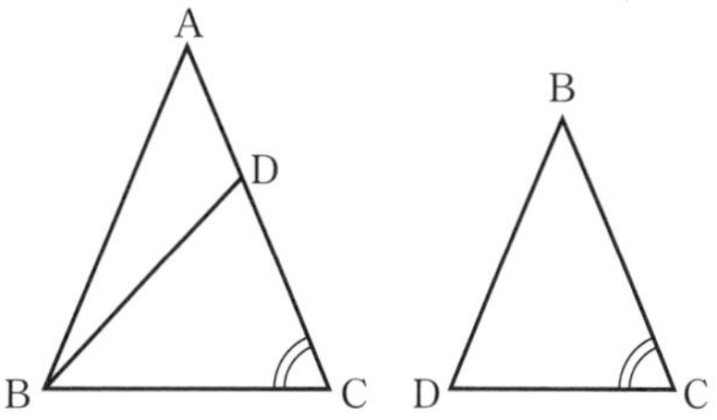

5　右の図のように $\frac{1}{200}$ の縮図，A′C′＝5cm，B′C′＝6.5cm，∠A′C′B′＝60° の △A′B′C′ をかく。この縮図上で A′B′ の長さをはかると，およそ 6cm　したがって，
AB＝6×200＝1200(cm)　1200cm＝12m

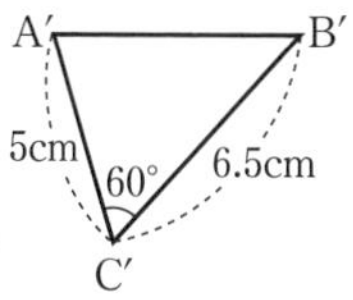

7(2)　(1)より，△AED∽△BAF から，
AE：BA＝AD：BF
AE：12＝12：9.6　9.6AE＝144
AE＝15(cm)

9(1)　十の位で四捨五入していることに注意。
(2)　$24000=2.40\times10000=2.40\times10^4$
2.40 の 0 は有効数字なので，消すことができないので注意。

基本ワーク　p.96 ～ 97

Check!

1　DE＝6，AE＝6

2　AD：DB＝3：5

AF：FC＝3：5

したがって，AD：DB＝AF：FC が成り立つので，DF // BC

基本問題

❶ (1)　$x=3$，$y=6$　(2)　$x=\frac{9}{2}$，$y=\frac{39}{5}$

(3)　$x=\frac{28}{5}$，$y=6$

(4)　$x=4$，$y=\frac{52}{5}$

❷ ㋐　AB′　　㋑　$\frac{3}{4}$

❸ 線分 DE

解説

❶(1)　$x:6=4:8$ より，$x=3$

$y:12=4:8$ より，$y=6$

(2)　$x:2=9:4$ より，$x=\frac{9}{2}$

$5.4:y=9:(9+4)$ より，$y=\frac{39}{5}$

(3)　$3.6:4.8=4.2:x$ より，$x=\frac{28}{5}$

$4.5:y=3.6:4.8$ より，$y=6$

(4)　$3:(3+1.8)=x:6.4$ より，$x=4$

$(3+1.8):1.8=y:3.9$ より，$y=\frac{52}{5}$

❷ DD′：BB′＝AD′：AB′＝1：2 より，

$\mathrm{DD'}=\frac{1}{2}\mathrm{BB'}$

EE′：BB′＝AE′：AB′＝3：4 より，

$\mathrm{EE'}=\frac{3}{4}\mathrm{BB'}$

❸ CE：EA＝3.6：5.4＝2：3

CD：DB＝3.2：4.8＝2：3

よって，CE：EA＝CD：DB が成り立つので，ED // AB

基本ワーク　p.98 ～ 99

Check!

1　6cm

2　ひし形

基本問題

❶ △ABC と △DEF において，

中点連結定理より，

AB：DE　＝2：1　……①

BC：EF　＝2：1　……②

CA：FD　＝2：1　……③

①，②，③より，3 組の辺の比がすべて等しいから，△ABC∽△DEF

❷ $x=1.2$，$y=2.4$

❸ 中点連結定理より，EF // BC，

$\mathrm{EF}=\frac{1}{2}\mathrm{BC}$

また，$\mathrm{GC}=\frac{1}{2}\mathrm{BC}$ であるから，

EF // GC，EF＝GC

1 組の対辺が平行でその長さが等しいから，四角形 EGCF は平行四辺形である。

さらに，∠C＝90° より，∠E＝∠C＝∠F＝∠G＝90° であるから，四角形 EGCF は長方形である。

❹ △ABD で，中点連結定理より，

MQ // AD，$\mathrm{MQ}=\frac{1}{2}\mathrm{AD}$

△ACD で，中点連結定理より，

PN // AD，$\mathrm{PN}=\frac{1}{2}\mathrm{AD}$

したがって，MQ // PN，MQ＝PN

1 組の対辺が平行でその長さが等しいから，四角形 MPNQ は平行四辺形である。

解説

❶ 辺の中点の組として，D と E，E と F，F と D の 3 つの選び方があり，それぞれの場合で中点連結定理を使う。

❷ △ABD で，中点連結定理より，$\mathrm{PE}=\frac{1}{2}\times 3.2=1.6$　PQ // BC で，DE＝EB であるから，

DQ＝QC である。△DBC で，中点連結定理より，

EQ $=\frac{1}{2}\times 1.6=0.8$　したがって，$x=1.2$，

$y=1.6+0.8=2.4$

❸　四角形 EGCF が平行四辺形であることが証明できたら，対角が等しいので，∠E＝∠C＝90°

　また，∠F＋∠G＝180°，∠F＝∠G であるから，∠F＝∠G＝90°

❹　MP // BC，MP $=\frac{1}{2}$BC であることと，

QN // BC，QN $=\frac{1}{2}$BC であることから，

MP // QN と MP＝QN の組み合わせで証明してもよい。

基本ワーク　p.100 ～ 101

Check!

1　$x=\frac{10}{3}$

2

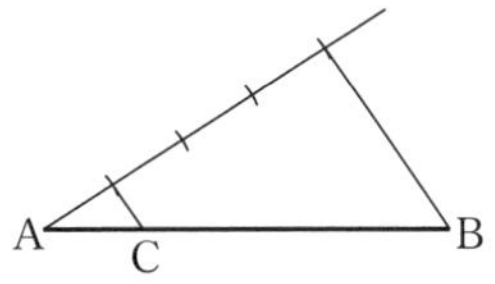

3　$x=\frac{32}{5}$

基本問題

❶　(1)　$x=10$　　(2)　$x=9$

　(3)　$x=7$

❷　(1)　$x=\frac{35}{4}$　　(2)　$x=\frac{96}{7}$

　(3)　$x=\frac{16}{3}$

❸

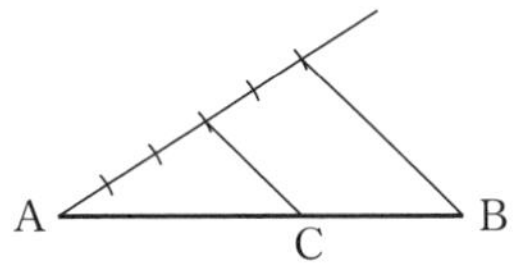

❹　(1)　$x=\frac{9}{5}$　　(2)　$x=\frac{17}{4}$

解説

❶(1)　9：6＝15：x より，$x=10$

　(2)　12：16＝x：12 より，$x=9$

　(3)　15：5＝21：x より，$x=7$

❷(1)　7：(7＋9)＝x：20 より，$x=\frac{35}{4}$

　(2)　16：(16＋5)＝x：18 より，$x=\frac{96}{7}$

　(3)　4：(4＋11)＝x：20 より，$x=\frac{16}{3}$

❸　A を通る半直線上に，等間隔に 5 つの点をとり，3：2 の比を平行線によって線分 AB 上に移す。

❹(1)　3：2.5＝x：1.5 より，$x=\frac{9}{5}$

　(2)　2.4：2.7＝2：DC より，DC $=\frac{9}{4}$

　　$x=2+\frac{9}{4}=\frac{17}{4}$

2節の問題 p.102～103

1 (1) $x=9$, $y=8$

(2) $x=9$, $y=\dfrac{21}{2}$, $z=7$

2 (1) $x=6$　　(2) $x=3$

3 △ADE と △ABC において,

∠A は共通　…①

DE∥BC より, 平行線の同位角は等しいから, ∠ADE＝∠ABC　…②

①, ②より, 2組の角がそれぞれ等しいから

△ADE∽△ABC

相似な図形の対応する辺の比は等しいから

AD：AB＝DE：BC

4 線分 DE

5 (1) $x=5.5\left(\dfrac{11}{2}\right)$, $y=8.2\left(\dfrac{41}{5}\right)$

(2) $x=6$, $y=\dfrac{12}{5}(2.4)$

6 (1) △ABE と △DFE において,

対頂角より, ∠AEB＝∠DEF　…①

長方形の対辺は平行だから, AB∥FC

したがって, 錯角は等しいから,

∠BAE＝∠FDE　…②

①, ②より, 2組の角がそれぞれ等しいから, △ABE∽△DFE

対応する辺の比は等しいから,

AB：DF＝AE：DE　また

AE：DE＝1：2 であるから,

AB：DF＝1：2

また AB＝DC であるから

AB：CF＝AB：(CD＋DF)

＝1：(1＋2)＝1：3

(2) $\dfrac{1}{2}$cm

7 (1) △BAF において, 仮定より,

BD：DA＝1：1　BC：CF＝1：1

中点連結定理より DC∥GF　…①

また △ABC において,

AD：DB＝1：1　AE：EC＝1：1

中点連結定理より, DG∥CF　…②

①, ②より, 2組の対辺がそれぞれ平行だから, 四角形 DCFG は平行四辺形となる。

(2) $\dfrac{5}{2}$cm

8 (1) 2：1

(2) 2.2cm

9 BD＝CD　…①から,

△DBC は二等辺三角形で,

∠DBC＝∠DCB　…②

また, 内角と外角の関係から,

∠ADC＝∠DBC＋∠DCB　…③

仮定より,

∠ADC＝∠ADE＋∠EDC　…④

∠ADE＝∠EDC　…⑤

②～⑤より ∠ABC＝∠ADE

したがって, 同位角が等しいから, DE∥BC となり, AE：EC＝AD：DB

①から, AE：EC＝AD：DC

解説

4 BD：DA＝6：12＝1：2,

BE：EC＝3.8：7.6＝1：2 より

DE∥AC である。

5 (1) △ABC において, DF：BC＝1：2 より

$DF=\dfrac{11}{2}=5.5$, $x=5.5$

EG：GB＝EF：BC＝5.5：11＝1：2,

y：12.3＝2：3 より $y=8.2$

(2) △ABD において, DF：DB＝EF：AB

$6:(6+4)=y:4$　$10y=24$　$y=\dfrac{24}{10}=\dfrac{12}{5}$

△BDC において, BF：BD＝EF：CD

$4:(4+6)=y:x$　$4:10=\dfrac{12}{5}:x$

$4x=10\times\dfrac{12}{5}$　$4x=24$　$x=6$

6 (2) △FBC∽△FCG　△FCG∽△HCD より,

△FBC∽△HCD　BC：FC＝CD：HD

(1)より, CF＝9cm

$6:9=3:HD$　$HD=\dfrac{9}{2}$cm

$HE=HD-ED=\dfrac{9}{2}-4=\dfrac{1}{2}$ (cm)

8 (1)　△AGD∽△EGBで，AD：EB＝2：1
したがって，AG：GE＝2：1

(2)
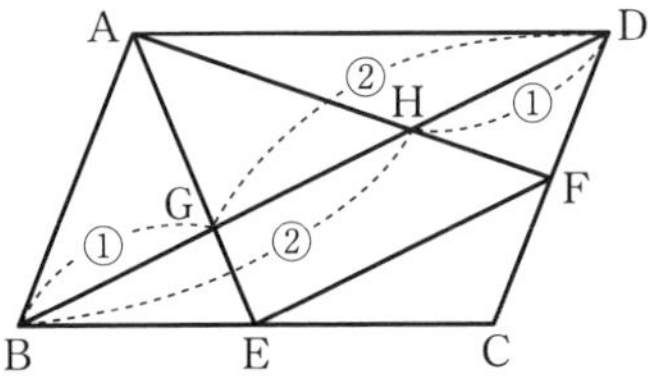

△AGD∽△EGBより，BG：GD＝1：2
△ABH∽△FDHより，BH：HD＝2：1
GH＝GD－HD＝2－1＝1から，
BG：GH：HD＝1：1：1となり，
$\mathrm{GH}=6.6\times\frac{1}{3}=2.2(\mathrm{cm})$

基本ワーク　p.104～105

Check!

1　$21\mathrm{cm}^2$

2　表面積の比　1：9，体積比　1：27

基本問題

❶　周の長さの比　3：1，面積比　9：1

❷　(1)　9：4　　(2)　3：5

❸　(1)　9：16　　(2)　27：37

❹　$2000\mathrm{cm}^3$

解説

❶　直径の比が3：1のとき，半径の比も3：1である。

❷ (1)　△ABC∽△PBRで，相似比は3：2であるから，面積比は，$3^2：2^2＝9：4$

(2)　△QBS＝$a\mathrm{cm}^2$とすると，△PBR＝$4a\mathrm{cm}^2$，△ABC＝$9a\mathrm{cm}^2$だから，四角形PQSRの面積は，$4a-a=3a(\mathrm{cm}^2)$，四角形APRCの面積は，$9a-4a=5a(\mathrm{cm}^2)$

❸ (1)　三角錐AQRPとABCDは相似で，相似比は3：4だから，表面積の比は，
$3^2：4^2＝9：16$

(2)　三角錐AQRPとABCDの体積比は，$3^3：4^3$＝27：64　したがって，求める比は，
27：(64－27)＝27：37

❹　容器と容器内の水が入っている部分は相似な円錐で，相似比は2：1　体積比は，
$2^3：1^3＝8：1$　容器の容積を$x\mathrm{cm}^3$とすると，
x：250＝8：1より，$x＝2000$

3節の問題　p.106 ~ 107

1 (1) 周の長さの比　5：4
面積比　25：16
(2) 1：9
(3) 表面積の比　4：9
体積比　8：27

2 ㋑ $8a$　㋒ $7a$

3 (1) 2：3　(2) 324cm^3

4 (1) 2：3　(2) 80cm^3

5 (1) 4：25　(2) $\frac{1}{4}$ 倍

6 A　(理由)　ケーキAとBの底面積の比は，
$5^2：6^2=25：36$　ケーキAがケーキBと同じ体積のときの値段を x 円とすると，$25：36=1500：x$
$25x=36\times1500$　$x=2160$
$2160<2200$ より，体積のわりに値段が安いのは，Aのケーキといえる。

7 6.4倍

8 283%

解説

1 (1) 相似比と周の長さの比は同じ。面積比は，相似比の2乗なので，$5^2：4^2=25：16$
(2) PとQの相似比は1：3　したがって，面積比は，$1^2：3^2=1：9$
(3) 直径の比が相似比になるので，4：6＝2：3
したがって，面積比は，$2^2：3^2=4：9$
体積比は，相似比の3乗なので，
$2^3：3^3=8：27$

2 面積比は相似比の2乗であるから，㋐の面積を1として三角形ごとの面積を求めると
㋐：(㋐＋㋑)：(㋐＋㋑＋㋒)
$=1^2：(1+2)^2：(1+2+1)^2=1^2：3^2：4^2$
＝1：9：16
㋑＝(㋐＋㋑)－㋐＝9－1＝8
より，㋑は，㋐の面積の8倍だから，$8a$
㋒＝(㋐＋㋑＋㋒)－(㋐＋㋑)＝16－9＝7
より，㋒は，㋐の面積の7倍だから，$7a$

3 (1) PとQの表面積の比が4：9だから，相似比は，$\sqrt{4}：\sqrt{9}=2：3$
(2) 体積比は，相似比の3乗で，(1)から，
$2^3：3^3=8：27$　立方体Qの体積を $x$cm^3 とすると，$96：x=8：27$　$8x=96\times27$
$x-324$(cm^3)

4 (1) 水が容器の $\frac{2}{3}$ の深さまで入っているので，水の入っている高さと容器の高さの比が，2：3
したがって，相似比は，2：3
(2) 水の入っている体積と容器の体積比は，
$2^3：3^3=8：27$　はじめに入っていた水の体積を $x$cm^3 とするとき，
$x：190=8：(27-8)$　$x：190=8：19$
$19x=190\times8$　$x=\frac{190\times8}{19}=80$(cm^3)

5 (1) AD：BE＝2：3から，AF：FE＝2：3
したがって，△AGFと△ABEの相似比は2：5となり，面積比は，$2^2：5^2=4：25$
(2) DE∥CB，DE：CB＝3：5から，
AE：EB＝3：(5－3)＝3：2　また，
EF：FC＝3：5　したがって，

$$\triangle \mathrm{FBC}=\underbrace{\triangle \mathrm{ABC}\times\frac{2}{5}}_{\triangle \mathrm{EBC}}\times\frac{5}{8}$$
$$=\triangle \mathrm{ABC}\times\frac{1}{4}$$

7 大きな計量カップの容積は，小さな計量カップの容積の $2^2\times1.6=6.4$(倍)となる。

8 作図した三角形と拡大コピーした三角形の面積比が1：8なので，相似比は，$\sqrt{1}：\sqrt{8}=1：2\sqrt{2}$
$2\sqrt{2}$ 倍に拡大するので，
$2\sqrt{2}=2\times1.414=2.828$ より 282.8%
小数第一位を四捨五入して，283%

5章の問題　p.108～109

1 (1)　△ABC∽△BDC，2組の辺の比とその間の角がそれぞれ等しい。
$x=8$

(2)　△ABC∽△EDC，2組の角がそれぞれ等しい。
$x=44$

2 (1)　△ACB　　(2)　$\dfrac{49}{10}$ cm (4.9cm)

(3)　$\dfrac{51}{7}$ cm

3 (1)　$x=5$　　(2)　$x=4$

4 (1)　$x=6$　　(2)　$x=12$

5　3：2：2

6 (1)　3：4　　(2)　9：1

(3)　2：3

7　△ABD と △CAE において，
仮定より，∠BDA＝∠AEC＝90°　…①
∠BAC＝90°　…②
∠BAD＝180°－(∠BAC＋∠CAE)
②より，＝90°－∠CAE　…③
∠ACE＝180°－(∠AEC＋∠CAE)
①より，＝90°－∠CAE　…④
③，④より，∠BAD＝∠ACE　…⑤
①，⑤より，2組の角がそれぞれ等しいから，
△ABD∽△CAE

8 (1)　26：27　　(2)　26：81

(3)　$\dfrac{26}{81}$ 倍

解説

1(1)　AB：BD＝AC：BC　10：x＝25：20
$25x=10\times20$　$x=8$

(2)　AB：ED＝CA：CE
x：33＝(24＋8)：24　x：33＝32：24
$x=44$

2(1)　△ABD と △ACB において，共通な角より，
∠BAD＝∠CAB…①　∠ABD＝∠DBC，
∠DBC＝∠ACB　したがって，
∠ABD＝∠ACB…②　①，②より，2組の角がそれぞれ等しいので，△ABD∽△ACB

3(1)　AB∥DE，AD：DC＝1：1から，
CE：EB＝1：1　中点連結定理より，
DE＝$\dfrac{1}{2}$AB
AB＝DE×2　よって，$x=2.5\times2=5$

(2)　△ABC≡△DCBより，AC＝DBから，
AC＝10　EC＝10－x　AE：EC＝AD：BC
x：(10－x)＝8：12　$12x=8(10-x)$ より，
$x=4$

4(1)　x：8＝7.5：10　$10x=60$　$x=6$

(2)　(12－4)：4＝x：6　8：4＝x：6　$x=12$

5　FA∥DE，FA：DE＝3：5より，
GA：AE＝3：(5－3)＝3：2…①
AB∥DE　BD：DC＝1：1より，
AE：EC＝1：1＝2：2…②
①，②より，GA：AE：EC＝3：2：2

6(1)　EF∥BC，AE：EB＝3：1より，
DG：GB＝3：1　したがって，
GF：BC＝3：(3＋1)＝3：4

(2)　GF∥BH，GB∥FHより四角形GBHFは平行四辺形である。したがって，GB：FH＝1：1
また，DG：GB＝3：1から，DG：FH＝3：1
△DGF∽△FHCから面積比は，$3^2：1^2=9：1$

(3)　△EBG と △FHC の底辺をそれぞれ EG，HC とするとき，高さが共通なので，底辺の比が面積比となる。EG＝8×$\dfrac{1}{4}$＝2(cm)
GF＝12×$\dfrac{3}{4}$＝9(cm)　BH＝GFより
HC＝12－9＝3(cm)　したがって，
△EBG：△FHC＝EG：HC＝2：3

8(1)　(円錐の水の入っていない部分の体積)＝A，(水の体積)＝B　(円錐の容器の容積)＝Cとおくと，$A：C=1^3：(1+2)^3=1：27$　したがって，
$B：C=(27-1)：27=26：27$

(2)　(円柱の容器の容積)＝Dとおくと，
$C：D=1：3$　(1)より $B：C=26：27$
したがって $B：D=26：(3\times27)=26：81$

(3)　(2)より，$26\div81=\dfrac{26}{81}$

6章　円

ウォーミングアップ　p.110 ～ 111

1　(1)　弧の長さ…πcm，面積…2πcm^2

(2)　弧の長さ…4πcm，面積…6πcm^2

2　$\angle x = 120°$

3　(1)　$\angle x = 38°$　　(2)　$\angle x = 126°$

4　(1)

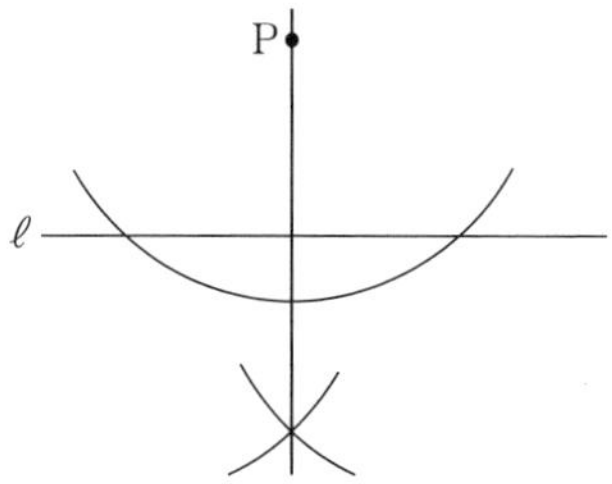

(2)

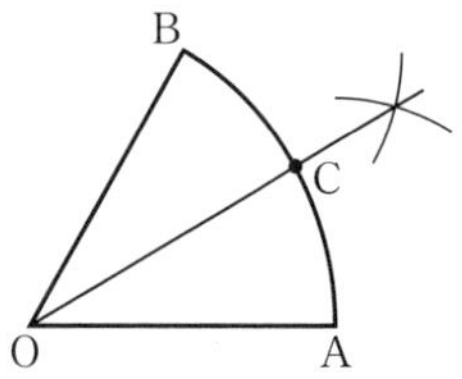

(3)

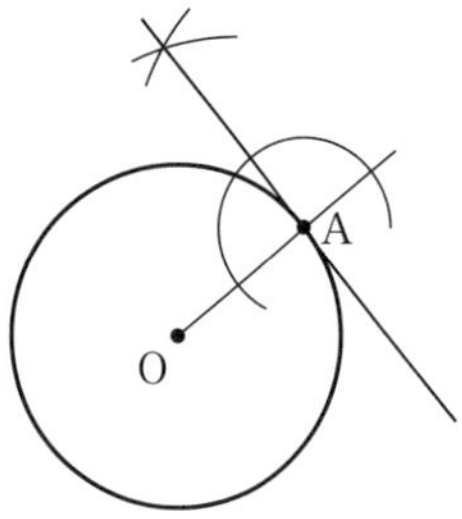

(4)

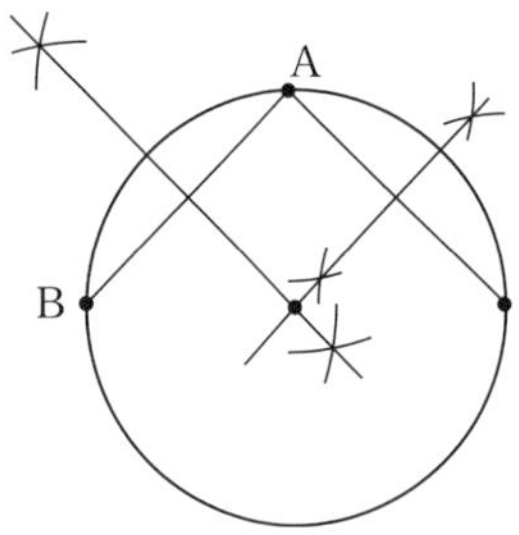

5　(1)　△OAB∽△ODC，2組の辺の比とその間の角がそれぞれ等しい。

(2)　△ABC∽△DAC，3組の辺の比がすべて等しい。

解説

1(1)　弧の長さ：$2\pi \times 4 \times \dfrac{45}{360} = \pi$ (cm)

面積：$\pi \times 4^2 \times \dfrac{45}{360} = 2\pi$ (cm^2)

(2)　弧の長さ：$2\pi \times 3 \times \dfrac{240}{360} = 4\pi$ (cm)

面積：$\pi \times 3^2 \times \dfrac{240}{360} = 6\pi$ (cm^2)

2　弧の長さが4πcmだから

$2\pi \times 6 \times \dfrac{x}{360} = 4\pi$

これを解くと$x = 120$となる。

3(1)　△DBCは二等辺三角形だから，

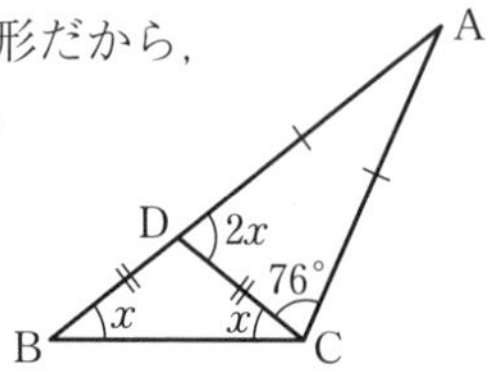

$\angle$DBC $= \angle$DCB $= \angle x$

△DBCの外角だから，

$\angle$ADC $= \angle x + \angle x$

△ADCも

二等辺三角形だから，

$2x = 76$より，$x = 38$

(2)　△ABCの内角の和は180°だから

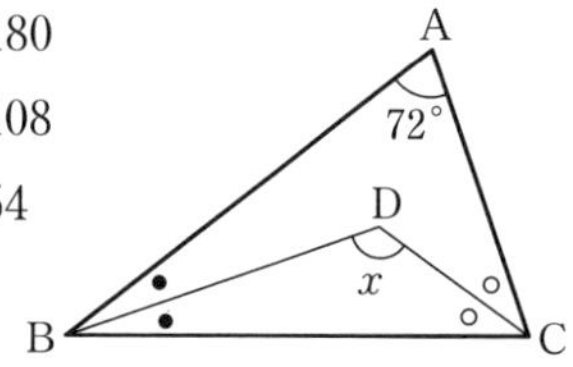

72＋●●＋○○＝180

●●＋○○＝108

●＋○＝54

△DBCの内角の和は180°

x＋●＋○＝180

$x + 54 = 180$

$x = 126$

4(2)　弧の長さは中心角に比例するから，$\overset{\frown}{AC} = \overset{\frown}{BC}$ならば$\angle$AOC $= \angle$BOCとなる。

(3)　円の接線は，接点を通る半径に垂直である。

(4)　円周上にある点はすべて，円の中心からの距離が等しい。2点からの距離が等しい点は，その2点を結んだ線分の垂直二等分線上にあるので，3点のうち2点を結ぶ線分の垂直二等分線をかき，交わった点を中心として円をかく。

Check!

1 $\angle x = 28^\circ$

2 30°

基本問題

❶ (1) $\angle x = 58^\circ$ (2) $\angle x = 208^\circ$

(3) $\angle x = 40^\circ$ (4) $\angle x = 62^\circ$

(5) $\angle x = 158^\circ$ (6) $\angle x = 115^\circ$

❷ (1) $\overset{\frown}{AC} = \overset{\frown}{BD}$

(2) $\angle ABC = \angle BAD$

(3) $\angle ABC = \angle ADC$

(4) $AB \parallel CD$

❸ $\angle x = 45^\circ$，$\angle y = 90^\circ$

解説

❶(1) $\angle x = \dfrac{1}{2} \times 116^\circ = 58^\circ$

(2) $\angle x = 2 \times 104^\circ = 208^\circ$

(3) 同じ弧に対する円周角は等しいので，40°

(4) 右の図で，

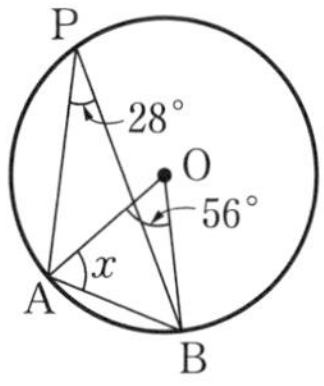

$\angle AOB = 2 \times 28^\circ = 56^\circ$

$\triangle OAB$ は二等辺三角形だから，底角は等しい。よって，

$\angle x = (180^\circ - 56^\circ) \div 2 = 62^\circ$

(5) $\angle AOB = 2 \times 42^\circ = 84^\circ$

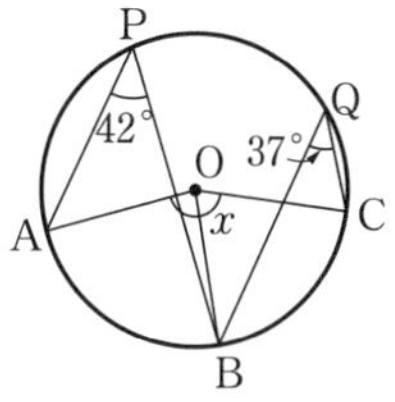

$\angle BOC = 2 \times 37^\circ = 74^\circ$

したがって，

$\angle x = 84^\circ + 74^\circ = 158^\circ$

(6) $\angle x = \dfrac{1}{2} \times (360^\circ - 130^\circ)$

$= 115^\circ$

❷(1) $\overset{\frown}{AC}$ に対する中心角 $\angle AOC$ と $\overset{\frown}{BD}$ に対する中心角 $\angle BOD$ が等しいので，$\overset{\frown}{AC} = \overset{\frown}{BD}$

(2) 等しい弧に対する円周角は等しい。

(3) 同じ弧に対する円周角だから，等しい。

(4) (2)，(3)より，$\angle BAD = \angle ADC$ となり，錯角が等しいので，$AB \parallel CD$

❸ $\overset{\frown}{AC}$ は円周の $\dfrac{2}{8}$ だから，

$\angle AOC = 360^\circ \times \dfrac{2}{8} = 90^\circ$ したがって，

$\angle x = \dfrac{1}{2} \times 90^\circ = 45^\circ$

同じように，$\angle DCF = 45^\circ$ であることがわかるので，$\angle y = 180^\circ - 45^\circ \times 2 = 90^\circ$

基本ワーク　p.114 ～ 115

Check!

1　$\angle x = 42^\circ$

2　78°

基本問題

❶ (1)　$\angle x = 23^\circ$　(2)　$\angle x = 52^\circ$

(3)　$\angle x = 70^\circ$　(4)　$\angle x = 58^\circ$

(5)　$\angle x = 36^\circ$　(6)　$\angle x = 69^\circ$

❷ ㋐，㋓

❸ (1)　点A，Dが直線BCの同じ側にあって，$\angle BAC = \angle BDC$であるから，4点A，B，C，Dは1つの円周上にある。

(2)　$\angle x = 23^\circ$

解説

❶(1)　$\angle C = 90^\circ$だから，

$\angle x = 180^\circ - (90^\circ + 67^\circ) = 23^\circ$

(2)　円周角の定理より，$\angle ACB = \angle ADB = 38^\circ$

$\angle BAC = 90^\circ$だから，

$\angle x = 180^\circ - (90^\circ + 38^\circ) = 52^\circ$

(3)　$\angle B = \angle D = 90^\circ$だから，

$\angle x = 360^\circ - (90^\circ + 90^\circ + 110^\circ) = 70^\circ$

(4)　BとCを結ぶと，円周角の定理より，

$\angle ABC = \angle ADC = 32^\circ$　また，$\angle ACB = 90^\circ$

したがって，$\angle x = 180^\circ - (90^\circ + 32^\circ) = 58^\circ$

(5)　ACとBDの交点をEとすると，$\triangle ABE$の内角と外角の関係より，$\angle x = 126^\circ - 90^\circ = 36^\circ$

(6)　CとDを結ぶと，$\angle BDC = \angle BAC = 21^\circ$

$\angle BCD = 90^\circ$だから，

$\angle x = 180^\circ - (90^\circ + 21^\circ) = 69^\circ$

❷㋐　A，Dは直線BCの同じ側にあり，$\angle BAC = \angle BDC$だから，4点A，B，C，Dは1つの円周上にある。

㋑　$\angle BAC \neq \angle BDC$であるから，4点A，B，C，Dは1つの円周上にはない。

㋒　$\angle ADB = 180^\circ - (62^\circ + 45^\circ) = 73^\circ$より，

$\angle ADB \neq \angle ACB$であるから，4点A，B，C，Dは1つの円周上にはない。

㋓　$\angle BAC = 180^\circ - (70^\circ + 47^\circ) = 63^\circ$より，

$\angle BAC = \angle BDC$であり，点A，Dが直線BCの同じ側にあるから，4点A，B，C，Dは1つの円周上にある。

❸(1)　直線の同じ側にあることと，角が等しいことを述べる。

(2)　$\angle CBD = 180^\circ - (90^\circ + 82^\circ) = 8^\circ$より，

$\angle ABD = 75^\circ - 8^\circ = 67^\circ$

したがって，$\angle x = 180^\circ - (90^\circ + 67^\circ) = 23^\circ$

1節の問題　p.116～117

1　(1)　$\angle x = 45^\circ$　(2)　$\angle x = 105^\circ$

(3)　$\angle x = 80^\circ$　(4)　$\angle x = 47^\circ$

(5)　$\angle x = 28^\circ$　(6)　$\angle x = 110^\circ$

2　㋐　1つの円で，等しい弧に対する円周角は等しい

㋑　$\angle \mathrm{BAC} = \angle \mathrm{ACP}$

㋒　錯角　㋓　//

㋔　1組の対辺が平行でその長さが等しい

㋕　PA＝CE

3　(1)　$\angle \mathrm{BCA} = 30^\circ$　$\angle \mathrm{BDF} = 60^\circ$

(2)　仮定より，A，B，C，D，E，F は円周を6等分する点だから，$\overset{\frown}{\mathrm{AF}} = \overset{\frown}{\mathrm{BC}}$

1つの円で，等しい弧に対する円周角は等しいから，$\angle \mathrm{ABF} = \angle \mathrm{BAC}$

より，$\angle \mathrm{BAP} = \angle \mathrm{ABP}$

したがって，2つの角が等しいから

△BPA は二等辺三角形となる。

4　$\angle x = 75^\circ$

5　(1)　$\angle x = 45^\circ$　(2)　$\angle x = 58^\circ$

(3)　$\angle x = 100^\circ$

6　△EBC における内角と外角の関係より

$\angle \mathrm{DBC} = 60^\circ - 32^\circ = 28^\circ$　点 A，B が直線 CD の同じ側にあって，$\angle \mathrm{DAC} = \angle \mathrm{DBC}$ であるから，4点 A，B，C，D は1つの円周上にある。

7　仮定より，$\angle \mathrm{DFC} = \angle \mathrm{BAC}$　…①

AB // DE　…②

②より，平行線の同位角は等しいので，

$\angle \mathrm{BAC} = \angle \mathrm{DEC}$　…③

①，③より，点 F，E が直線 DC の同じ側にあって，$\angle \mathrm{DFC} = \angle \mathrm{DEC}$ であるから，4点 F，D，C，E は1つの円周上にある。

解説

1(4)　右の図で，$\overset{\frown}{\mathrm{CD}}$ に対する円周角より $\angle \mathrm{CBD} = 38^\circ$

△EBC の内角と外角の関係から

$\angle x = 85^\circ - 38^\circ = 47^\circ$

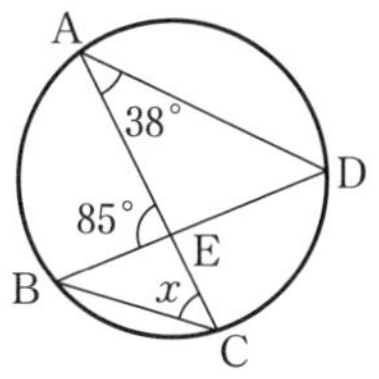

(5)　右の図で，$\overset{\frown}{\mathrm{CD}}$ に対する円周角より

$\angle \mathrm{CBD} = 15^\circ$

△FBC において内角と外角の関係から

$\angle \mathrm{FCB} = 58^\circ - 15^\circ = 43^\circ$　△ACE において

$\angle x = 43^\circ - 15^\circ = 28^\circ$

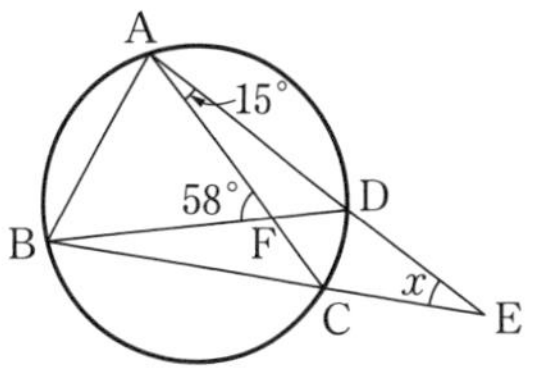

(6)　右の図で，$\overset{\frown}{\mathrm{BD}}$ に対する円周角と中心角の関係より，

$\angle \mathrm{BOD} = 113^\circ \times 2 = 226^\circ$

△OBC は，OB＝OC の二等辺三角形だから，$\angle \mathrm{BOC} =$

$180^\circ - 32^\circ \times 2 = 116^\circ$

したがって，$\angle x = \angle \mathrm{BOD} - \angle \mathrm{BOC}$

$= 226^\circ - 116^\circ = 110^\circ$

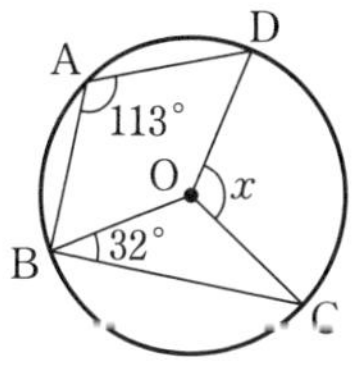

4　右の図で，

$\angle \mathrm{ACB} = \dfrac{1}{2} \angle \mathrm{AOB} = 45^\circ$，

$\angle \mathrm{DBC} = \dfrac{1}{2} \angle \mathrm{DOC} = 30^\circ$

だから，

$\angle x = 45^\circ + 30^\circ = 75^\circ$

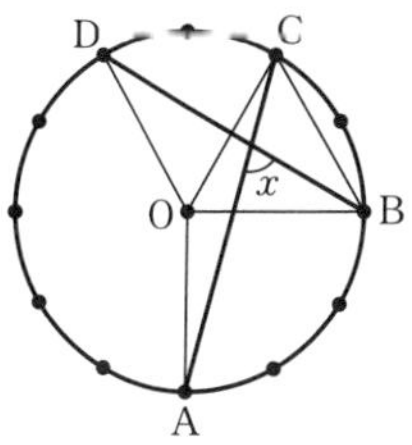

5(2)　右の図で，

$\angle \mathrm{DCB} = \angle \mathrm{DAB} = 32^\circ$，

$\angle \mathrm{ACB} = 90^\circ$ だから

$\angle x = 90^\circ - 32^\circ = 58^\circ$

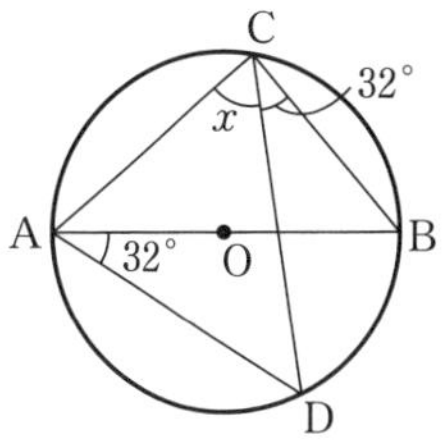

(3)　右の図で，

$\angle \mathrm{AOD} = 180^\circ - 30^\circ \times 2$

$= 120^\circ$ だから，$\angle \mathrm{ACD}$

$= 60^\circ$，したがって，

$\angle x = 180^\circ - (60^\circ + 20^\circ)$

$= 100^\circ$

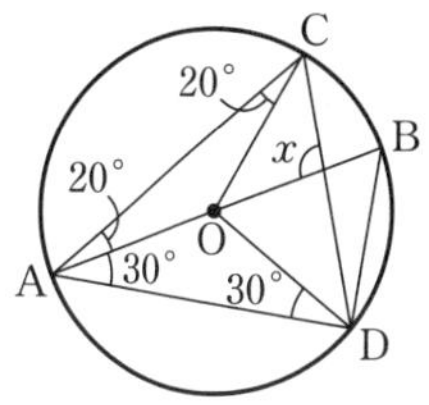

基本ワーク　p.118～119

Check!

1

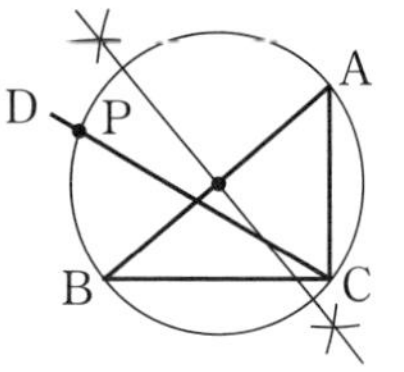

2　$\triangle AOP \equiv \triangle AOP'$ より,
$\angle AOP = \angle AOP'$
$\triangle OPP'$ は $OP = OP'$ の二等辺三角形で,
OA は頂角の二等分線だから，底辺 PP′ を垂直に二等分する。したがって,
$OA \perp PP'$

基本問題

❶

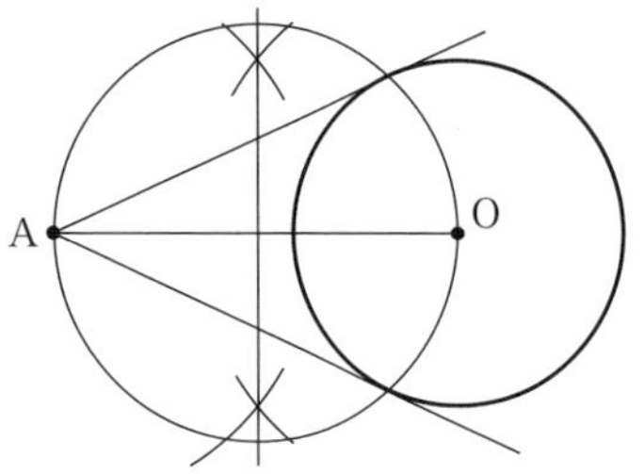

❷

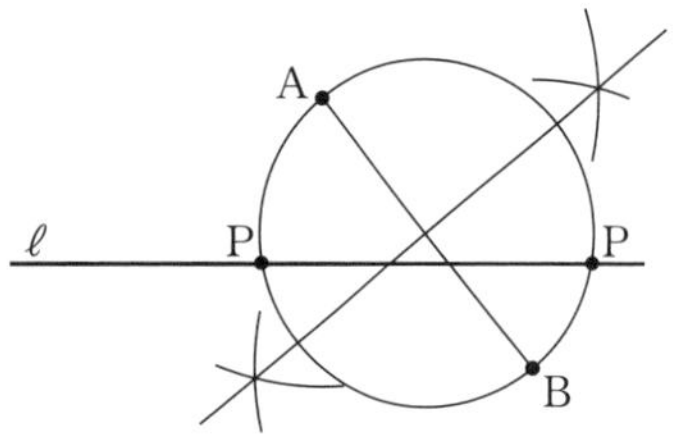

❸

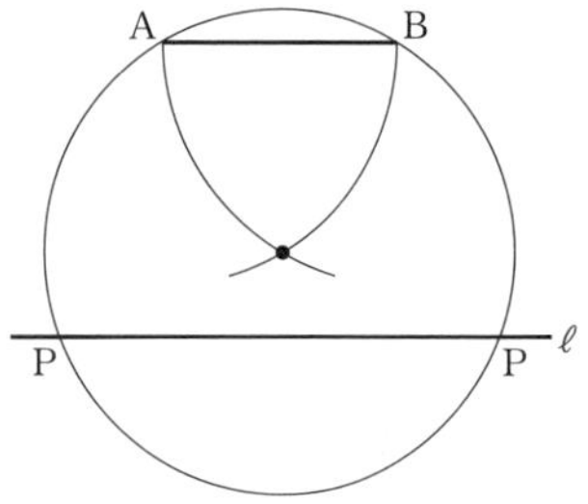

❹　18cm

❺　PO′ は円 O の直径だから，$\angle PAO' = 90°$
したがって，PA は A を通る円 O′ の半径と垂直なので, A を通る円 O′ の接線である。

解説

❶　線分 AO の中点を中心とする直径 AO の円と円 O との交点が接点になる。

❷　線分 AB の中点を中心とする直径 AB の円と直線 ℓ との 2 つの交点を P とすればよい。

❸　点 P が円周上にあるような円の中心を O とすると，$\angle AOB = 60°$ となるから，AB を 1 辺とする正三角形をかき，3 つ目の頂点を O とする。円 O と ℓ との交点が P である。

❹　円外の 1 点からひいた 2 本の接線の性質から，次の図のようになる。

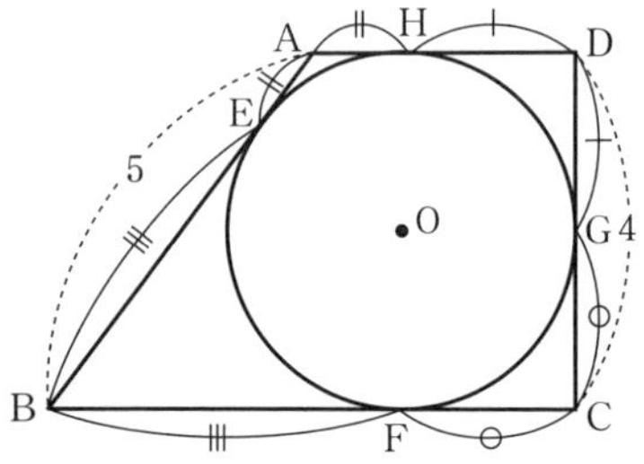

したがって，四角形 ABCD の周の長さは,
$(5+4) \times 2 = 18(cm)$

❺　接線と接点を通る半径が垂直であることと，半円の弧に対する円周角が直角であることを結びつける。

基本ワーク　p.120 ～ 121

Check!

1　6cm

2

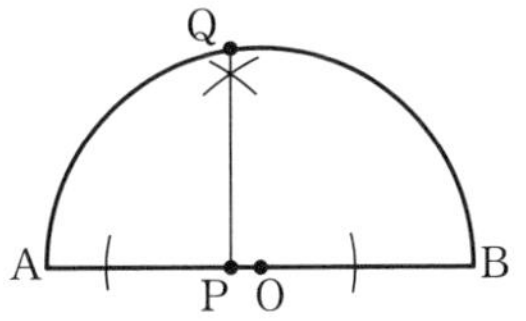

基本問題

❶ (1)　△ADP と △CBP において，

$\overset{\frown}{\mathrm{BD}}$ に対する円周角は等しいから，

∠DAP＝∠BCP　……①

また，∠P は共通　……②

①，②より，2 組の角がそれぞれ等しいから，△ADP∽△CBP

(2)　BP＝4

❷ (1)　△ABC と △AED において，

仮定から，∠BAC＝∠EAD　……①

$\overset{\frown}{\mathrm{AB}}$ に対する円周角は等しいから，

∠ACB＝∠ADE　……②

①，②より，2 組の角がそれぞれ等しいから，△ABC∽△AED

(2)　$-1+\sqrt{21}$

❸ (1)

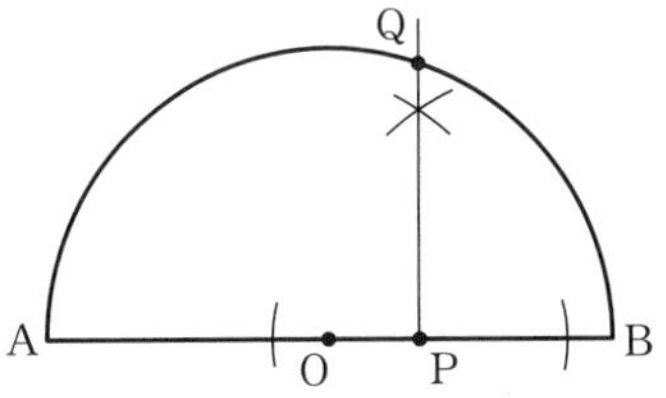

(2)　△APQ と △QPB において，

PQ は AB の垂線だから，

∠APQ＝∠QPB＝90°　……①

半円の弧に対する円周角だから，

∠AQB＝90°

より，　∠BQP＝90°－∠AQP

また，　∠QAP＝90°－∠AQP

したがって，

∠QAP＝∠BQP　……②

①，②より，2 組の角がそれぞれ等しいから，　△APQ∽△QPB

PQ＝x とすると，相似な図形の対応する辺の長さの比は等しいから，

$a:x=x:b$ より，$x^2=ab$

$x>0$ であるから，$x=\sqrt{ab}$

解説

❶(2)　10：8＝5：BP より，10BP＝40，BP＝4

❷(2)　AE＝$x$cm とすると，

$(x+2):5=4:x$ より，$x(x+2)=20$

整理すると，$x^2+2x-20=0$

解の公式より，

$$x=\frac{-2\pm\sqrt{2^2-4\times1\times(-20)}}{2}$$

$$=\frac{-2\pm\sqrt{84}}{2}$$

$$=-1\pm\sqrt{21}$$

$x>0$ であるから，$x=-1+\sqrt{21}$

❸(2)　まず，△APQ∽△QPB を証明する。

2節の問題　p.122 ～ 123

1 (1)

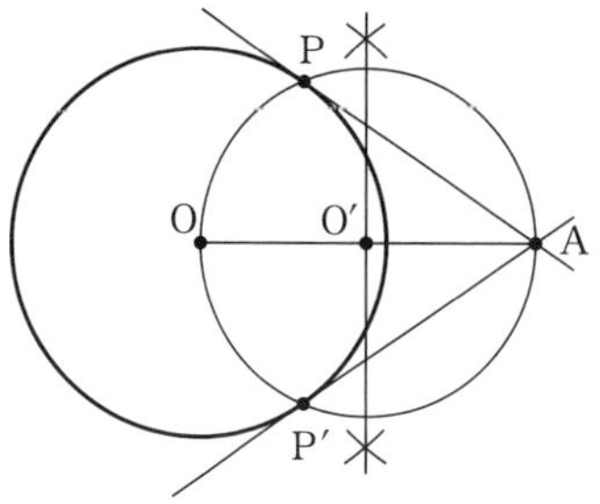

(2)　△OPA と △OP′A において，

円 O の半径だから　OP＝OP′　…①

接線は接点を通る半径に垂直なので，

∠OPA＝∠OP′A＝90°　…②

また，OA は共通　…③

①，②，③より，直角三角形の斜辺と他の 1 辺がそれぞれ等しいから，

△OPA≡△OP′A

したがって，合同な三角形の対応する辺の長さは等しいから，AP＝AP′

2 (1)　正方形　　(2)　$\frac{20}{9}$ cm

3 (1)　$x=\frac{81}{7}$　　(2)　$x=11$

4 △ADC と △ACE において，共通な角だから　∠DAC＝∠CAE　…①

$\overset{\frown}{AC}$ に対する円周角は等しいから

∠ADC＝∠ABC　…②

△ABC は AB＝AC の二等辺三角形だから　∠ABC＝∠ACE　…③

②，③より，∠ADC＝∠ACE　…④

①，④より，2 組の角がそれぞれ等しいから，

△ADC∽△ACE

5 △ABD と △EBC において，

仮定より，　AB＝EB　…①

$\overset{\frown}{AB}$ に対する円周角は等しいから

∠ADB＝∠ECB　…②

$\overset{\frown}{AD}=\overset{\frown}{DC}$ より，∠ABD＝∠EBC　…③

②，③より △ABD と △EBC において 2 つの角が等しいから，残りの角も等しくなるので　∠DAB＝∠CEB　…④

①，③，④より，1 組の辺とその両端の角がそれぞれ等しいから，△ABD≡△EBC

6 (1)　△ACE と △BCF において，

仮定より　AC＝BC　…①

AB は直径なので，

∠ACE＝∠BCF＝90°　…②

$\overset{\frown}{DC}$ に対する円周角は等しいから

∠EAC＝∠FBC　…③

①，②，③より，1 組の辺とその両端の角がそれぞれ等しいから，

△ACE≡△BCF

(2)　$\frac{21}{5}$ cm

7 △CGF と △DEF において，

対頂角は等しいから

∠GFC＝∠EFD　…①

円 O において，$\overset{\frown}{AG}$ に対する円周角は等しいから，∠FCG＝∠FBA　…②

円 O′ において，$\overset{\frown}{AE}$ に対する円周角は等しいから，∠FBA＝∠FDE　…③

②，③より　∠FCG＝∠FDE　…④

①，④より，2 組の角がそれぞれ等しいから，

△CGF∽△DEF

解説

2 (2)　OP＝OQ＝PC＝QC＝r cm とすると，

AQ＝$(4-r)$ cm

OQ∥BC より，△AOQ∽△ABC となるから

$(4-r):4=r:5$，$5(4-r)=4r$　より $r=\frac{20}{9}$

3 (2)　△ABD と △CBD において，BD 共通，∠BAD＝∠BCD＝90°，AD＝CD より，直角三角形の斜辺と他の 1 辺がそれぞれ等しいから，△ABD≡△CBD　BC＝30，BF＝22 より，$x:15=22:30$　したがって，$x=11$

6 (2)　(1)より，FB＝5cm，EB＝3＋4＝7(cm)

△FBC∽△EBD より，FB：EB＝FC：ED

5：7＝3：ED　したがって，DE＝$\frac{21}{5}$ (cm)

6章の問題 p.124 ～ 125

1 (1) $\angle x=69°$ (2) $\angle x=32°$
(3) $\angle x=36°$ (4) $\angle x=120°$
(5) $\angle x=63°$ (6) $\angle x=36°$

2 (1) $\angle x=52°$ (2) $\angle x=74°$
(3) $\angle x=73°$

3

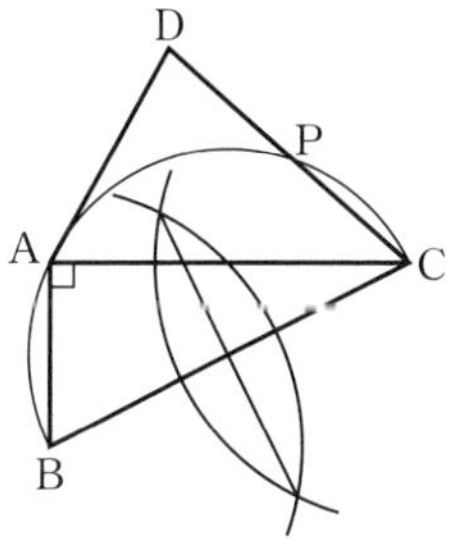

4 △ABC と △AOE において，
AB が直径より， ∠ACB＝90° …①
仮定より， ∠AEO＝90° …②
①，②より， ∠ACB＝∠AEO …③
$\overset{\frown}{CB}=\overset{\frown}{BD}$ より，等しい弧に対する円周角は等しいので， ∠BAC＝∠OAE …④
③，④より，2 組の角がそれぞれ等しいから，
△ABC∽△AOE

5 (1) △ABD と △ECD において，
仮定より， ∠DAE＝∠CAB…①
AE＝DE より，∠DAE＝∠ADB…②
$\overset{\frown}{BC}$ に対する円周角は等しいから，
∠CAB＝∠EDC…③
①，②，③より，∠ADB＝∠EDC…④
$\overset{\frown}{AD}$ に対する円周角は等しいから，
∠ABD＝∠ECD…⑤
④，⑤より，2 組の角がそれぞれ等しいから，△ABD∽△ECD
(2) 8cm

6 △ACE と △DCB において，
△ACD，△CBE は正三角形
だから，AC＝DC …①
EC＝BC …②
∠ACD＝∠BCE＝60° だから
∠ACE＝∠DCB＝120° …③
①，②，③より，2 組の辺とその間の角がそれぞれ等しいから，
△ACE≡△DCB
合同な図形の対応する角は等しいから，
∠AEC＝∠DBC
点 E，B が直線 FC の同じ側にあって ∠FEC＝∠FBC であるから，
4 点 B，E，F，C は 1 つの円周上にある。

7 △ABD と △EAC において，
$\overset{\frown}{AB}$ に対する円周角は等しいから，
∠ADB＝∠ECA …①
$\overset{\frown}{AD}$ に対する円周角は等しいから，
∠ABD＝∠ACD …②
AE // DC より，錯角が等しいから，
∠EAC＝∠ACD …③
②，③より，∠ABD＝∠EAC …④
①，④より，2 組の角がそれぞれ等しいから，
△ABD∽△EAC

解説

1 (5) 右の図で，
OB＝OC より
∠OCB＝∠OBC＝39°，
∠ACB＝39°－15°＝24°
$\angle x=39°+24°=63°$

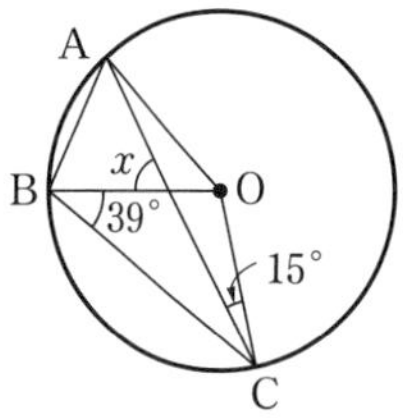

2 (1) 右の図で，△OAB は
二等辺三角形。
AB⊥OC より OC は
∠AOB の二等分線。
(2) 中心角に着目すると，
$\angle x=180°-(28°\times2+25°\times2)$

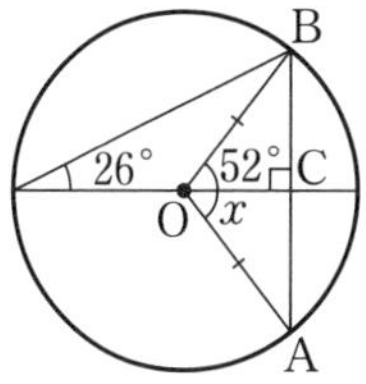

3 円周角の定理の逆より，4 点 A，B，C，P は 1 つの円周上にある。∠BAC＝90° より，この円の中心は BC の中点。

5 (2) AE＝DE より △ABE≡△DCE であるから，DC＝AB＝12cm (1)より
12：DB＝10：15，DB＝18(cm)
よって，EB＝18－10＝8(cm)

7章　三平方の定理

ウォーミングアップ

p.126 ～ 127

1　(1)　$\sqrt{14}$　　(2)　15
　(3)　$\sqrt{5}$　　(4)　$4\sqrt{3}$
　(5)　$2\sqrt{2}$　　(6)　$4\sqrt{5}$

2　(1)　$x=\pm 5$　　(2)　$x=\pm\sqrt{17}$

3　(1)　$\frac{128}{3}\pi\,\mathrm{cm}^3$　　(2)　$14\mathrm{cm}^3$
　(3)　$60\mathrm{cm}^3$　　(4)　$36\pi\mathrm{cm}^3$

4　(1)　$25\pi\mathrm{cm}^3$　　(2)　$36\pi\mathrm{cm}^3$

5　(1)　$x=3\sqrt{3}$　　(2)　$x=\frac{25}{2}$
　(3)　$x=5$　　(4)　$x=4$

解説

1(1)　$\sqrt{2}\times\sqrt{7}=\sqrt{2\times 7}=\sqrt{14}$

(2)　$(\sqrt{3})^2=3$，$3\times 5=15$

(3)　$\frac{\sqrt{10}}{\sqrt{2}}=\sqrt{\frac{10}{2}}=\sqrt{5}$

(4)　$\sqrt{3}+3\sqrt{3}=(1+3)\sqrt{3}=4\sqrt{3}$

(5)　$\sqrt{72}=\sqrt{6^2\times 2}=6\sqrt{2}$

$\sqrt{32}=\sqrt{4^2\times 2}=4\sqrt{2}$ だから，

$\sqrt{72}-\sqrt{32}=6\sqrt{2}-4\sqrt{2}=2\sqrt{2}$

(6)　$2\sqrt{5}+\sqrt{10}\times\sqrt{2}=2\sqrt{5}+\sqrt{2\times 5\times 2}$

$=2\sqrt{5}+2\sqrt{5}=4\sqrt{5}$

2(1)　$9+16=x^2$，$25=x^2$，$x=\pm 5$

(2)　$(4\sqrt{2})^2=4^2\times(\sqrt{2})^2=16\times 2=32$

$x^2+32=49$，$x^2=17$ より，$x=\pm\sqrt{17}$

3(1)　$(\text{体積})=\frac{1}{3}\times(\text{底面積})\times(\text{高さ})$

$\frac{1}{3}\times\pi\times 4^2\times 8=\frac{128}{3}\pi(\mathrm{cm}^3)$

(2)　$\frac{1}{3}\times\frac{1}{2}\times 3\times 4\times 7=14(\mathrm{cm}^3)$

(3)　底面は台形だから，底面積は，

$(6+4)\times 4\times\frac{1}{2}=20(\mathrm{cm}^2)$

体積は，$\frac{1}{3}\times 20\times 9=60(\mathrm{cm}^3)$

(4)　$(\text{体積})=\frac{4}{3}\pi r^3=\frac{4}{3}\pi\times 3^3=36\pi(\mathrm{cm}^3)$

4(1)　回転してできる立体は，右の図のような円錐になる。

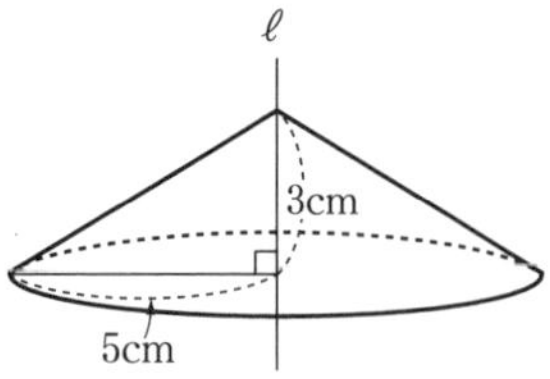

$\frac{1}{3}\times\pi\times 5^2\times 3$

$=25\pi(\mathrm{cm}^3)$

(2)　回転してできる立体は，右の図のような円柱になる。

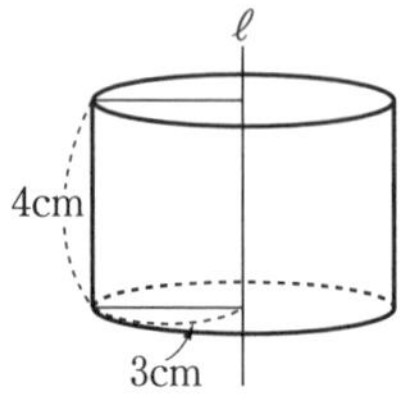

$\pi\times 3^2\times 4=36\pi(\mathrm{cm}^3)$

5(1)　DE // BC から三角形と比の定理（本冊 p.96）より，AD：AB＝DE：BC だから，

$1:3=\sqrt{3}:x$，$x=3\sqrt{3}$

(2)　DE // BC から三角形と比の定理より，AD：AB＝DE：BC だから，　$5:x=4:10$，

$x=\frac{25}{2}$

(3)　△ABC∽△HAC，BC：AC＝CA：CH だから，　$20:10=10:x$，$x=5$

(4)　△ABC∽△ACD，AB：AC＝AC：AD だから，　$9:6=6:x$，$x=4$

基本ワーク　p.128～129

Check!

1　$x=\sqrt{5}$

2　㋑

基本問題

❶ (1)　$x=\sqrt{29}$　(2)　$x=2\sqrt{14}$

(3)　$x=17$　(4)　$x=12$

(5)　$x=8$　(6)　$x=4\sqrt{3}$

(7)　$x=13$　(8)　$x=\sqrt{26}$

❷ ㋑，㋓

❸ (1)　a^2+b^2

(2)　4つの直角三角形は合同だから，

$\mathrm{EF}=\mathrm{FG}=\mathrm{GH}=\mathrm{HE}$

また，

$\angle \mathrm{EFG}=180^\circ-(\angle \mathrm{EFB}+\angle \mathrm{GFC})$

$=180^\circ-(\angle \mathrm{EFB}+\angle \mathrm{FEB})$

$=180^\circ-90^\circ$

$=90^\circ$

同じように，

$\angle \mathrm{FGH}=\angle \mathrm{GHE}=\angle \mathrm{HEF}=90^\circ$

したがって，四角形EFGHは正方形であるから，$\mathrm{EF}=c$ とすると，面積は c^2

また，(1)より，面積は a^2+b^2 でもあるから，$a^2+b^2=c^2$

解説

❶(1)　$5^2+2^2=x^2$ より，$x^2=29$

$x>0$ であるから，$x=\sqrt{29}$

(2)　$x^2+5^2=9^2$ より，$x^2=56$

$x>0$ であるから，$x=2\sqrt{14}$

(3)　$15^2+8^2=x^2$ より，$x^2=289$

$x>0$ であるから，$x=17$

(4)　$9^2+x^2=15^2$ より，$x^2=144$

$x>0$ であるから，$x=12$

(5)　$x^2+x^2=(8\sqrt{2})^2$ より，$2x^2=128$，

$x^2=64$

$x>0$ であるから，$x=8$

(6)　$4^2+(4\sqrt{2})^2=x^2$ より，$x^2=48$

$x>0$ であるから，$x=4\sqrt{3}$

(7)　2つの直角三角形の共通の辺の長さを y とすると，右の直角三角形について，$3^2+4^2=y^2$ より，$y^2=25$　左の直角三角形で，$12^2+y^2=x^2$ より，$x^2=169$　$x>0$ であるから，$x=13$

(8)　2つの直角三角形の共通の辺の長さを y とすると，下の直角三角形について，

$(\sqrt{15})^2+(5\sqrt{3})^2=y^2$ より，$y^2=90$　上の直角三角形で，$8^2+x^2=y^2$ より，$x^2=26$

$x>0$ であるから，$x=\sqrt{26}$

❷㋐　$a=3$，$b=8$，$c=9$ とすると，

$a^2+b^2=3^2+8^2=73$

$c^2=9^2=81$

したがって，$a^2+b^2=c^2$ は成り立たないので，直角三角形ではない。

㋑　$2=\sqrt{4}$，$5=\sqrt{25}$ より，

$2<\sqrt{21}<5$ である。

$a=2$，$b=\sqrt{21}$，$c=5$ とすると，

$a^2+b^2=2^2+(\sqrt{21})^2=25$

$c^2=5^2=25$

したがって，$a^2+b^2=c^2$ が成り立つので，直角三角形である。

㋒　$a=4$，$b=11$，$c=12$ とすると，

$a^2+b^2=4^2+11^2=137$

$c^2=12^2=144$

したがって，$a^2+b^2=c^2$ は成り立たないので，直角三角形ではない。

㋓　$a=9$，$b=40$，$c=41$ とすると，

$a^2+b^2=9^2+40^2=1681$

$c^2=41^2=1681$

したがって，$a^2+b^2=c^2$ が成り立つので，直角三角形である。

❸(1)　正方形ABCDの面積は，

$(a+b)^2=a^2+2ab+b^2$

また，$\triangle \mathrm{BEF}=\dfrac{1}{2}\times a\times b=\dfrac{1}{2}ab$

したがって，四角形EFGHの面積は，

$a^2+2ab+b^2-\dfrac{1}{2}ab\times 4=a^2+b^2$

(2)　四角形EFGHが正方形であることを示す。

基本ワーク　p.130 ～ 131

Check!

1　$x=2,\ y=2\sqrt{3},\ z=2$

2　$4\sqrt{5}$

基本問題

❶ (1)　$x=3\sqrt{2}$　　(2)　$x=5,\ y=10$

　(3)　$x=4\sqrt{3},\ y=4\sqrt{6}$

❷　$4\sqrt{3}$

❸　12cm^2

❹ (1)　$6\sqrt{2}$　　(2)　15

❺　$2\sqrt{10}$

解説

❶(1)　$x:3=\sqrt{2}:1$ より，$x=3\sqrt{2}$

　(2)　$x:5\sqrt{3}=1:\sqrt{3}$ より，$x=5$

　　$y:5\sqrt{3}=2:\sqrt{3}$ より，$y=10$

　(3)　$8:x=2:\sqrt{3}$ より，$x=4\sqrt{3}$

　　$y:x=\sqrt{2}:1$ より，$y=4\sqrt{6}$

❷　$AB=x$ とすると，$x:6=2:\sqrt{3}$ より，

$x=\dfrac{12}{\sqrt{3}}=4\sqrt{3}$

❸　右の図のように，頂点 A から辺 BC に垂線 AD をひくと，BD＝CD＝3cm であるから，$AD^2=5^2-3^2=16$

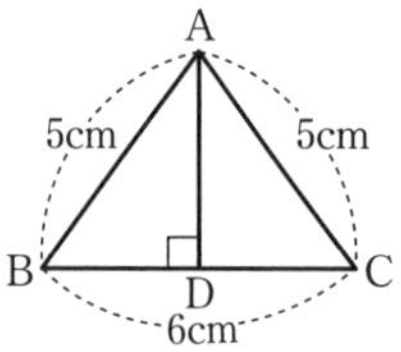

AD＞0 であるから，AD＝4cm

$\triangle ABC=\dfrac{1}{2}\times6\times4=12(\text{cm}^2)$

❹(1)　C(2, −1) とすると，$AC=5-(-1)=6$

　$BC=2-(-4)=6$ より，$AB^2=6^2+6^2=72$

　AB＞0 であるから，$AB=6\sqrt{2}$

　(2)　C(5, 3) とすると，$AC=5-(-4)=9$

　$BC=3-(-9)=12$ より，

　$AB^2=9^2+12^2=225$

　AB＞0 であるから，AB＝15

❺　$AB^2=4^2+2^2=20$　AB＞0 であるから，

$AB=2\sqrt{5}$　また，$AB:BD=1:\sqrt{2}$ であるから，$2\sqrt{5}:BD=1:\sqrt{2}$ より，$BD=2\sqrt{10}$

1・2節の問題　p.132 ～ 133

1　(1)　$x=2\sqrt{13}$　　(2)　$x=7\sqrt{2}$

　(3)　$x-6$

2　㋑，㋓

3　(1)　$x=\dfrac{7}{2}\,(3.5),\ y=\dfrac{7\sqrt{3}}{2}\,(3.5\sqrt{3})$

　(2)　$x=5\sqrt{2}$

　(3)　$x=2\sqrt{3},\ y=4\sqrt{3}$

4　㋐　a^2+b^2

　㋑　$\dfrac{a}{2}$　　㋒　$\dfrac{b}{2}$

　㋓　$\dfrac{a^2}{8}+\dfrac{b^2}{8}$　　㋔　$\dfrac{c}{2}$

　㋕　$\dfrac{c^2}{8}$

5　(1)　25cm^2　　(2)　$\dfrac{15}{2}\text{cm}^2$

6　(1)　$x=6\sqrt{2}$　　(2)　$x=2\sqrt{6}$

　(3)　$x=4\sqrt{2}$

7　$5\sqrt{10}$

8　$3\sqrt{2}\,\text{cm}$

解説

2㋒　$(\sqrt{3})^2=3$　$(\sqrt{5})^2=5$　$(2\sqrt{3})^2=12$

　$3+5<12$ より直角三角形ではない。

　㋓　$0.9^2=0.81$　$1.2^2=1.44$　$1.5^2=2.25$

　$0.81+1.44=2.25$ より，直角三角形である。

3(3)　右の図で，

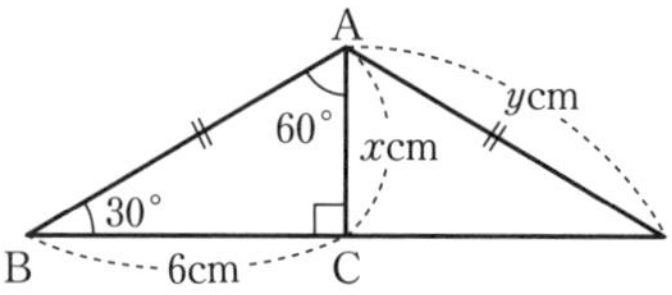

△ABC は 3 つの内角が 30°, 60°, 90° の直角三角形なので，$BC:CA=\sqrt{3}:1$ より

$x=\dfrac{6}{\sqrt{3}}=2\sqrt{3}$

ycm は，AB の長さと等しいので，

$x:y=1:2,\ y=2\sqrt{3}\times2=4\sqrt{3}$

5(1)　$AB=\sqrt{1^2+7^2}=\sqrt{50}=5\sqrt{2}\,(\text{cm})$

　AB＝BC なので，

　$\triangle ABC=\dfrac{1}{2}\times5\sqrt{2}\times5\sqrt{2}=25\,(\text{cm}^2)$

(2)　$AC=\sqrt{(3-1)^2+1^2}=\sqrt{4+1}=\sqrt{5}$ (cm)

$BC=\sqrt{3^2+6^2}=\sqrt{45}=3\sqrt{5}$ (cm)

$\triangle ABC=\frac{1}{2}\times\sqrt{5}\times3\sqrt{5}=\frac{15}{2}$ (cm^2)

6 (1)　A から BC にひいた垂線と BC との交点を H とすると，BH＝CH＝3cm，$x^2+3^2=9^2$ より $x=\sqrt{72}=6\sqrt{2}$ (cm)

(2)　右の図で，AB：AD ＝2：$\sqrt{3}$　より，

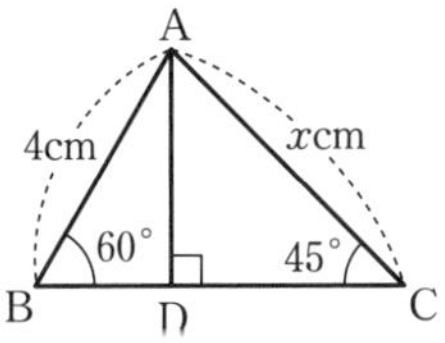

4：AD＝2：$\sqrt{3}$

2AD＝$4\sqrt{3}$

AD＝$2\sqrt{3}$　また，△ADC において AD：AC ＝1：$\sqrt{2}$ であるから，$x=2\sqrt{3}\times\sqrt{2}$ $=2\sqrt{6}$ (cm)

(3)　右の図のように，点 D から辺 BC に垂線 DG をひくと，

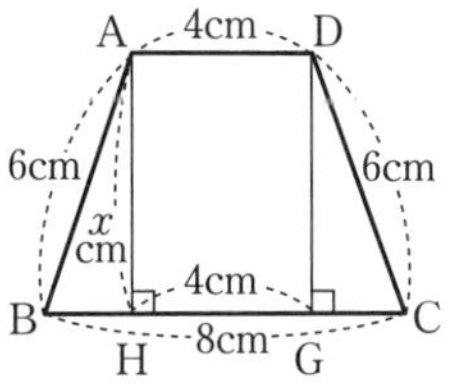

△ABH≡△DCG より

BH＝CG＝(8－4)÷2 ＝2 (cm)

$x^2+2^2=6^2$ より $x^2=32$，

$x=\sqrt{32}=4\sqrt{2}$ (cm)

7　点 A の y 座標は，$y=-3x^2$ に $x=-2$ を代入して求める。

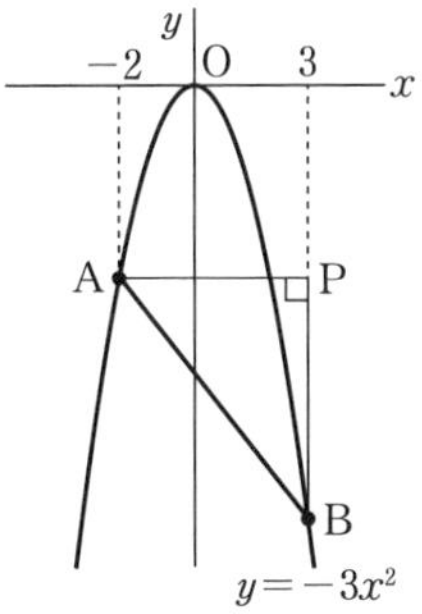

$y=-3\times(-2)^2$

$=-3\times4=-12$

点 B の座標も同様に

$y=-3\times3^2=-27$

したがって，A(−2，−12)，B(3，−27)

右の図より，$AB=\sqrt{AP^2+PB^2}$

$=\sqrt{\{3-(-2)\}^2+\{-12-(-27)\}^2}=\sqrt{5^2+15^2}$

$=\sqrt{250}=5\sqrt{10}$

8　△ABE で，AB＝AE＝5cm より，∠ABE＝∠AEB＝45° だから，∠FBC＝45° となるので，FC：BC＝1：$\sqrt{2}$，

$FC=\frac{6}{\sqrt{2}}=3\sqrt{2}$ (cm)

基本ワーク　p.134 ～ 135

Check!

1　$4\sqrt{2}$ cm

2　7cm

3　$\frac{32\sqrt{5}}{3}\pi$ cm^3

基本問題

❶　$\sqrt{55}$ cm

❷　(1)　$7\sqrt{2}$ cm　　(2)　$10\sqrt{3}$ cm

❸　$\frac{196\sqrt{2}}{3}\pi$ cm^3

❹　(1)　$4\sqrt{2}$ cm　　(2)　$\frac{64\sqrt{17}}{3}$ cm^3

解説

❶　AP＝$x$cm とすると，△OAP で，$x^2+3^2=8^2$ より，$x^2=55$　$x>0$ であるから，$x=\sqrt{55}$

❷(1)　$\sqrt{8^2+3^2+5^2}=\sqrt{98}=7\sqrt{2}$ (cm)

(2)　$\sqrt{10^2+10^2+10^2}=10\sqrt{3}$ (cm)

❸　円錐の高さを $x$cm とすると，右の図で，$7^2+x^2=9^2$ より，

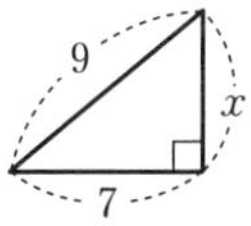

$x^2=32$　$x>0$ であるから，

$x=4\sqrt{2}$

したがって，体積は，

$\frac{1}{3}\times\pi\times7^2\times4\sqrt{2}=\frac{196\sqrt{2}}{3}\pi$ (cm^3)

❹(1)　正方形 ABCD の対角線の長さの半分だから，

$8\sqrt{2}\times\frac{1}{2}=4\sqrt{2}$ (cm)

(2)　OH＝$x$cm とすると，△OAH で，

$x^2+(4\sqrt{2})^2=7^2$ より，$x^2=17$

$x>0$ であるから，$x=\sqrt{17}$

したがって，体積は，

$\frac{1}{3}\times8^2\times\sqrt{17}=\frac{64\sqrt{17}}{3}$ (cm^3)

基本ワーク
p.136～137

Check!

1　$\sqrt{109}$cm

2　3cm

基本問題

❶　$3\sqrt{13}$ cm

❷　$6\sqrt{17}$ cm

❸　(1)　$(5-x)$cm　　(2)　$\dfrac{29}{4}$ cm

❹　9cm

解説

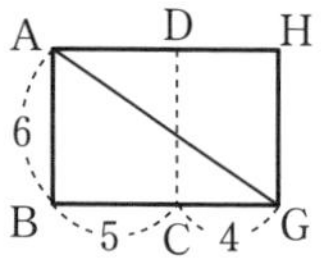

❶　展開図の一部は右の図のようになり，△ABG で，三平方の定理より，$AG^2=6^2+9^2=117$

$AG>0$ より，$AG=3\sqrt{13}$(cm)

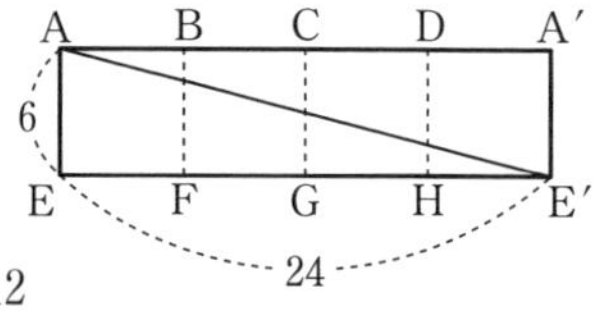

❷　展開図の一部は右の図のようになるので，

$AE'^2=6^2+24^2=612$

$AE'>0$ より，$AE'=6\sqrt{17}$(cm)

❸(1)　$EF=CE=(5-x)$cm

(2)　△DEF で，三平方の定理より，

$x^2+2^2=(5-x)^2$　整理すると，

$x^2+4=25-10x+x^2$　したがって，$x=\dfrac{21}{10}$

△DEF∽△AFB であり，相似比は 5：2 だから，AF＝$y$cm として，$y:\dfrac{21}{10}=5:2$ より，

$y=\dfrac{21}{4}$　$AD=\dfrac{21}{4}+2=\dfrac{29}{4}$(cm)

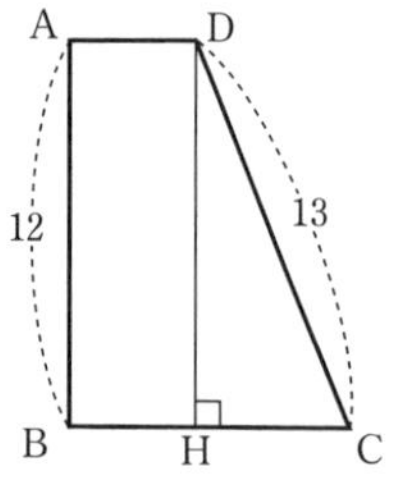

❹　D から辺 BC に垂線 DH をひく。CH＝x として，

△CDH で三平方の定理より，

$12^2+x^2=13^2$　したがって，

$x=5$　円外の 1 点からの接線の性質から，

$AD+BC=CD$

AD＝y とすると，$y+(y+5)=13$ より

$y=4$　したがって，$BC=4+5=9$(cm)

2節の問題
p.138～139

❶　(1)　$4\sqrt{3}$ cm　　(2)　$36\sqrt{7}$ cm^3

❷　(1)　$4\sqrt{5}$ cm　　(2)　$\sqrt{89}$cm

(3)　$3\sqrt{17}$cm

❸　(1)　$2\sqrt{7}$ cm　　(2)　$\dfrac{3\sqrt{7}}{2}$cm

❹　$4\sqrt{10}$cm

❺　(1)　$4\sqrt{2}$ cm　　(2)　$(4\sqrt{2}-r)$cm

(3)　$r=\sqrt{2}$

❻　(1)　$\dfrac{9}{2}$cm　　(2)　$\dfrac{45}{2}$cm^2

❼　3cm

❽　$\dfrac{81}{2}$cm^2

解説

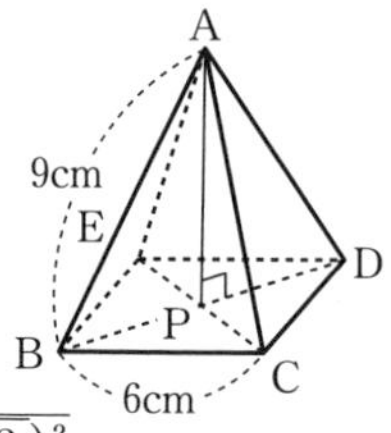

❶(2)　右の図の直角三角形 DBC で，$BD=6\sqrt{2}$ cm

$BP=\dfrac{1}{2}BD=3\sqrt{2}$(cm)

直角三角形 ABP で，AP

$=\sqrt{AB^2-BP^2}=\sqrt{9^2-(3\sqrt{2})^2}$

$=3\sqrt{7}$ (cm)　したがって，

(正四角錐 A－BCDE の体積)

$=\dfrac{1}{3}\times6\times6\times3\sqrt{7}=36\sqrt{7}$(cm^3)

❷(3)　展開図の一部は下の図のようになり，線分 BH が最短距離となる。

$BH=\sqrt{BF^2+(FG+GH)^2}$

$=\sqrt{3^2+(8+4)^2}$

$=3\sqrt{17}$(cm)

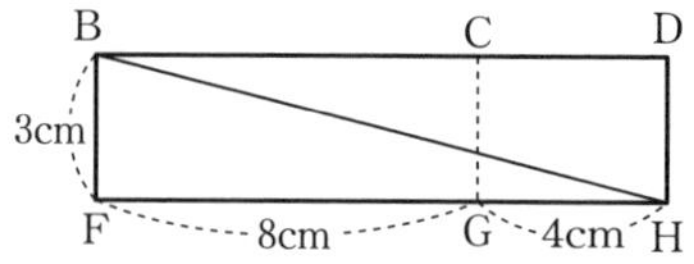

❸(2)　△ABC∽△PAC より，AP＝$x$cm とすると　$8:2\sqrt{7}=6:x$，

$x=\dfrac{12\sqrt{7}}{8}=\dfrac{3\sqrt{7}}{2}$

4　右の図のように，点DからCAに垂線をひき，CAとの交点をQとおく。直角三角形CQDにおいて，

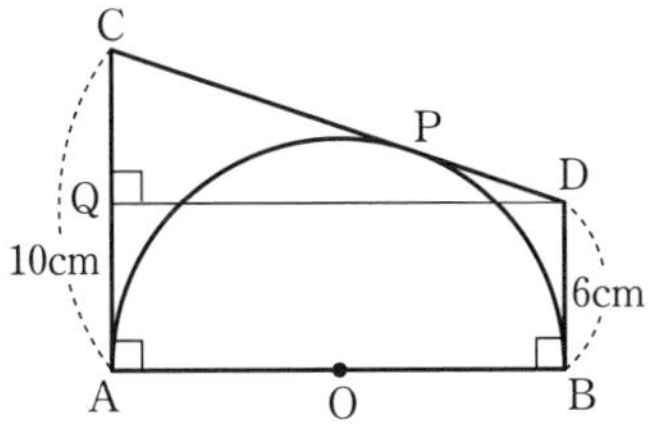

$QD=\sqrt{CD^2-CQ^2}$

$=\sqrt{(10+6)^2-(10-6)^2}=4\sqrt{15}$(cm)

$AO=\dfrac{1}{2}QD=2\sqrt{15}$(cm)

直角三角形CAOにおいて，

$CO=\sqrt{CA^2+AO^2}=\sqrt{10^2+(2\sqrt{15})^2}=\sqrt{160}$

$=4\sqrt{10}$ (cm)

5 (2)　$AO=AP-OP=4\sqrt{2}-r$(cm)

(3)　右の図で，球の断面と側面との接線をCとする。ACは，球の接線で，直角三角形ACOにおいて，

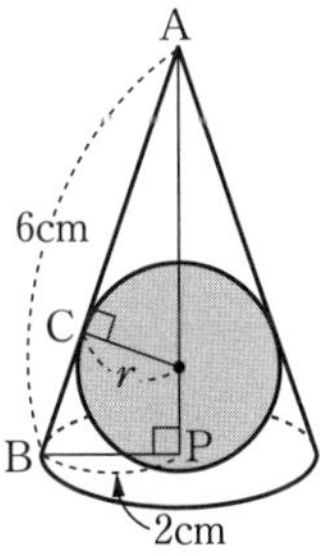

$CO^2=AO^2-AC^2$

$r^2=(4\sqrt{2}-r)^2-(6-2)^2$

$8\sqrt{2}r=16$　$r=\sqrt{2}$

6 (1)　$EG=x$cmとすると，EG＝AEであるから，$ED=(12-x)$cm　また，GD＝AB＝6cmより△GEDが直角三角形だから，

$EG^2+GD^2=ED^2$より　$x^2+6^2=(12-x)^2$

$x^2+36=144-24x+x^2$　$24x=108$

$x=\dfrac{9}{2}$

(2)　(1)より，$AE=\dfrac{9}{2}$cm

$\triangle DEF=\dfrac{1}{2}\times ED\times AB$

$=\dfrac{1}{2}\times\left(12-\dfrac{9}{2}\right)\times 6=\dfrac{45}{2}$ (cm^2)

8　右の図は，四角形MEGNで，MN∥EG，ME＝NGの台形である。台形MEGNの高さをMPとする。

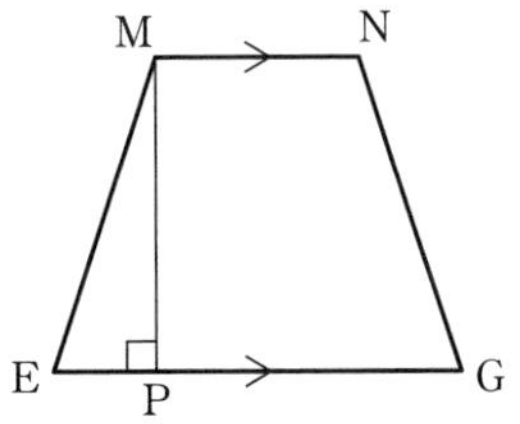

△AMNは直角二等辺三角形だから，$MN=6\div 2\times\sqrt{2}=3\sqrt{2}$ (cm)

同様に$EG=6\sqrt{2}$cm

$EP=(EG-MN)\div 2=\dfrac{3\sqrt{2}}{2}$ (cm)　また，

$ME=\sqrt{BM^2+BE^2}=\sqrt{3^2+6^2}=\sqrt{45}$

$=3\sqrt{5}$ (cm)

$MP=\sqrt{ME^2-EP^2}=\sqrt{(3\sqrt{5})^2-\left(\dfrac{3\sqrt{2}}{2}\right)^2}$

$=\dfrac{9\sqrt{2}}{2}$ (cm)

よって，四角形MEGN

$=\dfrac{1}{2}(MN+EG)\times MP$

$=\dfrac{1}{2}(3\sqrt{2}+6\sqrt{2})\times\dfrac{9\sqrt{2}}{2}=\dfrac{81}{2}$(cm^2)

7章の問題 p.140～141

1 (1) $x = 2$, $y = 2\sqrt{5}$

(2) $x = 2$, $y = \sqrt{13}$

2 25cm

3 $24\sqrt{3}$ cm^2

4 $6\sqrt{3}$ cm

5 (1) $\sqrt{19}$cm (2) $\dfrac{100 - 10\sqrt{19}}{9}$cm

6 (1) 24cm^2 (2) $\dfrac{12\sqrt{5}}{5}$cm

7 (1) $9\sqrt{15}\pi$cm^3 (2) $12\sqrt{2}$ cm

8 P(6, 5), A(1, 0), B(0, 3) より

$AB^2 = 1^2 + 3^2 = 10$,

$AP^2 = (6-1)^2 + 5^2 = 50$,

$BP^2 = 6^2 + (5-3)^2 = 40$

したがって，$AP^2 = AB^2 + BP^2$ となるから，$\angle ABP = 90^\circ$ である。

9 360.5m

解説

1(2) $AC^2 = 5^2 - 3^2 = 16$ より $AC = 4$,

$AO = CO = 2$ より $y^2 = 3^2 + 2^2 = 13$

2 AC の長さを $x$cm とおくと，直角三角形 ABC において，$AC^2 = AB^2 + BC^2$ であるから，

$x^2 = (x-18)^2 + (x-1)^2$

$x^2 - 38x + 325 = 0$ $(x-13)(x-25) = 0$

$x = 13$, $x = 25$ $x > 18$ より，$x = 25$

3 1辺が 4cm の正三角形を6つ合わせたと考える。

$4 \times 2\sqrt{3} \times \dfrac{1}{2} \times 6 = 24\sqrt{3}$ (cm)

4 A と B を結ぶ。△OAB において

$\angle AOB = 120^\circ$, OA = 6cm より $AB = 6\sqrt{3}$ (cm)

$\angle APB = 360^\circ - (90^\circ \times 2 + 120^\circ) = 60^\circ$,

PA = PB より，△PAB は正三角形。

5(1) 長方形 ABCD を AE で折っているので，

AF = AD = 10cm 直角三角形 ABF で，

$BF = \sqrt{AF^2 - AB^2} = \sqrt{10^2 - 9^2} = \sqrt{19}$ (cm)

(2) △ABF ∽ △FCE より，

$10 : FE = 9 : (10 - \sqrt{19})$,

$FE = \dfrac{10(10 - \sqrt{19})}{9}$ (cm)

6(1) 右の図のように，△AFH は，HA = HF の二等辺三角形。

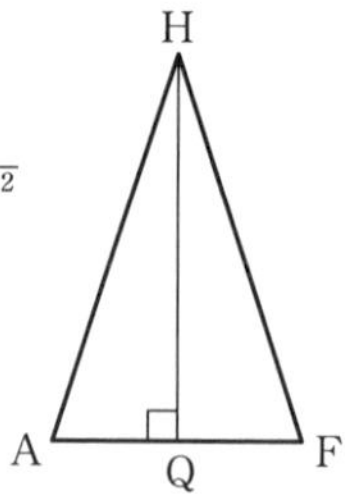

$AH = \sqrt{AE^2 + EH^2} = \sqrt{4^2 + 8^2}$

$= 4\sqrt{5}$ (cm) △ABF は直角二等辺三角形だから，

$AF = 4\sqrt{2}$ cm 二等辺三角形 HAF の高さ $HQ = \sqrt{HA^2 - AQ^2}$

$= \sqrt{(4\sqrt{5})^2 - (2\sqrt{2})^2} = \sqrt{80 - 8} = 6\sqrt{2}$ (cm)

$\triangle AFH = \dfrac{1}{2} \times AF \times HQ$

$= \dfrac{1}{2} \times 4\sqrt{2} \times 6\sqrt{2} = 24$ (cm^2)

(2) (1)で求めた△AFH の面積を利用する。

FP = $x$cm とすると，$\dfrac{1}{2} \times AH \times FP = 24$ より

$\dfrac{1}{2} \times 4\sqrt{5} \times x = 24$, $x = \dfrac{12}{\sqrt{5}} = \dfrac{12\sqrt{5}}{5}$

7(1) 底面の円の中心を P とし，OP = $x$cm とすると，$x^2 + 3^2 = 12^2$ より $x^2 = 135$,

$x = 3\sqrt{15}$

体積は，$\dfrac{1}{3} \times \pi \times 3^2 \times 3\sqrt{15} = 9\sqrt{15}\pi$ (cm^3)

(2) 側面になるおうぎ形は，弧の長さが底面の円周に等しく 6πcm だから，

中心角は

$360^\circ \times \dfrac{6\pi}{24\pi} = 90^\circ$

糸の長さが最短となるのは，右の AA′ となるとき。

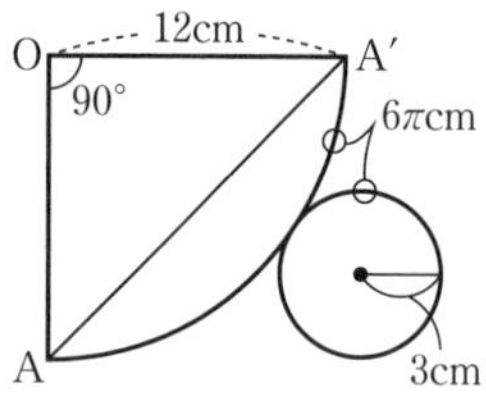

8 $\angle ABP = 90^\circ$ となることを証明するには，三平方の定理の逆より $AB^2 + BP^2 = AP^2$ となることを示せばよい。

9 家からショッピングモールまで地図上の距離は，

$\sqrt{4^2 + 6^2} = 2\sqrt{13}$ (cm)

実際の距離は，$2\sqrt{13} \times 5000 = 10000\sqrt{13}$ (cm)

$\sqrt{13} = 3.605$ より，$3.605 \times 10000 = 36050$(cm)

8章　標本調査

ウォーミングアップ　p.142 ～ 143

1　(1)　60％　　(2)　240 人

(3)　370 人

2　(1)　0.15　　(2)　70％

(3)

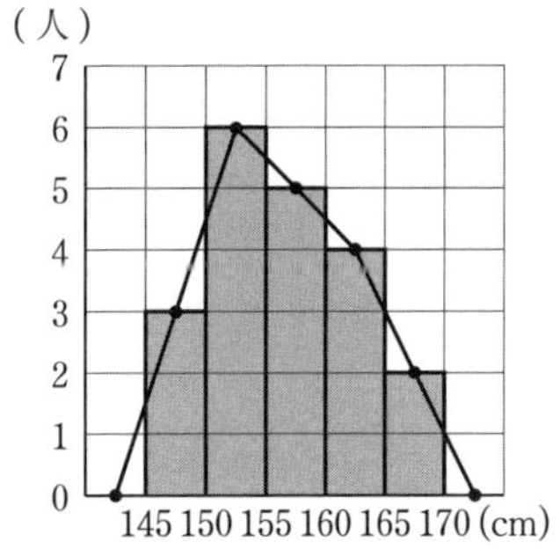

3　(解答例 1)　選んだ紙飛行機…A

理由…9m 以上の階級の度数の合計が多いから。

(解答例 2)　選んだ紙飛行機…B

理由…最頻値が 6.5m で，A よりも大きいから。

または，

4m 未満の階級の度数の合計が少ないから。

4　(1)　第 1 四分位数　9 時間

第 2 四分位数　10.5 時間

第 3 四分位数　16 時間

(2)　7 時間

(3)

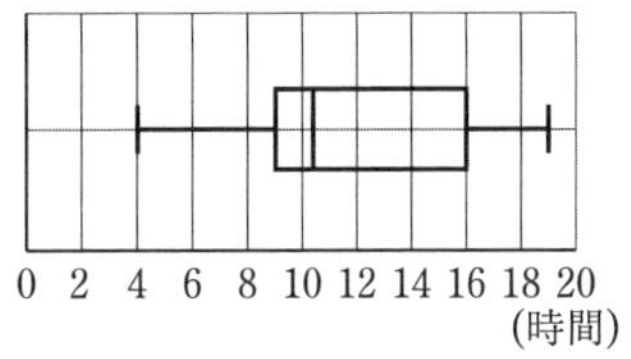

5　①－㋑　②－㋒　③－㋐　④－㋓

解説

1(1)　(割合)＝(比べられる量)÷(もとにする量)

$240 \div 400 = 0.6$ より 60％

(2)　$300 \times 0.8 = 240$ より 240 人

(3)　もとにする量（全体）を x 人とすると，

$x \times 0.9 = 333$ より，$x = 333 \div 0.9$

よって $x = 370$

2(1)　145cm 以上 150cm 未満の度数は 3

$$(\text{相対度数}) = \frac{(\text{その階級の度数})}{(\text{度数の合計})} = \frac{3}{20} = 0.15$$

(2)　身長が 155cm 以上 160cm 未満の階級の累積度数は，$3+6+5=14$，累積相対度数は

$14 \div 20 = 0.7$

3　「最頻値」を使って比較した場合，紙飛行機は B を選ぶ。

4(1)　まず，データの中央値（第 2 四分位数）を求める。データの個数が 10 個なので，5 番目の値 10 と 6 番目の値 11 の平均をとる。

$(10+11) \div 2 = 10.5$（時間）

第 1 四分位数は，最小値を含むほうの 5 個のデータの中央値なので，3 番目の値で 9（時間），

第 3 四分位数は，最大値を含むほうの 5 個のデータの中央値なので，8 番目の値で 16（時間）

(2)　(第 3 四分位数)－(第 1 四分位数) で，

$16-9=7$（時間）

これが箱ひげ図の箱の長さになる。

(3)　箱ひげ図の「箱」の部分は四分位範囲を「ひげ」の部分もふくめた図全体ではデータの範囲を表す。

5　②と③は，箱ひげ図が左右対称になっているので，ヒストグラムも左右対称のものを選ぶと，㋐か㋒のどちらかである。㋐と㋒を比べると，㋐のほうが中央値の周辺にデータが集まっていて，㋒はばらつきが大きいことがわかる。ばらつきが大きいと，箱の横の長さは長くなる。

①と④は，かたよった分布なので，中央値に着目するとよい。

基本ワーク　p.144 ～ 145

Check!

1　母集団…この日に収穫した全部のみかん
標本…実際に調べた 20 個のみかん

2　100 個

基本問題

❶　全数調査…㋐，㋓　標本調査…㋑，㋒

❷　母集団…この図書館の利用者全体
標本…アンケートを行った 150 人の利用者
標本の大きさ…150

❸　およそ 250 枚

❹　(1)　母集団…この植物園にいるミツバチ全体
標本…2で捕まえた 120 匹のミツバチ
(2)　(理由の例) 印をつけたミツバチが，かたよりなく園内の他のミツバチと混ざるようにするため。
(3)　およそ 1600 匹

❺　およそ 210 個

解説

❶　㋐は日本に住んでいるすべての人について調べることになっている調査で，㋓はその学校のすべての生徒に対して行う調査である。㋑と㋒はすべての調査対象を調べることが難しいので，標本調査を行う。

❷　図書館の利用者全員にアンケートをとることが難しいため，150 人のデータから全体を推測する標本調査を行う。

❸　6000 枚のうち 3 枚が印刷不良なので，印刷不良のチラシの割合は，$\dfrac{3}{6000}=\dfrac{1}{2000}$　したがって，50 万枚にふくまれる印刷不良のチラシは，

$500000\times\dfrac{1}{2000}=250$(枚)

別解例　印刷不良が全部で x 枚あるとする。印刷不良が，標本と母集団でほぼ等しいと考えて，比例式で表すと，

$3:6000=x:500000$

$6000x=3\times 500000$

$x=250$

❹(1)　2で捕まえた 120 匹の中の印がついたミツバチの割合が，園内全体での割合とほぼ等しいと考えている。

(2)　1の直後では，印のついたミツバチが十分に散らばっていないと考えられる。

(3)　園内にいるミツバチ全体を x 匹とする。印をつけたミツバチの割合が，標本と母集団でほぼ等しいと考えて，比例式で表すと，

$9:120=120:x$　これを解いて，$x=1600$

❺　はじめに箱の中に入っていた白球を x 個とすると，赤球を 30 個入れたから，全体で $(x+30)$ 個ある。
赤球の割合が，標本と母集団でほぼ等しいと考えて，比例式で表すと

$5:40=30:(x+30)$

$5(x+30)=40\times 30$

$x+30=240$

$x=210$

1 節の問題　p.146 ～ 147

1 (1)　×，(例) すべての水質調査をすると手間や時間がかかりすぎることと，すべての飲料商品を調べると売り物にならないから。

(2)　○

(3)　×，(例) 標本調査では，おおよその傾向がわかるだけで，母集団とまったく同じ結果になるわけではないから。

(4)　×，(例) 国勢調査は，国の人口やその分布など正確に知る為に，日本に住んでいるすべての人について調べることになっている全数調査だから。

2 (1)　○

(2)　×，(例) 本を読むことが好きな生徒にかたよってしまう可能性があるから。

3 (1)　$\dfrac{1}{500}$

(2)　およそ 400 個

4 (1)　ある中学校の 3 年生 180 人

(2)　無作為に抽出した 60 人の生徒

(3)　およそ 72 人

5　およそ 5000 匹

6 (1)　1：4

(2)　当たりくじ　およそ 16 本
　　はずれくじ　およそ 64 本

7　およそ 3750 粒

8　B 社　1 回以上購入している色々な客を対象としており，B 社のほうが返答率も高いから。

解説

3(1)　抽出した 1500 個の製品のうち，3 個が不良品なので，不良品の割合は $\dfrac{3}{1500}=\dfrac{1}{500}$ であると考えられる。

(2)　(1)から，20 万個の製品の中の不良品の割合もほぼ等しいと考えて，

$200000\times\dfrac{1}{500}=400$(個)

4(3)　表から，抽出した 60 人のうち，テレビの視聴時間が 2 時間未満の生徒は $8+16=24$（人）で，この割合は，$\dfrac{24}{60}=\dfrac{2}{5}$ であると考えられる。3 年生 180 人の中での割合もほぼ等しいと考えて，

$180\times\dfrac{2}{5}=72$(人)

5　湖全体の魚の数を x 匹とする。印をつけた魚の割合が，標本と母集団でほぼ等しいと考えて，比例式で表すと，

$4:200=100:x$

$4x=200\times100$

$x=5000$

6(1)　20 本のくじを無作為に取り出すことを 5 回繰り返しているので，当たりくじの本数の平均は，$(4+5+3+4+4)\div5=4$(本)　したがって，(当たりくじ)：(はずれくじ)

$=4:(20-4)=4:16=1:4$

(2)　(1)より，当たりくじとはずれくじの比が $1:4$ だから，全体では，$1+4=5$

したがって，

(当たりくじ) $=80\times\dfrac{1}{5}=16$(本)

(はずれくじ) $=80-16=64$(本)

7　はじめに袋の中に入っていた米粒の個数を x 粒とすると，色を付けた米粒を 250 粒入れたから，全体で $(x+250)$ 粒ある。色のついた米粒の割合が，標本と母集団でほぼ等しいと考えて比例式で表すと，

$8:128=250:(x+250)$

$8(x+250)=128\times250$

$x+250=4000$

$x=3750$

8章の問題　p.148 ～ 149

1　ア，イ

2　(1)　ウ

(2)　A－イ，B－エ，C－ウ

3　およそ 578 個

4　(1)　7 語

(2)　およそ 1680 語

5　(1)　8.96 個　　(2)　およそ 2987 個

6　(1)　母集団：箱に入っている部品全部

標本　：無作為に抽出した 200 個の部品

(2)　およそ 12500 個

(3)　およそ 6250 個

解説

2(2)　A…どのくらい利用すると「長時間」にあたるのかの解釈が回答者ごとに異なる。→イ

B…たとえば「ニュースを読む」など，他の利用のしかたも考えられる。→エ

C…「社会科のテストに役立ちます」と回答を誘導する表現がある。→ウ

3　標本として抽出した 50 個のうち，M サイズの割合は $\dfrac{34}{50}$　したがって，トマト 850 個のうち，M サイズの個数は，およそ $850 \times \dfrac{34}{50} = 578$ (個)と考えられる。

4(1)　$(6+7+9+8+6+5+10+8+7+6+8+5+9+6+5) \div 15 = 7$ (語)

(2)　(1)より，この図鑑 1 ページに出てくる「生物」の語数は平均 7 個なので，図鑑の総数 240 ページでもほぼ同じ割合で出てくるものと考えて，

$7 \times 240 = 1680$ (語)

5(1)　実験を行った回数は，

$7+10+19+8+4+2=50$ (回)

黒玉の個数の平均値は，$(7\times7+8\times10+9\times19+10\times8+11\times4+12\times2) \div 50$

$= 448 \div 50 = 8.96$ (個)

(2)　(1)より，30 個中平均 8.96 個が黒玉だったから，箱の中でもほぼ同じ割合であると考えて，

$10000 \times \dfrac{8.96}{30} = 2986.6\cdots$ (個)

6(2)　箱の中に入っている部品の個数を x 個とする。印をつけた部品の割合が標本と母集団でほぼ等しいと考えて，

$8 : 200 = 500 : x$

$8x = 200 \times 500$

$x = 12500$

(3)　(2)より，A の機械で 1 日に生産された個数は，およそ 12500 個で，これにふくまれている不良品の数は，およそ $12500 \times 0.02 = 250$ (個)

B の機械で，1 日に生産された部品の個数を y 個とする。A と B の機械で 1 日に生産された部品を合わせると，不良品が全体の 1.5% になったので，

$$\frac{(\text{AとBの機械不良品の数の合計})}{(\text{AとBの機械で1日に生産された部品の数の合計})} \times 100 = 1.5$$

したがって，$\dfrac{250+0.005y}{12500+y} \times 100 = 1.5$

$100(250+0.005y) = 1.5(12500+y)$

$y = 6250$

定期テスト予想問題　解答と解説

1章　多項式　p.150 ～ 151

1
(1) $-2a^2+6ab-2a$
(2) $a-3b$
(3) $x^2-xy+x+2y-6$
(4) $x^2-10x+25$
(5) $x^2+4x-21$
(6) a^2-36

2
(1) $4a^2+12ab+9b^2$
(2) $9x^2+3xy-2y^2$
(3) a^2-9b^2
(4) $a^2-2ab+b^2+a-b-6$
(5) $15x^2+10xy-26y^2$

3
(1) $a(a-8)$　(2) $(x+2)(x+4)$
(3) $(x+4)(x-9)$　(4) $(a+3)^2$
(5) $(x+1)(x-1)$　(6) $(x-7)^2$

4
(1) $2ab(3a-2b+4)$
(2) $(2x+5y)(2x-5y)$
(3) $(2a-3b)^2$
(4) $(x+4)(x-4)$
(5) $2(x-3)(x+4)$
(6) $(a-2)(b+3)$

5
(1) 9409　(2) 5000

6
$(n+1)^2-n^2=n^2+2n+1-n^2$
$=2n+1$
$=n+(n+1)$

7
ア　$\pi a^2+2\pi ar$
イ　$\pi a+2\pi r$

解説

1(2) $(a^2b-3ab^2)\div ab$
$=\dfrac{a^2b}{ab}-\dfrac{3ab^2}{ab}=a-3b$

(3) $(x-2)(x-y+3)$
$=x^2-xy+3x-2x+2y-6$
$=x^2-xy+x+2y-6$

2(4) $(\underline{a-b}+3)(\underline{a-b}-2)$　※____を A とおく。
$=(A+3)(A-2)$
$=A^2+A-6$
$=(a-b)^2+(a-b)-6$

(5) $(4x+y)(4x-y)-(x-5y)^2$
$=16x^2-y^2-(x^2-10xy+25y^2)$
$=15x^2+10xy-26y^2$

3　因数分解の公式に当てはめる。
(2)(3) $x^2+(a+b)x+ab=(x+a)(x+b)$
(4) $x^2+2ax+a^2=(x+a)^2$
(5) $x^2-a^2=(x+a)(x-a)$
(6) $x^2-2ax+a^2=(x-a)^2$

4(1) 共通因数 $2ab$ をくくり出す。
(2) $4x^2-25y^2=(2x)^2-(5y)^2$
$=(2x+5y)(2x-5y)$
(3) $4a^2-12ab+9b^2$
$=(2a)^2-2\times 2a\times 3b+(3b)^2$
$=(2a-3b)^2$
(4) $x+1=A$ とおくと
$(x+1)^2-2(x+1)-15=A^2-2A-15$
$=(A+3)(A-5)$
$=(x+1+3)(x+1-5)$
(5) $2x^2+2x-24$
$=2(x^2+x-12)$
$=2(x-3)(x+4)$
(6) $ab+3a-2b-6$
$=a(b+3)-2(b+3)$
$=(a-2)(b+3)$

5(1) $97^2=(100-3)^2$
$=10000-600+9$
(2) $75^2-25^2=(75+25)(75-25)$
$=100\times 50$

6　$2n+1$ は $n+(n+1)$ と表せる。

7　S は，大きい円の面積から小さい円の面積をひけば求められる。
$S=\pi(a+r)^2-\pi r^2$
$=\pi(a^2+2ar+r^2)-\pi r^2$
$=\pi a^2+2\pi ar$ → ア

ℓ は半径が $\left(\dfrac{a}{2}+r\right)$ の円周の長さだから
$\ell=2\pi\left(\dfrac{a}{2}+r\right)=\pi a+2\pi r$ → イ

したがって　$a\ell=\pi a^2+2\pi ar$ → ア

2章　平方根　p.152～153

1
(1) ウ，エ　(2) $n=5,\ 6,\ 7,\ 8$
(3) $n=5$　(4) $n=4$

2
(1) $3\sqrt{6}$　(2) $\dfrac{2\sqrt{2}}{3}$
(3) 14.14

3
(1) $7\sqrt{3}$　(2) $6\sqrt{6}$
(3) 3　(4) $5\sqrt{10}$
(5) 4　(6) $4\sqrt{2}$

4
(1) $4\sqrt{2}$　(2) $6\sqrt{2}$
(3) $\sqrt{3}$　(4) $12\sqrt{2}$
(5) $\sqrt{5}$　(6) $\sqrt{5}$

5
(1) $4\sqrt{3}$　(2) $4-5\sqrt{2}$
(3) $7-2\sqrt{10}$　(4) 5
(5) 11

6
(1) $20-10\sqrt{5}$　(2) 4，11，16，19，20
(3) $5\sqrt{2}$ cm

解説

1 (1) ア　$\sqrt{(-5)^2}=\sqrt{25}=5$

イ　$(\sqrt{7})^2=\sqrt{7}\times\sqrt{7}=7$

ウ　$-\sqrt{25}=-\sqrt{5^2}=-5$

エ　$\sqrt{0.25}=\sqrt{0.5^2}=0.5$

(2) $2=\sqrt{4}$，$3=\sqrt{9}$ だから

$\sqrt{4}<\sqrt{n}<\sqrt{9}$，$4<n<9$

(3) $\sqrt{180n}=\sqrt{2^2\times3^2\times5\times n}$　$n=5$ であれば $\sqrt{\ }$ をはずせる。

(4) $4^2=16$，$5^2=25$ だから　$4<\sqrt{20}<5$

2 (1) $\sqrt{54}=\sqrt{2\times3^3}=\sqrt{2\times3\times3^2}=3\sqrt{6}$

(2) $\dfrac{4}{3\sqrt{2}}=\dfrac{4\times\sqrt{2}}{3\sqrt{2}\times\sqrt{2}}=\dfrac{4\sqrt{2}}{3\times2}=\dfrac{2\sqrt{2}}{3}$

(3) $\sqrt{200}=\sqrt{10^2\times2}=10\sqrt{2}$

$=10\times1.414=14.14$

3 (1) $\sqrt{21}\times\sqrt{7}=\sqrt{3\times7\times7}=7\sqrt{3}$

(2) $\sqrt{12}\times\sqrt{18}=2\sqrt{3}\times3\sqrt{2}=6\sqrt{6}$

(3) $\sqrt{27}\div\sqrt{3}=\dfrac{\sqrt{27}}{\sqrt{3}}=\dfrac{3\sqrt{3}}{\sqrt{3}}=3$

(4) $\dfrac{10\sqrt{15}}{\sqrt{6}}=\dfrac{10\times\sqrt{3}\times\sqrt{5}}{\sqrt{2}\times\sqrt{3}}=\dfrac{10\sqrt{5}}{\sqrt{2}}=5\sqrt{10}$

(5) $2\sqrt{3}\times\sqrt{8}\div\sqrt{6}=\dfrac{2\times\sqrt{3}\times2\times\sqrt{2}}{\sqrt{2}\times\sqrt{3}}=4$

(6) $\sqrt{20}\div3\sqrt{5}\times6\sqrt{2}=\dfrac{2\times\sqrt{5}\times6\times\sqrt{2}}{3\times\sqrt{5}}=4\sqrt{2}$

4 (1) $\sqrt{2}=1\times\sqrt{2}$ と考えて $5\sqrt{2}-\sqrt{2}=4\sqrt{2}$

(2) $3\sqrt{2}+\sqrt{18}=3\sqrt{2}+3\sqrt{2}=6\sqrt{2}$

(3) $\sqrt{75}-\dfrac{12}{\sqrt{3}}=5\sqrt{3}-\dfrac{12\times\sqrt{3}}{\sqrt{3}\times\sqrt{3}}$

$=5\sqrt{3}-4\sqrt{3}=\sqrt{3}$

(4) $\sqrt{50}+3\sqrt{18}-\sqrt{8}=5\sqrt{2}+9\sqrt{2}-2\sqrt{2}$

$=12\sqrt{2}$

(5) $3\sqrt{5}-\sqrt{80}+\sqrt{20}=3\sqrt{5}-4\sqrt{5}+2\sqrt{5}$

$=\sqrt{5}$

(6) $\sqrt{45}-\dfrac{30}{\sqrt{5}}+4\sqrt{5}=3\sqrt{5}-6\sqrt{5}+4\sqrt{5}$

$=\sqrt{5}$

5 (1) $\sqrt{6}(\sqrt{18}-\sqrt{2})$

$=\sqrt{6}(3\sqrt{2}-\sqrt{2})=\sqrt{6}\times2\sqrt{2}$

$=4\sqrt{3}$

(2) $(6+\sqrt{2})(1-\sqrt{2})$

$=6-6\sqrt{2}+\sqrt{2}-2=4-5\sqrt{2}$

(3) $(\sqrt{5}-\sqrt{2})^2$

$=(\sqrt{5})^2-2\times\sqrt{2}\times\sqrt{5}+(\sqrt{2})^2$

$=7-2\sqrt{10}$

(4) $(2\sqrt{3}+\sqrt{7})(2\sqrt{3}-\sqrt{7})$

$=(2\sqrt{3})^2-(\sqrt{7})^2=12-7=5$

(5) $(\sqrt{8}+\sqrt{3})^2-\dfrac{24}{\sqrt{6}}$

$=(\sqrt{8})^2+2\times\sqrt{3}\times\sqrt{8}+(\sqrt{3})^2-4\sqrt{6}$

$=8+4\sqrt{6}+3-4\sqrt{6}=11$

6 (1) 式を因数分解してから代入すると

$a^2+3a-4=(a-1)(a+4)$

$=(2\sqrt{5}-4-1)(2\sqrt{5}-4+4)$

$=(2\sqrt{5}-5)\times2\sqrt{5}=20-10\sqrt{5}$

(2) $20-n$ が 0，1，4，9，16 になればよい。

したがって $n=20,\ 19,\ 16,\ 11,\ 4$

(3) 正方形の面積は $10\times10\times\dfrac{1}{2}=50\ (\mathrm{cm}^2)$

正方形の 1 辺を $x$cm とすると，$x^2=50$，x は 50 の平方根で $x>0$

だから $x=\sqrt{50}=5\sqrt{2}$

3章　2次方程式　p.154～155

1 (1) $x=\pm\sqrt{3}$　(2) $x=-3,\ x=-7$

(3) $x=\dfrac{3\pm2\sqrt{3}}{2}$

(4) ア 9　イ 3　ウ 10，$x=3\pm\sqrt{10}$

2 (1) $x=\dfrac{1\pm\sqrt{13}}{6}$　(2) $x=-1\pm\sqrt{6}$

(3) $x=2,\ x=-\dfrac{1}{2}$

3 (1) $x=2,\ x=-5$　(2) $x=0,\ x=-4$

(3) $x=-2,\ x=-3$　(4) $x=-3,\ x=7$

(5) $x=2$　(6) $x=2,\ x=-13$

4 (1) $x=-1,\ x=2$　(2) $x=1\pm\sqrt{2}$

(3) $x=2,\ x=-7$　(4) $x=\dfrac{1}{3}$

5 (1) $x=1,\ x=-3$　(2) $x=\dfrac{5}{2},\ x=-\dfrac{1}{2}$

6 (1) $a=-4,\ x=6$　(2) 11，12

(3) $(8+3\sqrt{5})$cm　(4) P(3, 6)

解説

1 (1) $x^2=3,\ x=\pm\sqrt{3}$

(2) $x+5=\pm2,\ x=-5\pm2,$

$x=-5+2=-3,\ x=-5-2=-7$

(3) $(2x-3)^2=12,\ 2x-3=\pm2\sqrt{3}$

$2x=3\pm2\sqrt{3},\ x=\dfrac{3\pm2\sqrt{3}}{2}$

(4) 左辺を $(x-3)^2$ にする。

$x^2-6x+\boxed{9}=1+\boxed{9}$

$(x-\boxed{3})^2=\boxed{10}$

$x=\boxed{3}\pm\sqrt{10}$

2 (1) $x=\dfrac{-(-1)\pm\sqrt{(-1)^2-4\times3\times(-1)}}{2\times3}$

$=\dfrac{1\pm\sqrt{13}}{6}$

(2) $x=\dfrac{-2\pm\sqrt{2^2-4\times1\times(-5)}}{2\times1}$

$=\dfrac{-2\pm\sqrt{24}}{2}=-1\pm\sqrt{6}$

(3) $x=\dfrac{-(-3)\pm\sqrt{(-3)^2-4\times2\times(-2)}}{2\times2}$

$=\dfrac{3\pm\sqrt{25}}{4}$

$=\dfrac{3\pm5}{4}$ → $\begin{cases}\dfrac{3+5}{4}=2\\[2mm] \dfrac{3-5}{4}=-\dfrac{1}{2}\end{cases}$

3 (1) $x-2=0$　または　$x+5=0$

(2) $x(x+4)=0$　(3) $(x+2)(x+3)=0$

(4) $(x+3)(x-7)=0$　(5) $(x-2)^2=0$

(6) $(x-2)(x+13)=0$

4 (1) $(x+1)(x-2)=0$

(2) $x=\dfrac{-(-2)\pm\sqrt{(-2)^2-4\times1\times(-1)}}{2\times1}$

$=\dfrac{2\pm\sqrt{8}}{2}=1\pm\sqrt{2}$

(3) $(x-2)(x+7)=0$

(4) $(3x-1)^2=0,\ 3x-1=0,\ x=\dfrac{1}{3}$

5 (1) 展開して整理すると $x^2+2x-3=0$

$(x-1)(x+3)=0$

(2) 整理すると $4x^2-8x-5=0$

解の公式を使って計算する。

6 (1) $x=-2$ を代入して $(-2)^2-2a-12=0$ より $a=-4$　もう1つの解は $x^2-4x-12=0$ を解くと　$x=-2,\ x=6$ より，$x=6$

(2) 2つの整数を $x,\ x+1$ とおく。

$x^2+(x+1)^2=265$，展開，整理して

$x^2+x-132=0,\ (x-11)(x+12)=0$

$x=11$　$x=-12$，$x>0$ だから　$x=-12$ は不適。

(3) 正方形の紙の1辺を $x$cm とおくと，容器の底面の正方形の1辺は $x-8$(cm)，高さは4cm，容積が180cm^3 だから

$4(x-8)^2=180,\ (x-8)^2=45$ より

$x=8\pm3\sqrt{5}$，$x>8$ だから $x=8-3\sqrt{5}$ は不適。

(4) Pの x 座標を a とすると，y 座標は $-2a+12$。OA$=a$，PA$=-2a+12$ だから

$a(-2a+12)=18$，整理して $a^2-6a+9=0$

$(a-3)^2=0,\ a=3$

y 座標は $-2\times3+12=6$

1　(1)　$y=\frac{1}{2}x^2$　　(2)　$y=2$

(3)　$x=\pm\sqrt{6}$

2　(1)　右の図

(2)　ウ

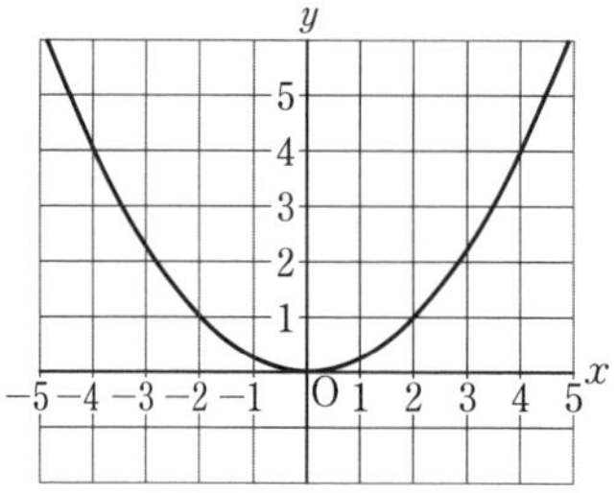

3　(1)①　$\frac{5}{2}$　　②　$-\frac{1}{2}$

(2)　$a=3$

4　(1)　$3\leqq y\leqq 12$　　(2)　$0\leqq y\leqq 3$

5　(1)　1m　　(2)　$2\sqrt{2}$ 秒

6　(1)　$y=x+12$　　(2)　42

7　(1)　500円　　(2)　270分間

8　$y=x^2$

解説

1(1)　$y=ax^2$ とおき，$x=4$，$y=8$ を代入すると，

$8=a\times4^2$，$a=\frac{1}{2}$

(2)　$y=\frac{1}{2}x^2$ に $x=-2$ を代入。

$y=\frac{1}{2}\times(-2)^2=2$

(3)　$3=\frac{1}{2}x^2$，$x^2=6$，$x=\pm\sqrt{6}$

2(1)　グラフは$\left(1,\ \frac{1}{4}\right)$，$\left(1,\ -\frac{1}{4}\right)$，(2, 1)，(2, −1)，(4, 4)，(4, −4) を通る放物線。

(2)　x^2 の係数$\left(-\frac{1}{2}\right)$が負なので，グラフは下に開く。また，絶対値は $\frac{1}{2}<\frac{3}{4}$ なのでグラフの開き方は $y=\frac{3}{4}x^2$ より大きい。

3(1)　$(\text{変化の割合})=\dfrac{(y\text{の増加量})}{(x\text{の増加量})}$

①　x の増加量　$3-2=1$

y の増加量　$\frac{1}{2}\times3^2-\frac{1}{2}\times2^2=\frac{9}{2}-\frac{4}{2}$

したがって，変化の割合は $\frac{5}{2}$ となる。

②　x の増加量　$2-(-3)=5$

y の増加量　$\frac{1}{2}\times2^2-\frac{1}{2}\times(-3)^2=-\frac{5}{2}$

したがって，変化の割合は $-\frac{1}{2}$ となる。

(2)　$\dfrac{16a-a}{4-(-1)}=9$，$3a=9$，$a=3$

4(1)　$x=3$ のとき　$y=\frac{1}{3}\times3^2=3$ で最小。

$x=6$ のとき　$y=\frac{1}{3}\times6^2=12$ で最大。

(2)　$x=0$ のとき　$y=0$ で最小。

$x=-3$ のとき　$y=3$ で最大。

5(1)　$x=2$ を代入すると，$y=\frac{1}{4}\times2^2=1$

(2)　$2=\frac{1}{4}x^2$，$x^2=8$，$x>0$ だから

$x=\sqrt{8}=2\sqrt{2}$

6(1)　A，Bの y 座標は $x=-3$，$x=4$ をそれぞれ代入して求める。A(−3, 9)，B(4, 16)，

傾きは $\dfrac{16-9}{4-(-3)}=1$　$y=x+b$ に (4, 16) を代入して $16=4+b$，$b=12$

(2)　直線 ℓ の切片が12だから，直線 ℓ と y 軸との交点をCとすると，C(0, 12)，OC = 12 を底辺とみて，2つの三角形に分けて求める。

△OAB = △OAC + △OBC

$=\frac{1}{2}\times12\times3+\frac{1}{2}\times12\times4=42$

7(1)　グラフで $x=100$ のときの y の値を読みとる。$90<x\leqq120$ のとき $y=500$ である。

(2)　150分で600円だから，あと400円分（120分）駐車できる。$150+120=270$（分）

8　P，Qが出発して x 秒後の各線分の長さは，

$AP=x$(cm)　$BQ=2x$(cm) と表せる。

$\triangle APQ=\frac{1}{2}\times AP\times BQ$ だから

$y=\frac{1}{2}\times x\times2x=x^2$

5章　相似な図形　p.158～159

1 (1)　△ABC∽△BDC

2組の角がそれぞれ等しい。

(2)　$\frac{5}{2}$cm

2 (1)　△DBF と △ECF において

仮定より

∠BDF＝∠CEF　……①

対頂角は等しいので

∠BFD＝∠CFE　……②

①，②より，2組の角がそれぞれ等しいから　△DBF∽△ECF

(2)　4cm

3 (1)①　$x=6$，$y=8$

②　$x=18$，$y=15$

(2)①　2：3　　②　6cm

4　11cm

5 (1)　$x=20$　　(2)　$x=9$

6 (1)　6cm　　(2)　6cm

7 (1)　1：4　　(2)　8 倍

解説

1

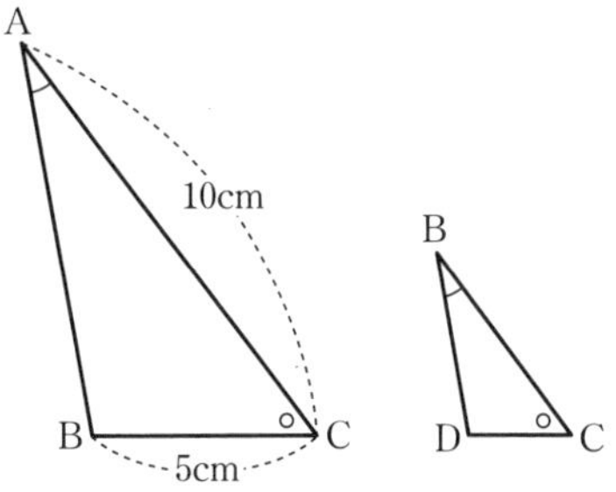

(2)　$5:x=10:5$，$10x=25$，$x=\frac{5}{2}$

2 (1)　仮定と対頂角を利用する。

(2)　$6:\mathrm{EC}=3:2$

$3\mathrm{EC}=6\times2$

$\mathrm{EC}=4$(cm)

3 (1)①　$x:3=8:4$

$y:12=8:(8+4)$

②　$x:9=16:8$

$(y-5):5=2:1$，$y-5=10$，$y=15$

(2)①　△ABE∽△DCE に着目。

$10:15=2:3$

②　△DEF∽△DAB に着目。

$\mathrm{EF}:10=3:(3+2)$

$5\mathrm{EF}=30$

$\mathrm{EF}=6$(cm)

4　MN と AC の交点を O とする。

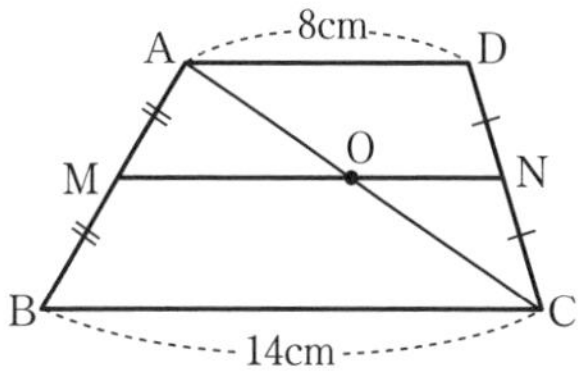

△ABC で中点連結定理より　$\mathrm{MO}=\frac{1}{2}\mathrm{BC}=7$

△ACD で中点連結定理より　$\mathrm{NO}=\frac{1}{2}\mathrm{AD}=4$

$\mathrm{MN}=7+4=11$(cm)

5 (1)　$x:8=15:6$

$6x=120$

$x=20$

(2)　$x:6=7.5:5$

$5x=45$

$x=9$

6

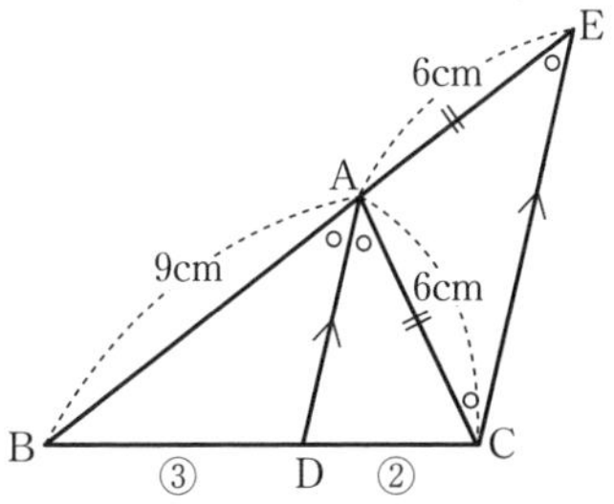

(1)　∠BAD＝∠AEC（同位角），

∠CAD＝∠ACE（錯角）

仮定より ∠BAD＝∠CAD だから

∠AEC＝∠ACE

よって △ACE は二等辺三角形。

(2)　△BCE で BD：DC＝BA：AE＝3：2

（AE＝AC だから BD：DC＝BA：AC になる。）したがって BD は 10cm を 3：2 に分ければよい。

$10\times\frac{3}{3+2}=6$(cm)

7 (1)　相似比は 1：2

面積比は $1^2:2^2=1:4$

(2)　相似比は 1：2

体積比は $1^3:2^3=1:8$

1　(1)　$\angle x=40^\circ$　(2)　$\angle x=142^\circ$
(3)　$\angle x=65^\circ$　(4)　$\angle x=50^\circ$

2　(1)　$\angle x=20^\circ$　(2)　$\angle x=38^\circ$
(3)　$\angle x=48^\circ$　(4)　$\angle x=20^\circ$

3　$\overset{\frown}{\mathrm{AB}}=\overset{\frown}{\mathrm{CD}}$ より，
等しい弧に対する円周角は等しいから
$\angle \mathrm{ACB}=\angle \mathrm{CAD}$
錯角が等しいので
AD // BC

4　(1)　15°
(2)①　$\angle x=52^\circ$　②　線分POの中点

5　(1)　$x=6$　(2)　$x=5$

6　(1)　△ABEと△ACBにおいて
共通な角だから，
$\angle \mathrm{BAE}=\angle \mathrm{CAB}$　……①
$\overset{\frown}{\mathrm{AD}}=\overset{\frown}{\mathrm{AB}}$ より
$\angle \mathrm{ABE}=\angle \mathrm{ACB}$　……②
①，②より，2組の角がそれぞれ等しいので，△ABE∽△ACB
(2)　4cm

解説

1(1)　$\angle x=(180^\circ-100^\circ)\div 2=40^\circ$
(2)　$\angle x=(40^\circ+31^\circ)\times 2=142^\circ$
(3)　$41^\circ+\angle x=82^\circ+24^\circ$，$\angle x=65^\circ$
(4)　$\angle x=180^\circ-(35^\circ+95^\circ)=50^\circ$

2(1)　$\angle \mathrm{AOB}=120^\circ\div 3=40^\circ$
$\angle x=\dfrac{1}{2}\times 40^\circ=20^\circ$
(2)　$\angle \mathrm{BAD}=90^\circ$，$\angle x=90^\circ-52^\circ=38^\circ$
(3)　$\angle \mathrm{BCD}=90^\circ$，$\angle \mathrm{ACD}=24^\circ$ より
$\angle \mathrm{ABC}=\angle \mathrm{ACB}=90^\circ-24^\circ=66^\circ$
$\angle x=180^\circ-66^\circ\times 2=48^\circ$
(4)　右の図より
●$+50^\circ=105^\circ$
●$=55^\circ$
$\angle x$
$=180^\circ-(55^\circ\times 2+50^\circ)$
$=20^\circ$

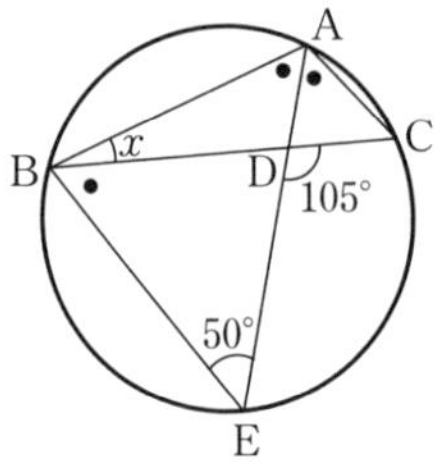

3　AとCを結ぶと，$\overset{\frown}{\mathrm{AB}}=\overset{\frown}{\mathrm{CD}}$ より，錯角が等しくなっている。

4(1)　$\angle \mathrm{BEC}=\angle \mathrm{BDC}=90^\circ$ だから，4点B，C，D，Eは辺BCを直径とする円周上にある。したがって，$\angle \mathrm{EDB}=\angle \mathrm{ECB}$
△EBCで $75^\circ+\angle \mathrm{ECB}=90^\circ$
より $\angle \mathrm{ECB}=15^\circ$
(2)①　$\angle \mathrm{AOB}=64^\circ\times 2=128^\circ$
$\angle \mathrm{PAO}=\angle \mathrm{PBO}=90^\circ$ だから
四角形APBOで，
$\angle x=360^\circ-(90^\circ\times 2+128^\circ)=52^\circ$
②　$\angle \mathrm{PAO}=\angle \mathrm{PBO}=90^\circ$ だから，2点A，BはPOを直径とする円の周上にある。中心はPOの中点。

5(1)　$\angle \mathrm{BAP}=\angle \mathrm{CDP}$，$\angle \mathrm{ABP}=\angle \mathrm{DCP}$ より
△PAB∽△PDC
$6:4=9:x$，$6x=36$，$x=6$
(2)　$\angle \mathrm{PBC}=\angle \mathrm{PDA}$，$\angle \mathrm{P}$ は共通　より
△PBC∽△PDA
$(6+4):12=x:6$，$12x=60$，$x=5$

6(2)　△ABE∽△ACBだから
AB：AC＝AE：AB
$6:9=\mathrm{AE}:6$
$\mathrm{AE}=4\,(\mathrm{cm})$

7章　三平方の定理　p.162 〜 163

1 (1) $x=10$　(2) $x=\sqrt{5}$
(3) $x=5$

2 (1) $x=3\sqrt{2}$　(2) $x=2\sqrt{3}$
(3) $x=3\sqrt{5}$　(4) $x=5$

3 (1) $6\sqrt{3}$ cm　(2) $\sqrt{38}$ cm

4 (1) $\dfrac{16\sqrt{2}}{3}\pi$ cm^3
(2) $36\sqrt{2}$ cm^3

5 (1) 10cm
(2)① $4\sqrt{15}$ cm^2　② $\dfrac{9+3\sqrt{3}}{2}$ cm^2

6 (1) $x=8$　(2) $x=24$

解説

1(1) $x^2=8^2+6^2$　※3：4：5の直角三角形
(2) $x^2=2^2+1^2$, $x=\pm\sqrt{5}$, $x>0$ より $x=\sqrt{5}$
(3) $x^2=13^2-12^2=169-144=25$

2(1) $3^2+3^2=x^2$,　$x^2=18$,　$x>0$ より
$x=3\sqrt{2}$
(2) $x^2+2^2=4^2$,　$x^2=12$,　$x>0$ より
$x=2\sqrt{3}$
(3) $AB^2=3^2+6^2$
$=45$
$AB=\sqrt{45}$
$=3\sqrt{5}$

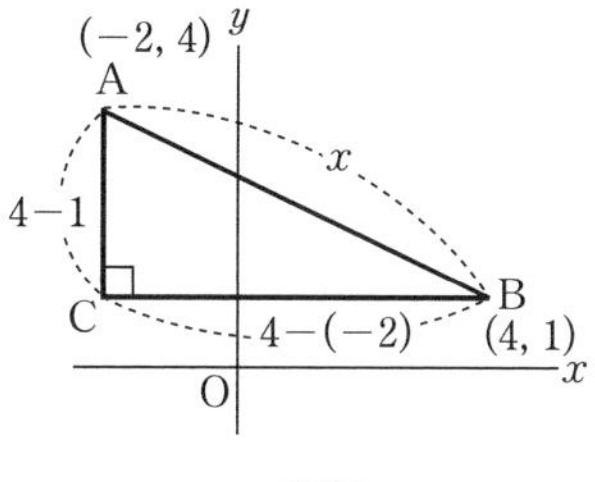

(4) $x^2=3^2+4^2$
$x=5$

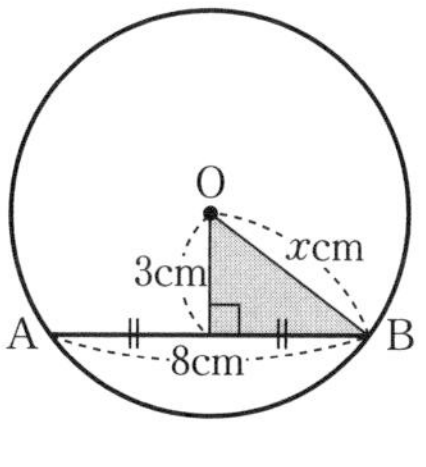

3(1)

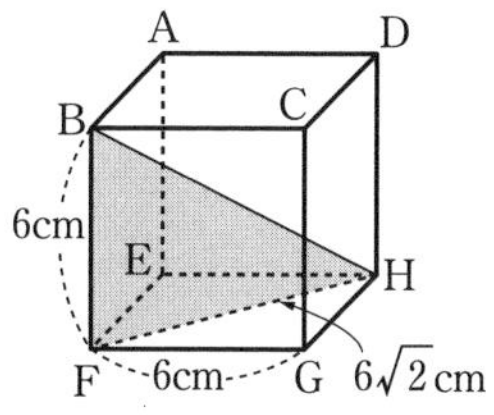

$BH^2=BF^2+FH^2$
$BH=\sqrt{108}=6\sqrt{3}$ (cm)

(2)

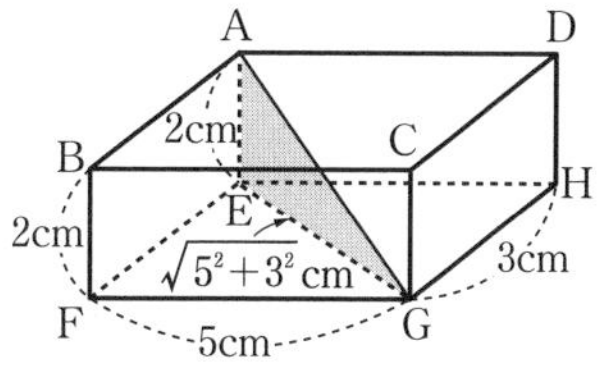

$AG^2=AE^2+EG^2$
$=2^2+5^2+3^2=38$
$AG=\sqrt{38}$ (cm)

4(1) $h^2=6^2-2^2$
$h=\sqrt{32}=4\sqrt{2}$
(体積)$=\dfrac{1}{3}\pi\times2^2\times4\sqrt{2}$
$=\dfrac{16\sqrt{2}}{3}\pi$ (cm^3)

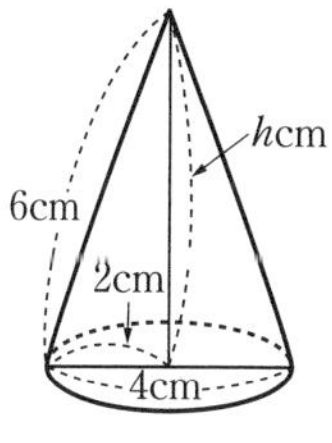

(2) △ABHは直角二等辺三角形
$6:AH=\sqrt{2}:1$
$AH=3\sqrt{2}$
$OH^2=6^2-(3\sqrt{2})^2$
より $OH=3\sqrt{2}$,
(体積)$=\dfrac{1}{3}\times6^2\times3\sqrt{2}$
$=36\sqrt{2}$ (cm^3)

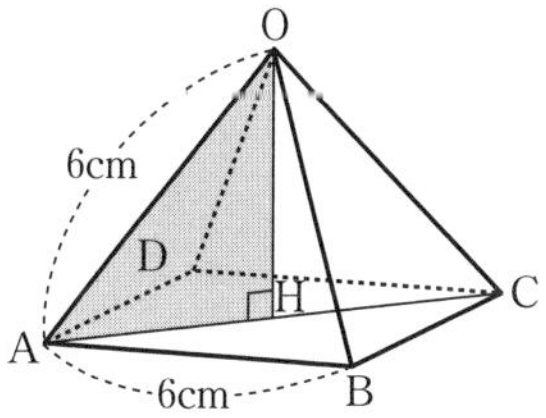

5(1) もっとも短くなるのは，右の図のように，BHが直線になるとき。
$BH^2=8^2+6^2=100$
$BH=10$ (cm)

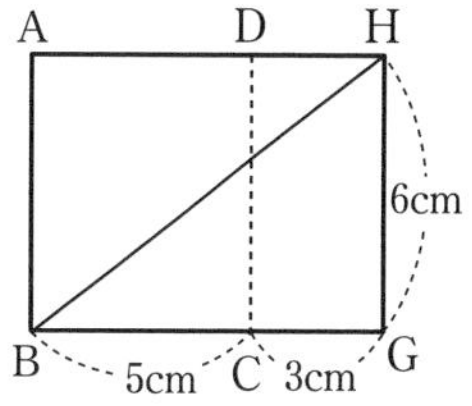

(2)①

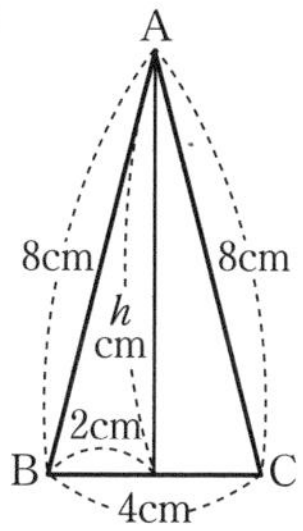

$h^2+2^2=8^2$
$h^2=60$
$h=2\sqrt{15}$
(面積)$=\dfrac{1}{2}\times4\times2\sqrt{15}$
$=4\sqrt{15}$ (cm^2)

②

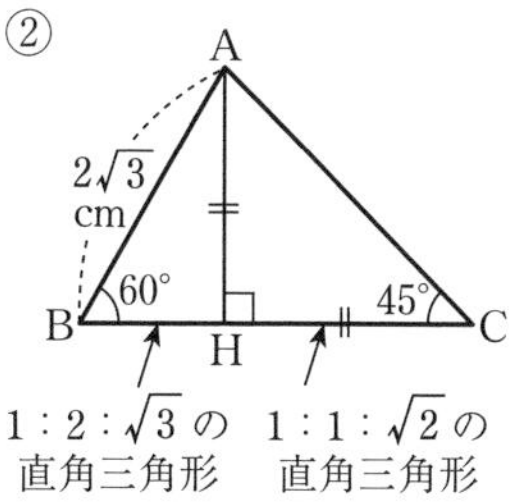

$BH=\sqrt{3}$,
$AH=CH=3$
(面積)
$=\dfrac{1}{2}\times(\sqrt{3}+3)\times3$
$=\dfrac{9+3\sqrt{3}}{2}$ (cm^2)

6 (1)　BF $= x$cm として方程式をつくる。折り返した図形だから AF $=$ CF $= 25 - x$

△ABF で $(25 - x)^2 = x^2 + 15^2$　整理すると

$50x = 400$，$x = 8$

(2)　図の △CDH で，

AB $=$ CH $= x$ だから

$x^2 + 10^2 = 26^2$

$x^2 = 576$

$x = 24$

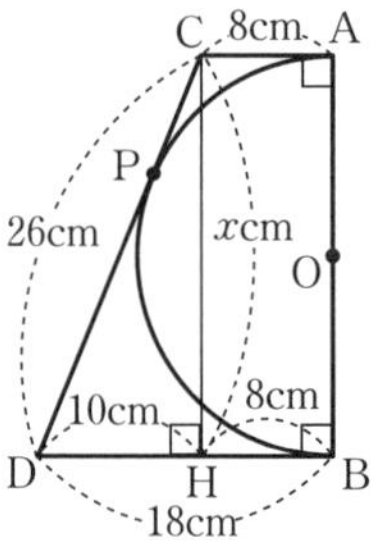

8章　標本調査

p.164

1 (1)　ア，エ

(2) ①　標本調査

②　母集団

③　標本

④　無作為に抽出する

2 (1)　およそ 300 個

(2)　およそ 150 個

(3)　およそ 170 匹

(4)　およそ 50 個

解説

1 (1)　政党支持率のように，全数調査を行うと多くの手間や時間，費用がかかる場合や，工業製品の耐久力検査のように，製品をこわすおそれがある場合などは，標本調査が行われる。

(2)　無作為抽出には次のような方法がある。

・さいころやくじを使う。

・乱数さいを使う。

・乱数表を使う。

・コンピューターの表計算ソフトを使う。

2 (1)　黒玉の数を x 個として，比例式で表すと

$35 : 56 = x : 480$

$56x = 35 \times 480$

$x = 300$

(2)　玉の総数を x 個として，比例式で表すと

$6 : 30 = 30 : x$

$x = 150$

(3)　池全体のコイの数を x 匹として，比例式で表すと

$15 : 45 = 56 : x$　$x = 168$

(4)　標本の数は　$12000 \times 0.08 = 960$(個)

不良品の総数を x 個とすると

$4 : 960 = x : 12000$　$x = 50$

別解例　不良品の総数(x 個)の 8％が 4 個だから

$x \times 0.08 = 4$，$x = 4 \div 0.08 = 50$